# 新《安全生产法》解读分析与建筑安全管理应用指南

李钢强　编著

中国建筑工业出版社

**图书在版编目（CIP）数据**

新《安全生产法》解读分析与建筑安全管理应用指南/李钢强编著. —北京：中国建筑工业出版社，2015.4
ISBN 978-7-112-18000-4

Ⅰ.①新… Ⅱ.①李… Ⅲ.①安全生产法-中国-指南②建筑工程-安全管理-指南 Ⅳ.①D922.54-62②TU714-62

中国版本图书馆 CIP 数据核字（2015）第 070156 号

本书为学习和贯彻《中华人民共和国安全生产法》的参考材料，以全新的角度阐述了对新修改的安全生产法的理解，对当前安全生产管理中遇到的问题进行了深入的分析和探讨，为研究安全生产管理提供了较丰富的资料。全书共 4 个篇章，内容包括：《安全生产法》制定与修订背景，《安全生产法》条文分析，《安全生产法》有关理论探讨，《安全生产法》在建筑施工安全管理中的应用。另外书最后附有 8 个附录。本书内容全面，论据充分，解读剖析深刻。本书的主要对象为建筑施工企业负责人、建筑施工项目负责人、建筑施工安全生产管理人员，从事建筑起重机械租赁单位、建筑起重机械安装检验检测机构、建筑施工安全咨询机构等有关安全生产服务、咨询的单位负责人及有关人员，建设工程监理单位安全总监及有关人员，建设行政主管部门以及所属安全生产监督管理机构等有关人员，以及与建筑施工安全及建筑起重机械设备有关的行业协会有关人员。

责任编辑：范业庶
责任设计：董建平
责任校对：李欣慰　党　蕾

**新《安全生产法》解读分析与建筑安全管理应用指南**
李钢强　编著
中国建筑工业出版社出版、发行（北京西郊百万庄）
各地新华书店、建筑书店经销
北京科地亚盟排版公司制版
北京富生印刷厂印刷
*
开本：787×1092 毫米　1/16　印张：19　字数：473 千字
2015 年 6 月第一版　2015 年 6 月第一次印刷
定价：**49.00** 元
ISBN 978-7-112-18000-4
（27244）

# 前　言

本书主要内容为新修改的《中华人民共和国安全生产法》解读的分析以及由此引出的有关理论探讨，并结合建筑施工安全生产管理中各责任主体的职责履行进行剖析，对当前建筑施工安全生产管理工作提出建议。

本书可作为学习新修改的《中华人民共和国安全生产法》宣贯参考教材，也可作为有关部门和人员研究安全生产管理的参考资料。

本书适用对象主要为建筑施工企业负责人、建筑施工项目负责人、建筑施工安全生产管理人员，从事建筑起重机械租赁单位、建筑起重机械安装检验检测机构、建筑施工安全咨询机构等有关安全生产服务、咨询的单位负责人及有关人员，建设工程监理单位安全总监及有关人员，建设行政主管部门以及所属安全生产监督管理机构等有关人员，以及与建筑施工安全及建筑起重机械设备有关的行业协会有关人员。

本书力求与其他《中华人民共和国安全生产法》（注：以下及全书文章中亦简称《安全生产法》）解读书籍或文章不同，以笔者个人角度去理解《安全生产法》，可能更有新意，这在同类书籍中是不多见的。当然，笔者是在阅读其他书籍或文章基础上提出个人分析观点的，因而书名中用“解读分析”，寓意本书的编写是在他人《安全生产法》解读基础上引发的再思考，其许多共识归功于前者辛勤劳动的成果，或受启发引发的新意及建设性的意见归功于前者打下的良好基础。本书针对建筑施工安全生产管理问题进行分析，有关个人观点只能作为参考而已，书名中以“应用指南”冠名实为勉强。

为了使读者能够了解《安全生产法》修改前后的情况，本书专门编辑了“第1篇《安全生产法》制定与修订背景”，尽可能地帮助读者对修改前后的情况有个大致的了解，为后续解读分析进行铺垫。

本书的重点在“第2篇《安全生产法》条文分析”，篇幅较大。第二篇中，采用逐条逐句分析的方式进行。逐条分析《安全生产法》前，先以修改前后的条款作比照，全面地反映修改前后的情况，以此加深读者对新修改的《安全生产法》的认识和理解。在对《安全生产法》逐条进行分析时，围绕每个条款作了哪些修改、为何修改或为什么没有修改，以及学习本条需要关注的内容和参考的法规等分别作了介绍。对于条款中有些可能需要进一步深入讨论的问题，为了不影响读者的阅读习惯和阅读进度，又专门设置了“第3篇《安全生产法》有关理论探讨”，并在提出问题的当页作了注脚，便于读者查找。

本书“第3篇《安全生产法》有关理论探讨”，可能是引起读者争议最多的地方。笔者在本书第三篇列举了8个问题，毫无保留地畅谈了个人的观点，对目前安全生产管理中遇到的问题进行分析，并提出了有关建议，无论观点和建议正确与否，如果能够起到抛砖引玉的作用，笔者甚感荣幸。其中有些话题的文章已在某些媒体发表或转载过，或有些会议上交流过，笔者在附录中一并收录编辑，供读者进一步了解。

本书最后一篇“第4篇《安全生产法》在建筑施工安全管理中的应用”，以建筑施工安全生产为话题，应用新修改的《安全生产法》学习体会，结合笔者多年建筑施工安全生产管理经验，对建筑施工安全生产主要责任主体的各项职责进行了梳理，主要内容有：建筑施工企业安全生产责任、安全生产服务咨询等有关单位安全生产责任和建筑施工安全监督管理部门安全生产责任。其中有些问题可能是读者比较关心的问题，为了使读者能够快速地找到需要了解的内容，笔者尽可能地以脚注的方式和序号的方式标注，并在目录中显示章节的同时显示这些序号。

如建筑施工企业安全生产责任有：1. 建立健全安全生产规章制度；2. 施工单位主要负责人对本单位的安全生产工作全面负责；3. 施工单位执行国家标准或者行业标准规定……49. 工会安全生产管理规定；50. 不得阻挠和干涉调查处理等 50 条。

如安全生产服务咨询等有关单位安全生产责任有：1. 建立健全安全生产规章制度；2. 主要负责人对本单位的安全生产工作全面负责；3. 执行国家标准或者行业标准……43. 工会安全生产管理规定；44. 不得阻挠和干涉调查处理等 25 条。

如建筑施工安全监督管理部门安全生产责任有：1. 分级监管职责；2. 安全生产事项审批和验收职责；3. 审查验收禁止事项……17. 事故调查处理与提出整改管理职责；18. 事故统计分析及公布职责等 18 条。

第四篇结尾部分以“建筑施工生产安全事故案例分析再思考”为标题，列举了 6 个建筑施工安全生产管理中现实的案例，进行事故案例分析再思考。笔者在原有事故案例分析基础上，结合新修改的《安全生产法》进行再思考，谈一谈笔者对这些事故的重新认识和对原有事故分析的新看法，引出了许多话题，以序号的形式一一列出讨论，这些序号有：1. 如何重视和防范高处坠落事故？2. 事故原因分析及有关措施如何更具有针对性？3. 造成事故发生的根本原因是什么？…… 22. 如何看待“威马逊”台风引发的建筑起重机械安全生产管理问题？23. 如何完善生产安全事故的处置？等 23 个问题。

本书的附录部分，收集了相关管理规定和有关文章，为辅助了解本书的有关内容进行补充。

本书编写中，力图以新颖的观点和不同的方式阐述对《安全生产法》的理解和对当前安全生产管理的看法，如有不正确的观点欢迎大家批评指正，不到之处敬请谅解。

若有意参与本书有关话题讨论的或提有关意见的，可按如下方式参与讨论：

登录新华网博客“安全论坛”（http://58jingong. home. news. cn/blog/），或加入笔者个人微信（微信号：ligangqiang6429）。

笔者邮箱为：ligangqiang@xinhuanet. com。

在本书编写过程中，有不少老师、同事和朋友参与本书的校对工作，并对书中一些问题提出了不少建设性意见，对本书的编写帮助很大，在此一并表示感谢，他们是孙其珩、骆明、郑荣柏、赵声萍、李欣、程子轩、余健平、张悦等。

# 目　录

# 第1篇 《安全生产法》制定与修订背景

## 1.1 《安全生产法》与法律关系简介

要解读《安全生产法》和贯彻应用《安全生产法》，必须对我国法律渊源及其他相关法律有所了解。

### 1.1.1 我国法律渊源

法的渊源，一般是指形式意义上的、由不同的国家机关制定或者认可的、因而具有不同法律效力或者法律地位的各种类别的规范性文件的总称。我国法的渊源主要由宪法、法律、行政法规等各种规范性法律文件构成。

**1. 宪法**

宪法是我国的根本大法，在我国法律体系中具有最高的法律地位和法律效力，是我国最高的法律渊源。

宪法具有以下的特点：

（1）宪法由国家最高权力机关——全国人民代表大会制定、通过和修改，并由全国人民代表大会发布公告施行。

（2）宪法规定的是社会、国家的最根本的制度、公民的基本权利和义务、国家机关的组织等重大问题。

（3）宪法具有最高的法律效力。宪法是制定其他一切法律、法规的根据和基础，一切法律、行政法规等规范性法律文件的制定都必须依照宪法所确定的原则、基本精神，不得与宪法的规定相抵触，否则一律无效。

**2. 法律**

这里所讲的法律是指狭义的法律，是专指由全国人民代表大会和全国人民代表大会常务委员会制定颁布的规范性法律文件，其法律效力仅次于宪法。法律由国家主席公布。

根据宪法的规定，我国社会主义法律分为基本法律和非基本法律两类。基本法律是由全国人民代表大会制定的调整国家和社会生活中某种带有普遍性的社会关系的规范性法律文件的统称。如刑法、民法、诉讼法以及有关国家机构的组织法等法律。非基本法律是由全国人民代表大会常务委员会制定的调整国家和社会生活中某种具体社会关系或者其中某一方面内容的规范性文件的统称。其调整范围较基本法律小，内容较具体。如《中华人民共和国建筑法》、《中华人民共和国安全生产法》。

此外，全国人民代表大会及其常务委员会作出的规范性决议、决定、规定、办法，应当视为狭义的法律的组成部分，也是法的渊源之一，与法律具有同等的地位和效力。

**3. 行政法规**

行政法规是国家最高行政机关国务院制定的有关国家行政管理的规范性文件的总称。其法律地位和效力仅次于宪法和法律，但高于地方性法规和其他规范性文件。国务院有权改变和撤销地方各级国家行政机关的不适当的决定和命令。

**4. 地方性法规**

地方性法规是指省、自治区、直辖市以及省级政府所在地的市和经国务院批准的较大的市的人民代表大会及其常务委员会，根据本行政区域的具体情况和实际需要，在不同宪法、法律、行政法规相抵触的前提下，制定的规范性法律文件。地方性法规通常采用条例、办法、规则、决定、实施细则等名称。地方性法规只在本辖区内有效。

**5. 自治条例和单行条例**

民族自治地方的人民代表大会有权依照当地民族的政治、经济和文化的特点，制定自治条例和单行条例。自治区的自治条例和单行条例，报全国人民代表大会常务委员会批准后生效。自治州、自治县的自治条例和单行条例，报省、自治区、直辖市的人民代表大会常务委员会批准后生效。自治条例和单行条例可以依照当地民族的特点，对法律和行政法规的规定作出变通规定，但不得违背法律或者行政法规的基本原则，不得对宪法和民族区域自治法的规定以及其他有关法律、行政法规专门就民族自治地方所作的规定作出变通规定。

**6. 特别行政区的规范性法律文件**

特别行政区同中央的关系是地方同中央的关系，它的权限根据全国人大制定的关于特别行政区的法律规定来行使。特别行政区享有其他省、自治区、直辖市所没有的独有权力。特别行政区的各类法的形式，是我国法律的一部分，是我国法律的一种特殊形式。

**7. 行政规章**

行政规章是指特定的行政机关根据法律和法规的规定，按照法定程序制定的规范性文件的总称。行政规章具有法的属性，属于法的范畴，具有法的普遍性、规范性和法制性的特点，与法律、法规一样，是国家意志的体现，具有普遍的约束力。

行政规章分为两类：部委规章和地方政府规章。

（1）部委规章是国务院各部委制定的规章。国务院各部委根据法律和国务院行政法规、决定、命令，根据宪法和组织法以及国务院行政法规确定的部委职权和法律法规的特别授权，在本部门权限内制定法律、行政法规的实施细则、实施办法。一般以命令、指示和规章形式颁布。建筑业接触最多的是国家建设部令，如《建筑工程施工许可管理办法》（建设部令第 91 号）、《建筑施工企业安全生产许可证管理规定》（建设部令第 128 号）等。

（2）地方政府规章。各省、自治区、直辖市以及省、自治区人民政府所在地的市和经国务院批准的较大的市人民政府，根据法律和国务院行政法规以及地方人民代表大会及其常委会的地方性法规，按照宪法和地方组织法的授权及授予的特别制定权，制定实施细则或实施办法。一般以省、自治区、直辖市政府令的形式发布。

根据 2004 年 7 月 1 日开始施行的《中华人民共和国行政许可法》第十五条的规定，国家“尚未制定法律、行政法规和地方性法规的，因行政管理的需要，确需立即实施行政许可的，省、自治区、直辖市人民政府规章可以设定临时性的行政许可”，这属于国家法律对省级政府的特别授权。

**8. 国际条约**

根据1990年《中华人民共和国缔结条约程序法》中的规定，条约被分为：

（1）由全国人大常委会批准的条约和重要协定；

（2）由国务院核准的条约和协定；

（3）无需全国人大常委会批准和国务院核准的协定。有学者据此给国际条约在中国法律体系中的地位予以评价，认为第一类条约与中国的一般法律具有同等地位，第二类条约的地位相当于行政法规，第三类则相当于部门规章。

也有学者认为，国际条约在我国法律体系中的地位可分为以下三种情况：

（1）条约置于与宪法同等的地位，因而其效力高于一般法律；

（2）条约的效力在宪法之下，但优于一般法律；

（3）条约的效力在宪法之下，与一般法律具有同等效力。

目前，关于国际条约在中国法律体系中的地位，理论界仍存在很大争议。

《民法通则》第一百四十二条：中华人民共和国缔结或者参加的国际条约同中华人民共和国的民事法律有不同规定的，适用国际条约的规定，但中华人民共和国声明保留的条款除外。

**9. 司法解释**

司法解释就是依法有权作出的具有普遍司法效力的解释叫做司法解释。广义上是指，每一个法官审理每一起案件，都要对法律作出理解，然后才能够具体适用。因此，必须对法律作出解释，才能作出裁判。每一个案件都要这样做。由最高法院对具体适用法律的问题，作出的解释就是司法解释。

中国的司法解释有时特指由最高人民法院和最高人民检察院根据法律赋予的职权，对审判和检察工作中具体应用法律所作的具有普遍司法效力的解释。

### 1.1.2 《安全生产法》的地位和内容

《中华人民共和国安全生产法》立法依据是《中华人民共和国宪法》。

《中华人民共和国宪法》第四十二条规定“加强劳动保护，改善劳动条件”。“加强劳动保护，改善劳动条件”是我国安全生产管理的基本原则。

《中华人民共和国安全生产法》为非基本法律，它是调整安全生产工作的规范性文件，它与其他法律共同构成较全面的安全生产法律体系。它是依据宪法制定的，高于行政法规、地方法规等法规。

《中华人民共和国安全生产法》涵盖的内容有立法目的、适用范围、原则方针及管理体系、生产经营单位的安全生产职责、从业人员的安全生产权利义务、安全生产的监督管理要求、生产安全事故的应急救援与调查处理以及相关责任主体的法律责任。

## 1.2 《安全生产法》制定背景

《安全生产法》的出台，与相关法规出台与修订不无关系，也与当时的安全生产形势相关。

### 1.2.1 《安全生产法》出台前相关法律

在《安全生产法》出台前，均有与安全生产相关的法律出台，见表1-1所列。

安全生产相关的法律　表1-1

| 序号 | 法律 | 发布及施行简介 |
|---|---|---|
| 1 | 《中华人民共和国海上交通安全法》 | 1983年9月2日第六届全国人民代表大会常务委员会第二次会议通过《中华人民共和国海上交通安全法》，中华人民共和国主席令第7号公布，1984年1月1日起施行 |
| 2 | 《中华人民共和国全民所有制工业企业法》 | 1988年4月13日第七届全国人民代表大会第一次会议通过《中华人民共和国全民所有制工业企业法》，中华人民共和国主席令第3号公布，1988年8月1日起施行 |
| 3 | 《中华人民共和国环境保护法》 | 1989年12月26日中华人民共和国第七届全国人民代表大会常务委员会第十一次会议通过《中华人民共和国环境保护法》，中华人民共和国主席令第22号公布，自公布之日施行 |
| 4 | 《中华人民共和国铁路法》 | 1990年9月7日中华人民共和国第七届人民代表大会常务委员会第十五次会议通过《中华人民共和国铁路法》，中华人民共和国主席令第32号公布，自1991年5月1日起施行 |
| 5 | 《中华人民共和国矿山安全法》 | 1992年11月7日第七届全国人民代表大会常务委员会第二十八次会议通过《中华人民共和国矿山安全法》，中华人民共和国主席令第65号公布，自1993年5月1日起施行 |
| 6 | 《中华人民共和国劳动法》 | 1994年7月5日第八届全国人民代表大会常务委员会第八次会议通过《中华人民共和国劳动法》，中华人民共和国主席令第二十八号公布，自1995年1月1日起施行 |
| 7 | 《中华人民共和国民用航空法》 | 1995年10月30日第八届全国人民代表大会常务委员会第十六次会议通过《中华人民共和国民用航空法》，中华人民共和国主席令第五十六号公布，自1996年3月1日起施行 |
| 8 | 《中华人民共和国电力法》 | 1995年12月28日第八届全国人民代表大会常务委员会第十七次会议通过《中华人民共和国电力法》，中华人民共和国主席令第六十号公布，自1996年4月1日起施行 |
| 9 | 《中华人民共和国行政处罚法》 | 1996年3月17日第八届全国人民代表大会第四次会议通过《中华人民共和国行政处罚法》，中华人民共和国主席令第六十三号公布，自1996年10月1日起施行 |
| 10 | 《中华人民共和国煤炭法》 | 1996年8月29日第八届全国人民代表大会常务委员会第二十一次会议通过《中华人民共和国煤炭法》，中华人民共和国主席令第七十五号公布，自1996年12月1日起施行 |
| 11 | 《中华人民共和国矿产资源法》 | 1996年8月29日中华人民共和国第八届全国人民代表大会常务委员会第二十一次会议通过《中华人民共和国矿产资源法》，中华人民共和国主席令第七十四号公布，自1997年1月1日起施行 |
| 12 | 《中华人民共和国建筑法》 | 1997年11月1日第八届全国人民代表大会常务委员会第二十八次会议通过《中华人民共和国建筑法》，中华人民共和国主席令第九十一号公布，自1998年3月1日起施行 |
| 13 | 《中华人民共和国消防法》 | 1998年4月29日第九届全国人民代表大会常务委员会第二次会议通过，中华人民共和国主席令第四号公布，自1998年9月1日起施行 |

续表

| 序号 | 法律 | 发布及施行简介 |
| --- | --- | --- |
| 14 | 《中华人民共和国职业病防治法》 | 2001年10月27日第九届全国人民代表大会常务委员会第二十四次会议通过《中华人民共和国职业病防治法》，中华人民共和国主席令第六十号公布，自2002年5月1日起施行 |
| 15 | 《建筑业安全卫生公约》第167号公约 | 1988年6月20日经第75届国际劳工大会通过，1991年1月11日生效。2001年10月27日九届全国人大常委会第二十四次会议发布《关于批准〈建筑业安全卫生公约〉的决定》正式批准该公约，批准发布之日起施行，并声明：在中华人民共和国政府另行通知前，《建筑业安全卫生公约》暂不适用于中华人民共和国香港特别行政区 |
| 16 | 《中华人民共和国工会法》 | 1950年6月29日中央人民政府颁布了首部《中华人民共和国工会法》，共五章26条；1992年4月3日第七届全国人民代表大会第五次会议通过，据2001年10月27日第九届全国人民代表大会常务委员会第二十四次会议《关于修改〈中华人民共和国工会法〉的决定》修正，中华人民共和国主席令第六十号公布，自公布之日起施行 |
| 17 | 《中华人民共和国刑法》 | 2001年12月29日第九届全国人民代表大会常务委员会第二十五次会议通过《中华人民共和国刑法修正案（三）》，中华人民共和国主席令第六十四号公布，自公布之日起施行 |

以上法律均对有关安全生产提出了相应的要求，煤炭法、建筑法、电力法还就“安全第一，预防为主”的安全生产方针提出了要求。

在《安全生产法》出台前，还有国务院有关《中华人民共和国矿山安全法实施条例》、《煤矿安全监察条例》、《危险化学品安全管理条例》、《国务院关于特大安全事故行政责任追究的规定》等多部行政法规出台。

### 1.2.2 《安全生产法》出台前安全生产形势

就总体而言，《安全生产法》出台前我国安全生产状况是逐步好转的。但是，不可否认安全生产形势还是严峻的。虽然出台了相应的安全生产法规，有关安全生产法律及行政法规近20部，地方法规和部门规章也很多，总共加起来有近30部的法律法规，但安全生产状况很不稳定，重大、特大事故时有发生。

一是伤亡事故和死亡人数居高不下，一些行业呈上升趋势。2001年全国发生各类事故1000629起，死亡130491人；事故起数同比上升20.5%，死亡人数上升10.4%。其中道路交通事故760327起，死亡106367人，占全国事故死亡总数的82%，比上年同期上升11.5%；非煤矿山企业事故死亡1654人，比上年同期上升87%；非矿山企业事故死亡4233人，比上年同期上升9.3%；水上交通事故死亡和失踪732人，比上年同期上升21.4%。

二是一次死亡30人以上的特大恶性事故仍时有发生。2001年全国共发生15起，其中煤矿8起，道路交通4起，水上交通1起，非煤矿山1起，非矿山企业1起。重大、特大事故连续发生，人员伤亡惨重，经济损失巨大。

2001年伤亡事故和死亡人数居高不下，一些行业呈上升趋势，一次死亡30人以上的特大恶性事故的连续发生，加速了《安全生产法》的起草步伐。

就在第二次、第三次审议《中华人民共和国安全生产法（草案）》前后，中国国际航空公司一架波音767客机在韩国釜山附近坠毁，死亡122人（生还33人），结束了国航47年以来无坠机事故的纪录；2002年5月7日，中国北方航空公司一架麦道M-82飞机在大连周水子机场附近坠毁，122人全部遇难。

加快出台《安全生产法》迫在眉睫。

### 1.2.3 《安全生产法》出台

《安全生产法》出台经历了21年的漫长历程。

前面所述，我国制定并颁布的有关安全生产法律、行政法规近30多部。这些先行的法律、法规虽然对各行业及领域的安全生产管理发挥了重要作用，但不能完全适应我国当时的安全生产工作的需要。这里有管理体制问题，也有部门管理的局限性，还有计划经济体制的影响及观念问题，因此迫切需要出台一部综合性的《安全生产法》。

早在1981年，原国家劳动总局就提出了制定《劳动保护法》，后又改名为《职业安全卫生法》，并着手起草。

1998年，国家将原劳动部负责安全生产综合管理职能划归国家经贸委，国家经贸委又将法名改为《职业安全法》，并重新起草报国务院审议。

2001年初，国务院设立国家安全生产监督管理局。国家安全生产监督管理局又重新起草，将法名改为《安全生产法》。

2001年11月21日，国务院第48次常务会议审议通过《安全生产法（草案）》，将草案提请全国人大常委会审议。

2001年11月29日，中华人民共和国第九届全国人民代表大会常务委员会第二十五次会议对《安全生产法（草案）》进行初审。

2002年4月24日，中华人民共和国第九届全国人民代表大会常务委员会第二十七次会议对《安全生产法（草案）》进行了第二次审议。

2002年6月25日，中华人民共和国第九届全国人民代表大会常务委员会第二十八次会议对《安全生产法（草案）》进行了第三次审议。

2002年6月29日下午，中华人民共和国第九届全国人民代表大会常务委员会第二十八次全体会议上，以118票赞成、1票弃权、2票反对的表决结果，审议通过《中华人民共和国安全生产法》，当日即以中华人民共和国主席令（第七十号）颁布，2002年11月1日起施行。

当时正值我国安全监管监察体制建立之初。

《中华人民共和国安全生产法》的出台结束了我国建国几十年以来缺少安全生产领域综合大法的历史。这是我国安全生产法制建设的里程碑，它开创了我国安全生产法制工作新时代，标志着我国安全生产工作开始全面纳入法制化轨道。

## 1.3 《安全生产法》修改背景

《安全生产法》的颁布实施，对我国安全生产工作起到了巨大的推动作用，它提高了安全生产工作地位，增强了全社会的安全生产意识，有力地巩固了安全监管监察体制。从

2003年起，我国安全生产事故总量出现拐点，安全生产形势实现持续稳定好转，相应的法规不断完善，新的配套法规陆续出台。但是，安全生产形势依然严峻，由此提出了修改《安全生产法》的建议。

### 1.3.1 《安全生产法》修改前相关法律

《安全生产法》出台后，相应的法律也相应出台，同时部分与安全生产有关的法律进行了相应的修改。其中，2003年8月27日出台的《行政许可法》，促进行政许可制度走向法制化改革的道路，政府机构改革和行政审批制度的改革对安全生产管理产生重大影响，见表1-2所列[1]。

《安全生产法》修改前相关法律　　表1-2

| 序号 | 法律 | 制定、修改（修订）及施行简介 |
|---|---|---|
| 1 | 《中华人民共和国行政许可法》 | 2003年8月27日第十届全国人民代表大会常务委员会第四次会议通过《中华人民共和国行政许可法》，中华人民共和国主席令第七号公布，自2004年7月1日起施行 |
| 2 | 《中华人民共和国治安管理处罚法》 | 2005年8月28日第十届全国人民代表大会常务委员会第十七次会议通过《中华人民共和国治安管理处罚法》，中华人民共和国主席令第三十八号公布，自2006年3月1日起施行 |
| 3 | 《职业安全与卫生公约》第155号公约 | 2006年10月31日第十届全国人大常委会二十四次会议，全国人大常委会批准了1981年《职业安全和卫生及工作环境公约》，并声明《职业安全和卫生及工作环境公约》暂不适用于香港特别行政区。由于澳门在回归前已随葡萄牙适用了这一国际公约，根据澳门特别行政区基本法的规定，该公约自回归后继续适用于澳门特别行政区 |
| 4 | 《关于办理危害矿山生产安全刑事案件具体应用法律若干问题的解释》 | 2007年2月26日最高人民法院审判委员会第1419次会议、2007年2月27日最高人民检察院第十届检察委员会第72次会议通过了最高人民法院、最高人民检察院《关于办理危害矿山生产安全刑事案件具体应用法律若干问题的解释》，自2007年3月1日起施行 |
| 5 | 《中华人民共和国突发事件应对法》 | 2007年8月30日中华人民共和国第十届全国人民代表大会常务委员会第二十九次会议通过《中华人民共和国突发事件应对法》，中华人民共和国主席令第六十九号公布，自2007年11月起施行 |
| 6 | 《中华人民共和国消防法》 | 2008年10月28日中华人民共和国第十一届全国人民代表大会常务委员会第五次会议通过修订《中华人民共和国消防法》，中华人民共和国主席令第六号公布，自2009年5月1日起施行 |
| 7 | 《中华人民共和国电力法》 | 2009年8月27日中华人民共和国第十一届全国人民代表大会常务委员会第十次会议通过《全国人民代表大会常务委员会关于修改部分法律的决定》，中华人民共和国主席令第十八号公布，自公布之日起施行 |

[1] 实际上2009年8月27日中华人民共和国第十一届全国人民代表大会常务委员会第十次会议通过的《全国人民代表大会常务委员会关于修改部分法律的决定》中，除我国电力法、矿产资源法外，全民所有制工业企业法、煤炭法、刑法、矿山安全法、劳动法、行政处罚法、铁路法、航空法、工会法、道路交通安全法等多个法律作出了相应的修正，本法安全生产法也作出了相应条款的修正。

续表

| 序号 | 法律 | 制定、修改（修订）及施行简介 |
| --- | --- | --- |
| 8 | 《中华人民共和国矿产资源法》 | 2009 年 8 月 27 日中华人民共和国第十一届全国人民代表大会常务委员会第十次会议通过的《全国人民代表大会常务委员会关于修改部分法律的决定》，中华人民共和国主席令第十八号公布，自公布之日起施行 |
| 9 | 《中华人民共和国刑法修正案（八）》 | 2011 年 2 月 25 日中华人民共和国第十一届全国人民代表大会常务委员会第十九次会议通过《中华人民共和国刑法修正案（八）》，自 2011 年 5 月 1 日起施行 |
| 10 | 《中华人民共和国煤炭法》 | 2011 年 4 月 22 日中华人民共和国第十一届全国人民代表大会常务委员会第二十次会议通过《关于修改〈中华人民共和国煤炭法〉的决定》，中华人民共和国主席令第四十五号公布，自 2011 年 7 月 1 日起施行 |
| 11 | 《中华人民共和国建筑法》 | 2011 年 4 月 22 日中华人民共和国第十一届全国人民代表大会常务委员会第二十次会议通过《全国人民代表大会常务委员会关于修改〈中华人民共和国建筑法〉的决定》，中华人民共和国主席令第四十六号公布，自 2011 年 7 月 1 日起施行 |
| 12 | 《中华人民共和国职业病防治法》 | 2011 年 12 月 31 日中华人民共和国第十一届全国人民代表大会常务委员会第二十四次会议通过《全国人民代表大会常务委员会关于修改〈中华人民共和国职业病防治法〉的决定》，中华人民共和国主席令第五十二号公布，自公布之日起施行 |
| 13 | 《中华人民共和国劳动合同法》 | 2007 年 6 月 29 日中华人民共和国第十届全国人民代表大会常务委员会第二十八次会议通过《中华人民共和国劳动合同法》，中华人民共和国主席令第六十五号公布，自 2008 年 1 月 1 日起施行。2012 年 12 月 28 日中华人民共和国第十一届全国人民代表大会常务委员会第三十次会议通过修改《中华人民共和国劳动合同法》，中华人民共和国主席令第七十三号公布，自 2013 年 7 月 1 日起施行 |
| 14 | 《中华人民共和国环境保护法》 | 2014 年 4 月 24 日中华人民共和国第十二届全国人民代表大会常务委员会第八次会议通过修订《中华人民共和国环境保护法》，中华人民共和国主席令第九号公布，自 2015 年 1 月 1 日起施行 |

其中，新修改的煤炭法、建筑法、电力法继续坚持提出“安全第一、预防为主”的安全生产方针。

### 1.3.2 《安全生产法》修改前相关行政法规及规范性文件

《安全生产法》出台后，相继出台了与《安全生产法》有关的行政法规和规范性文件，见表 1-3 所列。

《安全生产法》修改前相关行政法规及规范性文件　　表 1-3

| 序号 | 法律 | 介绍 |
| --- | --- | --- |
| 1 | 《建设工程安全生产管理条例》 | 2003 年 11 月 12 日国务院第 28 次常务会议通过《建设工程安全生产管理条例》，中华人民共和国国务院令第 393 号公布，自 2004 年 2 月 1 日起施行 |
| 2 | 《安全生产许可证条例》 | 2004 年 1 月 7 日国务院第 34 次常务会议通过《安全生产许可证条例》，中华人民共和国国务院令第 397 号公布，自公布之日起施行 |

续表

| 序号 | 法律 | 介绍 |
|---|---|---|
| 3 | 《劳动保障监察条例》 | 2004年10月26日国务院第68次常务会议通过《劳动保障监察条例》，中华人民共和国国务院令第423号公布，自2004年12月1日起施行 |
| 4 | 《民用爆破物品安全管理条例》 | 2006年4月26日国务院第134次常务会议通过《民用爆炸物品安全管理条例》，中华人民共和国国务院令第466号公布，自2006年9月1日起施行 |
| 5 | 《生产安全事故报告和调查处理条例》 | 2007年3月28日国务院第172次常务会议通过《生产安全事故报告和调查处理条例》，中华人民共和国国务院令第493号公布，自2007年6月1日起施行 |
| 6 | 《特种设备安全监察条例》 | 2003年2月19日国务院第68次常务会议通过《特种设备安全监察条例》，中华人民共和国国务院令第373号公布，自2003年6月1日起施行。2009年1月14日国务院第46次常务会议通过《国务院关于修改〈特种设备安全监察条例〉的决定》，中华人民共和国国务院令第549号公布，自2009年5月1日起施行 |
| 7 | 《中华人民共和国侵权责任法》 | 2009年12月26日中华人民共和国第十一届全国人民代表大会常务委员会第十二次会议通过《中华人民共和国侵权责任法》，中华人民共和国主席令第21号公布，自2010年7月1日起施行 |
| 8 | 《关于进一步加强企业安全生产工作的通知》 | 2004年1月9日国务院发布《国务院关于进一步加强安全生产工作的决定》（国发〔2004〕2号）；2010年7月19日，国务院发布《国务院关于进一步加强企业安全生产工作的通知》（国发〔2010〕23号）发布 |
| 9 | 《中华人民共和国社会保险法》 | 2010年10月28日第十一届全国人民代表大会常务委员会第十七次会议通过《中华人民共和国社会保险法》，中华人民共和国国务院令第35号公布，自2011年7月1日起施行 |
| 10 | 《工伤保险条例》 | 2003年4月16日国务院第5次常务会议讨论通过《工伤保险条例》，中华人民共和国国务院令第375号公布，自2004年1月1日起施行。2010年12月8日国务院第136次常务会议通过《国务院关于修改〈工伤保险条例〉的决定》，中华人民共和国国务院令第586号公布，自2011年1月1日起施行 |
| 11 | 《关于坚持科学发展安全发展促进安全生产形势持续稳定好转的意见》 | 2011年11月26日，国务院发布《关于坚持科学发展安全发展促进安全生产形势持续稳定好转的意见》（国发〔2011〕40号） |
| 12 | 《突发事件应急预案管理办法》 | 2013年10月25日，国务院办公厅发布《突发事件应急预案管理办法》（国办发〔2013〕101号） |

## 1.4 《安全生产法》修改过程简介

随着我国治国理政理念的不断变化、经济社会发展的不断变迁，安全生产工作实践的步步推进，这部曾经开创了时代的法律，日益显现出在制度设计上的种种缺陷。

当时出台的《安全生产法》，是一部安全管制法制模式的法律，重点是强调加强安全生产监督管理，而对企业主体安全生产责任强调不够。这就必将导致政府监管职责过大、责任也过大，企业违法成本过低、自主守法意识也过低，难免出现监管能力不足、难以有效遏制违法违规生产行为等问题。

自2002年《安全生产法》施行以来，生产安全事故得到遏制，事故起数和死亡人数均有下降，但全国安全生产形势不容乐观，形势依然严峻，重特大事故时有发生，见表1-4所列。

**《安全生产法》修改过程** **表1-4**

<table>
<tr><th colspan="2">年份</th><th>2002年</th><th>2003年</th><th>2004年</th><th>2005年</th></tr>
<tr><td rowspan="2">全国共发生各类事故</td><td>事故起数</td><td>1073434起</td><td>963976起</td><td>854570起</td><td>727945起</td></tr>
<tr><td>死亡人数</td><td>139393人</td><td>137070人</td><td>136755人</td><td>126760人</td></tr>
<tr><td colspan="2" rowspan="2">全国一次死亡3～9人重大事故</td><td colspan="2">事故起数</td><td>2721起</td><td>2539起</td></tr>
<tr><td colspan="2">死亡人数</td><td>10180人</td><td>9690人</td></tr>
<tr><td colspan="2" rowspan="2">全国一次死亡10～29人特大事故</td><td colspan="2">事故起数</td><td>115起</td><td>134起</td></tr>
<tr><td colspan="2">死亡人数</td><td>1670人</td><td>3049人</td></tr>
<tr><td colspan="2" rowspan="2">全国一次死亡30人以上特别重大事故</td><td colspan="2">事故起数</td><td>14起</td><td>17起</td></tr>
<tr><td colspan="2">死亡人数</td><td>860人</td><td>1200人</td></tr>
</table>

**1. 修改《安全生产法》的提出**

2005年5～6月全国人大常委会组织对全国10个省（市、区）《安全生产法》执法情况进行检查后，“刀不快，腰不硬”的问题被首次一针见血地提出，“刀不快”指的就是法律制裁不严、企业违法成本低下，“腰不硬”指的是监管者执法地位不高、执法手段缺乏。就是这次大范围的检查，成为修改《安全生产法》的发端。修改《安全生产法》被正式列入修法议程、纳入修法计划，还在6年之后。

期间，2009年8月27日全国人民代表大会常务委员会第十次会议通过了《全国人民代表大会常务委员会关于修改部分法律的决定》（国家主席令），对本法第九十四条“治安管理处罚条例”修改为“治安管理处罚法”，这是本法的第一次修正。

**2. 加快《安全生产法》决定的出台**

2011年7月22日3时43分，京珠高速公路河南省信阳市境内发生一起特别重大卧铺客车燃烧事故，造成41人死亡、6人受伤，直接经济损失2342.06万元。

就在“7.22”特别重大交通事故发生的第二天，2011年7月23日晚上8时30分05秒，发生震惊中外的甬台温铁路列车追尾事故，造成40人死亡、172人受伤，中断行车32小时35分，直接经济损失19371.65万元。

2011年7月27日，国务院第165次常务会议决定：加快修改《安全生产法》，进一步明确责任，加大对违法行为的惩处力度。

**3. 《安全生产法》送审稿提交并征求意见**

2011年12月，国家安全监管总局向国务院报送《安全生产法修正案（送审稿）》。

2012年6月4日，修正案（征求意见稿）征求意见在国务院法制办政府网站上公开向社会公众征求意见。

**4. 修改《安全生产法》被列入立法规划第一类项目**

2013年3月29日，吉林省吉煤集团通化矿业集团公司八宝煤业公司发生特别重大瓦斯爆炸事故，造成36人死亡、12人受伤，直接经济损失4708.9万元，事故发生后，企业瞒报7人死亡。

同样是这个集团公司，2013年4月1日，通化矿业集团公司违反禁令擅自组织人员进入八宝煤业公司井下作业，又发生瓦斯爆炸事故，造成17人死亡、8人受伤，直接经济损失1986.5万元。

鉴于这一起重大事故与“3·29”事故发生在同一个煤矿且相隔时间短，国务院“3·29”特别重大事故调查组对这起重大事故一并进行了调查处理。

2013年5月20日10时51分许，位于山东省章丘市的保利民爆济南科技有限公司乳化震源药柱生产车间发生爆炸事故，造成33人死亡、19人受伤，直接经济损失6600余万元。

2013年6月3日，位于吉林省长春市德惠市的吉林宝源丰禽业有限公司主厂房发生特别重大火灾爆炸事故，共造成121人死亡、76人受伤，直接经济损失1.82亿元。

2013年重别特大事故高发，加速了修改《安全生产法》的进程。2013年10月31日，十二届全国人大常委会将修改《安全生产法》列入本届常委会立法规划第一类项目。

**5. 国务院审议并通过《安全生产法》修正案草案**

2013年11月22日山东青岛经济技术开发区中石化管道公司输油管线发生破裂，引发爆燃事故，造成62人遇难，136人受伤，直接经济损失75172万元。

2014年1月15日，国务院常务会议审议并通过《安全生产法》修正案草案。

**6. 全国人大常委会第一次审议《安全生产法》修正案（草案）**

2014年2月25日，全国人大常委会第一次审议《安全生产法》修正案（草案）。

2014年3月1日晋济高速公路山西晋城段岩后隧道内发生两辆运输甲醇的铰接列车追尾相撞造成甲醇泄漏起火燃烧，引发隧道内滞留的另外两辆危险化学品运输车和31辆煤炭运输车等车辆爆燃，造成40人死亡、12人受伤和42辆车烧毁，直接经济损失8197万元。

2014年7月30日，全国法律委员会召开会议，根据全国人大常委会组成人员的审议意见和各方面意见，对草案进行了逐条审议。财政经济委员会和国务院法制办公室、国家安全生产监督管理局的负责同志列席了会议。

2014年8月2日江苏省昆山市中荣金属制品有限公司抛光车间发生粉尘爆炸特别重大事故，造成75人死亡、185人受伤。

2014年8月7～8日，法制工作委员会召开会议，邀请全国人大代表、专家学者、生产经营单位、有关行业协会和中介机构、地方政府以及安全生产监督管理部门等代表，就修正草案主要修改内容的可行性、出台时机、实施后的社会效果及实施中可能出现的问题进行了论证评估。会上，建议经常委会会议审议后尽快出台。

2014年8月14日，黑龙江鸡西安之顺煤矿透水事故发生后有23人被困井下。

2014年8月19日，安徽省淮南市东方煤矿发生爆炸事故，当时井下有39人作业，其中12人升井，先后发现5名遇难者遗体，另外还有22人被困井下失去联系。

2014年8月26日下午，全国人民代表大会常务委员会对关于修改《安全生产法》的决定（草案）进行了分组审议。

2014年8月28日下午，全国法律委员召开会议，认真研究常务会组成人员的审议意见，对草案进行了审议。法律委员会又对修改决定草案提出了一些修改意见，如针对“8.2”昆山粉尘爆炸特别重大事故，提出了增加“乡、镇人民政府以及街道办事处、开发区管理机构等地方人民政府的派出机关应当按照职责，加强对本行政区域内生产经营单位安全生产状况的监督检查，协助上级人民政府有关部门依法履行安全生产监督管理职责”的条款。

2014年8月31日，全国人大常委会第二次审议表决通过了《关于修改〈中华人民共和国安全生产法〉的决定》。

## 1.5 《安全生产法》修改内容概况

2014年8月31日第十二届全国人民代表大会常务委员会第十次会议，通过关于修改《中华人民共和国安全生产法》的决定，这是对本法的第二次修正。

**1.《安全生产法》修改变动情况介绍**

按照《立法法》的规定，法律的修改工作一般要经过三审，但《安全生产法》的修改经过二审便通过，且改动幅度相对较大。原法共97条，修改后共114条。新增17条，修改59条，新增和修改的条数占了一大半。修改变动情况见表1-5所列。

**修改变动情况统计表** **表1-5**

| 排名 | 章 | 增加 | 修改 | 变动 |
|---|---|---|---|---|
| 1 | 第六章　法律责任 | 6 | 17 | 23 |
| 2 | 第二章　生产经营单位的安全生产保障 | 4 | 18 | 22 |
| 3 | 第一章　总则 | 1 | 9 | 10 |
| 4 | 第五章　生产安全事故的应急救援与调查处理 | 2 | 7 | 9 |
| 5 | 第四章　安全生产的监督管理 | 2 | 5 | 7 |
| 6 | 第三章　从业人员的安全生产权利义务 | 1 | 2 | 3 |
| 7 | 第七章　附　则 | 1 | 1 | 2 |
| 合计 | | 17 | 59 | 76 |

修改变化大，通过很顺利。一方面说明修法的前期准备工作做得充分，另一方面也说明，该法的修改得到了党中央、全国人大、国务院的高度重视和全社会强烈的、广泛的共识。就全国人大而言，整个审议过程中无人对新确立的安全生产方针、格局提出异议，有的只是提出更严格、更完善、更有操作性的意见和建议，“以人为本、安全发展已成为共识”。

**2. 修改后的特点**

（1）以人为本，安全发展是最大亮点之一。

安全生产的终极目标是为了人，把保护人的生命安全放在最重要的位置，是安全生产工作的根本，也是立法、修法之根本。

（2）安全生产的社会管理、社会建设理念开始树立。

“以人为本”、“安全发展”写入《安全生产法》，以及“安全生产监督管理”、“安全生产管理”改为“安全生产工作”、“促进经济发展”改为“促进经济社会持续健康发展”。

说明：安全生产立法理念改变，安全生产工作层次提升，它不再局限于安全生产领域，也不再是经济发展的附属品，更是社会管理、社会建设的范畴。

安全生产是实现国家治理体系和治理能力现代化的必然要求，安全生产工作已纳入国家经济和社会发展的大格局。

因此，第八条还强调："国务院和县级以上地方各级人民政府应当根据国民经济和社会发展规划制定安全生产规划，并组织实施。安全生产规划应当与城乡规划相衔接。"这也呼应了安全生产的社会属性。

（3）突出强化了"责任"是该法修订的亮点之二。

该法第三条明确规定："强化和落实生产经营单位的主体责任，建立生产经营单位负责、职工参与、政府监管、行业自律和社会监督的机制。"并且在其他修改的条文中，细化和突出了工会、政府、部门、协会、企业、保险、媒体等社会各方力量在安全生产工作中的职责。

做好安全生产工作，落实生产经营单位主体责任是根本。新增的 17 条中，有 9 条直接关联到生产经营单位及其人员。全法 114 条中，71 条直接关联到生产经营单位及其人员。

如该法明确规定：委托专业服务机构提供安全生产技术、管理服务的，保证安全生产的责任仍然由本单位负责。

因此，企业加强自身的安全生产管理显得非常重要。如《安全生产法》第十九、二十一条中提出了"从业人员在一百人以下的，应当配备专职或者兼职的安全生产管理人员"，由原来的"三百人以下"改为"一百人以下"可不设置安全生产管理机构，较过去更加严格。"一百人以下"可不设置安全生产管理机构，但必须配备专职或者兼职的安全生产管理人员，删除了原来"或者委托"字样，强调了配备兼职安全生产管理人员是最低要求。并专门增加了第二十二条，对生产经营单位的安全生产管理机构以及安全生产管理人员职责提出了要求。第二十三条对生产经营单位的安全生产管理机构以及安全生产管理人员的权利维护进行了规范。同样，在相应的处罚条款上对安全生产管理人员不履行职责提出了相应的处罚条款，如第九十三条规定："生产经营单位的安全生产管理人员未履行本法规定的安全生产管理职责的，责令限期改正；导致发生生产安全事故的，暂停或者撤销其与安全生产有关的资格；构成犯罪的，依照刑法有关规定追究刑事责任。"

隐患排查治理、劳务派遣人员培训、企业安全生产标准化等内容进一步明确或有了新的规定。

规定了乡、镇人民政府以及街道办事处、开发区管理机构等地方人民政府的派出机构的安全生产监督管理职责。

修改后的《安全生产法》规定，对存在重大隐患，拒不执行停产停业、停止施工、停止使用相关设施设备等决定的生产经营单位，有发生事故的现实危险的，负有安全生产监管职责的部门可采取通知有关单位停止供电、停止供应民用爆炸物品等措施，直至决定得到执行。

该法扩大了负有安全生产监管职责部门的查封扣押权，增加规定可以查封、扣押违法生产、储存、使用、经营、运输的危险物品，以及可以查封违法生产、储存、使用、经营危险物品的作业场所。

对应于处罚的所有违法行为，都规定了明确的法律责任。

较大幅度地加重了处罚力度，尤其是提高了罚款数额，增加了对直接负责的主管人员和其他直接责任人员的处罚规定。

对比《生产安全事故报告和调查处理条例》（国务院令第493号）和修改后的《安全生产法》，很容易得出结论：凡发生事故，对负有责任的生产经营单位，罚款的"起步价"从原来的10万元提高至20万元，"封顶价"从原来的500万元翻番至2000万元。

该法对企业责任人处以更严格的处罚，一旦因未履行职责导致事故发生，除被降级、撤职外，还将被处其一年年收入30%～100%的罚款，构成犯罪的还将被追究刑责。尤其值得一提的是，规定生产经营单位的主要负责人对重大、特别重大生产安全事故负有责任的，"终身不得担任本行业生产经营单位的主要负责人"。

针对实践中一些企业特别是上市公司"不怕罚款怕曝光"的情况，实行"黑名单"制度，规定监管部门应当建立安全生产违法行为信息库，记录生产经营单位的安全生产违法行为信息；对违法行为情节严重的，可以向社会公示并通报行业主管部门以及投资、国土、证券监管等部门和有关金融机构。

（4）安全生产教育和培训作为企业的主体责任，并更加具体是该法修订的亮点之三。

《安全生产法》第十八条关于生产经营单位的主要负责人职责中加入了"组织制定并实施本单位安全生产教育和培训计划"，这一条很重要，使得安全生产教育和培训作为企业的主体责任更加明确，法律地位更加明确，必将对安全生产教育和培训工作产生极大的影响。

以此为依据，《安全生产法》修改了众多的条款，均与《安全生产法》第十八条有关。

如第二十二条生产经营单位的安全生产管理机构以及安全生产管理人员职责中写入了"组织或者参与本单位安全生产教育和培训，如实记录安全生产教育和培训情况"。

第二十四条高危企业的主要负责人和安全生产管理人员，"应当由有关主管部门对其安全生产知识和管理能力考核合格后方可任职"改为"应当由有关主管部门对其安全生产知识和管理能力考核合格后"，删除了"方可任职"，它寓意强化企业教育和培训的主体责任。

第二十五条强化了生产经营单位对从业人员进行安全生产教育和培训的内容，不但增加从业人员培训内容，如"了解事故应急处理措施，知悉自身在安全生产方面的权利和义务"，而且增加了教育和培训的对象，如"生产经营单位使用被派遣劳动者"、生产经营单位接收中等职业学校、高等学校学生实习的"实习学生"，并再次强调了"生产经营单位应当建立安全生产教育和培训档案，如实记录安全生产教育和培训的时间、内容、参加人员以及考核结果等情况"。

第二十七条将"生产经营单位的特种作业人员必须按照国家有关规定经专门的安全作业培训，取得特种作业操作资格证书，方可上岗作业"，改为"生产经营单位的特种作业人员必须按照国家有关规定经专门的安全作业培训，取得相应资格，方可上岗作业"，删除了"取得特种作业操作资格证书"，而是以"取得相应资格"代替，为今后特种作业人员教育培训和考核的改革作了铺垫。

**3. 期待改进内容**

本次《安全生产法》修改定位为修正，而不是修订。修正是小修小补，修订是大修大补，往往重新规定，以新法形式出现。

许多专家认为，本法修改又朝依法开展安全生产工作迈进了一大步，但还存在一些遗憾，有待于不断摸索和改进。归纳这些遗憾，主要有以下内容：

（1）监管体制还是不顺。安全生产工作中，政府的责任是非常大的，但是《安全生产法》中没有提及政府承担哪些法律责任，环境保护法有。还有监管体制仍然没有得到理顺，综合监管和直接监管的管理，没有进一步理顺。将乡镇一级的监管纳入《安全生产法》中，怎样去监管成为今后应当亟待解决的问题。现在有的乡镇根本没有安全监管力度，即使有专业性也不强，有很多是临时工。安全生产监督管理这一章，把社会监督仍然纳入其中，有些牵强。因为社会监督它不属于行政监督管理，社会监督包括新闻媒体的报道、社会的监督，应该体现它的独立性，应该专设一章。在监督机制方面，没有规定人大监督的机制，人大的作用没有发挥其作用。地方政府应该定期向人大常委会来汇报安全生产工作，接受人大的监督。

（2）《安全生产法》应当成为安全生产领域的一个基本法，这个基本法就应该由全国人大来通过而不是全国人大常委会来通过，它应该包含矿山安全法、职业病防治法等内容在内，成为我国真正意义上的安全生产法律。但现在还是“三张皮”：《安全生产法》、《矿山安全法》和《职业病防治法》还是各管一方，统一协调的问题没有得到解决。例如职业病防治法公务员的职业病防治是参照规定。此外，像学校、医院等事业单位，这些事业单位它也有“安全”问题，很难在本法中体现。

（3）安全生产管理的力度还不够。如有关隐患当做事故处理没有吸收进去。对于不发生事故，却经常违规的现象处罚力度不够。比方说安全生产经常存在连续违法的现象，只要不发生事故他根本就不在乎，一旦发生事故他屁股一拍跑了，所以，这时候是不是有必要借鉴环保法的修改经验，引进“按日计罚，且上不封顶”，就是按照违法天数来计算罚款的措施。

（4）《安全生产法》的理论性和与有关法规的衔接不够。例如何谓安全生产条件，何谓安全生产标准化，在理论上和逻辑上都没有很好的系统研究。

总之，抓紧依照修改后的《安全生产法》，加强安全生产管理理论的研究，进一步健全完善配套的法规标准，是我们期待的。

中共中央十八届四中全会的召开，提出了依法治国的理念，给我们贯彻落实《安全生产法》带来了新的机遇。

# 第2篇 《安全生产法》条文分析

为了理解修改后的《安全生产法》，将《安全生产法》修改前后作对比，并分析。文中用暗底纹作本次修改后被删除内容的标记（如原条款），用加粗字体作本次修改后增加内容的标记（如**新修改**）。每条均用理解、要点、关注三段阐述笔者对该条文的分析。其中，在生产经营单位有关职责的条款中均按照职责的要求提出了对应的法律责任（或处罚规定）以及对应于《安全生产许可证条例》第六条中相应的安全生产条件内容。

## 2.1 第一章 总 则

### 2.1.1 第一条 立法目的

【第一条条文】

第一条 为了加强安全生产监督管理**为了加强安全生产工作**，防止和减少生产安全事故，保障人民群众生命和财产安全，促进经济发展**促进经济社会持续健康发展**，制定本法。

【第一条条文分析】

本条是关于立法目的的规定。

1. 理解

本条将“安全生产监督管理”改为“安全生产工作”，将“促进经济发展”改为“促进经济社会持续健康发展”，是本法修改的一个突出变化，它谕示着安全生产立法理念改变，即它不再是一部行政监察法规，它所涉及的范围更广，既涉及政府部门的监管，又涉及生产经营单位安全生产管理行为，还涉及其他组织、个人及社会团体等关注与参与安全生产工作。因此本条的修订，使得安全生产工作层次提升，它不再局限于安全生产领域，也不再是经济发展的附属品，而是社会管理、社会建设的范畴。

本条依据《中华人民共和国宪法》而制定。《中华人民共和国宪法》第四十二条规定“加强劳动保护，改善劳动条件”。“加强劳动保护，改善劳动条件”这是我国安全生产管理的基本原则。

本条从四个方面确定了本法制定的目的。

2. 要点

(1) 加强安全生产工作

“加强安全生产工作”是制定《安全生产法》的第一个目的。这里的安全生产工作已不仅仅是一部行政监察的法规，而是从社会化管理角度来谈安全生产。本条在后续的条款中提出了相应的管理规定，尤其是对生产经营单位履行安全生产管理的主体责任提出了具体的规定，对行业协会等社会组织参与安全生产工作也提出了有关要求。

(2) 防止和减少生产安全事故

“防止和减少生产安全事故”是制定《安全生产法》的第二个目的。这是本法比较关注的一个具体目的，为达到此目的，后续的条款对生产安全事故的防范、事故的应急预案以及事故的处置与责任追究都作出了相应的规定。

(3) 保障人民群众生命和财产安全

“保障人民群众生命和财产安全”是制定《安全生产法》的第三个目的。这是前两条目的的最终体现，为了贯彻这个目的，本法在安全生产指导思想、工作方针、从业人员的保护以及财产损失的赔偿上都作出了相应的规定。

(4) 促进经济社会持续健康发展。

“促进经济社会持续健康发展”是制定《安全生产法》的第四个目的。这是从社会发展、社会进步长远发展而设置的一个目标，它不再仅仅单纯地从经济发展去考虑安全生产，是我国安全生产管理理念的一次大的飞跃。

3. 关注

(1) 学习本法时应关注《中华人民共和国宪法》第四十一条～第四十六条。

(2) 要更深入理解这一条款，还应理清两个重要概念，这就是何谓安全生产、何谓生产安全事故。到目前为止，对于这两个名词的概念还缺乏科学的界定，有的定义不能完整表达这两个名词的内在含义[1]。

## 2.1.2 第二条 本法适用范围

【第二条条文】

第二条 在中华人民共和国领域内从事生产经营活动的单位（以下统称生产经营单位）的安全生产，适用本法；有关法律、行政法规对消防安全和道路交通安全、铁路交通安全、水上交通安全、民用航空安全以及核与辐射安全、特种设备安全另有规定的，适用其规定。

【第二条条文分析】

本条是关于本法适用范围和调整事项的规定。

1. 理解

本条增加了“核与辐射安全、特种设备安全”的内容，表明本法关注“核与辐射安全、特种设备安全”领域的安全生产活动。

2. 要点

(1) 使用范围

本法的适用范围是在我国领域内所有从事生产经营活动的单位。即本法的适用范围不仅包括从事产品制造、工程建设等生产经营企业，也包括资源开采、产品加工、产品租赁与储存、设备安装、产品运输、设备与设施维护以及商业、娱乐业、其他服务业等与生产经营活动有关的所有生产经营单位。无论生产经营单位的规模大小、性质如何，如国有企业事业单位、集体所有制企业事业单位、股份制企业、中外合资经营企业、中外合作经营企业、外资企业、合伙企业、个人独资企业等，只要在中华人民共和国领域内从事生产经营活动的，都必须遵守本法的各项规定。

按照依法治国、依法行政的总要求，各级人民政府及政府有关部门也应必须遵守本法，其对安全生产工作负有监督管理职责的机关及其工作人员应当依据本法履行其安全生

[1] 见本书第3篇 “3.1 何谓安全生产”、“3.2何谓生产安全事故”。

产监管职责。

(2) 调整事项

本法调整事项是生产经营活动中的安全问题，只限于生产经营领域，只针对生产经营活动中的安全问题。

(3) 本法例外

本法还规定了适用以外的规定。目前，我国与安全生产相关的法律法规还有劳动法、消防法、道路交通安全法、海上交通安全法、铁路法、民用航空法、特种设备法、建筑法、矿山安全法、煤炭法等法律，以及民用核安全设备监督管理条例、放射性同位素与射线装置安全和防护条例、安全生产许可证条例、建设工程安全生产管理条例等行政法规。

按照我国法律渊源的规定，由全国人民代表大会常务委员会批准、国家主席令发布的所有法律，都是在宪法之下必须遵守的；由国务院常务会议通过、以国务院令形式发布的行政法规应遵循有关法律规定，发布后必须执行。为此，本法规定："有关法律、行政法规对消防安全和道路交通安全、铁路交通安全、水上交通安全、民用航空安全以及核与辐射安全、特种设备安全另有规定的，适用其规定"。即在遵循本法有关规定时，同时还应遵循其他有关法律。

(4) 本条对应于《安全生产许可证条例》第六条第十三款中的安全生产条件内容。

3. 关注

(1) 学习本法时，应关注劳动法、消防法、道路交通安全法、海上交通安全法、铁路法、民用航空法、特种设备法、建筑法、矿山安全法、煤炭法等法律，以及民用核安全设备监督管理条例、放射性同位素与射线装置安全和防护条例、安全生产许可证条例、建设工程安全生产管理条例等行政法规。

在对此条进行解读时，有关部门认为以上涉及的劳动法、建筑法、矿山安全法、煤炭法等法律与本法的规定是一致的，为了减少法律与法律之间不必要的重复，对有些法律已经作了比较具体规定的，本法就采取了从简的办法，只作出基本规定或原则规定。

(2) 本法例外规定。按照我国《中华人民共和国香港特别行政区基本法》、《中华人民共和国澳门特别行政区基本法》的规定，只有列入这两个基本法附件三的全国性法律，才能在这两个特别行政区适用。由于《安全生产法》没有列入这两个基本法的附件三中，所以本法不适用于我国已恢复行使主权的香港、澳门特别行政区。这两个特别行政区的安全生产立法，应由这两个特别行政区的立法机关自行制定。

(3) 法的渊源与地位。本法涉及宪法、与安全生产有关的法律及行政法规。因此，学习和掌握有关法的渊源与地位很重要。

简要地讲，法的渊源一般是指形式意义上的、由不同的国家机关制定或者认可的、因而具有不同法律效力或者法律地位的各种类别的规范性文件的总称。我国法的渊源主要由宪法、法律、行政法规等各种规范性法律文件构成。宪法是我国的根本大法，它由国家最高权力机关全国人民代表大会制定、通过和修改，并由全国人民代表大会发布公告施行。宪法具有最高的法律效力。宪法是制定其他一切法律、法规的根据和基础，一切法律、行政法规等规范性法律文件的制定都必须依照宪法所确定的原则、基本精神，不得与宪法的规定相抵触，否则一律无效。

这里的法律专指由全国人民代表大会和全国人民代表大会常务委员会制定颁布的规范

性法律文件，其法律效力仅次于宪法。法律由国家主席公布。

行政法规是国家最高行政机关国务院制定的有关国家行政管理的规范性文件的总称。其法律地位和效力仅次于宪法和法律，但高于地方性法规和其他规范性文件。所以，一般来说，不能将行政法规与法律放在平行执行的位置上。

本条中涉及的有关民用核安全设备监督管理条例、放射性同位素与射线装置安全和防护条例等行政法规应属于在本法之下的法规，如何调整法律地位的关系值得探讨。

(4)《安全生产许可证条例》第六条第十三款中的安全生产条件内容[1]。

### 2.1.3 第三条 安全生产工作方针与机制

【第三条条文】

第三条 安全生产管理，坚持安全第一、预防为主的方针。安全生产工作应当以人为本，坚持安全发展，坚持安全第一、预防为主、综合治理的方针，强化和落实生产经营单位的主体责任，建立生产经营单位负责、职工参与、政府监管、行业自律和社会监督的机制。

【第三条条文分析】

本条是关于安全生产工作方针与工作机制的规定。

1. 理解

本条是本法制定的最大亮点。

本条除安全生产工作方针的修订外，还增加了“以人为本，安全发展”的管理理念和安全生产管理新机制等内容。

2. 要点

(1) 以人为本，安全发展

本条彰显了“以人为本，安全发展”的理念。安全生产的终极目标是为了人，把保护人的生命安全放在最重要的位置，是安全生产工作的根本，也是立法、修法之根本。

(2) 生产经营单位安全生产主体

本条突出了生产经营单位安全生产主体地位。“强化和落实生产经营单位的主体责任”的管理理念在本法中得到了充实。

(3) 安全生产工作格局

本条提出了安全生产工作的新格局，这就是“生产经营单位负责、职工参与、政府监管、行业自律和社会监督的机制”，寓意着安全生产工作已纳入国家经济和社会发展的大格局。其中，最突出的就是把“生产经营单位负责”放在这一新格局的首位。

3. 关注

(1) 本法第九条、第十二条、第十三条；《中华人民共和国电力法》第十九条；《中华人民共和国煤炭法》第七条；《中华人民共和国建筑法》第三十六条。

(2) 安全生产方针的由来。安全生产方针的确立反映了我国安全生产工作总体思路，它是长期以来我国安全生产管理工作经验的总结，了解它的由来能够进一步领会安全生产管理工作的深刻内涵[2]。我国《中华人民共和国电力法》第十九条、《中华人民共和国煤炭

[1] 见本书第3篇“3.6 安全生产条件及其评价”。

[2] 见本书第3篇“3.3 安全生产方针由来及内涵”。

法》第七条、《中华人民共和国建筑法》第三十六条等现行的安全生产有关的法律均提出了“安全第一、预防为主”的方针。

(3) 安全生产工作机制的演变。我国安全生产管理工作的机制经过了多个阶段的变化，了解每个阶段的变化，对我国安全生产管理工作的发展能够有一个更加全面的了解，对做好现阶段的安全生产管理工作更具有指导性意义[1]。

### 2.1.4 第四条 生产经营单位基本要求

【第四条条文】

第四条 生产经营单位必须遵守本法和其他有关安全生产的法律、法规，加强安全生产管理，建立、健全安全生产责任制度和安全生产规章制度，完善改善安全生产条件，推进安全生产标准化建设，提高安全生产管理水平，确保安全生产。

【第四条条文分析】

本条是关于生产经营单位基本义务的规定。

1. 理解

本条是对生产经营单位提出的安全生产工作的基本要求，增加了安全生产规章制度的内容，将“完善安全生产条件”改为“改善安全生产条件”，并在本法中首次提出“安全生产标准化”的概念，表明今后“安全生产标准化”在安全生产管理中将得到强化。

“完善”有使趋于完美的词义，“改善”有改变原有情况使其变好一些的词义，即“改善”有求得进步之意。目前，生产经营单位的安全生产条件状况是不理想的，有相当一部分生产经营单位（包括与安全生产工作有关的其他单位或部门）对于何谓安全生产条件还不清楚，更不要说完善安全生产条件了。因此将“完善安全生产条件”改为“改善安全生产条件”更为确切。

为此，作为生产经营单位，也包括与安全生产工作有关的其他单位或部门都应当熟悉了解和掌握有关安全生产规章制度、安全生产条件和安全生产标准化等概念。

2. 要点

(1) 遵守法规。

本条规定生产经营单位必须遵守本法和其他有关安全生产的法律、法规。除本法外，与生产经营单位相关的安全生产法律法规还有很多，生产经营单位都必须遵守。

(2) 制定各项安全生产规章制度。

本条规定生产经营单位必须加强安全生产管理，建立、健全安全生产责任制度和安全生产规章制度。安全生产规章制度包含了安全生产责任制度等各项制度，它是加强安全生产管理的重要手段，也是确保安全生产的前提。

(3) 改善安全生产条件，推进安全生产标准化建设。

本条规定生产经营单位应改善安全生产条件、推进安全生产标准化建设。安全生产条件是安全生产管理的核心内容，推进安全生产标准化是不断改善安全生产条件的重要手段。

(4) 加强安全生产管理，确保安全生产。

本条规定生产经营单位必须加强安全生产管理，确保安全生产。这是《安全生产法》

[1] 见本书第3篇“3.4 安全生产工作机制的演变”。

对生产经营单位提出的基本要求。

(5) 违反本规定，本法第一百零八条提出了相应的法律责任。

(6) 本条对应于《安全生产许可证条例》第六条中的安全生产条件内容。

3. 关注

(1) 本法第十条、第十七条、第一百零八条。

(2)《安全生产许可证条例》第六条❶。

(3) 安全生产规章制度。安全生产规章制度是安全生产管理最重要的内容，往往被忽视或混淆其内容，因此有必要对安全生产规章制度进行研究，以便在安全生产管理中发挥其重要的作用❷。

(4) 安全生产条件。本法有关“安全生产条件”一词出现16次，说明它在安全生产管理中的重要性。但何谓安全生产条件，没能引起重视。本条之后，将有许多条款与安全生产条件有关，因此理清安全生产条件的概念和内容非常重要。❶

(5) 安全生产标准化。自2004年开始，安全生产标准化工作已被提到安全生产管理工作的议事日程上来，但成效不佳。本条提出“安全生产标准化”的概念，表明今后“安全生产标准化”在安全生产管理中将得到强化，因此探讨安全生产标准化非常重要❸。

### 2.1.5 第五条 生产经营单位主要负责人全面负责基本规定

【第五条条文】

第五条 生产经营单位的主要负责人对本单位的安全生产工作全面负责。

【第五条条文分析】

本条是关于生产经营单位主要负责人对本单位的安全生产工作全面负责的规定。

1. 理解

本条是本法一贯强调的观点，没有改动，即“生产经营单位的主要负责人对本单位的安全生产工作全面负责”。

2. 要点

(1) 生产经营单位主要负责人的界定

这里需要明确的是何谓生产经营单位主要负责人，是生产经营单位法定代表人，还是总经理、经理、厂长、矿长或建设工程的项目负责人？明确生产经营单位主要负责人的原则有利于生产经营单位安全生产主体责任的落实。按照“管生产必须管安全”的原则，企业行政“一把手”以及具有决策和指挥生产经营单位的负责人都应称之为生产经营单位主要负责人。如企业行政“一把手”可能虽然没有直接决策生产活动，或指挥生产经营活动，但生产经营单位的人事权在于你，你就必须按照安全生产责任制的要求督促并考核相应的生产经营者，确保本单位的安全生产活动顺利进行；你是生产经营活动的决策者，你就要确保生产经营活动中各项安全生产措施落实，并确保安全生产活动资金的落实；你是生产经营活动的指挥者，你就要在生产活动前审核有关生产经营活动的安全措施能否保障

---

❶ 见本书第3篇“3.6 安全生产条件及其评价”。

❷ 见本书第3篇“3.5 安全生产规章制度与安全生产责任制”。

❸ 见本书第3篇“3.8 安全生产标准化的探讨”。

安全生产，并在实施过程中督促检查各项安全生产措施的落实情况，发现重大生产安全隐患就要采取应急措施，防范事故的发生。

(2) 全面责任要求

生产经营单位的主要负责人应当是承担本法第十八条生产经营单位主要负责人安全生产职责的有关人员。企业在生产经营活动前，必须明确有关负责人能够履行本法第十八条所确定的安全生产职责。生产经营单位的主要负责人未履行全面责任的，将承担法律责任，本法第九十一条、第九十二条、一百零六条均对此作出了相应的规定。

(3) 本条对应于《安全生产许可证条例》第六条第一款中的安全生产条件内容。

3. 关注

(1) 本法第十八条、第九十一条、第九十二条、第一百零六条。

(2)《安全生产许可证条例》第六条第一款[1]。

### 2.1.6 第六条 从业人员权利义务基本规定

【第六条条文】

第六条 生产经营单位的从业人员有依法获得安全生产保障的权利，并应当依法履行安全生产方面的义务。

【第六条条文分析】

本条是关于从业人员安全生产方面权利义务的规定。

1. 理解

本条是本法一贯强调的观点，未作修改，即“生产经营单位的从业人员有依法获得安全生产保障的权利，并应当依法履行安全生产方面的义务”。

2. 要点

(1) 从业人员的界定

本法所称的生产经营单位的从业人员是指从事生产经营活动各项工作的所有人员，包括管理人员、技术人员和各岗位的操作工人等，即在生产经营单位从事生产经营活动的各种工作，根据本法第五十八条的规定，从业人员还应包括生产经营单位临时聘用人员和派遣劳动者。

(2) 权利义务基本规定

本条规定生产经营单位的从业人员有依法获得安全生产保障的权利，并应当依法履行安全生产方面的义务。原则上，权利与义务是对等的，生产经营单位应通过教育培训告知从业人员的权利与义务，本法第二十五条及第三章对此作出了相应的规定。对违反本规定的，本法第九十四条第三款、第九十六条第四款、第一百零三条、第一百零四条提出了相应的法律责任。

(3) 本条对应于《安全生产许可证条例》第六条第一款中的安全生产条件内容。

3. 关注

(1) 本法第三章。

---

[1] 见本书第3篇“3.6 安全生产条件及其评价”。

(2)《安全生产许可证条例》第六条第三款[1]。

### 2.1.7 第七条 工会安全生产职责

【第七条条文】

第七条 工会依法对安全生产工作进行监督。

生产经营单位工会依法组织职工参加本单位安全生产工作的民主管理和民主监督，维护职工在安全生产方面的合法权益。生产经营单位制定或者修改有关安全生产规章制度，应当听取工会的意见。

【第七条条文分析】

本条是关于工会在安全生产方面职责的规定。

1. 理解

本条增加了“工会依法对安全生产工作进行监督”和“生产经营单位制定或者修改有关安全生产规章制度，应当听取工会的意见”。

2. 要点

(1) 各级工会组织职责

本条规定工会依法对安全生产工作进行监督。这是将工会组织对安全生产工作监督修改为两个层面：一个是各级工会组织层面的监督，另一个是生产经营单位工会组织的监督。本规定实际是指各级工会组织层面的监督。

(2) 生产经营单位工会组织职责

本条规定生产经营单位工会依法组织职工参加本单位安全生产工作的民主管理和民主监督，维护职工在安全生产方面的合法权益。这是生产经营单位工会组织监管的职责。

(3) 生产经营单位职责

本条规定生产经营单位制定或者修改有关安全生产规章制度，应当听取工会的意见。违反本规定，《中华人民共和国工会法》第四十九条、第五十条提出了相应的法律责任。

(4) 本条对应于《安全生产许可证条例》第六条第十三款中的安全生产条件内容。

3. 关注

(1) 本法第五十七条；《中华人民共和国工会法》第六条、第二十三条、第二十四条、第四十九条、第五十条。

(2)《安全生产许可证条例》第六条第十三款[1]。

### 2.1.8 第八条 各级人民政府安全生产职责

【第八条条文】

第八条 国务院和县级以上地方各级人民政府应当根据国民经济和社会发展规划制定安全生产规划，并组织实施。安全生产规划应当与城乡规划相衔接。

国务院和县级以上地方各级人民政府应当加强对安全生产工作的领导，支持、督促各有关部门依法履行安全生产监督管理职责，建立健全安全生产工作协调机制，及时协调、解决安全生产监督管理中存在的重大问题。

---

[1] 见本书第3篇“3.6 安全生产条件及其评价”。

县级以上人民政府对安全生产监督管理中存在的重大问题应当及时予以协调、解决。乡、镇人民政府以及街道办事处、开发区管理机构等地方人民政府的派出机关应当按照职责，加强对本行政区域内生产经营单位安全生产状况的监督检查，协助上级人民政府有关部门依法履行安全生产监督管理职责。

【第八条条文分析】

本条是关于各级人民政府在安全生产管理方面职责的规定。

1. 理解

本条是在总结我国安全生产工作的经验，对各级人民政府在安全生产管理方面提出了新的要求，强调了各级人民政府部门在安全生产工作中的作用和职责，再一次强调了安全生产工作不局限于安全生产领域，也不是经济发展的附属品，它是社会管理、社会建设的范畴，安全生产工作已纳入国家经济和社会发展大格局之中。

2. 要点

(1) 安全生产规划

本条增加了国务院和县级以上地方各级人民政府在制定国民经济和社会发展规划中应当制定安全生产规划并组织实施的要求，且要求安全生产规划应当与城乡规划相衔接。2011 年国务院发布了《安全生产“十二五”规划》，今后各级政府在制定国民经济和社会发展规划中必须制定安全生产规划，这是今后对各级政府考核的一项重要内容。本法提出这项规定，如何对政府进行考核，本法没有提出具体规定，相信今后将会有相应的措施出台。

(2) 安全生产工作领导与协调机制

本条在各级人民政府应当加强对安全生产工作的领导，支持、督促各有关部门依法履行安全生产监督管理职责的原有规定基础上，增加了“建立健全安全生产工作协调机制”的规定，以利于及时协调、解决安全生产监督管理中存在的重大问题。建立安全生产协调机制，目前主要是通过成立安全生产委员会，对安全生产工作进行协调指导。2003 年，国务院成立了国务院安全生产委员会，其主要任务是在国务院领导下，研究部署、指导协调全国安全生产工作，提出全国安全生产工作的重大方针政策，解决安全生产工作中的重大问题以及安全生产监督管理中的重大问题。

(3) 乡、镇人民政府以及街道办事处、开发区管理机构等地方人民政府的派出机关安全生产管理职责

本条是基于进一些年来，一些地方开发区安全生产监督管理体制不顺、监管不到位，连续发生特别重大生产安全事故，如某地区发生重大爆炸事故，造成 75 人死亡、185 人受伤，给人民群众生命安全及财产造成巨大损失，研究制定了这一新规定，即增加“乡、镇人民政府以及街道办事处、开发区管理机构等地方人民政府的派出机关应当按照职责，加强对本行政区域内生产经营单位安全生产状况的监督检查，协助上级人民政府有关部门依法履行安全生产监督管理职责”的规定。今后，乡、镇人民政府以及街道办事处、开发区管理机构等地方人民政府，也必须加强对本行政区域内生产经营单位安全生产状况的监督检查，协助上级人民政府有关部门依法履行安全生产监督管理职责。如何督促乡、镇人民政府以及街道办事处、开发区管理机构等地方人民政府履行安全生产监管职责，这是本法出台后亟待解决的问题。

3. 关注

本法第八十七条。

## 2.1.9 第九条 安全生产监督管理体制

【第九条条文】

第九条 国务院负责安全生产监督管理的部门依照本法，对全国安全生产工作实施综合监督管理；县级以上地方各级人民政府负责安全生产监督管理的部门依照本法，对本行政区域内安全生产工作实施综合监督管理。

国务院有关部门依照本法和其他有关法律、行政法规的规定，在各自的职责范围内对有关行业、领域的安全生产工作实施监督管理；县级以上地方各级人民政府有关部门依照本法和其他有关法律、法规的规定，在各自的职责范围内对有关行业、领域的安全生产工作实施监督管理。

安全生产监督管理部门和对有关行业、领域的安全生产工作实施监督管理的部门，统称负有安全生产监督管理职责的部门。

【第九条条文分析】

本条是关于安全生产监督管理体制的规定。

1. 理解

本条在原有规定基础上，对原"国务院负责安全生产监督管理的部门"作了规范性的称呼，即"国务院安全生产监督管理部门"；把原"有关的安全生产工作"修改为"有关行业、领域的安全生产工作"，即强调了国务院有关部门及县级以上各级人民政府有关部门对"有关行业、领域的安全生产工作"实施监督管理。

通过修改，实际上把现有的安全生产监督管理的职责部门划分为两大块，即"安全生产监督管理部门"和"对有关行业、领域的安全生产工作实施监督管理的部门"，统称为负有安全生产监督管理职责的部门。国务院安全生产监督管理部门和县级以上各级人民政府安全生产监督管理部门是我国安全生产工作实施的综合监督管理部门。

本条的修改，进一步明确了我国的安全生产管理体制格局，其中安全生产监管部门是综合管理部门，行业主管部门是直接监管部门，地方政府按属地监管履行监管职责。

2. 要点

(1) 各级安全生产监管部门监管分工

本条规定国务院安全生产监督管理部门依照本法，对全国安全生产工作实施综合监督管理；县级以上地方各级人民政府安全生产监督管理部门依照本法，对本行政区域内安全生产工作实施综合监督管理。

(2) 各级有关行业、领域部门的监管分工

本条规定国务院有关部门依照本法和其他有关法律、行政法规的规定，在各自的职责范围内对有关行业、领域的安全生产工作实施监督管理；县级以上地方各级人民政府有关部门依照本法和其他有关法律、法规的规定，在各自的职责范围内对有关行业、领域的安全生产工作实施监督管理。

(3) 负有安全生产监督管理职责的部门的界定

本条规定安全生产监督管理部门和对有关行业、领域的安全生产工作实施监督管理的

部门，统称负有安全生产监督管理职责的部门。

（4）法律责任

对于负有安全生产监督管理职责的部门的工作人员违反本法的有关行为，本法第八十七条提出了相应的法律责任。

3. 关注

本法第八条、第八十七条。

### 2.1.10 第十条 安全生产标准制定及执行的基本规定

【第十条条文】

第十条 国务院有关部门应当按照保障安全生产的要求，依法及时制定有关的国家标准或者行业标准，并根据科技进步和经济发展适时修订。

生产经营单位必须执行依法制定的保障安全生产的国家标准或者行业标准。

【第十条条文分析】

本条是有关保障安全生产的国家标准或者行业标准制定与执行的基本规定。

1. 理解

本条未作修改。从两方面强调了安全生产标准的有关规定，即标准的制定和执行。

2. 要点

（1）制定和修订

本条规定，国务院有关部门应当按照保障安全生产的要求，依法及时制定有关的国家标准或者行业标准，并根据科技进步和经济发展修订。

（2）执行标准

本条规定，生产经营单位必须执行依法制定的保障安全生产的国家标准或者行业标准。违反本规定，本法第一百零八条提出了相应的法律责任。

（3）本条对应于《安全生产许可证条例》第六条第一款中的安全生产条件内容。

3. 关注

（1）本法第四条、第一百零八条。

（2）《安全生产许可证条例》第六条第一款[1]。

（3）本条规定的制定的要求是“依法”和“及时”，修订的要求是“适时”。需要关注的是：

1）如何做到“依法”、“及时”制定标准，“适时”修订标准？以及有关标准制定部门如何履行这一职责？本法未作进一步阐述。

2）目前，标准规范较多，有的难以执行，有的还存在一些问题，因此如何做到科学的制定，应当引起有关部门的重视。

（4）关注企业安全生产标准化在安全生产管理中的作用：

1）目前，有些生产经营单位不重视国家标准或者行业标准的执行，甚至没有标准化管理的概念。

2）由于有些标准规范的不科学、相互之间存在矛盾，生产经营单位难以执行。

[1] 见本书第3篇“3.6 安全生产条件及其评价”。

3）目前只强调国家标准或者行业标准，没有关注企业标准，这是安全生产标准化管理中往往被忽视的地方。有些生产经营单位非常重视安全生产标准化，制定不少企业的安全生产标准，但由于某些国家标准或者行业标准过于繁琐、具体，原则上实施的“企业标准高于行业标准、高于国家标准”的要求很难做到❶。

### 2.1.11 第十一条 安全生产宣传职责

【第十一条条文】

第十一条 各级人民政府及其有关部门应当采取多种形式，加强对有关安全生产的法律、法规和安全生产知识的宣传，提高职工的安全生产意识增强全社会的安全生产意识。

【第十一条条文分析】

本条是关于各级人民政府及其有关部门开展安全生产宣传职责的规定。

1. 理解

本条将“提高职工的安全生产意识”改为“增加全社会的安全生产意识”，这是安全生产工作理念的一次大的转变，安全生产工作已影响到社会的每一个成员，因此安全生产工作应当引起全社会的关注。

2. 要点

(1) 按照安全生产工作是社会管理、社会建设范畴的理念，提出了“增强全社会的安全生产意识”的要求。

过去，我们只强调提高职工的安全生产意识。现在更加重视包括生产经营单位职工在内的所有全社会人员安全生产意识的提高。

(2)“加强对有关安全生产的法律、法规和安全生产知识的宣传”的责任主体是各级人民政府及其有关部门。因此，各级人民政府及其有关部门应将“加强对有关安全生产的法律、法规和安全生产知识的宣传”作为一项重要的工作职责加以完成。

(3)“加强对有关安全生产的法律、法规和安全生产知识的宣传”的目标是“增强全社会的安全生产意识”，方法是“多种形式”。

3. 关注

(1) 本法第八条、第七十四条。

(2) 全社会的安全生产意识理应有一种考核检验的机制。我国于1980年开始在全国开展安全生产月活动，1985年“全国安全月”又暂停，2002年又开始实施，取得了好的成效。如何“多种形式”地开展，取得良好的效果，不搞形式主义，有关各级人民政府及其有关部门应当认真思考。有关各级人民政府及其有关部门应将“加强对有关安全生产的法律、法规和安全生产知识的宣传”纳入到社会发展规划中。

(3) 本条与新闻、出版、广播、电影、电视等单位共同构建我国安全生产宣传构架。

### 2.1.12 第十二条 协会组织安全生产职责

【第十二条条文】

第十二条 有关协会组织依照法律、行政法规和章程，为生产经营单位提供安全生产

❶ 见本书第3篇“3.8安全生产标准化的探讨”。

方面的信息、培训等服务，发挥自律作用，促进生产经营单位加强安全生产管理。

【第十二条条文分析】

本条是关于协会组织在安全生产管理方面职责的规定。

1. 理解

本条是本法又一新亮点，进一步充实了社会管理、社会建设范畴的理念，即按照“生产经营单位负责、职工参与、政府监管、行业自律和社会监督的机制”安全生产新格局，提出了行业协会组织在安全生产管理中的作用。这一条文的确立，预示着我国安全生产管理一个新的力量出现，这就是协会组织。

实际上在安全生产管理中，政府有关部门监管的手段是有限的，在有限的“政府清单”中发挥行业协会的作用是弥补政府监管不足、不到位的一项有效举措。

2. 要点

(1) 依法依规

协会组织要在“行业协会去行政化”的要求下，依照法律、行政法规和协会章程，行使安全生产职责。

(2) 职责范围

本条明确规定协会在安全生产方面的信息、培训等方面为生产经营单位提供服务。

(3) 主要作用

协会应在发挥自律作用方面开展各项服务，履行其职责。

(4) 管理目的

协会开展安全生产管理工作的目的是促进生产经营单位加强安全生产管理。

3. 关注

(1) 本法第三条。

(2) 协会在安全生产管理中的地位和作用[1]。

## 2.1.13 第十三条 安全生产服务机构职责

【第十三条条文】

第十二条第十三条 依法设立的为安全生产提供技术、管理服务的中介机构，依照法律、行政法规和执业准则，接受生产经营单位的委托为其安全生产工作提供技术、管理服务。

生产经营单位委托前款规定的机构提供安全生产技术、管理服务的，保证安全生产的责任仍由本单位负责。

【第十三条条文分析】

本条是关于为安全生产提供技术、管理服务机构职责的规定。

1. 理解

本条将原“为安全生产提供技术服务的中介机构”修改成“为安全生产提供技术、管理服务的机构”，扩大了第三方安全生产服务机构的内涵，预示着我国安全生产服务机构将更多的涌现。

[1] 见本书第3篇“3.4.3 安全生产社会化管理”。

2. 要点

(1) 依法设立和开展服务

本条规定了“依法设立的为安全生产提供技术、管理服务的机构”,“依照法律、行政法规和执业准则”提供技术、管理服务。目前相关法律在调整中,诸如资质管理等内容将会有大的变动,各有关单位应给予关注。

(2) 服务为委托服务

本条规定安全生产技术、管理服务机构的服务应为委托服务,而不是强制性的。有关政府部门不得强令生产经营单位接受其指定的机构服务。

(3) 委托服务不应转移安全生产责任

虽然服务机构应对其服务质量负责,弄虚作假的还应承担相应的法律责任,但生产经营单位的安全生产责任不应由于委托而发生转移,即“生产经营单位委托前款规定的机构提供安全生产技术、管理服务的,保证安全生产的责任仍由本单位负责”。所以企业在委托安全生产服务机构进行安全技术、管理服务时,必须牢记安全生产管理主体责任还是要由本单位负责,安全生产服务机构不可能为此承担委托单位的安全生产责任。

(4) 服务内容

提供有关安全生产技术、管理服务的内容可为安全评价、安全生产条件评价、检测、检验、认证、咨询、培训、管理等服务,如建筑行业的起重机械安装检验机构所从事的检验活动应属于一种委托性服务。本法第六十九条对安全评价、认证、检测、检验的机构的职责作出了规定。对违反本法规定的,本法第八十九条提出了相应的法律责任。

(5) 生产经营单位在本条应承担的责任应在《安全生产许可证条例》第六条第一款中体现。

3. 关注

(1) 本法第三条、第六十九条、第八十九条;《安全生产许可证条例》第六条第一款。

(2) 建筑施工起重机械安装检验机构的检验活动[1]。

## 2.1.14 第十四条 生产安全事故责任追究基本规定

【第十四条条文】

第十三条第十四条 国家实行生产安全事故责任追究制度,依照本法和有关法律、法规的规定,追究生产安全事故责任人员的法律责任。

【第十四条条文分析】

本条是关于生产安全事故责任追究制度的规定。

1. 理解

本条未作修改,即国家坚持实行生产安全事故责任追究制度。

2. 要点

(1) 追究制度

为了防止和减少生产安全事故,追究生产安全事故责任是必要的,这是落实《安全生产法》目的之一的一项重要措施。因此,本法与生产安全事故责任有关规定的条款达三十

[1] 见本书第3篇“3.4.3 安全生产社会化管理”。

多条，占本法条款近30％。

(2) 依法追究

追究生产安全事故的责任，必须依照本法和有关法律、法规追究。本法第八十三条规定："事故调查处理应当按照科学严谨、依法依规、实事求是、注重实效的原则"。

(3) 责任类型

生产安全事故的法律责任有行政责任、民事责任和刑事责任。

2001年国务院颁发《关于特大安全事故行政责任追究的规定》，对发生特大安全事故的有关地方政府及行政管理部门的负责人作出了相应的处罚规定。我国的公务员法、行政处罚法、民法通则、侵权责任法和刑法，均对生产安全事故的相应责任作出了规定。

3. 关注

(1) 本法第一条、第十八条、第二十二条、第三十八条、第四十七条、第四十九条、第五十三条、第五十九条、第六十七条、第五章、第九十条～第九十三条、第一百条、第一百零三条、第一百零六条、第一百零七条、第一百零九条、第一百一十一条均对安全生产责任作出了相应的规定。

(2) 我国相应的法律法规对有关责任追究作出了相应的规定，如：《中华人民共和国公务员法》第五十六条、《中华人民共和国行政处罚法》第八条、《中华人民共和国民法通则》第一百三十四条、《中华人民共和国侵权责任法》第十五条、《中华人民共和国刑法》第一百三十一条～第一百三十七条。

### 2.1.15 第十五条 安全生产科学技术研究与应用

【第十五条条文】

第十四条第十五条　国家鼓励和支持安全生产科学技术研究和安全生产先进技术的推广应用，提高安全生产水平。

【第十五条条文分析】

本条是关于国家鼓励和支持安全生产科学技术研究和安全生产先进技术的推广应用的规定。

1. 理解

本条没有变动，即"国家鼓励和支持安全生产科学技术研究和安全生产先进技术的推广应用，提高安全生产水平。"

2. 要点

(1) 安全生产科学技术研究

即国家鼓励和支持安全生产科学技术研究。2010年国务院在《关于进一步加强企业安全生产工作的通知》中强调，加快安全生产技术研究。

(2) 安全生产先进技术的推广应用

即国家鼓励和支持安全生产先进技术的推广应用。本法第十六条提出了相应的奖励规定，如改善安全生产条件。但需要提醒的是，本法第二十六条规定："生产经营单位采用新工艺、新技术、新材料或者使用新设备，必须了解、掌握其安全技术特性，采取有效的安全防护措施，并对从业人员进行专门的安全生产教育和培训。"

(3) 目的

国家鼓励和支持安全生产科学技术研究和安全生产先进技术的推广应用，其目的是为了提高安全生产水平。

3. 关注

本法第十六条、第二十六条。

### 2.1.16 第十六条 安全生产先进单位与个人奖励

【第十六条条文】

第十五条第十六条 国家对在改善安全生产条件、防止生产安全事故、参加抢险救护等方面取得显著成绩的单位和个人，给予奖励。

【第十六条条文分析】

本条是关于国家对在改善安全生产条件、防止生产安全事故、参加抢险救护等方面取得显著成绩的单位和个人给予奖励的规定。

1. 理解

本条未作修改，即“国家对在改善安全生产条件、防止生产安全事故、参加抢险救护等方面取得显著成绩的单位和个人，给予奖励”。各级人民政府应把“对在改善安全生产条件、防止生产安全事故、参加抢险救护等方面取得显著成绩的单位和个人，给予奖励”列入安全生产规划中，并将奖励先进与安全生产宣传活动相结合。

2. 要点

(1) 奖励主体

奖励的主体是国家，即各级人民政府或有关政府部门。

(2) 奖励对象

可以是单位，也可以是个人。

(3) 奖励内容

奖励内容主要为改善安全生产条件、防止生产安全事故、参加抢险救护这三个方面内容。

(4) 奖励方式

奖励方式一般为荣誉奖励，也可以是物质奖励。荣誉奖励有授予安全生产先进单位或先进工作者荣誉称号奖励，颁发奖状、奖旗、记功、通令嘉奖等。物质奖励有发放奖金、奖励其他实物等，或提升、晋级奖励等。

3. 关注

本法第一条、第八条、第十一条。

## 2.2 第二章 生产经营单位的安全生产保障

### 2.2.1 第十七条 生产经营单位安全生产条件基本规定

【第十七条条文】

第十六条第十七条 生产经营单位应当具备本法和有关法律、行政法规和国家标准或者行业标准规定的安全生产条件；不具备安全生产条件的，不得从事生产经营活动。

【第十七条条文分析】

本条是关于生产经营单位应当具备安全生产条件的基本规定。

1. 理解

本条未作修改。但本条是本法中最为重要的一条。因为本条中提及的“安全生产条件”一词是生产经营单位履行安全生产管理职责的核心内容，也是负有安全生产监督管理职责的部门依法严格规范生产经营单位安全生产主体责任的重要依据。

2. 要点

(1) 生产经营单位应当具备安全生产条件。

其安全生产条件的内容是由本法和有关法律、行政法规和国家标准或者行业标准规定的，生产经营单位必须遵守，达到具备安全生产条件的要求。

(2) 生产经营单位不具备安全生产条件的，不得从事生产经营活动。

如果生产经营单位不具备安全生产条件，负有安全生产监督管理职责的部门应当按照有关法律法规禁止生产经营单位从事生产经营活动。

(3) 违反本条规定，本法第一百零八条提出了相应的法律责任。

(4)《安全生产许可证条例》第六条确定了安全生产条件具体内容。

3. 关注

(1) 本法第四条、第十条、第十七条、第一百零八条。

(2)《安全生产许可证条例》第六条[1]。

(3) 安全生产条件及其评价。何谓安全生产条件？何种情况下为不具备安全生产条件？是理解本条的关键。安全生产条件评价是我国安全生产许可制度衍生出的一项新的工作，它是对生产经营单位是否具备安全生产条件进行科学、客观评价的管理措施[1]。

### 2.2.2 第十八条 生产经营单位主要负责人职责

【第十八条条文】

第十七条第十八条 生产经营单位的主要负责人对本单位安全生产工作负有下列职责：

(一) 建立、健全本单位安全生产责任制；

(二) 组织制定本单位安全生产规章制度和操作规程；

(三) 组织制定并实施本单位安全生产教育和培训计划；

(三四) 保证本单位安全生产投入的有效实施；

(四五) 督促、检查本单位的安全生产工作，及时消除生产安全事故隐患；

(五六) 组织制定并实施本单位的生产安全事故应急救援预案；

(六七) 及时、如实报告生产安全事故。

【第十八条条文分析】

本条是关于生产经营单位主要负责人安全生产职责的规定。

1. 理解

本条规范了生产经营单位主要负责人的安全生产工作职责，在原有六项职责中，又增加了一项，这就是“组织制定并实施本单位安全生产教育和培训计划”。这一项的增加寓

---

[1] 见本书第2篇“3.6 安全生产条件及其评价”。

意着两个含义：一是安全生产教育和培训在安全生产管理中的重要作用，必须突出强调；二是安全生产教育和培训的主体责任应该是企业，而不是其他方。本法第二十四条、第二十七条有关内容的修改，从另一个角度反映了企业在安全生产教育培训中的主体责任。

生产经营单位主要负责人应牢记七项安全生产工作职责，并切实在本单位安全生产管理工作中认真履行。

2. 要点

(1) 建立、健全本单位安全生产责任制。

安全生产责任制度应是全员安全生产责任制度，即生产经营单位的所有岗位、所有人员都应有相应的安全生产责任制度，不能有空缺。如何制定，有何要求，本法第十九条等相关条款有具体的规定。

(2) 组织制定本单位安全生产规章制度和操作规程。

生产经营单位应建立较完整的安全生产规章制度和操作规程。安全生产规章制度原则上为“五大规章制度”，即安全生产责任制度、安全生产资金保障制度、安全生产教育培训制度、安全生产检查制度和安全生产隐患与事故报告处理制度，其中安全生产责任制度是安全生产规章制度中最重要的制度，因此在本条的第一项职责中就提出来了，其他相应的管理制度都是这些制度的分项制度，如消防责任制度和消防检查制度应落实在安全生产责任制度中。生产经营单位还应建立一整套有关安全生产操作规程，即所有的生产经营操作环节都应制定相应的安全操作规程或操作手册，使得从业人员在生产经营活动中能够按照操作规程进行，确保生产活动各环节的安全，同时也是生产经营单位管理人员监督检查从业人员安全操作的依据。

(3) 组织制定并实施本单位安全生产教育和培训计划。

安全教育和培训应是全员的安全教育和培训，且经常性地开展，即生产经营单位所有人员都必须每年至少参加一次安全生产教育和培训。有关教育和培训的要求，本法第二十二条、第二十五条和第二十六条等多处都有相应的规定。

(4) 保证本单位安全生产投入的有效实施。

安全生产投入是确保安全生产的必要条件，是生产经营单位安全生产条件之一。如一旦安全生产投入不到位，说明安全生产条件存在严重问题，极有可能被认定为不具备安全生产条件，因而禁止从事生产经营活动。本法第二十条专门对“生产经营单位应当具备的安全生产条件所必需的资金投入”作出了明确规定。

(5) 督促、检查本单位的安全生产工作，及时消除生产安全事故隐患。

安全生产检查是确保安全生产的重要手段，也是生产经营单位安全生产责任制落实考核的重要依据。消除生产安全事故隐患，是安全生产检查的最终目的。为了确保安全生产检查活动的效果，将“隐患就是事故”理念纳入到安全生产检查活动中，值得生产经营单位负责人认真思考。

(6) 组织制定并实施本单位的生产安全事故应急救援预案。

这是安全生产管理的最后一关，也是防范生产安全事故的最重要的一关。预案得当、措施得当，万一发生生产安全事故，可以把事故的损失减少到最低。这不是你单位想不想的问题、会不会发生事故的问题，它是法律法规给予生产经营单位的职责，必须执行。因此，有关预案还必须与当地有关行政管理部门的预案相结合，有的重大预案还要到当地有关部门备案。本法有关条款及第五章专门对生产安全事故的应急救援预案作出了相应的规定。

(7) 及时、如实报告生产安全事故。

这是《安全生产法》等有关法律作出的严格规定，必须严格执行，否则将受到本法及相应法规的严厉处罚。

(8) 违反本规定，本法第九十一条、第九十二条、第一百零六条等提出了相应的法律责任。

(9) 本条对应于《安全生产许可证条例》第六条第一款中的安全生产条件。

3. 关注

(1) 本法第十九条、第二十条、第二十二条、第二十五条、第二十六条、第五章等。

(2)《安全生产许可证条例》第六条第一款[1]。

(3) 安全生产规章制度与安全生产责任制[2]。

(4) 当前，安全教育和培训工作存在很多问题，形式主义、为“证”培训现象很严重。这一规定的出台，为纠正社会上存在的乱培训现象提供了法律依据，值得企业和全体社会思考[3]。

### 2.2.3 第十九条 安全生产责任制

【第十九条条文】

第十九条 生产经营单位的安全生产责任制应当明确各岗位的责任人员、责任范围和考核标准等内容。

生产经营单位应当建立相应的机制，加强对安全生产责任制落实情况的监督考核，保证安全生产责任制的落实。

【第十九条条文分析】

本条是关于安全生产责任制的有关规定。

1. 理解

本条是新增加的，它规范安全生产责任制人员、范围、考核标准以及考核机制等的要求，是企业制定安全生产责任制的重要依据和执行准则。

关于安全生产责任制，不少企业只是把它挂在墙上，很少有落实。实际上，安全生产责任制在整个安全生产管理规章制度中，是最首要、最关键的一项制度，这个制度不落实，其他各项制度就有可能流于形式。因此，企业应当依据本法的规定，加强安全生产责任制的研究和落实，以此推动企业各项安全生产规章制度的落实。

2. 要点

(1) 安全生产责任基本要求有“三定”。

即定岗位（含部门）、定人员、定责任范围，要求做到每个部门、每个岗位、每个人员都有相应的安全生产责任。

(2) 安全生产责任重在考核。

---

[1] 见本书第3篇“3.6 安全生产条件及其评价”。

[2] 见本书第3篇“3.5 安全生产规章制度与安全生产责任制”。

[3] 见本书第2篇“3.7 企业安全生产教育培训与考核”。

安全生产责任制不是"挂在墙上、写在纸上、说在嘴上"的，而是要落实在行动上的，重在考核。所以，生产经营单位的安全生产责任制应当要求有考核标准，这是检查生产经营单位安全生产责任制是否建立的重要内容。考核的前提是生产经营单位每一个人都知晓安全生产责任制的内容，知晓考核标准。生产单位每个部门负责人、每个岗位、每一个人都应在相应的安全生产责任上签字，确保安全生产责任制落实到每个部门、每个岗位和每个人。

(3) 建立安全生产责任考核机制。

生产经营单位的安全生产责任制不但要有考核标准，还应建立相应的考核机制，这是对生产经营单位安全生产责任制的动态管理的要求。生产经营单位的安全生产责任制考核应与日常的安全生产检查结合起来，以安全生产责任制推动各项安全生产管理工作的开展。

建立安全生产责任制的主要责任人是生产经营单位负责人，具体实施者为生产经营单位的安全生产管理机构或安全生产管理人员。

(4) 落实安全生产责任制是生产经营单位主要负责人的首要责任，违反本规定，本法第九十一条、第九十二条提出了相应的法律责任。

(5) 本条对应于《安全生产许可证条例》第六条第一款中的安全生产条件。

3. 关注

(1) 本法第十八条、第二十二条、第九十一条、第九十二条等。

(2)《安全生产许可证条例》第六条第一款[1]。

(3) 安全生产规章制度与安全生产责任制[2]。

## 2.2.4 第二十条 安全生产资金投入

【第二十条条文】

第十八条第二十条 生产经营单位应当具备的安全生产条件所必需的资金投入，由生产经营单位的决策机构、主要负责人或者个人经营的投资人予以保证，并对由于安全生产所必需的资金投入不足导致的后果承担责任。

有关生产经营单位应当按照规定提取和使用安全生产费用，专门用于改善安全生产条件。安全生产费用在成本中据实列支。安全生产费用提取、使用和监督管理的具体办法由国务院财政部门会同国务院安全生产监督管理部门征求国务院有关部门意见后制定。

【第二十条条文分析】

本条是关于生产经营单位保障安全生产资金投入的规定。

1. 理解

本条在原有条款基础上增加了安全生产费用提取、使用和监督管理的要求。这一条款的修改，告诫生产经营单位应当按照国家有关政府部门制定的有关规定提取、使用安全生产费用。也告诉我们，国务院财政部门会同国务院安全生产监督管理部门正在抓紧制定完善有关安全生产费用提取、使用和监督管理办法。

---

[1] 见本书第3篇"3.6 安全生产条件及其评价"。

[2] 见本书第3篇"3.5 安全生产规章制度与安全生产责任制"。

2. 要点

(1) 保障安全生产资金投入的主体

保障安全生产资金投入的主体是生产经营单位，这也是生产经营单位所必需的安全生产条件之一，是必须承担的安全生产管理职责之一。

(2) 保障安全生产资金投入的责任人

这里的保障安全生产资金投入责任人是生产经营单位的决策机构、主要负责人或者个人经营的投资人，实际上生产经营单位决策机构负责人就是生产经营单位主要负责人。只有把责任落实到人，才能更有效地保证“具备的安全生产条件所必需的资金投入”

(3) 安全生产所必需资金投入不足的追究

以上确定的保障安全生产资金投入的责任人，其目的就是防止安全生产所必需的资金投入不足，将追究其责任人的责任。本法第九十条对此作出了相应的处罚规定。

(4) 安全生产费用的使用

本条规定有关生产经营单位应当按照规定提取和使用安全生产费用，专门用于改善安全生产条件，并规定安全生产费用在成本中据实列支。

(5) 安全生产费用的有关规定

本条规定安全生产费用提取、使用和监督管理的具体办法由国务院财政部门会同国务院安全生产监督管理部门征求国务院有关部门意见后制定。2012 年国家财政部、国家安全生产监督管理总局联合发布《企业安全生产费用提取和使用管理办法》（财企［2012］16 号），对有关生产经营单位的安全生产费用提取、使用和监督管理作出了规定。

(6) 违反本规定，本法第九十条作出相应的法律责任。

(7) 本条对应于《安全生产许可证条例》第六条第二款中的安全生产条件。

3. 关注

(1) 本法第十八条、第九十条。

(2)《安全生产许可证条例》第六条第二款[1]。

(3)《企业安全生产费用提取和使用管理办法》(财企［2012］16 号)。

### 2.2.5 第二十一条 设置安全生产管理机构与配备安全生产管理人员

【第二十一条条文】

第十九条第二十一条 矿山、金属冶炼、建筑施工、道路运输单位和危险物品的生产、经营、储存单位，应当设置安全生产管理机构或者配备专职安全生产管理人员。

前款规定以外的其他生产经营单位，从业人员超过三一百人的，应当设置安全生产管理机构或者配备专职安全生产管理人员；从业人员在三一百人以下的，应当配备专职或者兼职的安全生产管理人员，或者委托具有国家规定的相关专业技术资格的工程技术人员提供安全生产管理服务。

生产经营单位依照前款规定委托工程技术人员提供安全生产管理服务的，保证安全生产的责任仍由本单位负责。

[1] 见本书第 3 篇“3.6 安全生产条件及其评价”。

【第二十一条条文分析】

本条是关于生产经营单位设置安全生产管理机构和配备安全生产管理人员的规定。

1. 理解

本条是对生产经营单位安全生产管理机构设置和安全生产管理人员配备的要求，在原高危企业的基础上增加了金属冶金和道路运输单位（以下相同）；由原来从业人员三百人的界限调整为一百人的界限，使得安全生产管理机构设置和安全生产管理人员配备要求更加严格；删除了安全生产管理机构设置和安全生产管理人员配备中有关"委托具有国家规定的相关专业技术资格的工程技术人员提供安全生产管理服务"的选项，意味着从业人员一百人以下的生产经营单位最起码必须配备兼职安全生产管理人员。

2. 要点

（1）高危生产经营单位管理要求

高危生产经营单位必须设置安全生产管理机构或者配备专职安全生产管理人员。本法所称的高危生产经营单位增加了金属冶金和道路运输单位，即本法所称的高危生产经营单位有矿山、金属冶炼、建筑施工、道路运输单位和危险物品的生产、经营、储存单位。

（2）规模较大的生产经营单位管理要求

除以上高危生产经营单位外，规模较大的生产经营单位也必须设置安全生产管理机构或者配备专职安全生产管理人员。本条所称的规模较大的生产经营单位为从业人员超过一百人的生产经营单位。

（3）规模较小的生产经营单位管理要求

规模较小的生产经营单位可不设置安全生产管理机构，但必须配备专职或者兼职的安全生产管理人员。本条所称的规模较大的生产经营单位为从业人员在一百人以下的生产经营单位。即本条规定了所有的生产经营单位都应配备安全生产管理人员，小的企业也必须配备，配备的要求可以是兼职。这是本法的一项新的要求。

（4）违反本规定，本法第九十四条第一款提出了相应的法律责任。

（5）本条对应于《安全生产许可证条例》第六条第三款中的安全生产条件。

3. 关注

（1）本法第九十四条第一款。

（2）《安全生产许可证条例》第六条第三款[1]。

（3）《安全生产许可证条例》中所称的"五大高危企业"中的民用爆破企业、烟花爆竹生产企业未提及。本法有关高危企业中未提及民用爆破企业、烟花爆竹生产企业。

### 2.2.6 第二十二条 安全生产管理机构及管理人员职责

【第二十二条条文】

第二十二条 生产经营单位的安全生产管理机构以及安全生产管理人员履行下列职责：

（一）组织或者参与拟订本单位安全生产规章制度、操作规程和生产安全事故应急救援预案；

（二）组织或者参与本单位安全生产教育和培训，如实记录安全生产教育和培训情况；

[1] 见本书第3篇"3.6 安全生产条件及其评价"。

（三）督促落实本单位重大危险源的安全管理措施；

（四）组织或者参与本单位应急救援演练；

（五）检查本单位的安全生产状况，及时排查生产安全事故隐患，提出改进安全生产管理的建议；

（六）制止和纠正违章指挥、强令冒险作业、违反操作规程的行为；

（七）督促落实本单位安全生产整改措施。

【第二十二条条文分析】

本条是关于生产经营单位安全生产管理机构及安全生产管理人员职责的规定。

1. 理解

本条是新增加条款，规范了生产经营单位的安全生产管理机构以及安全生产管理人员职责，共计七项。这是生产经营单位的安全生产管理机构负责人以及专、兼职安全生产管理人员必须熟悉掌握和认真履行的职责。如何“组织或者参与”、“督促落实”、“及时排查”和“制止和纠正”，安全生产管理人员应当认真思考、区分理解。

2. 要点

(1) 组织或者参与拟订本单位安全生产规章制度、操作规程和生产安全事故应急救援预案。

这是配合生产经营单位主要负责人履行其安全生产职责所开展的工作，这项职责的履行方式主要是“组织或者参与”，安全生产管理机构及安全生产管理人员若是组织者，必须要有生产经营单位主要负责人的委托，拟订好的安全生产规章制度、操作规程和生产安全事故应急救援预案最终要由生产经营单位主要负责人确认并以企业文件形式正式发布。

(2) 组织或者参与本单位安全生产教育和培训，如实记录安全生产教育和培训情况。

有些生产经营单位的安全生产教育和培训是由教育培训等有关部门负责的，这时的安全生产管理机构及安全生产管理人员主要是以“参与”的形式进行的。无论是组织，还是参与，安全生产管理机构及安全生产管理人员都是主要责任人，负责或督促本单位开展安全生产教育和培训时必须要“如实记录安全生产教育和培训情况”，这是职责所必需的。违反本规定，本法第九十四条第四款作出了相应的法律责任。

(3) 督促落实本单位重大危险源的安全管理措施。

这是安全生产管理机构及安全生产管理人员的重要职责内容。本单位重大危险源的安全管理措施应当由相应的部门如技术部门制定，“管生产必须管安全”，即由具体负责有关生产活动的部门、机构或负责人来负责本单位重大危险源安全管理措施的制定和实施，但安全生产管理机构及安全生产管理人员的“督促落实”必须履行。

(4) 组织或者参与本单位应急救援演练。

生产经营单位的生产安全事故应急救援预案与重大危险源的安全管理措施应当是同时管理的，都是由具体负责有关生产活动的部门、机构或负责人负责制定的，按照预案规定其预案的演练有可能由负责有关生产活动的部门、机构或负责人负责，也可能由安全生产管理机构或安全生产管理人员负责，因此就有“组织或者参与”的两种负责形式。无论是组织，还是参与，安全生产管理机构及安全生产管理人员都要确保本单位的应急救援预案按照要求实施演练，把本单位的应急救援演练落实。违反本规定，本法第九十四条第六款规定了相应的法律责任。

(5) 检查本单位的安全生产状况，及时排查生产安全事故隐患，提出改进安全生产管理的建议。

这是安全生产管理机构或安全生产管理人员又一项重要职责，且为不可推卸并具体实施的职责。这一检查职责包含了对以上有关“组织或者参与”的职责中，虽没有组织，只是参与其活动的，也应当履行其检查职责。如没有规章制度、没有操作规程、未进行过安全教育培训的，也应属于隐患。安全生产管理人员应熟悉掌握发现生产安全隐患的能力和安全生产管理知识的能力，只有这样才能“及时排查生产安全事故隐患，提出改进安全生产管理的建议”。

（6）制止和纠正违章指挥、强令冒险作业、违反操作规程的行为。

这项职责的履行很重要，但需要更深地领会，如何能够“制止和纠正”。这就需要安全生产管理机构负责人或安全生产管理人员在制定本单位安全生产责任制等规章制度时，要确立安全生产管理的权力和地位，以便在违章指挥、强令冒险作业、违反操作规程的行为发生时能够有效地制止和纠正。生产经营单位的主要负责人，也要给予安全生产管理机构及安全生产管理人员更大的支持。本法第二十三条为此作出了相应的规定。

（7）督促落实本单位安全生产整改措施。

这也是安全生产管理机构及安全生产管理人员的重要职责内容。同样地，本单位安全生产整改措施应当由相应的部门如技术部门制定，“管生产必须管安全”，即由具体负责有关生产活动的部门、机构或负责人来负责本单位的安全生产整改措施的制定和实施，但安全生产管理机构及安全生产管理人员的“督促落实”必须履行。

（8）违反本规定的，本法第九十三条提出了相应的法律责任。

（9）本条对应于《安全生产许可证条例》第六条第一款中的安全生产条件。

3. 关注

（1）本法第二十三条、第九十三条、第九十四条第四款和第六款、第一百一十二条。

（2）《安全生产许可证条例》第六条第一款[1]。

（3）《危险性较大的分部分项工程安全管理办法》（建质［2009］87号）。

（4）这里还应关注“重大危险源”的解释，本法第一百一十二条解释：“重大危险源，是指长期地或者临时地生产、搬运、使用或者储存危险物品，且危险物品的数量等于或者超过临界量的单元（包括场所和设施）。”即“重大危险源”主要是指生产、搬运、使用或者储存危险物品的行业。但其他行业同样也有重大危险源，如住房和城乡建设部文件《危险性较大的分部分项工程安全管理办法》（建质［2009］87号）划定了建设工程重大危险源，是指导建筑施工单位防范生产安全事故的规范性文件。

### 2.2.7 第二十三条 安全生产管理机构及管理人员履职

【第二十三条条文】

第二十三条 生产经营单位的安全生产管理机构以及安全生产管理人员应当恪尽职守，依法履行职责。

生产经营单位作出涉及安全生产的经营决策，应当听取安全生产管理机构以及安全生产管理人员的意见。

[1] 见本书第3篇“3.6 安全生产条件及其评价”。

生产经营单位不得因安全生产管理人员依法履行职责而降低其工资、福利等待遇或者解除与其订立的劳动合同。

危险物品的生产、储存单位以及矿山、金属冶炼单位的安全生产管理人员的任免，应当告知主管的负有安全生产监督管理职责的部门。

【第二十三条条文分析】

本条是关于生产经营单位安全生产管理机构和安全生产管理人员履行职责和权利维护的规定。

1. 理解

本条为新增加条款，强调了生产经营单位安全生产管理机构和安全生产管理人员履行职责和权利维护的要求。

2. 要点

(1) 恪尽职守

本条规定生产经营单位的安全生产管理机构以及安全生产管理人员应当恪尽职守，依法履行职责。即生产经营单位的安全生产管理机构以及安全生产管理人员应当按照本法第二十二条的有关规定履行其职责。未履行其职责的，本法第九十三条提出了相应的法律责任。

(2) 听取意见

本条规定生产经营单位作出涉及安全生产的经营决策，应当听取安全生产管理机构以及安全生产管理人员的意见。一方面，要求生产经营单位应坚持“安全第一”的原则，讨论研究涉及安全生产的经营决策时必须有安全生产管理人员参加，并听取他们的意见；另一方面，安全生产管理机构以及安全生产管理人员应熟悉生产经营活动中与安全生产相关的内容，并掌握安全生产管理方面的知识，能够正确地提出自己的意见。

(3) 权益保护

本条规定生产经营单位不得因安全生产管理人员依法履行职责而降低其工资、福利等待遇或者解除与其订立的劳动合同。安全生产管理人员可以依据本法的规定，对因依法履行职责而受到的不公正待遇，本法第七十条对此有相应的规定。本条同时规定危险物品的生产、储存单位以及矿山、金属冶炼单位的安全生产管理人员的任免，应当告知主管的负有安全生产监督管理职责的部门，这从另一方面为保护安全生产管理人员架设了一道防护“栏杆”。这是“危险物品的生产、储存单位以及矿山、金属冶炼单位”行业领域的管理要求，其他行业的有关部门也应当制定相应的规定，以确保安全生产管理人员履行安全生产职责。

(4) 本条对应于《安全生产许可证条例》第六条第一款中的安全生产条件。

3. 关注

(1) 本法第二十二条、第七十条、第九十三条。

(2)《安全生产许可证条例》第六条第一款[1]。

## 2.2.8 第二十四条 主要负责人和安全生产管理人员知识与能力

【第二十四条条文】

第二十条第二十四条 生产经营单位的主要负责人和安全生产管理人员必须具备与本

[1] 见本书第3篇“3.6 安全生产条件及其评价”。

单位所从事的生产经营活动相应的安全生产知识和管理能力。

危险物品的生产、经营、储存单位以及矿山、金属冶炼、建筑施工、道路运输单位的主要负责人和安全生产管理人员，应当由有关主管部门对其安全生产知识和管理能力考核合格后方可任职。考核不得收费。

危险物品的生产、储存单位以及矿山、金属冶炼单位应当有注册安全工程师从事安全生产管理工作。鼓励其他生产经营单位聘用注册安全工程师从事安全生产管理工作。注册安全工程师按专业分类管理，具体办法由国务院人力资源和社会保障部门、国务院安全生产监督管理部门会同国务院有关部门制定。

【第二十四条条文分析】

本条是关于生产经营单位的主要负责人和安全生产管理人员安全生产知识和管理能力的要求。

1. 理解

本条增加了“金属冶炼”、“道路运输”两个安全生产高危企业的主要负责人和安全生产管理人员安全生产知识和管理能力要求；将原“考核合格后方可任职”改为“考核合格”；提出了在危险物品的生产、储存单位以及矿山、金属冶炼单位建立注册安全工程师制度，鼓励其他行业聘用注册安全工程师从事安全生产管理工作。

2. 要点

(1) 基本要求

本条规定生产经营单位的主要负责人和安全生产管理人员必须具备与本单位所从事的生产经营活动相应的安全生产知识和管理能力。

(2) 考核规定

本条规定危险物品的生产、经营、储存单位以及矿山、金属冶炼、建筑施工、道路运输单位的主要负责人和安全生产管理人员，应当由有关主管部门对其安全生产知识和管理能力考核合格。考核不得收费。其中关注将原“考核合格后方可任职”改为“考核合格”。违反本规定，本法第九十四条第二款作出了相应的法律责任

(3) 注册安全工程师规定

本条规定危险物品的生产、储存单位以及矿山、金属冶炼单位应当有注册安全工程师从事安全生产管理工作。鼓励其他生产经营单位聘用注册安全工程师从事安全生产管理工作。注册安全工程师按专业分类管理，具体办法由国务院人力资源和社会保障部门、国务院安全生产监督管理部门会同国务院有关部门制定。

(4) 本条对应于《安全生产许可证条例》第六条第四款中的安全生产条件。

3. 关注

(1) 本法第十八条、第二十二条、第二十五条、第九十四条第二款。

(2)《安全生产许可证条例》第六条第四款[1]。

(3) 关注《注册安全工程师管理规定》。

(4) 两个变化：

1) 安全生产知识和管理能力考核任职的变化，将原“考核合格后方可任职”改为

[1] 见本书第3篇“3.6 安全生产条件及其评价”。

“考核合格”，回避了“考核合格后”的要求，也就是说生产经营单位在任用主要负责人和安全生产管理人员时可不先参加有关主管部门对其安全生产知识和管理能力的考核，可先任用。但并不是生产经营单位主要负责人和安全生产管理人员不再参加培训和考核，而是把上岗培训与考核的主动权和责任交给生产经营单位，培训合格后方可上岗任职，而行政管理部门的监管为事后监督和过程管理。如本法第十八条、第二十二条、第二十五条给予了生产经营单位安全生产教育和培训的职责，生产经营单位应当认真履行这一职责。这一规定必将对现有的主要负责人、安全生产管理人员安全生产知识和管理能力考核现状产生影响，也对生产经营单位的安全生产教育和培训提出了更高的要求[❶]。

2）提出了在危险物品的生产、储存单位以及矿山、金属冶炼单位建立注册安全工程师制度，鼓励其他行业聘用注册安全工程师从事安全生产管理工作。

### 2.2.9 第二十五条 安全生产教育培训

【第二十五条条文】

第二十一条第二十五条 生产经营单位应当对从业人员进行安全生产教育和培训，保证从业人员具备必要的安全生产知识，熟悉有关的安全生产规章制度和安全操作规程，掌握本岗位的安全操作技能，了解事故应急处理措施，知悉自身在安全生产方面的权利和义务。未经安全生产教育和培训合格的从业人员，不得上岗作业。

生产经营单位使用被派遣劳动者的，应当将被派遣劳动者纳入本单位从业人员统一管理，对被派遣劳动者进行岗位安全操作规程和安全操作技能的教育和培训。劳务派遣单位应当对被派遣劳动者进行必要的安全生产教育和培训。

生产经营单位接收中等职业学校、高等学校学生实习的，应当对实习学生进行相应的安全生产教育和培训，提供必要的劳动防护用品。学校应当协助生产经营单位对实习学生进行安全生产教育和培训。

生产经营单位应当建立安全生产教育和培训档案，如实记录安全生产教育和培训的时间、内容、参加人员以及考核结果等情况。

【第二十五条条文分析】

本条是关于生产经营单位安全生产教育和培训的规定。

1. 理解

本条对生产经营单位的从业人员安全生产教育和培训作出了更加具体的要求，如在原要求上增加了“了解事故应急处理措施，知悉自身在安全生产方面的权利和义务”；对生产经营单位使用被派遣劳动者和接收中等职业学校、高等学校学生实习的，提出了管理及安全生产教育和培训的要求；规范了生产经营单位建立安全生产教育和培训档案的行为。

2. 要点

（1）全员教育培训

本条规定生产经营单位应当对从业人员进行安全生产教育和培训，这里的“从业人员”是指生产经营单位各类安全生产管理人员及所有生产经营、作业人员，也包括生产经营单位的主要负责人、安全生产管理人员和特种作业人员等，即全员安全教育培训。全员

❶ 见本书第3篇“3.7 企业安全生产教育培训与考核”。

教育培训的理念衍生，还应包括劳动派遣人员、各类学校实习生等，即进入生产经营单位从事生产经营活动的所有人员都应进行安全教育培训。

(2) 教育培训内容

安全生产教育培训的内容有必要的安全生产知识、安全生产规章制度、安全操作规程、全操作技能、事故应急处理措施、安全生产方面的权利和义务等。本法第二十六条还规定生产经营单位采用新工艺、新技术、新材料或者使用新设备时，必须对从业人员进行专门的安全生产教育和培训。

(3) 教育培训质量

生产经营单位不仅要进行安全生产教育培训，还应对安全教育培训质量负责，即必须进行安全生产教育培训考核，未经安全生产教育和培训合格的从业人员，不得上岗作业。同时，规定要求“劳务派遣单位应当对被派遣劳动者进行必要的安全生产教育和培训”、“学校应当协助生产经营单位对实习学生进行安全生产教育和培训”，以确保教育培训的质量。本条还规定生产经营单位应为接收的中等职业学校、高等学校实习学生提供必要的劳动防护用品，这也是落实教育培训效果的具体体现。

(4) 教育培训档案

本条规定生产经营单位应当建立安全生产教育和培训档案，如实记录安全生产教育和培训的时间、内容、参加人员以及考核结果等情况。这是生产经营单位安全生产教育培训必须的管理要求，本法第二十二条也对此作出了相应的规定。

(5) 违反本规定，本法第九十四条第三款、第四款作出相应的法律责任。

(6) 本条对应于《安全生产许可证条例》第六条第六款中的安全生产条件。

3. 关注

(1) 本法第十八条、第二十二条、第二十四条、第二十六条、第二十七条、第九十四条第三款和第四款。

(2)《安全生产许可证条例》第六条第六款❶。

(3) 生产经营单位安全生产教育培训的主体责任❷。

### 2.2.10 第二十六条 “四新”管理及其安全教育培训

【第二十六条条文】

第二十二条第二十六条 生产经营单位采用新工艺、新技术、新材料或者使用新设备，必须了解、掌握其安全技术特性，采取有效的安全防护措施，并对从业人员进行专门的安全生产教育和培训。

【第二十六条条文分析】

本条是关于采用新工艺、新技术、新材料或者使用新设备管理及教育和培训的规定。

1. 理解

本条未作修改，它是生产经营单位有关“四新”方面教育培训的职责的要求。这里的“四新”即指新工艺、新技术、新材料和新设备。

---

❶ 见本书第3篇“3.6 安全生产条件及其评价”。

❷ 见本书第3篇“3.7 企业安全生产教育培训与考核”。

2. 要点

(1)“四新”管理是常态管理。

人类生产活动是在不断创新，因此生产活动中会不断出现新工艺、新技术、新材料、新设备，即“四新”。“四新”的出现必然带来新的安全课题，因此必须将“四新”纳入安全生产常态化管理中。

(2) 掌握“四新”特性。

既然将“四新”纳入安全生产常态化管理之中，就必须随时了解和掌握“四新”安全技术特征，有针对性地制定相应的安全防护措施，这是安全生产管理中一项重要的管理内容。

(3) 开展“四新”安全教育培训。

生产经营单位在了解和掌握“四新”安全技术特性和制定相应的防范措施基础上，必须对从业人员采用新工艺、新技术、新材料或者使用新设备时进行专门的安全生产教育和培训。生产经营单位应对从业人员采用新工艺、新技术、新材料或者使用新设备时进行专门的安全生产教育和培训，应纳入本单位安全生产教育培训制度及安全教育培训计划之中。

(4) 违反本规定，本法第九十四条第三款、第四款作出相应的法律责任。

(5) 本条对应于《安全生产许可证条例》第六条第六款中的安全生产条件。

3. 关注

(1) 本法第十八条、第二十二条、第二十五条、第九十四条第三款和第四款。

(2)《安全生产许可证条例》第六条第六款[1]。

(3) 生产经营单位有关教育培训要求[2]。

### 2.2.11 第二十七条 特种作业人员从业资格管理

【第二十七条条文】

第二十三条第二十七条 生产经营单位的特种作业人员必须按照国家有关规定经专门的安全作业培训，取得特种作业操作资格证书取得相应资格，方可上岗作业。

特种作业人员的范围由国务院负责安全生产监督管理的部门安全生产监督管理部门会同国务院有关部门确定。

【第二十七条条文分析】

本条是关于生产经营单位特种作业人员从业资格的规定。

1. 理解

本条部分作了修改。将原“取得特种作业操作资格证书，方可上岗作业”改为“取得相应资格，方可上岗作业”，即删除了“取得特种作业操作资格证书”的要求，改为“取得相应资格”，这就预示着特种作业人员培训、考核将发生变化，企业、行业协会以及其他社会力量在特种作业人员培训、考核中将发挥重要作用；另将“负责安全生产监督管理的部门”修改为“安全生产监督管理部门”，规范了安全生产监督管理部门称呼。

---

[1] 见本书第3篇“3.6 安全生产条件及其评价”。

[2] 见本书第3篇“3.7 企业安全生产教育培训与考核”。

2. 要点

(1) 专门培训

本条规定生产经营单位的特种作业人员必须按照国家有关规定经专门的安全作业培训。由于特种作业人员与其他从业人员不一样（特种作业，是指容易发生事故，对操作者本人、他人的安全健康及设备、设施的安全可能造成重大危害的作业），因此必须进行专门的安全作业培训。

(2) 资格要求

培训合格后方可上岗作业，本法第二十五条规定："未经安全生产教育和培训合格的从业人员，不得上岗作业。"这是对包括特种作业人员在内的所有从业人员的要求。关于特种作业人员如何上岗作业，本条在原有基础上作了重大修改，提出"取得相应资格，方可上岗作业"，而不是"取得特种作业操作资格证书，方可上岗作业"，也就是在如何取得资质方面有重大变化，即不一定都是要"取得特种作业操作资格证书"，国家对此将作具体规定。生产经营单位的特种作业人员种类较多，各种专业培训的内容、时间、要求各不相同，且特种作业人员因生产安全事故的责任最终要由生产经营单位来承担。因此，企业应认真履行自主培训的职责，加强特种作业人员专业培训，培训合格后方可上岗作业，这一条是明确的。

(3) 人员范围

由于特种作业人员种类较多，且经常变化。所以本条规定特种作业人员的范围由安全生产监督管理部门会同国务院有关部门确定，具体范围应以有关规定为准。

(4) 违反本规定，本法第九十四条第七款作出相应的法律责任。

(5) 本条对应于《安全生产许可证条例》第六条第五款中的安全生产条件。

3. 关注

(1) 本法第十八条、第二十二条、第二十五条、第二十六条、第九十四条第七款。

(2)《安全生产许可证条例》第六条第五款[1]。

(3) 特种作业人员教育培训与考核的要求[2]。

## 2.2.12 第二十八条 建设项目安全设施管理基本规定

【第二十八条条文】

第二十四条第二十八条 生产经营单位新建、改建、扩建工程项目（以下统称建设项目）的安全设施，必须与主体工程同时设计、同时施工、同时投入生产和使用。安全设施投资应当纳入建设项目概算。

【第二十八条条文分析】

本条是关于建设项目安全管理的基本规定。

1. 理解

本条未作修改，强调了建设工程安全设施的"三同时"要求及确保安全设施投入的要求。

[1] 见本书第3篇"3.6 安全生产条件及其评价"。

[2] 见本书第3篇"3.7 企业安全生产教育培训与考核"。

2. 要点

(1) 坚持“三同时”原则

本条规定生产经营单位新建、改建、扩建工程项目的安全设施，必须与主体工程同时设计、同时施工、同时投入生产和使用，不得在投入生产或使用时才设计、施工等。

(2) 安全设施资金保障

本条规定安全设施投资应当纳入建设项目概算，在规划、设计时就应考虑将安全设施资金的投入、安全设施资金编入建设项目概算中。

2010年12月14日，安全生产监督管理总局发布的《建设项目安全设施“三同时”监督管理暂行办法》对有关建设项目安全设施的“三同时”作出了具体规定。

(3) 违反本规定，本法第九十条、第九十五条作出相应的法律责任。

(4) 本条对应于《安全生产许可证条例》第六条第八款中的安全生产条件。

3. 关注

(1) 本法第九十条、第九十五条。

(2)《安全生产许可证条例》第六条第八款[1]。

(3)《建设项目安全设施“三同时”监督管理暂行办法》第三条、第四条、第七条、第三十二条、第三十三条、第三十五条等。

## 2.2.13 第二十九条　矿山及金属冶炼建设等项目安全评价

【第二十九条条文】

第二十五条第二十九条　矿山、金属冶炼建设项目和用于生产、储存、装卸危险物品的建设项目，应当分别按照国家有关规定进行安全条件论证和安全评价。

【第二十九条条文分析】

本条是关于矿山、金属冶炼建设项目和用于生产、储存、装卸危险物品的建设项目应进行安全评价的规定。

1. 理解

本条在原建设项目安全评价规定基础上增加了“金属冶炼”、“装卸危险物品”建设项目的安全评价要求，删除了“安全条件论证”的内容。

2. 要点

(1) 安全评价范围

本条规定矿山、金属冶炼建设项目和用于生产、储存、装卸危险物品的建设项目应进行安全评价，这应属于强制性的安全评价规定。本法第九十五条第一款对违反本规定作出了“责令停止建设或者停产停业整顿，限期改正；逾期未改正的，处五十万元以上一百万元以下的罚款，对其直接负责的主管人员和其他直接责任人员处二万元以上五万元以下的罚款；构成犯罪的，依照刑法有关规定追究刑事责任”的处罚规定。

其他项目暂未作出强制性的安全评价要求，但可根据需要自行开展安全评价。

(2) 安全评价定义

《安全生产许可证条例》第六条中将“依法进行安全评价”作为“五大”高危企业

---

[1] 见本书第3篇“3.6　安全生产条件及其评价”。

（即矿山企业、建筑施工企业和危险化学品、烟花爆竹、民用爆破器材生产企业）的13项安全生产条件之一，说明“安全评价”在安全生产管理中是一项很重要的内容。

国外将安全评价称为风险评价或危险评价，它是以实现工程、系统安全为目的，应用安全系统工程原理和方法，对工程、系统中存在的危险、有害因素进行辨识与分析，判断工程、系统发生事故和职业危害的可能性及其严重程度，从而为制定防范措施和管理决策提供科学依据。安全评价既需要安全评价理论的支撑，又需要理论与实际经验的结合，二者缺一不可。

2007年1月4日，国家安全生产监督管理总局发布的《安全评价通则》（AQ8001-2007）中将安全评价定义为：以实现安全为目的，应用安全系统工程原理和方法，辨识与分析工程、系统、生产经营活动中的危险、有害因素，预测发生事故或造成职业危害的可能性及其严重程度，提出科学、合理、可行的安全对策措施建议，做出评价结论的活动，并将安全评价分为安全预评价、安全验收评价、安全现状评价三种类型。

2014年7月5日，住房和城乡建设部在《建筑施工企业安全生产许可证管理规定》（建设部令第128号）中有关建筑施工企业安全生产条件的内容减为12项，减去的内容就是“依法进行安全评价”。

可见，对于“安全评价”有待进一步认识和完善。

（3）违反本规定，本法第九十五条第一款作出相应的法律责任。

（4）本条对应于《安全生产许可证条例》第六条第十款中的安全生产条件内容。

3. 关注

（1）本法第十三条、第九十五条第一款。

（2）《安全生产许可证条例》第六条及第六条第十款[1]。

（3）《建设项目安全设施“三同时”监督管理暂行办法》第七条、第八条；《安全评价通则》（AQ8001-2007）3.1等。

（4）安全评价与安全生产条件评价[2]。

### 2.2.14 第三十条 建设项目安全设施设计责任

【第三十条条文】

第二十六条第三十条 建设项目安全设施的设计人、设计单位应当对安全设施设计负责。

矿山、金属冶炼建设项目和用于生产、储存、装卸危险物品的建设项目的安全设施设计应当按照国家有关规定报经有关部门审查，审查部门及其负责审查的人员对审查结果负责。

【第三十条条文分析】

本条是关于与建设项目有关的单位及人员对安全设施负责的规定。

1. 理解

本条在原安全设施设计项目上增加了“金属冶炼”和“装卸危险物品”建设项目的

[1] 见本书第3篇“3.6 安全生产条件及其评价”。

[2] 见本书第3篇“3.6.7 与安全生产条件评价相关概念的讨论”。

内容。

2. 要点

(1) 对设计负责。

本条规定建设项目安全设施的设计人、设计单位应当对安全设施设计负责。其中，将“设计人”放在“设计单位”之前，凸显了责任到人的管理原则。本法第九十五条第二款对违反本规定作出了“责令停止建设或者停产停业整顿，限期改正；逾期未改正的，处五十万元以上一百万元以下的罚款，对其直接负责的主管人员和其他直接责任人员处二万元以上五万元以下的罚款；构成犯罪的，依照刑法有关规定追究刑事责任”的处罚规定。

(2) 按规定审查。

本条针对矿山、金属冶炼建设项目和用于生产、储存、装卸危险物品的建设项目，规定其安全设施设计应当按照国家有关规定报经有关部门审查。

(3) 对审查负责。

本条规定审查矿山、金属冶炼建设项目和用于生产、储存、装卸危险物品的建设项目的审查部门及其负责审查的人员对审查结果负责。

(4) 本条对应于《安全生产许可证条例》第六条第一款和第八款中的安全生产条件内容。

3. 关注

(1) 本法第九十五条第二款。

(2)《安全生产许可证条例》第六条及第六条第一款、第八款[1]。

## 2.2.15 第三十一条 建设项目施工与验收

【第三十一条条文】

第二十七条第三十一条 矿山、金属冶炼建设项目和用于生产、储存、装卸危险物品的建设项目的施工单位必须按照批准的安全设施设计施工，并对安全设施的工程质量负责。

矿山、金属冶炼建设项目和用于生产、储存危险物品的建设项目竣工投入生产或者使用前，必须依照有关法律、行政法规的规定应当由建设单位负责组织对安全设施进行验收；验收合格后，方可投入生产和使用。验收部门及其验收人员对验收结果负责。安全生产监督管理部门应当加强对建设单位验收活动和验收结果的监督核查。

【第三十一条条文分析】

本条是关于矿山、金属冶炼建设项目和用于生产、储存、装卸危险物品的建设项目施工与验收的规定。

1. 理解

本条除增加了“金属冶炼”和“装卸危险物品”建设项目的批准和质量责任外，删除了“必须依照有关法律、行政法规的规定”对安全设施进行验收，明确了建设单位负责组织对安全设施进行验收；删除了“验收部门及其验收人员对验收结果负责”，增加了“安全生产监督管理部门应当加强对建设单位验收活动和验收结果的监督核查”的管理要求。

---

[1] 见本书第3篇“3.6 安全生产条件及其评价”。

本条修改，寓意着安全设施的验收标准不仅仅是“有关法律、行政法规”，也应有相应的行业和企业的标准；验收责任由建设单位负责，安全生产监督管理部门对验收活动及验收结果实施事后监督。

2. 要点

（1）施工单位职责

本条规定矿山、金属冶炼建设项目和用于生产、储存、装卸危险物品的建设项目的施工单位两项职责：一是“必须按照批准的安全设施设计施工”，二是“对安全设施的工程质量负责”。本法第九十五条第三款对违反本规定作出了“责令停止建设或者停产停业整顿，限期改正；逾期未改正的，处五十万元以上一百万元以下的罚款，对其直接负责的主管人员和其他直接责任人员处二万元以上五万元以下的罚款；构成犯罪的，依照刑法有关规定追究刑事责任”的处罚规定。

（2）建设单位职责

本条规定矿山、金属冶炼建设项目和用于生产、储存危险物品的建设项目竣工投入生产或者使用前，应当由建设单位负责组织对安全设施进行验收；验收合格后，方可投入生产和使用。本法第九十五条第三款对违反本规定作出了“责令停止建设或者停产停业整顿，限期改正；逾期未改正的，处五十万元以上一百万元以下的罚款，对其直接负责的主管人员和其他直接责任人员处二万元以上五万元以下的罚款；构成犯罪的，依照刑法有关规定追究刑事责任”的处罚规定（这里应注意的是，本法第九十五条的生产经营单位指的是“建设单位”）。

（3）安全生产监督管理部门职责

本条规定安全生产监督管理部门应当加强对建设单位验收活动和验收结果的监督核查。

（4）本条对应于《安全生产许可证条例》第六条第一款和第八款中的安全生产条件内容。

3. 关注

（1）本法第九十五条。

（2）《安全生产许可证条例》第六条及第六条第一款、第八款[1]。

## 2.2.16 第三十二条 安全警示标志

【第三十二条条文】

第二十八条第三十二条 生产经营单位应当在有较大危险因素的生产经营场所和有关设施、设备上，设置明显的安全警示标志。

【第三十二条条文分析】

本条是关于生产经营单位设置明显安全警示标志的规定。

1. 理解

本条未作修改，继续强调了生产经营单位应对较大危险因素的生产经营场所和有关设施、设备上设置明显的安全警示标志负责。

[1] 见本书第3篇“3.6 安全生产条件及其评价”。

2. 要点

(1) 警示标志设置范围

本条规定生产经营单位应当在有较大危险因素的生产经营场所和有关设施、设备上设置安全警示标志。

(2) 设置要求

本条规定设置的安全警示标志应当明显，能够起到警示的作用。

本法第九十六条第一款对违反本规定作出了"责令限期改正，可以处五万元以下的罚款；逾期未改正的，处五万元以上二十万元以下的罚款，对其直接负责的主管人员和其他直接责任人员处一万元以上二万元以下的罚款；情节严重的，责令停产停业整顿；构成犯罪的，依照刑法有关规定追究刑事责任"的处罚规定。

(3) 本条对应于《安全生产许可证条例》第六条第八款中的安全生产条件内容。

3. 关注

(1) 本法第九十六条。

(2)《安全生产许可证条例》第六条第八款[1]。

### 2.2.17 第三十三条 安全设备管理

【第三十三条条文】

第二十九条第三十三条 安全设备的设计、制造、安装、使用、检测、维修、改造和报废，应当符合国家标准或者行业标准。

生产经营单位必须对安全设备进行经常性维护、保养，并定期检测，保证正常运转。维护、保养、检测应当做好记录，并由有关人员签字。

【第三十三条条文分析】

本条是关于安全设备的设计、制造、安装、使用、检测、维修、改造和报废等管理的规定。

1. 理解

本条未作修改，进一步强调了安全设备的设计、制造、安装、使用、检测、维修、改造和报废的管理要求。

2. 要点

(1) 符合标准

本条规定安全设备的设计、制造、安装、使用、检测、维修、改造和报废，应当符合国家标准或者行业标准。这也是落实本法第四条中提出的"推行安全生产标准化"的具体要求。提示，本款没有具体指出责任主体，也就是说安全设备的设计、制造、安装、使用、检测、维修、改造和报废等各个环节上有多个责任主体，有关单位在管理上要注意区分各个责任主体。

本法第九十六条第二款对生产经营单位在安装、使用、检测、维修、改造和报废上违反本规定作出了"责令限期改正，可以处五万元以下的罚款；逾期未改正的，处五万元以上二十万元以下的罚款，对其直接负责的主管人员和其他直接责任人员处一万元以上二万

[1] 见本书第3篇"3.6 安全生产条件及其评价"。

元以下的罚款；情节严重的，责令停产停业整顿；构成犯罪的，依照刑法有关规定追究刑事责任”的处罚规定（注意：在安全设备的设计、制造上本法未提出相应的处罚规定）。

（2）维护保养检测管理

本条规定生产经营单位必须对安全设备进行经常性维护、保养，并定期检测，保证正常运转。维护、保养、检测应当做好记录，并由有关人员签字。

本法第九十六条第三款对违反本规定作出了“责令限期改正，可以处五万元以下的罚款；逾期未改正的，处五万元以上二十万元以下的罚款，对其直接负责的主管人员和其他直接责任人员处一万元以上二万元以下的罚款；情节严重的，责令停产停业整顿；构成犯罪的，依照刑法有关规定追究刑事责任”的处罚规定。

（3）本条对应于《安全生产许可证条例》第六条第八款中的安全生产条件内容。

3. 关注

（1）本法第九十六条。

（2）《安全生产许可证条例》第六条第八款[1]。

## 2.2.18 第三十四条 危险物品容器、运输工具及部分特种设备的管理

【第三十四条条文】

第三十条第三十四条 生产经营单位使用的危险物品的容器、运输工具，以及涉及生命人身安全、危险性较大的特种设备，以及危险物品的容器、运输工具海洋石油开采特种设备和矿山井下特种设备，必须按照国家有关规定，由专业生产单位生产，并经取得专业资质的检测、检验机构检测、检验合格，取得安全使用证或者安全标志，方可投入使用。检测、检验机构对检测、检验结果负责。

涉及生命安全、危险性较大的特种设备的目录由国务院负责特种设备安全监督管理的部门制定，报国务院批准后执行。

【第三十四条条文分析】

本条是关于危险物品容器、运输工具及部分特种设备的特殊管理的规定。

1. 理解

本条删除“涉及生命安全、危险性较大的特种设备”，增加了“涉及人身安全、危险性较大的海洋石油开采特种设备和矿山井下特种设备”的内容，主要原因是2014年1月1日施行的《中华人民共和国特种设备安全法》已经对多数特种设备安全管理作出了规定，因此本法对涉及人身安全、危险性较大的海洋石油开采特种设备和矿山井下特种设备作出规定，其他特种设备应按《中华人民共和国特种设备安全法》执行。同时，关注本条将“生命安全”改为“人身安全”，寓意着安全管理不仅仅关注的是生命安全，而且还包括人身健康，将安全生产含义更加外延。

2. 要点

（1）使用专业生产的

本条规定生产经营单位使用的危险物品的容器、运输工具，以及涉及人身安全、危险性较大的海洋石油开采特种设备和矿山井下特种设备，必须按照国家有关规定，由专业生

[1] 见本书第3篇“3.6 安全生产条件及其评价”。

产单位生产。

(2) 使用检测合格的

本条规定生产经营单位使用的危险物品的容器、运输工具，以及涉及人身安全、危险性较大的海洋石油开采特种设备和矿山井下特种设备，必须经取得专业资质的检测、检验机构检测、检验合格，取得安全使用证或者安全标志，方可投入使用。本法第九十六条第五款对违反本规定作出了“责令限期改正，可以处五万元以下的罚款；逾期未改正的，处五万元以上二十万元以下的罚款，对其直接负责的主管人员和其他直接责任人员处一万元以上二万元以下的罚款；情节严重的，责令停产停业整顿；构成犯罪的，依照刑法有关规定追究刑事责任”的处罚规定。

(3) 检测机构责任。本条规定检测、检验机构对检测、检验结果负责。本法第八十九条对违反本规定的作了处罚规定。

(4) 本条对应于《安全生产许可证条例》第六条第八款、第十一款中的安全生产条件内容。

3. 关注

(1) 本法第八十九条、第九十六条。

(2)《安全生产许可证条例》第六条第八款、第十一款[1]。

(3) 建筑施工起重机械安装检验工作有其特殊性，值得关注。[2]。

## 2.2.19 第三十五条 工艺及设备淘汰制度

【第三十五条条文】

第三十一条第三十五条 国家对严重危及生产安全的工艺、设备实行淘汰制度，具体目录由国务院安全生产监督管理部门会同国务院有关部门制定并公布。法律、行政法规对目录的制定另有规定的，适用其规定。

省、自治区、直辖市人民政府可以根据本地区实际情况制定并公布具体目录，对前款规定以外的危及生产安全的工艺、设备予以淘汰。

生产经营单位不得使用国家明令淘汰、禁止使用的危及生产安全的工艺、设备。应当淘汰的危及生产安全的工艺、设备。

【第三十五条条文分析】

本条是关于国家对严重危及生产安全的工艺、设备实行淘汰制度的规定。

1. 理解

本条增加了“严重危及生产安全的工艺、设备实行淘汰”目录的制定并公布的管理主体，包含两个层面：一是国务院安全生产监督管理部门会同国务院有关部门，另一是省、自治区、直辖市人民政府。因此，对应地删除了“国家明令”淘汰、禁止使用的规定。

2. 要点

(1) 国家目录

本条规定国家对严重危及生产安全的工艺、设备实行淘汰制度，具体目录由国务院安

[1] 见本书第3篇“3.6 安全生产条件及其评价”。
[2] 见本书第3篇“3.4.3 安全生产社会化管理”。

全生产监督管理部门会同国务院有关部门制定并公布。法律、行政法规对目录的制定另有规定的，适用其规定。

(2) 地方目录

本条规定省、自治区、直辖市人民政府可以根据本地区实际情况制定并公布具体目录，对前款规定以外的危及生产安全的工艺、设备予以淘汰。

(3) 不得使用

本条规定生产经营单位不得使用以上目录中所规定的应当淘汰的危及生产安全的工艺、设备。本法第九十六条第六款对违反本规定作出了“责令限期改正，可以处五万元以下的罚款；逾期未改正的，处五万元以上二十万元以下的罚款，对其直接负责的主管人员和其他直接责任人员处一万元以上二万元以下的罚款；情节严重的，责令停产停业整顿；构成犯罪的，依照刑法有关规定追究刑事责任”的处罚规定。

(4) 本条对应于《安全生产许可证条例》第六条第八款中的安全生产条件内容。

3. 关注

(1) 本法第九十六条。

(2)《安全生产许可证条例》第六条第八款[1]。

### 2.2.20 第三十六条 危险物品管理

【第三十六条条文】

第三十二条第三十六条 生产、经营、运输、储存、使用危险物品或者处置废弃危险物品的，由有关主管部门依照有关法律、法规的规定和国家标准或者行业标准审批并实施监督管理。

生产经营单位生产、经营、运输、储存、使用危险物品或者处置废弃危险物品，必须执行有关法律、法规和国家标准或者行业标准，建立专门的安全管理制度，采取可靠的安全措施，接受有关主管部门依法实施的监督管理。

【第三十六条条文分析】

本条是关于生产、经营、运输、储存、使用危险物品或者处置废弃危险物品的管理的规定。

1. 理解

本条未作修改，对“生产、经营、运输、储存、使用危险物品或者处置废弃危险物品”监督管理和使用提出要求。

2. 要点

(1) 监督管理职责

本条规定由有关主管部门对生产、经营、运输、储存、使用危险物品或者处置废弃危险物品的实施监督管理。

(2) 审批制度

本条规定生产、经营、运输、储存、使用危险物品或者处置废弃危险物品的，必须由有关主管部门依照有关法律、法规的规定和国家标准或者行业标准审批。本法第九十七条

[1] 见本书第3篇“3.6 安全生产条件及其评价”。

作出了“未经依法批准，擅自生产、经营、运输、储存、使用危险物品或者处置废弃危险物品的，依照有关危险物品安全管理的法律、行政法规的规定予以处罚；构成犯罪的，依照刑法有关规定追究刑事责任”的处罚规定。

(3) 生产经营单位职责

本条规定生产经营单位生产、经营、运输、储存、使用危险物品或者处置废弃危险物品，必须执行有关法律、法规和国家标准或者行业标准，建立专门的安全管理制度，采取可靠的安全措施，接受有关主管部门依法实施的监督管理。对于违反本规定的，本法第九十八条第一款作出了“责令限期改正，可以处十万元以下的罚款；逾期未改正的，责令停产停业整顿，并处十万元以上二十万元以下的罚款，对其直接负责的主管人员和其他直接责任人员处二万元以上五万元以下的罚款；构成犯罪的，依照刑法有关规定追究刑事责任”的处罚规定。

(4) 本条对应于《安全生产许可证条例》第六条第八款、第十一款中的安全生产条件内容。

3. 关注

(1) 本法第九十七条、第九十八条。

(2)《安全生产许可证条例》第六条第八款、第十一款[1]。

## 2.2.21 第三十七条 重大危险源管理

【第三十七条条文】

第三十三条第三十七条 生产经营单位对重大危险源应当登记建档，进行定期检测、评估、监控，并制定应急预案，告知从业人员和相关人员在紧急情况下应当采取的应急措施。

生产经营单位应当按照国家有关规定将本单位重大危险源及有关安全措施、应急措施报有关地方人民政府负责安全生产监督管理的部门安全生产监督管理部门和有关部门备案。

【第三十七条条文分析】

本条是关于生产经营单位对重大危险源管理的规定。

1. 理解

为规范管理部门的称呼，本条将“负责安全生产监督管理的部门”改为“安全生产监督管理部门”。

2. 要点

(1) 重大危险源管理

本条规定生产经营单位对重大危险源应当登记建档，进行定期检测、评估、监控，并制定应急预案。对于违反本规定的，本法第九十八条第二款作出了“责令限期改正，可以处十万元以下的罚款；逾期未改正的，责令停产停业整顿，并处十万元以上二十万元以下的罚款，对其直接负责的主管人员和其他直接责任人员处二万元以上五万元以下的罚款；构成犯罪的，依照刑法有关规定追究刑事责任”的处罚规定。

---

[1] 见本书第3篇“3.6 安全生产条件及其评价”。

(2) 重大危险源告知

本条规定生产经营单位应将重大危险源及应急预案以及在紧急情况下应当采取的应急措施告知从业人员和相关人员。对于违反本规定的，本法第九十四条第三款作出了"责令限期改正，可以处五万元以下的罚款；逾期未改正的，责令停产停业整顿，并处五万元以上十万元以下的罚款，对其直接负责的主管人员和其他直接责任人员处一万元以上二万元以下的罚款"的处罚规定。

(3) 重大危险源备案

本条规定生产经营单位应当按照国家有关规定将本单位重大危险源及有关安全措施、应急措施报有关地方人民政府安全生产监督管理部门和有关部门备案。

(4) 本条对应于《安全生产许可证条例》第六条第十一款中的安全生产条件内容。

3. 关注

(1) 本法第九十四条、第九十八条。

(2)《安全生产许可证条例》第六条第十一款[1]。

## 2.2.22 第三十八条 生产安全事故隐患管理

【第三十八条条文】

第三十八条 生产经营单位应当建立健全生产安全事故隐患排查治理制度，采取技术、管理措施，及时发现并消除事故隐患。事故隐患排查治理情况应当如实记录，并向从业人员通报。

县级以上地方各级人民政府负有安全生产监督管理职责的部门应当建立健全重大事故隐患治理督办制度，督促生产经营单位消除重大事故隐患。

【第三十八条条文分析】

本条是关于生产安全事故隐患管理的规定。

1. 理解

本条是新增加的内容，提出了生产安全事故隐患排查管理的要求。

2. 要点

(1) 隐患排查治理制度

本条规定生产经营单位应当建立健全生产安全事故隐患排查治理制度，采取技术、管理措施，及时发现并消除事故隐患。对于违反本规定的，本法第九十八条第四款作出了"责令限期改正，可以处十万元以下的罚款；逾期未改正的，责令停产停业整顿，并处十万元以上二十万元以下的罚款，对其直接负责的主管人员和其他直接责任人员处二万元以上五万元以下的罚款；构成犯罪的，依照刑法有关规定追究刑事责任"的处罚规定。

(2) 隐患排查治理记录与通报

本条规定生产经营单位应当如实记录事故隐患排查治理情况，并向从业人员通报。

(3) 安全生产监督管理部门职责

本条规定县级以上地方各级人民政府负有安全生产监督管理职责的部门应当建立健全重大事故隐患治理督办制度，督促生产经营单位消除重大事故隐患。对于违反本规定的，

[1] 见本书第3篇"3.6 安全生产条件及其评价"。

本法第八十七条第四款作出了“给予降级或者撤职的处分；构成犯罪的，依照刑法有关规定追究刑事责任”的处罚规定。

(4) 本条对应于《安全生产许可证条例》第六条第十一款中的安全生产条件内容。

3. 关注

(1) 本法第八十七条、第九十八条。

(2)《安全生产许可证条例》第六条第十一款[1]。

### 2.2.23 第三十九条 生产经营场所与员工宿舍管理

【第三十九条条文】

第三十四条第三十九条 生产、经营、储存、使用危险物品的车间、商店、仓库不得与员工宿舍在同一座建筑物内，并应当与员工宿舍保持安全距离。

生产经营场所和员工宿舍应当设有符合紧急疏散要求、标志明显、保持畅通的出口。禁止封闭、堵塞锁闭、封堵生产经营场所或者员工宿舍的出口。

【第三十九条条文分析】

本条是关于生产经营场所和员工宿舍管理的规定。

1. 理解

本条是对生产经营场所和员工宿舍管理的要求，将“封闭、堵塞”改为“锁闭、封堵”。“锁闭、封堵”比原有的“封闭、堵塞”更加形象和具体，它是多起生产安全事故的教训总结。如门口贴上封条的“封闭”与门口用锁锁住的“封闭”，以及走道用临时的纸箱等易移动的物品“堵塞”与走道用砌墙的方式或铁栏杆焊接的形式“堵塞”，不言而喻后者的危害性更大。

2. 要点

(1) 员工宿舍安全管理

本条规定生产、经营、储存、使用危险物品的车间、商店、仓库不得与员工宿舍在同一座建筑物内，并应当与员工宿舍保持安全距离。

(2) 生产经营场所和员工宿舍管理

本条规定生产经营场所和员工宿舍应当设有符合紧急疏散要求、标志明显、保持畅通的出口。禁止锁闭、封堵生产经营场所或者员工宿舍的出口。

(3) 对于违反本条规定的，本法第一百零二条作出了“责令限期改正，可以处五万元以下的罚款，对其直接负责的主管人员和其他直接责任人员可以处一万元以下的罚款；逾期未改正的，责令停产停业整顿；构成犯罪的，依照刑法有关规定追究刑事责任”的处罚规定。

(4) 本条对应于《安全生产许可证条例》第六条第八款中的安全生产条件内容。

3. 关注

(1) 本法第一百零二条。

(2)《安全生产许可证条例》第六条第八款[2]。

---

[1] 见本书第3篇“3.6 安全生产条件及其评价”。

[2] 见本书第3篇“3.6 安全生产条件及其评价”。

## 2.2.24 第四十条 爆破、吊装等危险作业管理

【第四十条条文】

第三十五条第四十条 生产经营单位进行爆破、吊装等以及国务院安全生产监督管理部门会同国务院有关部门规定的其他危险作业，应当安排专门人员进行现场安全管理，确保操作规程的遵守和安全措施的落实。

【第四十条条文分析】

本条是关于生产经营单位进行爆破、吊装等危险作业管理的规定。

1. 理解

本条将危险作业作了更加具体的规定，增加了“国务院安全生产监督管理部门会同国务院有关部门规定的其他”内容。

2. 要点

(1) 危险作业种类

本条规定危险作业包括爆破、吊装以及国务院安全生产监督管理部门会同国务院有关部门规定的其他危险作业。

(2) 危险作业管理

本条规定生产经营单位进行以上危险作业时，应当安排专门人员进行现场安全管理，确保操作规程的遵守和安全措施的落实。

(3) 对于违反本条规定的，本法第九十八条第三款作出了“责令限期改正，可以处十万元以下的罚款；逾期未改正的，责令停产停业整顿，并处十万元以上二十万元以下的罚款，对其直接负责的主管人员和其他直接责任人员处二万元以上五万元以下的罚款；构成犯罪的，依照刑法有关规定追究刑事责任”的处罚规定。

(4) 本条对应于《安全生产许可证条例》第六条第一款、第十一款中的安全生产条件内容。

3. 关注

(1) 本法第九十八条。

(2)《安全生产许可证条例》第六条第十一款[1]。

## 2.2.25 第四十一条 从业人员安全告知管理

【第四十一条条文】

第三十六条第四十一条 生产经营单位应当教育和督促从业人员严格执行本单位的安全生产规章制度和安全操作规程；并向从业人员如实告知作业场所和工作岗位存在的危险因素、防范措施以及事故应急措施。

【第四十一条条文分析】

本条是关于生产经营单位对从业人员安全管理的规定。

1. 理解

本条未作修改，强化了生产经营单位对从业人员的安全生产管理。

[1] 见本书第3篇“3.6 安全生产条件及其评价”。

2. 要点

(1) 教育和督促

本条规定生产经营单位应当教育和督促从业人员严格执行本单位的安全生产规章制度和安全操作规程。

(2) 如实告知

本条规定生产经营单位应当向从业人员如实告知作业场所和工作岗位存在的危险因素、防范措施以及事故应急措施。

(3) 对于违反本条规定的，本法第九十四条第三款作出了“责令限期改正，可以处五万元以下的罚款；逾期未改正的，责令停产停业整顿，并处五万元以上十万元以下的罚款，对其直接负责的主管人员和其他直接责任人员处一万元以上二万元以下的罚款”的处罚规定。

(4) 本条对应于《安全生产许可证条例》第六条第一款、第十一款中的安全生产条件内容。

3. 关注

(1) 本法第九十八条。

(2)《安全生产许可证条例》第六条第四款[1]。

## 2.2.26 第四十二条 劳动防护用品管理

【第四十二条条文】

第三十七条第四十二条 生产经营单位必须为从业人员提供符合国家标准或者行业标准的劳动防护用品，并监督、教育从业人员按照使用规则佩戴、使用。

**【第四十二条条文分析】**

本条是关于生产经营单位为从业人员提供劳动防护用品的规定。

1. 理解

本条未作修改，强调了生产经营单位对劳动防护用品的管理要求。

2. 要点

(1) 提供劳动保护用品

本条规定生产经营单位必须为从业人员提供符合国家标准或者行业标准的劳动防护用品。本法第九十六条第四款对违反本规定作出了“责令限期改正，可以处五万元以下的罚款；逾期未改正的，处五万元以上二十万元以下的罚款，对其直接负责的主管人员和其他直接责任人员处一万元以上二万元以下的罚款；情节严重的，责令停产停业整顿；构成犯罪的，依照刑法有关规定追究刑事责任”的处罚规定。

(2) 督促正确使用

本条规定生产经营单位应监督、教育从业人员按照使用规则佩戴、使用。对于违反本规定的，本法第九十四条第三款作出了“责令限期改正，可以处五万元以下的罚款；逾期未改正的，责令停产停业整顿，并处五万元以上十万元以下的罚款，对其直接负责的主管人员和其他直接责任人员处一万元以上二万元以下的罚款”的处罚规定。

---

[1] 见本书第3篇“3.6 安全生产条件及其评价”。

(3) 本条对应于《安全生产许可证条例》第六条第六款、第九款中的安全生产条件内容。

3. 关注

(1) 本法第九十四条、第九十六条。

(2)《安全生产许可证条例》第六条第六款、第九款[1]。

## 2.2.27 第四十三条 安全生产管理人员检查管理

【第四十三条条文】

第三十八条第四十三条 生产经营单位的安全生产管理人员应当根据本单位的生产经营特点，对安全生产状况进行经常性检查；对检查中发现的安全问题，应当立即处理；不能处理的，应当及时报告本单位有关负责人，有关负责人应当及时处理。检查及处理情况应当记录在案。

生产经营单位的安全生产管理人员在检查中发现重大事故隐患，依照前款规定向本单位有关负责人报告，有关负责人不及时处理的，安全生产管理人员可以向主管的负有安全生产监督管理职责的部门报告，接到报告的部门应当依法及时处理。

【第四十三条条文分析】

本条是关于生产经营单位的安全生产管理人员安全生产检查的规定。

1. 理解

本条强化了生产经营单位的安全生产管理人员安全生产检查权利及处理隐患的职责要求。如增加了“有关负责人应当及时处理”；“有关负责人不及时处理的，安全生产管理人员可以向主管的负有安全生产监督管理职责的部门报告，接到报告的部门应当依法及时处理”内容。

2. 要点

(1) 安全生产管理人员检查职责

本条规定生产经营单位的安全生产管理人员应当履行安全检查思想职责：

1) 经常性检查。即“根据本单位的生产经营特点，对安全生产状况进行经常性检查”。

2) 发现问题立即处理。即“对检查中发现的安全问题，应当立即处理”。

3) 不能处理及时报告。即“不能处理的，应当及时报告本单位有关负责人”。

4) 应有记录。即“有关负责人应当及时处理”。本法第九十三条对违反本规定的作出了相应的处罚规定。

其中本条提出了“可以向主管的负有安全生产监督管理职责的部门报告”的规定，即：生产经营单位的安全生产管理人员在检查中发现重大事故隐患，依照前款规定向本单位有关负责人报告，有关负责人不及时处理的，安全生产管理人员可以向主管的负有安全生产监督管理职责的部门报告。

(2) 有关负责人职责

本条规定安全生产管理人员向有关负责人报告检查中发现的安全问题时，“有关负责人应当及时处理”。本法第九十九条对违反本规定作出了相应的处罚规定。

---

[1] 见本书第3篇“3.6 安全生产条件及其评价”。

(3) 监管部门职责

本条规定主管的负有安全生产监督管理职责的部门接到报告后应当依法及时处理。对于违反本规定的，本法第八十七条第四款作出了“给予降级或者撤职的处分；构成犯罪的，依照刑法有关规定追究刑事责任”的处罚规定。

(4) 本条对应于《安全生产许可证条例》第六条第一款、第十一款中的安全生产条件内容。

3. 关注

(1) 本法第八十七条、第九十三条、第九十九条。

(2)《安全生产许可证条例》第六条第一款、第十一款[1]。

### 2.2.28 第四十四条 安全生产有关经费管理

【第四十四条条文】

第三十九条第四十四条 生产经营单位应当安排用于配备劳动防护用品、进行安全生产培训的经费。

【第四十四条条文分析】

本条是关于生产经营单位安全生产经费的规定。

1. 理解

本条未作修改。本条强调了两项安全经费的使用管理：劳动防护用品和安全生产培训的经费。

2. 要点

(1) 安全经费管理。本条规定生产经营单位应当安排用于配备劳动防护用品、进行安全生产培训的经费。

(2) 本法第九十条对违反本规定作出了相应的处罚规定。

(3) 本条对应于《安全生产许可证条例》第六条第二款中的安全生产条件内容。

3. 关注

(1) 本法第九十条。

(2)《安全生产许可证条例》第六条第二款[1]。

### 2.2.29 第四十五条 两个以上生产经营单位安全生产协调管理

【第四十五条条文】

第四十条第四十五条 两个以上生产经营单位在同一作业区域内进行生产经营活动，可能危及对方生产安全的，应当签订安全生产管理协议，明确各自的安全生产管理职责和应当采取的安全措施，并指定专职安全生产管理人员进行安全检查与协调。

【第四十五条条文分析】

本条是关于两个以上生产经营单位在同一作业区域内进行生产经营活动安全管理的规定。

---

[1] 见本书第3篇“3.6 安全生产条件及其评价”。

1. 理解

本条未作修改。本条强调了两个以上生产经营单位在同一作业区域内进行生产经营活动的安全生产管理要求。

2. 要点

(1) 安全管理协议及管理职责。本条规定两个以上生产经营单位在同一作业区域内进行生产经营活动，可能危及对方生产安全的，应当做到：

1) 签订安全生产管理协议。

2) 明确各自的安全生产管理职责和应当采取的安全措施。

3) 指定专职安全生产管理人员进行安全检查与协调。

(2) 本法第一百零一条对违反本规定作出了相应的处罚规定。

(3) 本条对应于《安全生产许可证条例》第六条第一款中的安全生产条件内容。

3. 关注

(1) 本法第一百零一条。

(2)《安全生产许可证条例》第六条第一款[1]。

## 2.2.30 第四十六条 发包与出租安全生产管理

【第四十六条条文】

第四十一条第四十六条 生产经营单位不得将生产经营项目、场所、设备发包或者出租给不具备安全生产条件或者相应资质的单位或者个人。

生产经营项目、场所有多个承包单位、承租单位发包或者出租给其他单位的，生产经营单位应当与承包单位、承租单位签订专门的安全生产管理协议，或者在承包合同、租赁合同中约定各自的安全生产管理职责；生产经营单位对承包单位、承租单位的安全生产工作统一协调、管理，定期进行安全检查，发现安全问题的，应当及时督促整改。

【第四十六条条文分析】

本条是关于生产经营单位生产经营项目、场所、设备发包或者出租安全管理的规定。

1. 理解

本条规范了生产经营项目、场所、设备发包或者出租的行为，强调了生产经营单位不仅仅对“多个承包单位、承租单位”要与承包单位、承租单位签订专门的安全生产管理协议，或者在承包合同、租赁合同中约定各自的安全生产管理职责，对单个的承包单位、承租单位同样应该这样，因此将“多个承包单位、承租单位”修改为“发包或者出租给其他单位”，并对生产经营单位提出了“定期进行安全检查，发现安全问题的，应当及时督促整改”的新要求。

2. 要点

(1) 不得发包或出租的规定

本条规定生产经营单位不得将生产经营项目、场所、设备发包或者出租给不具备安全生产条件或者相应资质的单位或者个人。如建设工程总承包单位将建筑起重机械设备安装交给没有安装资质或安全生产条件达不到要求的工程队安装，或建筑起重机械设备租赁单

[1] 见本书第3篇“3.6 安全生产条件及其评价”。

位将设备租给没有资质或安全生产条件达不到要求的单位使用，都是违反本规定的。这就要求生产经营单位在发包或出租前要核实被发包单位或被出租单位的资质是否符合要求，符合要求的还要对其安全生产条件是否具备进行考察。这里如何界定被发包或被出租单位的安全生产条件，是生产经营单位应当思考和重视的问题。这是目前生产经营活动中容易被忽视的问题。何谓安全生产条件，《安全生产许可证条例》第六条作出了详细的规定。

(2) 发包或出租安全职责的约定

本条规定生产经营项目、场所发包或者出租给其他单位的，生产经营单位应当与承包单位、承租单位签订专门的安全生产管理协议，或者在承包合同、租赁合同中约定各自的安全生产管理职责。在核实所发包或出租单位具有相应资质和验证其安全生产条件符合要求后，生产经营单位还必须落实双方安全生产管理职责，并以文件的形式确认。这个文件的形式可以是专门的安全生产管理协议，也可以是承包合同、租赁合同中专门的章节。

(3) 发包或出租的安全生产管理

本条规定生产经营单位对承包单位、承租单位的安全生产工作统一协调、管理，定期进行安全检查，发现安全问题的，应当及时督促整改，决不能在发包后或出租后不履行管理职责。只发不管、只租不管的行为是违反本规定的。

(4) 违反本条规定的，本法第一百条作出了相应的法律责任。

(5) 本条对应于《安全生产许可证条例》第六条第一款中的安全生产条件内容。

3. 关注

(1) 本法第一百条。

(2)《安全生产许可证条例》第六条第一款[1]。

### 2.2.31 第四十七条 发生生产安全事故时主要负责人职责

【第四十七条条文】

第四十二条第四十七条 生产经营单位发生重大生产安全事故生产安全事故时，单位的主要负责人应当立即组织抢救，并不得在事故调查处理期间擅离职守。

【第四十七条条文分析】

本条是关于生产经营单位发生生产安全事故时单位的主要负责人职责的规定。

1. 理解

本条对生产经营单位主要负责人对生产安全事故组织抢救的管理提出要求，将“重大生产安全事故”改为“生产安全事故”，强调了发生任一生产安全事故，生产经营单位主要负责人都应立即组织抢救，而不仅仅是重大生产安全事故，且从管理的原理上来讲有时事故发生时难以确定事故的级别，往往是在事故调查过程中最后确定。因此现在的提法较原原更加规范了生产经营单位发生生产安全事故时单位的主要负责人职责。

2. 要点

(1) 发生事故时立即抢救。

本条规定生产经营单位发生生产安全事故时，单位的主要负责人应当立即组织抢救，这是主要负责人的职责所在。本法第八十条对此有相应的规定。

---

[1] 见本书第3篇“3.6 安全生产条件及其评价”。

(2) 调查期间不得擅离职守。

本条规定生产经营单位发生生产安全事故时，单位的主要负责人应当立即组织抢救，并不得在事故调查处理期间擅离职守。

(3) 本法第一百零六条对违反本条规定的，作出了相应的处罚规定。

(4) 发生生产安全事故，是由于安全生产条件出现问题所致。事故发生后，应采取措施及时抢救生命、将事故损失降低到最低，并在调查处理期间找出原因、分清责任，是避免事故再度发生和防范今后同类事故再度发生的重要手段。《生产安全事故报告和调查处理条例》等行政法规都对此作出了相应的规定。根据《安全生产许可证条例》，本条对应于其第六条第十三款中的安全生产条件内容。

3. 关注

(1) 本法第八十条、第一百条。

(2)《安全生产许可证条例》第六条第十三款[1]。

(3)《生产安全事故报告和调查处理条例》。

## 2.2.32 第四十八条 工伤保险管理

【第四十八条条文】

第四十三条第四十八条 生产经营单位必须依法参加工伤社会保险工伤保险，为从业人员缴纳保险费。

国家鼓励生产经营单位投保安全生产责任保险。

【第四十八条条文分析】

本条是关于生产经营单位依法参加工伤保险的规定。

1. 理解

本条规范了生产经营单位有关保险行为，本条将原文“工伤社会保险”改为“工伤保险”，其一是规范法定用语，因工伤保险是《社会保险法》中基本养老保险、基本医疗保险、工伤保险、失业保险和生育保险这“五险”之一；其二，工伤保险与其他一些险种有不同之处，如基本养老保险、基本医疗保险和失业保险，均由用人单位和职工共同缴纳，而工伤保险是由用人单位缴纳工伤保险费，职工不缴纳工伤保险费，强调工伤保险是生产经营单位必须依法为职工办理的强制性保险。

本条新增加了“国家鼓励生产经营单位投保安全生产责任保险”。

什么叫安全生产责任险?

首先从什么是责任险说起。责任险是指保险人承保被保险人的民事损害赔偿责任的险种，主要有公众责任保险、第三者责任险、产品责任保险、雇主责任保险、职业责任保险等险种。

安全生产责任保险是以生产经营过程中因发生意外事故，造成人身伤亡或财产损失，依法应由生产经营单位承担的经济赔偿责任为保险标的（是指作为保险对象的财产及其有关利益，或者是人的寿命和身体，它是保险利益载体），保险公司按相关保险条款的约定对保险人以外的第三者进行赔偿的责任保险。实践证明，引入安全生产责任险可以防范生

[1] 见本书第3篇“3.6 安全生产条件及其评价”。

产安全风险，有助于推动安全生产工作的开展，是一种行之有效的做法。如《特种设备安全法》也规定："国家鼓励投保特种设备安全责任保险。"

由于安全生产责任险是按照商业保险的规则来运行的，不宜也不必由国家再制定特殊的办法予以规范，所以本条确定为国家鼓励生产经营单位投保安全生产责任保险。

2. 要点

(1) 依法参加工伤保险。

本条规定生产经营单位必须依法参加工伤保险，为从业人员缴纳保险费。这是强制性要求，不得违反。《工伤保险条例》第六十条对此作出了相应的法律责任。

(2) 鼓励投保安全生产责任保险。

本条规定国家鼓励生产经营单位投保安全生产责任保险。《特种设备安全法》第十七条对此也作出了相应规定。

(3) 本条对应于《安全生产许可证条例》第六条第七款中的安全生产条件内容。

3. 关注

(1) 关注本法第四十九条、第一百零三条；相应的法规及条款：《保险法》第四章、《特种设备安全法》第 17 条、《工伤保险条例》第十条、第六十条。

(2)《安全生产许可证条例》第六条第七款[1]。

## 2.3 第三章 从业人员的安全生产权利义务

【第三章名称】第三章 从业人员的安全生产权利和义务

本章名称由原来的"从业人员的权利和义务"改成"从业人员的安全生产权利义务"，突出了本权利和义务是安全生产方面的权利义务。

本章是有关从业人员的安全生产权利义务的规定。需要注意的，一是这里的从业人员权利与义务的范围主要是与"安全生产"有关的权利与义务，从业人员其他方面的权利与义务其他法规中有规定的按照其规定执行；二是权利与义务的对等关系，本章中凡是涉及的权利，均应有相应的义务对应，即在了解从业人员权利时也必须了解从业人员的义务。

### 2.3.1 第四十九条 工伤保险管理

【第四十九条条文】

第四十四条第四十九条 生产经营单位与从业人员订立的劳动合同，应当载明有关保障从业人员劳动安全、防止职业危害的事项，以及依法为从业人员办理工伤社会保险工伤保险的事项。

生产经营单位不得以任何形式与从业人员订立协议，免除或者减轻其对从业人员因生产安全事故伤亡依法应承担的责任。

【第四十九条条文分析】

本条是关于劳动合同中与安全生产有关的必备事项和禁止性事项。

[1] 见本书第 3 篇"3.6 安全生产条件及其评价"。

1. 理解

本条将原文“工伤社会保险”改为“工伤保险”，其原因见本法第四十八条解释。

在这里应提醒从业人员关注《社会保险法》中有关工伤保险的规定规范了从业人员享受工伤保险时应当遵守的义务

(1) 职工因工作原因受到事故伤害或者患职业病，且经工伤认定的，享受工伤保险待遇。其中，经劳动能力鉴定丧失劳动能力的，享受伤残待遇。

(2) 职工因下列情形之一导致本人在工作中伤亡的，不认定为工伤：

1) 故意犯罪；

2) 醉酒或者吸毒；

3) 自残或者自杀。

(3) 因工伤发生的下列费用，按照国家规定从工伤保险基金中支付：

1) 治疗工伤的医疗费用和康复费用；

2) 住院伙食补助费；

3) 统筹地区以外就医的交通食宿费；

4) 安装配置伤残辅助器具所需费用；

5) 生活不能自理的，经劳动能力鉴定委员会确认的生活护理费；

6) 一次性伤残补助金和一～四级伤残职工按月领取的伤残津贴；

7) 终止或者解除劳动合同时，应当享受的一次性医疗补助金；

8) 因工死亡的，其遗属领取的丧葬补助金、供养亲属抚恤金和因工死亡补助金；

9) 劳动能力鉴定费。

(4) 因工伤发生的下列费用，按照国家规定由用人单位支付：

1) 治疗工伤期间的工资福利；

2) 五级、六级伤残职工按月领取的伤残津贴；

3) 终止或者解除劳动合同时，应当享受的一次性伤残就业补助金。

(5) 工伤职工符合领取基本养老金条件的，停发伤残津贴，享受基本养老保险待遇。基本养老保险待遇低于伤残津贴的，从工伤保险基金中补足差额。

(6) 由于第三人的原因造成工伤，第三人不支付工伤医疗费用或者无法确定第三人的，由工伤保险基金先行支付。工伤保险基金先行支付后，有权向第三人追偿。

(7) 工伤职工有下列情形之一的，停止享受工伤保险待遇。

1) 丧失享受待遇条件的；

2) 拒不接受劳动能力鉴定的；

3) 拒绝治疗的；

4) 法律、行政法规规定的其他情形。

2. 要点

(1) 本条规定了生产经营单位在劳动合同中必须载明保障从业人员劳动安全、防止职业危害的事项，并强调必须依法为职工办理的强制性保险。

(2) 本条第二款是一项禁止性规定，即“生产经营单位不得以任何形式与从业人员订立协议，免除或者减轻其对从业人员因生产安全事故伤亡依法应承担的责任”，它的作用是：一是禁止订立这种违法的协议；二是任何形式的这种协议都是禁止的；三是订立这种协议不能免除或减轻生产经营单位的生产安全事故责任，这种协议在法律上是无效的；四是如果签订这种协议，将追究生产经营单位的法律责任（见本法第一百零三条）。

(3) 本条对应于《安全生产许可证条例》第六条第七款中的安全生产条件内容。

3. 关注

(1) 本法四十八条、第一百零三条；《劳动法》第十九条、《劳动合同法》第十七条、《社会保险法》。

(2)《安全生产许可证条例》第六条第七款[1]。

## 2.3.2 第五十条 知情权和建议权

【第五十条条文】

第四十五条第五十条 生产经营单位的从业人员有权了解其作业场所和工作岗位存在的危险因素、防范措施及事故应急措施，有权对本单位的安全生产工作提出建议。

【第五十条条文分析】

本条是关于从业人员有关安全生产的知情权和建议权的规定。

1. 理解

本条未作修改。本条强调了从业人员生产经营作业时有关安全生产的知情权和建议权。

2. 要点

(1) 知情权

本条规定生产经营单位的从业人员有权了解其作业场所和工作岗位存在的危险因素、防范措施及事故应急措施。

生产经营单位从业人员有权了解的范围是作业场所和工作岗位，知情的三个方面的内容为：

1) 存在的危险因素。2009 年 10 月 15 日，中国国家标准化管理委员会发布《生产过程危险和有害因素分类与代码》GB/T 13861—2009 规定：生产过程危险和有害因素是指劳动者在生产领域从事生产活动的全过程可对人造成伤亡、影响人的身体健康甚至导致疾病的因素。这些因素分为“人的因素”、“物的因素”、“环境因素”和“管理因素”4 大类 15 小类 150 多个。生产经营单位有关安全生产管理人员应当了解危险因素的有关规定，排查本单位存在的危险因素。

2) 防范措施。针对危险因素，生产经营单位必须制定相应的防范措施并告知从业人员。

3) 事故应急措施。针对危险因素有可能造成生产安全事故的，生产经营单位应制定应急预案等措施，并告知从业人员。

从业人员拥有知情权的同时，还必须承担学习了解“危险因素、防范措施及事故应急措施”的义务，当生产经营单位组织学习时，不得拒绝参加或不认真参加。本法第五十五条对此作出了规定。

(2) 建议权

本条规定生产经营单位的从业人员有权对本单位的安全生产工作提出建议。

---

[1] 见本书第 3 篇“3.6 安全生产条件及其评价”。

生产经营单位应当对从业人员提出的建议作出答复，合理的应当采纳，不予采纳的应当给予说明和解释。同样，从业人员能够提出安全生产工作合理化建议的前提是从业人员要具备一定的安全生产知识和必备的操作技能水平。

（3）违反本条规定的，本法第九十四条第四款、第五款作出了相应的法律责任。

（4）本条对应于《安全生产许可证条例》第六条第一款、第八款、第九款中的安全生产条件内容。

3. 关注

（1）本法第四十一条、第四十九条、第九十四条第四款、第九十四条第五款；《劳动合同法》第四条、第八条；《职业病防治法》第三十四条。

（2）《安全生产许可证条例》第六条第一款、第八款、第九款[1]。

（3）《生产过程危险和有害因素分类与代码》。

## 2.3.3 第五十一条 批评、检举、控告及拒绝的权利与权利保护

【第五十一条条文】

第四十六条第五十一条 从业人员有权对本单位安全生产工作中存在的问题提出批评、检举、控告；有权拒绝违章指挥和强令冒险作业。

生产经营单位不得因从业人员对本单位安全生产工作提出批评、检举、控告或者拒绝违章指挥、强令冒险作业而降低其工资、福利等待遇或者解除与其订立的劳动合同。

【第五十一条条文分析】

本条是关于从业人员对本单位安全生产工作中存在的问题提出批评、检举、控告和拒绝违章指挥或强令冒险作业等权力的规定。

1. 理解

本条未作修改。本条强调了从业人员对本单位安全生产工作中存在的问题提出批评、检举、控告和拒绝违章指挥或强令冒险作业等权力。

2. 要点

（1）权利

本条规定从业人员有权对本单位安全生产工作中存在的问题提出批评、检举、控告；有权拒绝违章指挥和强令冒险作业。《劳动法》、《劳动合同法》等对此也有相应的规定。这里的检举可以署名、也可以不署名，可以书面也可以口头，但应实事求是。

为保护从业人员健康与生命安全，从业人员有权拒绝违章指挥和强令冒险作业，这也是《劳动法》的规定。但是从业人员应当学习安全生产有关知识，知道什么是违章指挥、什么是强令冒险作业。只要是确认违章指挥或强令冒险作业，就应理直气壮地拒绝违章指挥或强令冒险作业。

从业人员行使“提出批评、检举、控告和拒绝违章指挥或强令冒险作业等权力”的同时，必须了解或掌握有关安全生产管理知识以及《劳动法》、《劳动合同法》等相关法律知识。

（2）权利保护

为了保护从业人员这两项权利，本条规定生产经营单位不得因从业人员对本单位安全

[1] 见本书第3篇“3.6 安全生产条件及其评价”。

生产工作提出批评、检举、控告或者拒绝违章指挥、强令冒险作业而降低其工资、福利等待遇或者解除与其订立的劳动合同。

(3) 本法第七十条、第七十一条和第七十三条也作出了与本条相应的规定。

(4) 本条对应于《安全生产许可证条例》第六条第一款、第十三款中的安全生产条件内容。

3. 关注

(1) 本法第七十条、第七十一条和第七十三条；《劳动法》第五十六条、《劳动合同法》第三十二条、第三十八条、第八十八条。

(2)《安全生产许可证条例》第六条第一款、第十三款。

### 2.3.4 第五十二条 紧急情况处置权

【第五十二条条文】

第四十七条第五十二条　从业人员发现直接危及人身安全的紧急情况时，有权停止作业或者在采取可能的应急措施后撤离作业场所。

生产经营单位不得因从业人员在前款紧急情况下停止作业或者采取紧急撤离措施而降低其工资、福利等待遇或者解除与其订立的劳动合同。

【第五十二条条文分析】

本条是关于从业人员的紧急情况处置权及保护规定。

1. 理解

本条未作修改。本条强调了从业人员发现直接危及人身安全的紧急情况时的紧急处置权。

2. 要点

(1) 紧急情况处置权的前提是在“发现直接危及人身安全的紧急情况”时，这实际上也是告诫从业人员应当履行的一项义务，就是要在作业前学习了解什么是“直接危及人身安全的紧急情况”，掌握如何发现“直接危及人身安全的紧急情况”的基本技能。

(2) 一旦发现“直接危及人身安全的紧急情况”立即停止作业，或撤离作业场所，以避免危险和伤害。

(3) 在采取可能的应急措施后撤离作业场所，但未要求从业人员非得采取应急措施后撤离作业场所，更未规定必须征得有关负责人同意后方可撤离作业场所。

(4) 在采取紧急情况处置权，确保不会发生危险和自身伤害的同时，从业人员有义务报告事故，以防止事故的蔓延或进一步扩大。本法第五十六条对此作出了相应的规定。

(5) 为了保护从业人员的紧急情况处置权，本条第二款规定生产经营单位不得因从业人员在前款紧急情况下停止作业或者采取紧急撤离措施而降低其工资、福利等待遇或者解除与其订立的劳动合同。这一规定，在《劳动法》和《劳动合同法》中都有相应的条款规定。

(6) 本条对应于《安全生产许可证条例》第六条第一款、第九款、第十一款中的安全生产条件内容。

3. 关注

(1) 本法第五十六条；《劳动法》第二十九条；《劳动合同法》第四十二条；《建筑业安全卫生公约》第十二条；《突发事件应对法》第四章。

(2)《安全生产许可证条例》第六条第一款、第九款、第十一款[1]。

### 2.3.5 第五十三条 依法赔偿权

【第五十三条条文】

第四十八条第五十三条 因生产安全事故受到损害的从业人员，除依法享有工伤社会保险工伤保险外，依照有关民事法律尚有获得赔偿的权利的，有权向本单位提出赔偿要求。

【第五十三条条文分析】

本条是关于从业人员因生产安全事故享有赔偿权利的规定。

1. 理解

本条将原来的“工伤社会保险”改为“工伤保险”，其原因见第四十九条理解的解释。

2. 要点

(1) 一是从业人员因生产安全事故受到损害应享有工伤保险，本法第四十八条对此作出了规定；二是从业人员因生产安全事故受到损害应享有工伤保险外，还应享有依照有关民事法律向本单位提出赔偿要求的权利。

(2) 告诉生产经营单位从业人员参加了工伤保险并不意味着绝对排除了其在从业人员遭受工伤时的民事赔偿责任。即从业人员通过工伤保险并不能得到充分救济，可以通过侵权损害赔偿弥补受害人及其亲属的相关损失，《侵权责任法》有关规定对此作出了相应的规定。用人单位在从业人员行使相关权利时，不得无故推诿、拒绝承担其依法应当承担的法律责任。本法第一百一十一条对此规定了生产经营单位相应的法律责任。

(3) 本条对应于《安全生产许可证条例》第六条第七款、第十三款中的安全生产条件内容。

3. 关注

(1) 本法第一百一十一条；《社会保险法》第四章、《职业病防治法》第五十九条；《侵权责任法》第二条、第二十二条。

(2)《安全生产许可证条例》第六条第七款、第十三款[2]。

### 2.3.6 第五十四条 遵章守纪服从管理义务

【第五十四条条文】

第四十九条第五十四条 从业人员在作业过程中，应当严格遵守本单位的安全生产规章制度和操作规程，服从管理，正确佩戴和使用劳动防护用品。

【第五十四条条文分析】

本条是关于从业人员在作业过程中遵章守纪、服从管理、正确佩戴和使用劳动防护用品的规定。

1. 理解

本条未作修改。本条强调了从业人员在作业过程中应当遵章守纪服从管理的义务。

---

[1] 见本书第3篇“3.6 安全生产条件及其评价”。

[2] 见本书第3篇“3.6 安全生产条件及其评价”。

2. 要点

（1）遵章守纪。

从业人员要做到这一点，应注意：

1）从业人员在作业过程中应当严格遵守本单位的安全生产规章制度和操作规程，前提之一是生产经营单位的安全生产规章制度和操作规程要符合有关法律法规，不符合法律法规不能执行并应当指出、加以纠正，这就要求有关从业人员和规章制度、操作规程制定者熟悉有关法律法规。

2）前提之二是安全生产规章制度和操作规程具有可操作性，不能相互矛盾，或在现行条件下难以执行，这就要求有关从业人员和规章制度、操作规程制定者具有一定的管理知识和业务工作能力。

3）前提之三，安全生产规章制度和操作规程的制定要具有合法性或合理性，按照有关程序和规定，以正式的企业文件形式下发，并告知从业人员。

4）在以上前提下，一旦由企业通过合法、合理方式确定下来的单位的安全生产规章制度和操作规程，从业人员必须严格遵守，而不是口头上或形式上的敷衍，也不能以制度不完善、操作规程不合理为借口拒绝执行。生产经营单位的安全生产规章制度可归纳为五大制度：安全生产责任制、安全生产资金保障制度、安全生产教育培训制度、安全生产检查制度和生产安全隐患与事故处理报告制度。安全生产操作规程应包含生产经营单位生产经营活动中涉及的所有操作内容和工种。

（2）服从管理。

从业人员服从管理。这里的管理是指生产经营单位依据相应法律法规实施的管理，以及依据本单位制定的安全生产规章制度和操作规程等规章实施的管理。从业人员必须服从这些管理。服从管理，是安全生产管理的一项很重要的管理要求。尤其是安全生产责任制度，规定了安全生产管理权限，生产经营活动必须要有一个权威的安全生产管理机构或安全生产管理人员协调生产经营活动中的安全生产管理。为此，本法第一百零四条对不服从管理的行为提出“由生产经营单位给予批评教育，依照有关规章制度给予处分；构成犯罪的，依照刑法有关规定追究刑事责任”的规定。《劳动法》以及《建筑业安全卫生公约》中对此作出了相应的规定。

（3）正确佩戴和使用劳动防护用品。

通常人们把劳动防护用品作为安全生产管理的最后一道防线，它也是从业人员自我保护的重要措施。《建筑业安全卫生公约》中提到：“如其他方法均不足以保护工人，使其免遭事故危险或健康的损害，包括避免接触有害环境，则可由国家法律或条例作出规定，根据工种和危险的性质，由雇主免费向工人提供适当的个人防护用具和防护服并加以维护。“我国政府对劳动保护用品的使用非常重视，在《劳动法》、《职业病防治法》等多个法律以及有关标准规范中都作出了相应的规定。从业人员应当按照有关规定正确佩戴和使用劳动防护用品，如不按照有关规定佩戴和使用劳动防护用品，有关管理人员向其批评指正，若批评指正仍不服从管理的，可按本法第一百零四条处置。

（4）违反本条规定的，本法第一百零四条作出了相应的法律责任。

（5）本条对应于《安全生产许可证条例》第六条第一款中的安全生产条件内容。

3. 关注

(1) 本法第一百零四条；《劳动法》第三条、第五十六条；《职业病防治法》第二十条；《建筑业安全卫生公约》第七条、第十一条、第三十条。

(2)《安全生产许可证条例》第六条第一款[1]。

## 2.3.7 第五十五条 接受教育培训和提高技能的义务

【第五十五条条文】

第五十条第五十五条 从业人员应当接受安全生产教育和培训，掌握本职工作所需的安全生产知识，提高安全生产技能，增强事故预防和应急处理能力。

【第五十五条条文分析】

本条是关于从业人员接受安全生产教育和培训的规定。

1. 理解

本条没作修改，但这次本法在其他条款上对安全生产教育和培训作了许多修改和增加，这是这次本法修改的一大亮点。如在生产经营单位主要负责人的安全生产管理职责中新增加了“组织制定并实施本单位安全生产教育和培训计划”这一条，在其他条款中或增加了教育和培训有关内容或修改了与教育和培训的相关内容。说明安全生产教育和培训工作的重要性。

本章多处条款中，与安全生产教育和培训相关的内容很多，如果从业人员不能很好地接受安全生产教育和培训、掌握本职工作所需的安全生产知识，就难以提高安全生产技能、增强事故预防和应急处理能力，以及正确行使其权利和义务。所以，接受安全生产教育和培训既是从业人员的权利，也是从业人员应当履行的义务。《劳动法》等有关法律法规对此作出了相应的规定。

安全教育和培训的基本内容包括：安全意识教育、安全知识教育、安全及技能培训。根据从业人员的特点，安全教育和培训的形式应多种多样。

2. 要点

(1) 接受安全生产教育和培训义务

本条规定从业人员应当接受安全生产教育和培训，掌握本职工作所需的安全生产知识。

(2) 提高技能与能力的义务

本条规定从业人员应当提高安全生产技能，增强事故预防和应急处理能力。

(3) 违反本条规定的，本法第一百零四条作出了相应的法律责任。

(4) 本条对应于《安全生产许可证条例》第六条第一款、第六款中的安全生产条件内容。

3. 关注

(1) 本法第一百零四条；《劳动法》第三条、第八章；《职业病防治法》第三十一条。

(2)《安全生产许可证条例》第六条第一款[1]。

---

[1] 见本书第3篇“3.6 安全生产条件及其评价”。

### 2.3.8 第五十六条 隐患报告义务及处理规定

【第五十六条条文】

第五十一条第五十六条 从业人员发现事故隐患或者其他不安全因素，应当立即向现场安全生产管理人员或者本单位负责人报告；接到报告的人员应当及时予以处理。

【第五十六条条文分析】

本条是关于从业人员在事故隐患和不安全因素报告与处理方面的有关规定。

1. 理解

本条没有作修改。这里必须强调的是：发现隐患，首先就要知晓事故隐患，知晓何谓事故隐患。而知晓事故隐患，就要有相应的安全生产管理知识，就必须参加相应的教育和培训。

2. 要点

(1) 隐患报告义务

本条规定从业人员发现事故隐患或者其他不安全因素，应当立即向现场安全生产管理人员或者本单位负责人报告。

(2) 报告处理规定

本条规定接到事故隐患或者其他不安全因素报告的人员应当及时予以处理。

(3) 本法第十八条、第三十八条、第四十三条均对隐患处置提出了相关要求。本法第九十九条对生产经营单位未采取措施消除隐患作出了处罚规定。

(4) 违反本条规定的，本法第九十九条作出了相应的法律责任。

(5) 本条对应于《安全生产许可证条例》第六条第一款中的安全生产条件内容。

3. 关注

(1) 本法第十八条、第三十八条、第四十三条、第九十九条；《建筑业安全卫生公约》第十二条。

(2)《安全生产许可证条例》第六条第一款[1]。

(3) 隐患与事故的关系[2]。

### 2.3.9 第五十七条 工会监管权力

【第五十七条条文】

第五十二条第五十七条 工会有权对建设项目的安全设施与主体工程同时设计、同时施工、同时投入生产和使用进行监督，提出意见。

工会对生产经营单位违反《安全生产法》的，侵犯从业人员合法权益的行为，有权要求纠正；发现生产经营单位违章指挥、强令冒险作业或者发现事故隐患时，有权提出解决的建议，生产经营单位应当及时研究答复；发现危及从业人员生命安全的情况时，有权向生产经营单位建议组织从业人员撤离危险场所，生产经营单位必须立即作出处理。

工会有权依法参加事故调查，向有关部门提出处理意见，并要求追究有关人员的

[1] 见本书第3篇“3.6 安全生产条件及其评价”。

[2] 见本书第3篇“3.2.5 树立隐患就是事故的理念”。

责任。

【第五十七条条文分析】

本条是关于工会在安全生产管理上的权利的规定。

1. 理解

本条是按照本法第七条有关工会依法对安全生产工作进行监督要求制定的具体条款，也是《工会法》有关工会关于安全生产管理上的权利在本法的具体体现。

2. 要点

(1) 工会对生产经营单位的建设项目的安全设施提出意见的权利。

本法第二十八条规定："生产经营单位新建、改建、扩建工程项目（以下统称建设项目）的安全设施，必须与主体工程同时设计、同时施工、同时投入生产和使用。"《工会法》第二十三条规定："工会依照国家规定对新建、扩建企业和技术改造工程中的劳动条件和安全卫生设施与主体工程同时设计、同时施工、同时投产使用进行监督。对工会提出的意见，企业或者主管部门应当认真处理，并将处理结果书面通知工会"。

(2) 工会有权对生产经营单位的违法行为要求纠正和对安全生产工作作建议。

《工会法》第二十四条规定："工会发现企业违章指挥、强令工人冒险作业，或者生产过程中发现明显重大事故隐患和职业危害，有权提出解决的建议，企业应当及时研究答复；发现危及职工生命安全的情况时，工会有权向企业建议组织职工撤离危险现场，企业必须及时作出处理决定。"

(3) 工会参加生产安全事故调查处理权。

《工会法》第二十六条规定："职工因工伤亡事故和其他严重危害职工健康问题的调查处理，必须有工会参加。工会应当向有关部门提出处理意见，并有权要求追究直接负责的主管人员和有关责任人员的责任。对工会提出的意见，应当及时研究，给予答复。"

本条所称的工会既指生产经营单位的工会，又指各级工会组织。

(4) 本条对应于《安全生产许可证条例》第六条第十三款中的安全生产条件内容。

3. 关注

(1) 本法第七条、第二十八条；《工会法》第二十三条、第二十四条、第二十六条。

(2)《安全生产许可证条例》第六条第十三款❶。

## 2.3.10 第五十八条 被派遣劳动者的权利义务

【第五十八条条文】

第五十八条 生产经营单位使用被派遣劳动者的，被派遣劳动者享有本法规定的从业人员的权利，并应当履行本法规定的从业人员的义务。

【第五十八条条文分析】

本条是关于生产经营单位使用被派遣劳动者的权利与义务的规定。

1. 理解

本条是新增加的条款。本条强调被派遣劳动者的权利和义务。

---

❶ 见本书第3篇"3.6 安全生产条件及其评价"。

2. 要点

(1) 何谓生产经营单位使用被派遣劳动者

2012年《劳动合同法》修订进一步规范了劳务派遣制度，强调了被派遣劳动者享有与用工单位的劳动者同工同酬的权利。劳务派遣存在劳务派遣单位、被派遣劳动者和用工单位这三个法律主体。劳务派遣单位与被派遣劳动者之间签订劳动合同而存在劳动关系，用工单位是指接受劳务派遣用工的单位。劳务派遣单位与用工单位订立劳务派遣协议。本条的生产经营单位即为用工单位。被派遣劳动者是与劳务派遣单位存在劳动关系，并由劳务派遣单位派遣到用工单位，即本条所称的生产经营单位工作的人员。

《劳动合同法》第六十二条规定用工单位应当履行的义务有：

1) 执行国家劳动标准，提供相应的劳动条件和劳动保护。

2) 告知被派遣劳动者的工作要求和劳动报酬。

3) 支付加班费、绩效奖金，提供与工作岗位相关的福利待遇。

4) 对在岗被派遣劳动者进行工作岗位所必需的培训。

5) 连续用工的，实行正常的工资调整机制。

并规定用工单位不得将被派遣劳动者再派遣到其他用人单位。

(2) 被派遣劳动者的权利

按照本法第三章的内容，被派遣劳动者的权利有：

1) 享有劳动安全、防止职业危害等事项告知权以及享有工伤保险。

2) 有权了解其作业场所和工作岗位存在的危险因素、防范措施及事故应急措施，有权对使用单位的安全生产工作提出建议。

3) 有权对本单位安全生产工作中存在的问题提出批评、检举、控告；有权拒绝违章指挥和强令冒险作业。

4) 发现直接危及人身安全的紧急情况时，有权停止作业或者在采取可能的应急措施后撤离作业场所。

5) 因生产安全事故受到损害除依法享有工伤保险外，有权向使用单位或本单位提出赔偿要求。

《劳动合同法》还规定：劳动者在试用期的工资不得低于本单位相同岗位最低档工资或者劳动合同约定工资的百分之八十，并不得低于用人单位所在地的最低工资标准。在试用期中，除劳动者有“在试用期间被证明不符合录用条件的”、“劳动者不能胜任工作，经过培训或者调整工作岗位，仍不能胜任工作的”等情形，用人单位不得解除劳动合同。用人单位在试用期解除劳动合同的，应当向劳动者说明理由。

(3) 被派遣劳动者的义务

按照本法第三章的内容，被派遣劳动者的义务有：

1) 在作业过程中，应当严格遵守用人单位的安全生产规章制度和操作规程，服从管理，正确佩戴和使用劳动防护用品。

2) 应当接受安全生产教育和培训，掌握本职工作所需的安全生产知识，提高安全生产技能，增强事故预防和应急处理能力。

3) 发现事故隐患或者其他不安全因素，应当立即向现场安全生产管理人员或者用人单位负责人报告。

(4) 违反本条规定的，本法第一百零三条、第一百零四条作出了相应的法律责任。

(5) 本条对应于《安全生产许可证条例》第六条第一款中的安全生产条件内容。

3. 关注

(1) 本法第三章、第一百零三条、第一百零四条；《劳动合同法》第六十二条～第六十五条。

(2)《安全生产许可证条例》第六条第一款❶。

## 2.4 第四章 安全生产的监督管理

### 2.4.1 第五十九条 政府及安全生产监管部门职责

【第五十九条条文】

第五十三条第五十九条 县级以上地方各级人民政府应当根据本行政区域内的安全生产状况，组织有关部门按照职责分工，对本行政区域内容易发生重大生产安全事故的生产经营单位进行严格检查；发现事故隐患，应当及时处理。

安全生产监督管理部门应当按照分类分级监督管理的要求，制定安全生产年度监督检查计划，并按照年度监督检查计划进行监督检查，发现事故隐患，应当及时处理。

【第五十九条条文分析】

本条是关于县级以上地方各级人民政府及安全生产监督管理部门安全生产监管职责的规定。

1. 理解

本条规范了县级以上地方各级人民政府安全检查的职责，删除了“发现事故隐患，应当及时处理”的规定，这是因为发现事故隐患并及时消除隐患应该是生产经营单位不可推卸的职责，本法第三十八条规定：“生产经营单位应当建立健全生产安全事故隐患排查治理制度，采取技术、管理措施，及时发现并消除事故隐患。”因此县级以上地方各级人民政府不承担“发现事故隐患，应当及时处理”的职责，而是“负有安全生产监督管理职责的部门应当建立健全重大事故隐患治理督办制度，督促生产经营单位消除重大事故隐患”，本法第三十八条第二款对此作出了明确规定。

本条增加了安全生产监督管理部门监管要求，提出了“分类分级管理”、“制定计划”、“监督检查”和“发现事故隐患，应当及时处理”的要求。注意：安全生产监督管理部门则有“发现事故隐患，应当及时处理”的职责要求。这是因为作为专门的安全生产监督管理部门，应该对于事故隐患具有及时处理的能力，当生产经营单位安全生产管理人员等有关人员向主管的负有安全生产监督管理职责的部门报告事故隐患时，“接到报告的部门应当依法及时处理”，这是本法第四十三条的规定。

所谓的分类分级监督管理，是指根据生产经营单位危险性质的不同，划分不同的行业或者领域类别和级别。如《国民经济行业分类》GB/T 4754—2011 将国民经济行业分为

❶ 见本书第3篇“3.6 安全生产条件及其评价”。

20个门类、96个大类，与直接生产经营活动有关的有15个门类、80个大类。按照生产安全事故统计划分，可分为矿山、建筑施工企业、危险化学品生产企业、烟花爆竹生产企业、民用爆破企业以及冶金机械、道路交通、铁路运输、民航等重点生产经营单位，并按行业或领域进行行业监督管理，根据各类企业的风险不同划定等级。

2. 要点

(1) 政府部门职责

本条规定县级以上地方各级人民政府应当根据本行政区域内的安全生产状况，组织有关部门按照职责分工，对本行政区域内容易发生重大生产安全事故的生产经营单位进行严格检查。根据这一规定，各级人民政府的职责主要有三项：

1) 掌握情况。掌握本行政区域的安全生产状况，对此要组织有关部门和专家对本行政区域的安全生产状况进行评估。

2) 组织分工。组织有关部门按照职责分工，对此要有相应的考核机制。

3) 严格检查。严格开展安全生产检查，重点是本行政区域内容易发生重大生产安全事故的生产经营单位。

(2) 安全生产监督管理部门职责

本条规定安全生产监督管理部门应当按照分类分级监督管理的要求，制定安全生产年度监督检查计划，并按照年度监督检查计划进行监督检查，发现事故隐患，应当及时处理。根据这一规定，安全生产监督管理部门的职责主要有：

1) 掌握情况。安全生产监督管理部门应当掌握本行业或本领域内生产安全重点防范单位，对此应对本行业或本领域内的安全生产情况进行摸底排查。

2) 制定计划。安全生产监督管理部门要根据掌握的情况制定安全生产年度监督检查计划，原则上至少是年度工作计划。

3) 实施检查。安全生产监督管理部门应按照年度监督检查计划进行监督检查。

4) 处置隐患。安全生产监督管理部门发现事故隐患，应当及时处理。发现事故隐患，应包括三个方面情况，一是本条所讲的在按照年度监督检查计划进行监督检查时发现的隐患，二是根据本法第三十八条要求："县级以上地方各级人民政府负有安全生产监督管理职责的部门应当建立健全重大事故隐患治理督办制度，督促生产经营单位消除重大事故隐患。"三是根据本法第四十三条的规定："接到报告的部门应当依法及时处理。"

(3) 违反本规定，本法第八十七条规定，对于在监督检查中发现重大事故隐患，不依法及时处理的，给予负有安全生产监督管理职责的部门的工作人员降级或者撤职的处分；构成犯罪的，依照刑法有关规定追究刑事责任。

3. 关注

(1) 本法第三十八条第二款、第四十三条第二款、第八十七条。

(2) 如何掌握生产经营单位安全生产状况。因为，安全生产管理的实质就是不断完善安全生产条件，因此安全生产状况实为安全生产条件的完善程度。有关部门应重视安全生产条件评价工作[1]。

---

[1] 见本书第3篇"3.6　安全生产条件及其评价"。

## 2.4.2 第六十条 安全生产事项审批和验收

【第六十条条文】

第五十四条第六十条 依照本法第九条规定对安全生产负有监督管理职责的部门（以下统称负有安全生产监督管理职责的部门）负有安全生产监督管理职责的部门依照有关法律、法规的规定，对涉及安全生产的事项需要审查批准（包括批准、核准、许可、注册、认证、颁发证照等，下同）或者验收的，必须严格依照有关法律、法规和国家标准或者行业标准规定的安全生产条件和程序进行审查；不符合有关法律、法规和国家标准或者行业标准规定的安全生产条件的，不得批准或者验收通过。对未依法取得批准或者验收合格的单位擅自从事有关活动的，负责行政审批的部门发现或者接到举报后应当立即予以取缔，并依法予以处理。对已经依法取得批准的单位，负责行政审批的部门发现其不再具备安全生产条件的，应当撤销原批准。

【第六十条条文分析】

本条是关于对负有安全生产监督管理职责的部门对涉及安全生产的事项审查批准或者验收的管理要求。

1. 理解

本条对“负有安全生产监督管理职责的部门”称谓进行修改。重点强调了有安全生产监督管理职责的部门对涉及安全生产的事项审查批准或者验收的管理要求。

2. 要点

（1）严格依照安全生产条件审查。

本条规定负有安全生产监督管理职责的部门依照有关法律、法规的规定，对涉及安全生产的事项需要审查批准（包括批准、核准、许可、注册、认证、颁发证照等，下同）或者验收的，必须严格依照有关法律、法规和国家标准或者行业标准规定的安全生产条件进行审查。《安全生产许可证条例》已对安全生产条件作出了相应的规定，有关行业管理部门也根据这一条例的规定提出了本行业企业的安全生产条件。目前由于对安全生产条件的认识问题，随意更改安全生产条件的定义和内容现象较为普遍，因此“严格依照有关法律、法规和国家标准或者行业标准规定的安全生产条件进行审查”是必须的。

（2）严格依照程序审查。

本条规定负有安全生产监督管理职责的部门依照有关法律、法规的规定，对涉及安全生产的事项需要审查批准（包括批准、核准、许可、注册、认证、颁发证照等，下同）或者验收的，必须严格依照有关法律、法规和国家标准或者行业标准规定的程序进行审查。如《安全生产许可证条例》对审核高危企业安全生产条件以及审核时间、审核程序都作出了相应的规定。

（3）不符合安全生产条件的情况处置。

本条规定负有安全生产监督管理职责的部门应当：

1）不符合安全生产条件的不得批准或者验收通过。

对不符合有关法律、法规和国家标准或者行业标准规定的安全生产条件的生产经营单位，不得批准或者验收通过。如《安全生产许可证条例》第七条规定：“不符合本条例规定的安全生产条件的，不予颁发安全生产许可证。”

2）未依法取得批准或者验收合格的擅自从事有关活动的处置。

对未依法取得批准或者验收合格的单位擅自从事有关活动的，负责行政审批的部门发现或者接到举报后应当立即予以取缔，并依法予以处理。如《安全生产许可证条例》第十九条规定："未取得安全生产许可证擅自进行生产的，责令停止生产，没收违法所得，并处10万元以上50万元以下的罚款；造成重大事故或者其他严重后果，构成犯罪的，依法追究刑事责任。"

3）已依法取得但不再具备安全生产条件的处置。

本条规定对已经依法取得批准的单位，负责行政审批的部门发现其不再具备安全生产条件的，应当撤销原批准。如《安全生产许可证条例》第十四条规定："安全生产许可证颁发管理机关应当加强对取得安全生产许可证的企业的监督检查，发现其不再具备本条例规定的安全生产条件的，应当暂扣或者吊销安全生产许可证。"

(4) 负有安全生产监督管理职责的部门的工作人员违反本规定，本法第八十七条和《安全生产许可证条例》第十八条均作出了给予降级或者撤职的行政处分，构成犯罪的，依法追究刑事责任的处罚。

3. 关注

(1) 本法第八十七条。

(2)《安全生产许可证条例》第六条、第七条、第十四条、第十八条、第十九条❶。

(3)"有关法律、法规和国家标准或者行业标准规定的安全生产条件"审查的描述，关注安全生产条件❶。

### 2.4.3 第六十一条 审查验收禁止事项

【第六十一条条文】

第五十五条第六十一条　负有安全生产监督管理职责的部门对涉及安全生产的事项进行审查、验收，不得收取费用；不得要求接受审查、验收的单位购买其指定品牌或者指定生产、销售单位的安全设备、器材或者其他产品。

【第六十一条条文分析】

本条是关于负有安全生产监督管理职责的部门对涉及安全生产的事项进行审查、验收的禁止事项的规定。

1. 理解

本条未作修改，它规范了负有安全生产监督管理职责的部门对涉及安全生产的事项审查、验收的行为。

2. 要点

(1) 不得收费

本条规定负有安全生产监督管理职责的部门对涉及安全生产的事项进行审查、验收，不得收取费用。不得收取费用，也应包括不得变相收费或委托其他机构代收费的行为。

(2) 不得指定购买

本条规定负有安全生产监督管理职责的部门不得要求接受审查、验收的单位购买其指

❶ 见本书第3篇"3.6　安全生产条件及其评价"。

定品牌或者指定生产、销售单位的安全设备、器材或者其他产品。不得指定购买，也应包括变相指定购买等行为。

（3）违反本规定，本法第八十八条及《中华人民共和国建筑法》、《中华人民共和国消防法》均提出了相应的法律责任。

3. 关注

本法第八十八条；《中华人民共和国建筑法》；《中华人民共和国消防法》。

## 2.4.4 第六十二条 安全生产监督检查职责

【第六十二条条文】

第五十六条第六十二条 负有安全生产监督管理职责的部门和其他负有安全生产监督管理职责的部门依法开展安全生产行政执法工作，对生产经营单位执行有关安全生产的法律、法规和国家标准或者行业标准的情况进行监督检查，行使以下职权：

（一）进入生产经营单位进行检查，调阅有关资料，向有关单位和人员了解情况；。

（二）对检查中发现的安全生产违法行为，当场予以纠正或者要求限期改正；对依法应当给予行政处罚的行为，依照本法和其他有关法律、行政法规的规定作出行政处罚决定；。

（三）对检查中发现的事故隐患，应当责令立即排除；重大事故隐患排除前或者排除过程中无法保证安全的，应当责令从危险区域内撤出作业人员，责令暂时停产停业或者停止使用；重大事故隐患排除后，经审查同意，方可恢复生产经营和使用；。

（四）对有根据认为不符合保障安全生产的国家标准或者行业标准的设施、设备、器材以及违法生产、储存、使用、经营、运输的危险物品予以查封或者扣押，对违法生产、储存、使用、经营危险物品的作业场所予以查封，并应当在十五日内并依法作出处理决定。

监督检查不得影响被检查单位的正常生产经营活动。

【第六十二条条文分析】

本条是关于安全生产监督管理部门和其他负有安全生产监督管理职责的部门安全生产监督检查职责的规定。

1. 理解

本条规范了安全生产监督管理部门和其他负有安全生产监督管理部门的职权，“负有安全生产监督管理职责的部门”是新增加的内容，职责中增加了“违法生产、储存、使用、经营危险物品”及作业场所的处置要求，考虑到“不符合保障安全生产的国家标准或者行业标准的设施、设备、器材以及违法生产、储存、使用、经营、运输的危险物品”的复杂性，删除了“并应当在十五日内”作出处理决定的要求。

2. 要点

（1）依法履行其职责

本条规定安全生产监督管理部门和其他负有安全生产监督管理职责的部门依法开展安全生产行政执法工作，对生产经营单位执行有关安全生产的法律、法规和国家标准或者行业标准的情况进行监督检查。这就要求有关部门依照行政许可法的要求，依照本法和其他安全生产管理法规，履行其职责。

(2) 查阅资料权

本条规定安全生产监督管理部门和其他负有安全生产监督管理职责的部门人员有权进入生产经营单位进行检查，调阅有关资料，向有关单位和人员了解情况。

(3) 纠正和处罚权

本条规定安全生产监督管理部门和其他负有安全生产监督管理职责的部门人员有权对检查中发现的安全生产违法行为，当场予以纠正或者要求限期改正；对依法应当给予行政处罚的行为，依照本法和其他有关法律、行政法规的规定作出行政处罚决定。

(4) 事故隐患处置权

本条规定安全生产监督管理部门和其他负有安全生产监督管理职责的部门人员对检查中发现的事故隐患，应当责令立即排除；重大事故隐患排除前或者排除过程中无法保证安全的，应当责令从危险区域内撤出作业人员，责令暂时停产停业或者停止使用；重大事故隐患排除后，经审查同意，方可恢复生产经营和使用。

(5) 查封扣押处置权

本条规定安全生产监督管理部门和其他负有安全生产监督管理职责的部门人员对有根据认为不符合保障安全生产的国家标准或者行业标准的设施、设备、器材以及违法生产、储存、使用、经营、运输的危险物品予以查封或者扣押，对违法生产、储存、使用、经营危险物品的作业场所予以查封，并依法作出处理决定。

(6) 防范事项

本条规定安全生产监督管理部门和其他负有安全生产监督管理职责的部门人员在依法进行监督检查时，不得影响被检查单位的正常生产经营活动。

(7) 违反本规定，本法第八十八条及《中华人民共和国建筑法》、《中华人民共和国消防法》均提出了相应的法律责任。

3. 关注

本法第八十七条；《中华人民共和国行政处罚法》第十七条、第二十三条、第三十条、第三十七条、第六十条；《中华人民共和国行政强制性法》第九条、第三章第二节、第六十八条。

### 2.4.5 第六十三条 配合安全生产监督检查

【第六十三条条文】

第五十七条第六十三条 生产经营单位对负有安全生产监督管理职责的部门的监督检查人员（以下统称安全生产监督检查人员）依法履行监督检查职责，应当予以配合，不得拒绝、阻挠。

【第六十三条条文分析】

本条是关于生产经营单位应当配合有关安全生产监督管理部门的监督检查人员依法履行监督检查的规定。

1. 理解

本条未作修改。本条强调了生产经营单位应当配合有关安全生产监督管理部门的监督检查人员依法履行监督检查。

2. 要点

(1) 配合检查

本条规定生产经营单位对负有安全生产监督管理职责的部门的监督检查人员依法履行监督检查职责，应当予以配合。这是生产经营单位应当履行的职责。

(2) 违法行为

本条规定生产经营单位不得拒绝、阻挠安全生产监督管理部门的监督检查人员依法履行监督检查。拒绝、阻挠安全生产监督管理部门的监督检查人员依法履行监督检查是严重的违法行为。

(3) 违反本规定，本法第一百零五条、《中华人民共和国刑法》第二百七十七条、《中华人民共和国治安管理处罚法》第五十条和《中华人民共和国行政处罚法》第三十七条均对此违法行为作出了严厉的处罚规定。

(4) 本条对应于《安全生产许可证条例》第六条第一款中的安全生产条件内容。

3. 关注

(1) 本法第一百零五条；《中华人民共和国刑法》第二百七十七条；《中华人民共和国治安管理处罚法》第五十条；《中华人民共和国行政处罚法》第三十七条等。

(2)《安全生产许可证条例》第六条第一款[1]。

### 2.4.6 第六十四条 安全生产监督检查人员执法准则

【第六十四条条文】

第五十八条第六十四条 安全生产监督检查人员应当忠于职守，坚持原则，秉公执法。

安全生产监督检查人员执行监督检查任务时，必须出示有效的监督执法证件；对涉及被检查单位的技术秘密和业务秘密，应当为其保密。

【第六十四条条文分析】

本条是关于安全生产监督检查人员在执行监督检查任务时应当遵守的执法准则的规定。

1. 理解

本条未作修改。本条强调了安全生产监督检查人员在执行监督检查任务时应当遵守的执法准则。

2. 要点

(1) 基本准则。本条规定安全生产监督检查人员应当忠于职守，坚持原则，秉公执法，这是安全生产监督检查人员应当遵守的基本准则。

(2) 执行检查要求。本条规定要求安全生产监督检查人员执行监督检查任务时应当做到：

1) 必须出示有效的监督执法证件。目的就是为了向被检查对象表明其执法的合法身份，这是依法行使职权、文明执法的基本要求。如果安全生产监督检查人员在执行监督检查任务时，不出示有效的监督执法证件的，被监察对象有权拒绝检查。我国《劳动法》等

[1] 见本书第3篇“3.6 安全生产条件及其评价”。

有关法律法规也对此作出了明确规定。

2）保守秘密。安全生产监督检查人员在执行监督检查任务时，对涉及被检查单位的技术秘密和业务秘密，应当为其保密，这是安全生产监督检查人员应承担的法律义务。我国刑法等相关法律法规对此作出了相应的规定。

3. 关注

《中华人民共和国公务员法》第2条；《中华人民共和国刑法》第219条；《中华人民共和国劳动法》第86条；《中华人民共和国劳动合同法》第75条；《中华人民共和国反不正当竞争法》第10条等。

## 2.4.7 第六十五条 安全生产监督检查记录

【第六十五条条文】

第五十九条第六十五条 安全生产监督检查人员应当将检查的时间、地点、内容、发现的问题及其处理情况，作出书面记录，并由检查人员和被检查单位的负责人签字；被检查单位的负责人拒绝签字的，检查人员应当将情况记录在案，并向负有安全生产监督管理职责的部门报告。

【第六十五条条文分析】

本条是关于安全生产监督检查人员检查记录的规定。

1. 理解

本条未作修改。本条强调了安全生产监督检查人员有关检查记录的要求。

2. 要点

(1) 检查书面记录

本条规定安全生产监督检查人员应当将检查的时间、地点、内容、发现的问题及其处理情况，作出书面记录，并由检查人员和被检查单位的负责人签字。按照有关规定，该检查记录最少应一式两份，安全生产监督检查人员和被检查单位负责人各持一份。安全检查书面记录应当详细，特别是关于检查的时间、地点、内容、发现的问题及其处理情况等必须完整，这是督促整改和万一发生生产安全事故调查处理的依据，因此，安全生产监督检查人员必须高度重视。被检查单位的负责人也应认真对待，核实检查记录后签字确认，以便单位对照及时整改和消除隐患。

(2) 拒不签字处置。

本条规定安全生产监督检查人员要求被检查单位签字，被检查单位的负责人拒绝签字的，检查人员应当将情况记录在案，并向负有安全生产监督管理职责的部门报告。

为了规范本条的执行，有关安全生产监督管理部门可将安全生产监督检查记录做成标准格式，便以执法法操作。

(3) 为了规范安全生产监督管理部门检查人员的行为，《中华人民共和国特种设备安全法》第六十六条规定："负责特种设备安全监督管理的部门对特种设备生产、经营、使用单位和检验、检测机构实施监督检查，应当对每次监督检查的内容、发现的问题及处理情况作出记录，并由参加监督检查的特种设备安全监察人员和被检查单位的有关负责人签字后归档。被检查单位的有关负责人拒绝签字的，特种设备安全监察人员应当将情况记录在案。"

3. 关注

《中华人民共和国特种设备安全法》第六十六条。

### 2.4.8 第六十六条 安全生产监督部门之间的配合检查

【第六十六条条文】

第六十条第六十六条 负有安全生产监督管理职责的部门在监督检查中，应当互相配合，实行联合检查；确需分别进行检查的，应当互通情况，发现存在的安全问题应当由其他有关部门进行处理的，应当及时移送其他有关部门并形成记录备查，接受移送的部门应当及时进行处理。

【第六十六条条文分析】

本条是关于负有安全生产监督管理职责的部门在监督检查中相互配合的有关规定。

1. 理解

本条未作修改。本条强调了负有安全生产监督管理职责的部门在监督检查中相互配合的要求。

2. 要点

(1) 配合检查

本条规定负有安全生产监督管理职责的部门在监督检查中，应当互相配合，实行联合检查。

(2) 互通情况

本条规定负有安全生产监督管理职责的部门需分别进行检查的，应当互通情况，发现存在的安全问题应当由其他有关部门进行处理的，应当及时移送其他有关部门并形成记录备查，接受移送的部门应当及时进行处理。

(3) 本法与本条相关的规定有第九条和第五十九条。

3. 关注

本法第九条和第五十九条。

### 2.4.9 第六十七条 处置重大事故隐患措施

【第六十七条条文】

第六十七条 负有安全生产监督管理职责的部门依法对存在重大事故隐患的生产经营单位作出停产停业、停止施工、停止使用相关设施或者设备的决定，生产经营单位应当依法执行，及时消除事故隐患。生产经营单位拒不执行，有发生生产安全事故的现实危险的，在保证安全的前提下，经本部门主要负责人批准，负有安全生产监督管理职责的部门可以采取通知有关单位停止供电、停止供应民用爆炸物品等措施，强制生产经营单位履行决定。通知应当采用书面形式，有关单位应当予以配合。

负有安全生产监督管理职责的部门依照前款规定采取停止供电措施，除有危及生产安全的紧急情形外，应当提前二十四小时通知生产经营单位。生产经营单位依法履行行政决定、采取相应措施消除事故隐患的，负有安全生产监督管理职责的部门应当及时解除前款规定的措施。

【第六十七条条文分析】

本条是关于负有安全生产监督管理职责的部门依法对存在重大事故隐患的生产经营单位的处置规定。

1. 理解

本条是新增加的条款，为该法制定的亮点之一，它规范了负有安全生产监督管理职责的部门依法对存在重大事故隐患的生产经营单位的监管要求，突出体现在更加具有可操作性，使得依法监管更加有效。

2. 要点

(1) 依法决定停产停业、停止施工、停止使用相关设施或者设备的权力。本条规定负有安全生产监督管理职责的部门依法对存在重大事故隐患的生产经营单位作出停产停业、停止施工、停止使用相关设施或者设备的决定。

(2) 生产经营单位应当依法执行，及时消除事故隐患。本规定应对应于《安全生产许可证条例》第六条第十三款中的安全生产条件内容。

(3) 采取停止供电、停止供应民用爆炸物品等措施。在作出停产停业、停止施工、停止使用相关设施或者设备的处罚后，生产经营单位拒不执行，有发生生产安全事故的现实危险的，在保证安全的前提下，经本部门主要负责人批准，负有安全生产监督管理职责的部门可以采取通知有关单位停止供电、停止供应民用爆炸物品等措施，强制生产经营单位履行决定。

(4) 执行停止供电措施的注意事项。做出停电措施应注意：一是停止供电通知应当采用书面形式，有关单位应当予以配合；二是负有安全生产监督管理职责的部门依照前款规定采取停止供电措施，除有危及生产安全的紧急情形外，应当提前二十四小时通知生产经营单位；三是生产经营单位依法履行行政决定、采取相应措施消除事故隐患的，负有安全生产监督管理职责的部门应当及时解除前款规定的措施。

(5) 执行本条规定时，必须依照本法第一条的有关规定执行。

3. 关注

(1) 本法第六十二条。

(2)《安全生产许可证条例》第六条第一款[1]。

## 2.4.10 第六十八条　监察机关监察职责

【第六十八条条文】

第六十一条第六十八条　监察机关依照行政监察法的规定，对负有安全生产监督管理职责的部门安全生产监督管理部门及其工作人员履行安全生产监督管理职责实施监察。

【第六十八条条文分析】

本条是关于监察机关对安全生产监督管理部门及其工作人员履行安全生产监督管理职责实施监察的规定。

1. 理解

本条提出了监察机关的监管职责，将“负有安全生产监督管理职责的部门”修改为

[1] 见本书第3篇“3.6　安全生产条件及其评价”。

"安全生产监督管理部门"。

2. 要点

(1) 监察机关是指县级以上人民政府行使行政监察职能的专门机关。

(2) 根据《中华人民共和国行政监察法》,监察机关有权对安全生产监督管理部门及其工作人员实施监察。

3. 关注

《中华人民共和国行政监察法》第十五条、第十六条、第十七条、第十八条。

### 2.4.11 第六十九条 安全评价、认证、检测、检验机构职责

【第六十九条条文】

第六十二条第六十九条 承担安全评价、认证、检测、检验的机构应当具备国家规定的资质条件,并对其作出的安全评价、认证、检测、检验的结果负责。

【第六十九条条文分析】

本条是关于承担安全评价、认证、检测、检验的机构有关职责的规定。

1. 理解

本条未作修改。本条强调了承担安全评价、认证、检测、检验机构的有关职责。

2. 要点

(1) 资质条件

本条规定承担安全评价、认证、检测、检验的机构应当具备国家规定的资质条件。

(2) 担负责任

本条规定承担安全评价、认证、检测、检验的机构应当对其作出的安全评价、认证、检测、检验的结果负责。

(3) 本法第八十九条,对承担安全评价、认证、检测、检验的机构的违法行为作出相应的处罚规定。

3. 关注

(1) 关注本法第八十九条。

(2) 有关安全评价、认证、检测、检验的机构不属于安全生产监督管理部门,它属于技术服务机构。安全生产监督管理部门在安全生产监督管理中,可借助于安全评价、认证、检测、检验的机构的有关资料对生产经营单位安全生产行为进行判断。

(3) 建筑施工起重机械安装检验单位应属于安全生产管理中的检验检测的机构,但它与其他检验检测机构相比有其特殊性[1]。

### 2.4.12 第七十条 举报制度

【第七十条条文】

第六十三条第七十条 负有安全生产监督管理职责的部门应当建立举报制度,公开举报电话、信箱或者电子邮件地址,受理有关安全生产的举报;受理的举报事项经调查核实

[1] 见本书第3篇"3.4.3 安全生产社会化管理"。

后，应当形成书面材料；需要落实整改措施的，报经有关负责人签字并督促落实。

【第七十条条文分析】

本条是关于负有安全生产监督管理职责的部门建立举报制度的规定。

1. 理解

本条未作修改。本条强调了负有安全生产监督管理职责的部门建立举报制度的规定。

2. 要点

(1) 受理举报

本条规定负有安全生产监督管理职责的部门应当建立举报制度，公开举报电话、信箱或者电子邮件地址，受理有关安全生产的举报。

(2) 核实材料

本条规定负有安全生产监督管理职责的部门受理举报事项经调查核实后，应当形成书面材料。

(3) 整改落实

本条规定负有安全生产监督管理职责的部门针对需要落实整改措施的，应报经有关负责人签字并督促落实。

(4) 本法的规定，对应于本法第四十三条、第五十六条、第七十一条的相关规定。

3. 关注

本法第四十三条、第五十六条、第五十七条、第七十一条、第七十二条。

### 2.4.13 第七十一条 举报权利

【第七十一条条文】

第六十四条第七十一条 任何单位或者个人对事故隐患或者安全生产违法行为，均有权向负有安全生产监督管理职责的部门报告或者举报。

【第七十一条条文分析】

本条是关于单位或者个人对事故隐患或者安全生产违法行为实施报告或者举报权力的规定。

1. 理解

本条未作修改。本条强调了单位或者个人对事故隐患或者安全生产违法行为报告或者举报权利的规定。

2. 要点

(1) 举报者

本条规定任何单位或者个人对事故隐患或者安全生产违法行为，均有权向负有安全生产监督管理职责的部门报告或者举报。即举报者除本法第四十三条、第五十六条、第五十七条、第七十二条分别规定的生产经营单位安全生产管理人员、从业人员以及居民委员会、村民委员会等均有权向负有安全生产监督管理职责的部门报告或者举报外，还应包括与安全生产有关的其他单位和人员。

(2) 举报内容及权利

举报内容应为"事故隐患或者安全生产违法行为"，举报受理单位为"负有安全生产监督管理职责的部门"，这是本法赋予安全生产有关的单位和人员的权力。

3. 关注

本法第四十三条、第五十六条、第五十七条、第七十条、第七十二条。

## 2.4.14 第七十二条 居民委员会、村民委员会报告义务

【第七十二条条文】

第六十五条第七十二条 居民委员会、村民委员会发现其所在区域内的生产经营单位存在事故隐患或者安全生产违法行为时，应当向当地人民政府或者有关部门报告。

【第七十二条条文分析】

本法是关于居民委员会、村民委员会发现事故隐患或者安全生产违法行为应当履行报告义务的规定。

1. 理解

本条未作修改。本条强调了居民委员会、村民委员会发现事故隐患或者安全生产违法行为应当履行报告义务的规定。

2. 要点

(1) 依法报告义务

居民委员会、村民委员会应当根据本法第八条的有关规定和《中华人民共和国城市居民委员会组织法》第三条、《中华人民共和国村民委员会组织法》第二条的规定，依法履行其负有报告其所在区域内的生产经营单位存在事故隐患或者安全生产违法行为的义务。

(2) 报告内容

本条规定居民委员会、村民委员会发现其所在区域内的生产经营单位存在“事故隐患或者安全生产违法行为”时，应当向当地人民政府或者有关部门报告。这里的“发现”应包括居委会的居民、村委会的村民向其反映生产经营单位存在“事故隐患或者安全生产违法行为”的情况等。

3. 关注

本法第八条、第七十条、第七十一条。

## 2.4.15 第七十三条 报告与举报的奖励

【第七十三条条文】

第六十六条第七十三条 县级以上各级人民政府及其有关部门对报告重大事故隐患或者举报安全生产违法行为的有功人员，给予奖励。具体奖励办法由国务院负责安全生产监督管理的部门安全生产监督管理部门会同国务院财政部门制定。

【第七十三条条文分析】

本条是关于县级以上各级人民政府及其有关部门对报告重大事故隐患或者举报的奖励的规定。

1. 理解

本条提出了县级以上各级人民政府及其有关部门对报告重大事故隐患或者举报安全生产违法行为的有功人员给予奖励的管理要求，本条将“负责安全生产监督管理的部门”修改为“安全生产监督管理部门”，预示着由安全生产监督管理部门会同国务院财政部门制定具体奖励办法，而不是有关行业、领域的安全生产工作实施监督管理的部门。

2. 要点

(1) 奖励对象

本条规定县级以上各级人民政府及其有关部门对报告重大事故隐患或者举报安全生产违法行为的有功人员，给予奖励。这里的有功人员应包括本法第四十三条、第五十六条、第五十七条在内的所有人员。

(2) 奖励办法

本条规定具体奖励办法由国务院安全生产监督管理部门会同国务院财政部门制定。

3. 关注

本法第四十三条、第五十六条、第五十七条。

### 2.4.16 第七十四条 宣传教育与舆论监督

【第七十四条条文】

第六十七条第七十四条 新闻、出版、广播、电影、电视等单位有进行安全生产公益宣传教育的义务，有对违反《安全生产法》律、法规的行为进行舆论监督的权利。

【第七十四条条文分析】

本条是关于新闻、出版、广播、电影、电视等单位有关安全生产宣传教育和舆论监督的规定。

1. 理解

本条提出新闻、出版、广播、电影、电视等单位的义务和权利，将“宣传教育的义务”改为“公益宣传教育的义务”，更显安全生产宣传教育的性质和内容。

2. 要点

(1) 义务

本条规定新闻、出版、广播、电影、电视等单位有进行安全生产公益宣传教育的义务。本条强调了公益宣传，也就是明确了有关安全生产宣传教育应该是服务于社会的免费宣传。

(2) 权利

本条规定新闻、出版、广播、电影、电视等单位有对违反《安全生产法》律、法规的行为进行舆论监督的权利。这是落实本法第三条有关“社会监督”要求的重要内容之一。本法第十一条也对安全生产宣传教育作出了有关规定。

(3) 舆论监督的相关法规

《中华人民共和国宪法》第三十五条、第四十一条对舆论监督作出了相应的规定。

3. 关注

本法第三条、第十一条；《中华人民共和国宪法》第三十五条、第四十一条。

### 2.4.17 第七十五条 信息库建立与公告、通报

【第七十五条条文】

第七十五条 负有安全生产监督管理职责的部门应当建立安全生产违法行为信息库，如实记录生产经营单位的安全生产违法行为信息；对违法行为情节严重的生产经营单位，应当向社会公告，并通报行业主管部门、投资主管部门、国土资源主管部门、证券监督管理机构以及有关金融机构。

【第七十五条条文分析】

本条是关于建立安全生产违法行为信息库并公告和通报的规定。

1. 理解

本条是新增条款，也是该法新亮点之一。它首次提出了负有安全生产监督管理职责的部门建立安全生产违法行为信息库的要求，将对违法行为情节严重的生产经营单位起到有效的制约作用。

2. 要点

(1) 建立信息库

本条规定负有安全生产监督管理职责的部门应当建立安全生产违法行为信息库，如实记录生产经营单位的安全生产违法行为信息，为掌握生产经营单位的安全生产违法行为，向社会公布并通报有关部门和机构提供依据。

(2) 社会公告

本条规定负有安全生产监督管理职责的部门对违法行为情节严重的生产经营单位，应当向社会公告，接受社会监督。

(3) 通报有关部门和机构

本条规定负有安全生产监督管理职责的部门应将违法行为情节严重的生产经营单位，通报行业主管部门、投资主管部门、国土资源主管部门、证券监督管理机构以及有关金融机构，接到通报的有关部门和机构在对通报企业的用地、贷款、上市及取得相应资格上进行相应的制约。

(4) 本条是落实本法第三条关于“强化和落实生产经营单位的主体责任，建立生产经营单位负责、职工参与、政府监管、行业自律和社会监督的机制”的重要手段。

3. 关注

本法第三条。

## 2.5 第五章 生产安全事故的应急救援与调查处理

### 2.5.1 第七十六条 国家生产安全事故应急救援建设

【第七十六条条文】

第七十六条 国家加强生产安全事故应急能力建设，在重点行业、领域建立应急救援基地和应急救援队伍，鼓励生产经营单位和其他社会力量建立应急救援队伍，配备相应的应急救援装备和物资，提高应急救援的专业化水平。

国务院安全生产监督管理部门建立全国统一的生产安全事故应急救援信息系统，国务院有关部门建立健全相关行业、领域的生产安全事故应急救援信息系统。

【第七十六条条文分析】

本条是关于国家加强生产安全事故应急能力建设的规定。

1. 理解

本条是新增条款，它提出了国家在重点行业、领域建立生产安全事故应急救援的管理要求。近几年来，国家在重点行业、领域的生产安全事故应急救援管理方面取得了很大的进展。

2. 要点

(1) 建立重点行业与领域的救援基地和队伍。

本条规定国家加强生产安全事故应急能力建设，在重点行业、领域建立应急救援基地和应急救援队伍。

(2) 鼓励生产经营单位建立应急救援队伍。

本条规定国家鼓励生产经营单位和其他社会力量建立应急救援队伍，配备相应的应急救援装备和物资，提高应急救援的专业化水平。

(3) 建立全国统一救援信息系统。

本条规定国务院安全生产监督管理部门建立全国统一的生产安全事故应急救援信息系统。

(4) 建立健全相关行业、领域的救援信息系统。

本条规定国务院有关部门建立健全相关行业、领域的生产安全事故应急救援信息系统。

(5) 本条是本法第八条、第九条中有关国务院及国务院安全生产监督管理部门有关职责在生产安全事故应急救援中的具体体现。

3. 关注

本法第八条、第九条。

### 2.5.2 第七十七条 各级政府生产安全事故应急救援建设

【第七十七条条文】

第六十八条第七十七条 县级以上地方各级人民政府应当组织有关部门制定本行政区域内特大生产安全事故应急救援预案生产安全事故应急救援预案，建立应急救援体系。

【第七十七条条文分析】

本条是关于县级以上地方各级人民政府有关应急救援建设的规定。

1. 理解

本条款规范了县级以上地方各级人民政府应当组织有关部门制定本行政区域内生产安全事故应急救援预案、建立应急救援体系的管理要求。把原“特大生产安全事故应急救援预案”修改为“生产安全事故应急救援预案”，删除了“特大”一词，意喻着不仅仅对特大生产安全事故制定应急救援预案，而且对不是特大但影响较大的生产安全事故都要制定预案、建立应急救援体系。

2. 要点

(1) 制定应急救援预案。

本条规定县级以上地方各级人民政府应当组织有关部门制定本行政区域内生产安全事故应急救援预案。这个预案不再限于特大生产安全事故应急救援预案。

(2) 建立应急救援体系。

本条规定县级以上地方各级人民政府应当建立本行政区域内生产安全事故应急救援体系。

(3) 本条是本法第八条、第九条中有关县级以上地方各级人民政府有关职责在生产安全事故应急救援中的具体体现。

3. 关注

本法第八条、第九条。

### 2.5.3 第七十八条 生产经营单位生产安全事故应急救援预案的衔接

【第七十八条条文】

第七十八条 生产经营单位应当制定本单位生产安全事故应急救援预案，与所在地县级以上地方人民政府组织制定的生产安全事故应急救援预案相衔接，并定期组织演练。

【第七十八条条文分析】

本条是关于生产经营单位制定本单位生产安全事故应急救援预案的规定。

1. 理解

本条是新增加的条款，进一步规范了生产经营单位制定本单位生产安全事故应急救援预案的行为和要求。

2. 要点

(1) 制定应急救援预案。

本条规定生产经营单位应当制定本单位生产安全事故应急救援预案。

(2) 应急救援预案演练。

本条规定生产经营单位制定的本单位生产安全事故应急救援预案应定期组织演练。

(3) 与政府预案衔接。

本条规定生产经营单位制定的本单位生产安全事故应急救援预案应与所在地县级以上地方人民政府组织制定的生产安全事故应急救援预案相衔接。

(4) 本法第十八条、第二十二条、第三十七条对本条的规定作出了相应的规定。

(5) 本条对应于《安全生产许可证条例》第六条第十二款中的安全生产条件。

3. 关注

(1) 本法第十八条、第二十二条、第三十七条、第九十四条第六款。

(2)《安全生产许可证条例》第六条第十二款[1]

### 2.5.4 第七十九条 高危生产经营单位应急救援建设

【第七十九条条文】

第六十九条第七十九条 危险物品的生产、经营、储存单位以及矿山、金属冶炼、城市轨道交通运营、建筑施工单位应当建立应急救援组织；生产经营规模较小的，可以不建立应急救援组织，但应当指定兼职的应急救援人员。

危险物品的生产、经营、储存单位以及矿山、金属冶炼、城市轨道交通运营、建筑施工单位应当配备必要的应急救援器材、设备和物资，并进行经常性维护、保养，保证正常运转。

【第七十九条条文分析】

本条是关于高危生产经营单位有关应急救援预案建设的规定。

1. 理解

本条规范了生产经营单位应急救援组织及人员的管理要求，对高危企业的应急救援器

[1] 见本书第3篇“3.6 安全生产条件及其评价”。

材、设备和物资提出了管理要求。其中高危企业增加了金属冶炼、城市轨道交通运营单位。

2. 要点

(1) 建立应急救援组织。

本条规定危险物品的生产、经营、储存单位以及矿山、金属冶炼、城市轨道交通运营、建筑施工单位应当建立应急救援组织；生产经营规模较小的，可以不建立应急救援组织，但应当指定兼职的应急救援人员。

(2) 配备应急救援器材、设备和物资。

本条规定危险物品的生产、经营、储存单位以及矿山、金属冶炼、城市轨道交通运营、建筑施工单位应当配备必要的应急救援器材、设备和物资，并进行经常性维护、保养，保证正常运转。

(3) 本法第十八条、第二十二条、第三十七条对本条的规定作出了相应的规定。

(4) 本条对应于《安全生产许可证条例》第六条第十二款中的安全生产条件。

3. 关注

(1) 本法第十八条、第二十二条、第三十七条。

(2)《安全生产许可证条例》第六条第十二款[1]。

## 2.5.5 第八十条 生产经营单位生产安全事故报告与抢救

【第八十条条文】

第七十条第八十条 生产经营单位发生生产安全事故后，事故现场有关人员应当立即报告本单位负责人。单位负责人接到事故报告后，应当迅速采取有效措施，组织抢救，防止事故扩大，减少人员伤亡和财产损失，并按照国家有关规定立即如实报告当地负有安全生产监督管理职责的部门，不得隐瞒不报、谎报或者拖延不报迟报，不得故意破坏事故现场、毁灭有关证据。

【第八十条条文分析】

本条是关于生产经营单位发生生产安全事故的报告与抢救的规定。

1. 理解

本条规范了生产经营单位发生生产安全事故后的安全生产监督管理部门报告行为，因“拖延不报”存在不包含“迟报”的可能，如借故一些原因没有及时报告，不属于“拖延不报”，所以本条将“拖延不报”改为了“迟报”，避免了对于“拖延不报”不规范的理解。

2. 要点

(1) 立即报告。

本条规定生产经营单位发生生产安全事故后，事故现场有关人员应当立即报告本单位负责人。在迅速组织抢救的同时，本条规定生产经营单位负责人应按照国家有关规定立即如实报告当地负有安全生产监督管理职责的部门，不得隐瞒不报、谎报或者迟报。本法第十八条对此作出了相应的规定。现行的国务院《生产安全事故报告和调查处理条

---

[1] 见本书第3篇“3.6 安全生产条件及其评价”。

例》规定，生产经营单位负责人接到事故报告后，应当于1小时内向事故发生地县级以上人民政府安全生产监督管理部门和负有安全生产监督管理职责的有关部门报告。

(2) 组织抢救。

本条规定生产经营单位负责人接到事故报告后，应当迅速采取有效措施，组织抢救，防止事故扩大，减少人员伤亡和财产损失，不得故意破坏事故现场、毁灭有关证据。

因抢救人员、防止事故扩大以及疏通交通等原因，需要移动事故现场物件的，应当做出标志，绘制现场简图并做出书面记录，妥善保存现场重要痕迹、物证。

(3)《生产安全事故报告和调查处理条例》第十六条规定："事故发生后，有关单位和人员应当妥善保护事故现场以及相关证据，任何单位和个人不得破坏事故现场、毁灭相关证据。"

(4) 违反本规定，本法第一百零六条提出了相应的法律责任。

(5) 本条对应于《安全生产许可证条例》第六条第一款中的安全生产条件。

3. 关注

(1) 本法第十八条、第一百零六条。

(2)《安全生产许可证条例》第六条第一款[1]。

(3)《生产安全事故报告和调查处理条例》第十六条。

### 2.5.6 第八十一条 监督管理部门生产安全事故报告

【第八十一条条文】

第七十一条第八十一条 负有安全生产监督管理职责的部门接到事故报告后，应当立即按照国家有关规定上报事故情况。负有安全生产监督管理职责的部门和有关地方人民政府对事故情况不得隐瞒不报、谎报或者拖延不报迟报。

【第八十一条条文分析】

本条是关于负有安全生产监督管理职责的部门生产安全事故报告的规定。

1. 理解

本条将"拖延不报"改为了"迟报"，原因见上条本法第八十条理解分析。

2. 要点

(1) 立即报告。

本条规定负有安全生产监督管理职责的部门接到事故报告后，应当立即按照国家有关规定上报事故情况。现行的国务院《生产安全事故报告和调查处理条例》规定，负有安全生产监督管理职责的部门应逐级上报事故，每级上报时间不得超过2小时。

(2) 不得隐瞒不报、谎报或者迟报。

本条规定负有安全生产监督管理职责的部门和有关地方人民政府对事故情况不得隐瞒不报、谎报或者迟报。违反本规定，本法第一百零七条提出了相应的法律责任。

3. 关注

本法第八十条、第一百零七条；《生产安全事故报告和调查处理条例》。

---

[1] 见本书第3篇"3.6 安全生产条件及其评价"。

### 2.5.7 第八十二条 生产安全事故抢救

【第八十二条条文】

第七十二条第八十二条 有关地方人民政府和负有安全生产监督管理职责的部门的负责人接到重大生产安全事故报告后，应当按照生产安全事故应急救援预案的要求立即赶到事故现场，组织事故抢救。

参与事故抢救的部门和单位应当服从统一指挥，加强协同联动，采取有效的应急救援措施，并根据事故救援的需要采取警戒、疏散等措施，防止事故扩大和次生灾害的发生，减少人员伤亡和财产损失。

事故抢救过程中应当采取必要措施，避免或者减少对环境造成的危害。

任何单位和个人都应当支持、配合事故抢救，并提供一切便利条件。

【第八十二条条文分析】

本条是关于组织生产安全事故抢救的规定。

1. 理解

本条规范了生产安全事故发生后的组织抢救行为，其中删除了“重大”一词，一方面使得生产安全事故的抢救要求面更宽，也就是说发生事故都必须进行抢救；另一方面，生产安全事故发生时很难界定事故的等级，因此必须及时组织抢救。另一种解释是 2002 年制定《安全生产法》时，当时“重大”生产安全事故的划分主要是依据 1991 年 7 月 25 日原劳动部门《关于〈企业职工伤亡事故报告和处理规定〉有关问题的解释》中将重大死亡事故确定为“指一次死亡三人以上（含三人）的事故”，而 2007 年 4 月 9 日国务院颁布《生产安全事故报告和调查处理条例》中将重大事故确定为“是指造成 10 人以上 30 人以下死亡，或者 50 人以上 100 人以下重伤，或者 5000 万元以上 1 亿元以下直接经济损失的事故”。

本条款增加统一指挥、协同联动的要求，并对防止事故扩大、产生次生灾害以及抢救过程中避免环境影响均提出了要求。

2. 要点

（1）组织抢救职责

本条规定有关地方人民政府和负有安全生产监督管理职责的部门的负责人接到生产安全事故报告后，应当按照生产安全事故应急救援预案的要求立即赶到事故现场，组织事故抢救。这是本法赋予有关地方人民政府和负有安全生产监督管理职责的部门的负责人的职责。《生产安全事故报告和调查处理条例》第十五条规定：“事故发生地有关地方人民政府、安全生产监督管理部门和负有安全生产监督管理职责的有关部门接到事故报告后，其负责人应当立即赶赴事故现场，组织事故救援。”

（2）参与事故抢救的部门和单位应当服从统一指挥，加强协同联动，采取有效的应急救援措施，并根据事故救援的需要采取警戒、疏散等措施，防止事故扩大和次生灾害的发生，减少人员伤亡和财产损失。

事故抢救过程中应当采取必要措施，避免或者减少对环境造成的危害。

本规定有关生产经营单位的职责对应于《安全生产许可证条例》第六条第一款中的安全生产条件内容。

(3) 违反本规定，《生产安全事故报告和调查处理条例》第三十九条对此提出了相应的法律责任。

3. 关注

(1)《生产安全事故报告和调查处理条例》第三条、第十五条、第三十九条。

(2)《安全生产许可证条例》第六条第一款。❶

## 2.5.8 第八十三条 事故调查处理与整改

【第八十三条条文】

第七十三条第八十三条 事故调查处理应当按照科学严谨、依法依规、实事求是、注重实效的原则，及时、准确地查清事故原因，查明事故性质和责任，总结事故教训，提出整改措施，并对事故责任者提出处理意见。事故调查报告应当依法及时向社会公布。事故调查和处理的具体办法由国务院制定。

事故发生单位应当及时全面落实整改措施，负有安全生产监督管理职责的部门应当加强监督检查。

【第八十三条条文分析】

本条是关于事故调查处理与整改的规定。

1. 理解

本条规范了事故调查处理的原则，新增加了“科学严谨”、“依法依规”和“注重实效”的原则，以及“事故调查报告应当依法及时向社会公布”和“事故发生单位应当及时全面落实整改措施，负有安全生产监督管理职责的部门应当加强监督检查”管理要求。

2. 要点

(1) 事故调查原则

本条规定事故调查处理应当按照科学严谨、依法依规、实事求是、注重实效的原则。《国务院关于坚持科学发展安全发展促进安全生产形势持续稳定好转的意见》中提出依法严肃查处各类事故，严格按照“科学严谨、依法依规、实事求是、注重实效”的原则，认真调查处理每一起事故，查明原因，依法严肃追究事故单位和有关责任人的责任，严厉查处事故背后的腐败行为，及时向社会公布调查进展和处理结果。

(2) 事故调查任务

本条规定事故调查的目的是：及时、准确地查清事故原因，查明事故性质和责任，总结事故教训，提出整改措施，并对事故责任者提出处理意见。《生产安全事故报告和调查处理条例》第二十九条规定：“事故调查组应当自事故发生之日起60日内提交事故调查报告；特殊情况下，经负责事故调查的人民政府批准，提交事故调查报告的期限可以适当延长，但延长的期限最长不超过60日。”第三十条规定了如下事故调查报告的内容：

1) 事故发生单位概况；

2) 事故发生经过和事故救援情况；

3) 事故造成的人员伤亡和直接经济损失；

4) 事故发生的原因和事故性质；

---

❶ 见本书第3篇“3.6 安全生产条件及其评价”。

5）事故责任的认定以及对事故责任者的处理建议；

6）事故防范和整改措施。

要求事故调查报告应当附具有关证据材料。事故调查组成员应当在事故调查报告上签名。

（3）事故调查报告公布

本条规定事故调查报告应当依法及时向社会公布。《生产安全事故报告和调查处理条例》第三十四条规定："事故处理的情况由负责事故调查的人民政府或者其授权的有关部门、机构向社会公布，依法应当保密的除外。"

（4）事故调查处理办法

本条规定事故调查和处理的具体办法由国务院制定。现行的事故调查和处理的具体办法为2007年4月9日国务院颁发的《生产安全事故报告和调查处理条例》（国务院令第493号），于2007年6月起施行。

（5）落实整改

本条规定事故发生单位应当及时全面落实整改措施，负有安全生产监督管理职责的部门应当加强监督检查。整改措施中还应包括"生产经营单位发生生产安全事故造成人员伤亡、他人财产损失的，应当依法承担赔偿责任"的要求，本法第一百一十条对此提出了相应的法律责任。本规定对应于《安全生产许可证条例》第六条第十三款中的安全生产条件内容。

（6）监督检查

本条规定有负安全生产监督管理职责的部门应当加强对事故发生单位全面落实整改措施情况实施监督检查。

3. 关注

（1）关注《生产安全事故报告和调查处理条例》第一百一十条；《安全生产许可证条例》第六条第一款；《生产安全事故报告和调查处理条例》第二十九条、第三十条、第三十四条；《国务院关于坚持科学发展安全发展促进安全生产形势持续稳定好转的意见》。

（2）关注生产安全事故处理应坚持科学严谨、依法依规、实事求是、注重实效的原则[1]。

（3）关注隐患就是事故的理念[2]。

## 2.5.9 第八十四条　失职渎职行为责任的追究

【第八十四条条文】

第七十四条第八十四条　生产经营单位发生生产安全事故，经调查确定为责任事故的，除了应当查明事故单位的责任并依法予以追究外，还应当查明对安全生产的有关事项负有审查批准和监督职责的行政部门的责任，对有失职、渎职行为的，依照本法第七十七八十七条的规定追究法律责任。

【第八十四条条文分析】

本条是关于对安全生产的有关事项负有审查批准和监督职责的行政部门的失职、渎职行为责任追究的规定。

[1] 见本书第3篇"3.2.6　生产安全事故报告与调查处理"。

[2] 见本书第3篇"3.2.5　树立隐患就是事故的理念"。

1. 理解

本条内容未作修改，只在条款的变化上作了修改。

2. 要点

(1) 生产经营单位责任追究

本条规定了对生产经营单位发生生产安全事故，经调查确定为责任事故的，查明事故单位的责任应依法予以追究。本法第八十九条～第一百零六条、第一百零八条、一百零九条、第一百一十一条均对生产经营单位的法律责任作出了相应的规定，共计二十条，占本法第六章法律责任中所有条款的84%。

(2) 强调了负有审查批准和监督职责的行政部门的对失职渎职行为责任的追究。本条规定除了应当查明事故单位的责任并依法予以追究外，还应当查明对安全生产的有关事项负有审查批准和监督职责的行政部门的责任，对有失职、渎职行为依照本法第八十七条的规定追究法律责任。

3. 关注

本法第八十七条、第八十九条～第九十三条、第一百条、第一百零三条、第一百零六条、第一百零八条、一百零九条、第一百一十一条。

## 2.5.10 第八十五条 不得阻挠和干涉调查处理

【第八十五条条文】

第七十五条第八十五条 任何单位和个人不得阻挠和干涉对事故的依法调查处理。

【第八十五条条文分析】

本条是关于任何单位和个人不得阻挠和干涉对事故的依法调查处理的规定。

1. 理解

本条未作修改。本条强调任何单位和个人不得阻挠和干涉对事故的依法调查处理。

2. 要点

(1) 不得阻挠和干涉。

本条规定任何单位和个人不得阻挠和干涉对事故的依法调查处理。如干扰和干涉事故调查组的组成、事故调查过程中的干扰和干涉、破坏事故现场或者转移、隐匿有关证据、无理拒绝调查组的询问或提供伪证等，都属于阻挠和干涉对事故的依法调查处理的行为。

(2) 依法调查处理。

本条的前提是"依法调查处理"，因此由于调查组或调查人员不依法调查的，有关单位和个人可以提出意见或投诉。本法第七十条对此作出了相应的规定。

(3) 违反本规定，本法第一百零五条提出了相应的法律责任。

(4) 本条有关生产经营单位的责任，对应于《安全生产许可证条例》第六条第十三款的安全生产条件内容。

3. 关注

(1) 本法第七十条、第一百零五条。

(2)《安全生产许可证条例》第六条第十三款[1]。

---

[1] 见本书第3篇"3.6 安全生产条件及其评价"。

### 2.5.11 第八十六条 事故统计分析及公布

【第八十六条条文】

第七十六条第八十六条 县级以上地方各级人民政府负责安全生产监督管理的部门应当定期统计分析本行政区域内发生生产安全事故的情况，并定期向社会公布。

【第八十六条条文分析】

本条是关于县级以上地方各级人民政府负责安全生产监督管理的部门定期统计分析并公布事故的规定。

1. 理解

本条未作修改。本条强调县级以上地方各级人民政府负责安全生产监督管理的部门定期统计分析并公布事故的规定。

2. 要点

(1) 定期统计分析事故。

本条规定提出了县级以上地方各级人民政府负责安全生产监督管理的部门应当定期统计分析本行政区域内发生生产安全事故的情况，本法第九条对此作出了相应的规定。

(2) 定期向社会公布。

本条规定县级以上地方各级人民政府负责安全生产监督管理的部门应当将本行政区域内发生生产安全事故统计分析的情况定期向社会公布。本法第八十三条对此作出了相应的规定。

《中华人民共和国政府信息公开条例》第九条、第十条、第十一条、第十二条均对此作出了相应的规定。

3. 关注

本法第九条、第八十三条；《中华人民共和国政府信息公开条例》第九条、第十条、第十一条、第十二条。

## 2.6 第六章 法律责任

### 2.6.1 第八十七条 负有安全生产监督管理职责的部门的工作人员法律责任

【第八十七条条文】

第七十七条第八十七条 负有安全生产监督管理职责的部门的工作人员，有下列行为之一的，给予降级或者撤职的行政处分处分；构成犯罪的，依照刑法有关规定追究刑事责任：

(一) 对不符合法定安全生产条件的涉及安全生产的事项予以批准或者验收通过的；

(二) 发现未依法取得批准、验收的单位擅自从事有关活动或者接到举报后不予取缔或者不依法予以处理的；

(三) 对已经依法取得批准的单位不履行监督管理职责，发现其不再具备安全生产条件而不撤销原批准或者发现安全生产违法行为不予查处的；

(四) 在监督检查中发现重大事故隐患，不依法及时处理的。

负有安全生产监督管理职责的部门的工作人员有前款规定以外的滥用职权、玩忽职守、徇私舞弊行为的，依法给予处分；构成犯罪的，依照刑法有关规定追究刑事责任。

【第八十七条条文分析】

本条是关于负有安全生产监督管理职责的部门的工作人员违法行为的法律责任。

1. 理解

本条规范了负有安全生产监督管理职责的部门的工作人员违反该法行为的处置办法。行政处分是指国家机关、企事业单位对所属的国家工作人员违法失职行为尚不构成犯罪，依据法律、法规所规定的权限而给予的一种惩戒。行政处分的种类有六种，从轻到重依次为警告、记过、记大过、降级、撤职、开除。即降级处分和撤职处分是行政处分类型中的两种，“降级”和“撤职”是仅次于“开除”较重的惩戒，将“行政处分”修改为“处分”在语句上更加规范；本条还增加了“在监督检查中发现重大事故隐患，不依法及时处理的”的违法行为，并对其他“滥用职权、玩忽职守、徇私舞弊”行为也提出了处置规定。

2. 要点

(1) 处罚对象

本条的处罚对象是负有安全生产监督管理职责的部门的工作人员。具体来说，根据本法第九条规定，负有安全生产监督管理职责的部门的工作人员是指安全生产监督管理部门和对有关行业、领域的安全生产工作实施监督管理的部门的工作人员。

(2) 处罚方式

1) 行政处分。有本条所列的四项行为的，不构成犯罪的，给予降级处分或撤职处分（注意：在行政处分中，降级处分或撤职处分的严厉性仅次于开除处分）。

2) 刑事责任。有本条所列的四项行为的，构成犯罪的，依照刑法有关规定追究刑事责任。

(3) 本条所确定的四项违反行为：

1) 违规批准或验收的，即对不符合法定安全生产条件的涉及安全生产的事项予以批准或者验收通过的。这里必须关注何谓安全生产条件。本法第六十条对此作出了相应规定。

2) 发现或接到举报不依法取缔和处理的：发现未依法取得批准、验收的单位擅自从事有关活动或者接到举报后不予取缔或者不依法予以处理的。本法第六十条对此作出了相应规定。

3) 发现不再具备安全生产条件或违反行为不处理的：对已经依法取得批准的单位不履行监督管理职责，发现其不再具备安全生产条件而不撤销原批准或者发现安全生产违法行为不予查处的。这里同样关注何谓安全生产条件，本法第六十条对此作出了相应的规定。同时，还应关注何谓违反行为，本法第六十二条对此作出了相应的规定。

4) 发现重大隐患不及时处理的：在监督检查中发现重大事故隐患，不依法及时处理的。发现重大隐患及时处理本是负有安全生产监督管理职责的部门的工作人员职责，本条第三十八条、第四十三条、第五十九条、第六十二条和第六十七条对此作出了相应的规定。这里应当注意的是，本规定所称的是“重大隐患”，有时一般隐患也会造成严重的后果，对于此类的违法行为也应作出相应的处罚。

(4) 其他违法行为的处置。本条规定负有安全生产监督管理职责的部门的工作人员有前款规定以外的滥用职权、玩忽职守、徇私舞弊行为的，依法给予处分；构成犯罪的，依照刑法有关规定追究刑事责任。这里的处分，就有可能根据情节的严重性，分别给予警告、记过、记大过、降级、撤职、开除等行政处分，构成犯罪的，依照刑法有关规定追究刑事责任。

3. 关注

本法第三十八条、第四十三条、第五十九条、第六十条、第六十二条；《中华人民共和国公务员法》；《中华人民共和国刑法》。

### 2.6.2 第八十八条 指定购买、收取费用的法律责任

【第八十八条条文】

第七十八条第八十八条 负有安全生产监督管理职责的部门，要求被审查、验收的单位购买其指定的安全设备、器材或者其他产品的，在对安全生产事项的审查、验收中收取费用的，由其上级机关或者监察机关责令改正，责令退还收取的费用；情节严重的，对直接负责的主管人员和其他直接责任人员依法给予行政处分处分。

【第八十八条条文分析】

本条是关于负有安全生产监督管理职责的部门指定购买安全设备、器材或者其他产品的以及收取费用的处罚的规定。

1. 理解

本条规范了负有安全生产监督管理职责的部门在审查、验收中违法行为的处置办法，其中将“行政处分”修改为“处分”，这里既含有行政处分，其解释与本法第八十七条基本相同，也有违反党纪和触犯刑法等处分，我国相应法规和管理条例都有相应的处罚规定。

2. 要点

(1) 情节一般的

本条规定负有安全生产监督管理职责的部门，要求被审查、验收的单位购买其指定的安全设备、器材或者其他产品的，在对安全生产事项的审查、验收中收取费用的，由其上级机关或者监察机关责令改正，责令退还收取的费用。

(2) 情节严重的

本条规定负有安全生产监督管理职责的部门，要求被审查、验收的单位购买其指定的安全设备、器材或者其他产品，或在对安全生产事项的审查、验收中收取费用，情节严重的，对直接负责的主管人员和其他直接责任人员依法给予处分。这里的“处分”既含有行政处分，其解释与本法第八十七条基本相同，也有违反党纪和触犯刑法等处分，我国相应法规和管理条例都有相应的处罚规定。

(3) 本法第六十一条对此作出了相应的规定。

3. 关注

本法第六十一条；《中华人民共和国公务员法》；《中华人民共和国刑法》。

### 2.6.3 第八十九条 安全评价、认证、检测、检验的法律责任

【第八十九条条文】

第七十九条第八十九条 承担安全评价、认证、检测、检验工作的机构，出具虚假证

明的，没收违法所得；违法所得在十万元以上的，并处违法所得二倍以上五倍以下的罚款；没有违法所得或者违法所得不足十万元的，单处或者并处十万元以上二十万元以下的罚款；对其直接负责的主管人员和其他直接责任人员处二万元以上五万元以下的罚款；给他人造成损害的，与生产经营单位承担连带赔偿责任；构成犯罪的，依照刑法有关规定追究刑事责任；尚不够刑事处罚的，没收违法所得，违法所得在五千元以上的，并处违法所得二倍以上五倍以下的罚款，没有违法所得或者违法所得不足五千元的，单处或者并处五千元以上二万元以下的罚款，对其直接负责的主管人员和其他直接责任人员处五千元以上五万元以下的罚款；给他人造成损害的，与生产经营单位承担连带赔偿责任。

对有前款违法行为的机构，撤销吊销其相应资格资质。

【第八十九条条文分析】

本条是关于承担安全评价、认证、检测、检验工作的机构的违法行为处罚的规定。

1. 理解

本条规范了承担安全评价、认证、检测、检验工作机构的违法行为的处置办法，并将违法所得“五千元”的处罚调整为“十万元”，随之处罚金额相应提高，实际上增加了违法行为的成本。

2. 要点

（1）违法行为

本条规定承担安全评价、认证、检测、检验工作的机构出具虚假证明的，为违法行为，应按本条的法律责任受到相应的处罚。本法第三十四条、第六十九条对承担安全评价、认证、检测、检验的机构的职责提出了要求。

（2）对单位的处罚

有本条所列的违法行为，本条作出了罚款规定：“没收违法所得；违法所得在十万元以上的，并处违法所得二倍以上五倍以下的罚款；没有违法所得或者违法所得不足十万元的，单处或者并处十万元以上二十万元以下的罚款。”并吊销其机构的相应资质。

（3）对人员的处罚

有本条所列的违法行为，本条规定：“对其直接负责的主管人员和其他直接责任人员处二万元以上五万元以下的罚款；给他人造成损害的，与生产经营单位承担连带赔偿责任；构成犯罪的，依照刑法有关规定追究刑事责任。”

（4）发生生产安全事故，经调查认证，确认承担安全评价、认证、检测、检验的机构有相应责任的，按照本法第十四条的规定还应承担相应的法律责任。

3. 关注

关注本法第十四条、第三十四条、第六十九条；《中华人民共和国侵权责任法》；《中华人民共和国刑法》。

## 2.6.4 第九十条 安全生产资金投入的法律责任

【第九十条条文】

第八十条第九十条 生产经营单位的决策机构、主要负责人、或者个人经营的投资人不依照本法规定保证安全生产所必需的资金投入，致使生产经营单位不具备安全生产条件的，责令限期改正，提供必需的资金；逾期未改正的，责令生产经营单位停产停业整顿。

有前款违法行为，导致发生生产安全事故的，构成犯罪的，依照刑法有关规定追究刑事责任；尚不够刑事处罚的，对生产经营单位的主要负责人给予撤职处分，对个人经营的投资人处二万元以上二十万元以下的罚款；构成犯罪的，依照刑法有关规定追究刑事责任。

【第九十条条文分析】

本条是关于生产经营单位不依照本法规定保证安全生产所必需的资金投入的处罚规定。

1. 理解

本条规范了对生产经营单位的决策机构、主要负责人或者个人经营的投资人不依照本法规定保证安全生产所必需资金投入的处罚办法，修改后的条款将个人经营的投资人与生产经营单位的负责人给予了区分，有关处罚的顺序作了适当的调整。

2. 要点

(1) 处罚对象

本条确定的处罚对象为生产经营单位的决策机构、主要负责人或者个人经营的投资人。

(2) 违法行为

本条所确定的违法行为是不依照本法规定保证安全生产所必需的资金投入，致使生产经营单位不具备安全生产条件的。关注何谓安全生产条件。本法第二十条、第二十八条、第四十四条对生产经营单位的安全生产资金投入作出了相应的规定。

(3) 处罚规定

对于生产经营单位的决策机构、主要负责人或者个人经营的投资人不依照本法规定保证安全生产所必需的资金投入，致使生产经营单位不具备安全生产条件的，本条作出了处罚规定：

1) 对单位。责令限期改正，提供必需的资金；逾期未改正的，责令生产经营单位停产停业整顿。

2) 对个人。有本条违法行为，导致发生生产安全事故的，对生产经营单位的主要负责人给予撤职处分，对个人经营的投资人处二万元以上二十万元以下的罚款；构成犯罪的，依照刑法有关规定追究刑事责任。

本条第十四条、第八十四条对追究责任提出了相应的规定。

3. 关注

本法第十四条、第二十条、第二十八条、第四十四条、第八十四条；《中华人民共和国刑法》。

## 2.6.5 第九十一条 生产经营单位主要负责人的法律责任

【第九十一条条文】

第八十一条第九十一条 生产经营单位的主要负责人未履行本法规定的安全生产管理职责的，责令限期改正；逾期未改正的，处二万元以上五万元以下的罚款，责令生产经营单位停产停业整顿。

生产经营单位的主要负责人有前款违法行为，导致发生生产安全事故的，给予撤职处分；构成犯罪的，依照刑法有关规定追究刑事责任构成犯罪的，依照刑法有关规定追究刑事责任；尚不够刑事处罚的，给予撤职处分或者处二万元以上二十万元以下的罚款。

生产经营单位的主要负责人依照前款规定受刑事处罚或者撤职处分的，自刑罚执行完毕或者受处分之日起，五年内不得担任任何生产经营单位的主要负责人；对重大、特别重大生产安全事故负有责任的，终身不得担任本行业生产经营单位的主要负责人。

【第九十一条条文分析】

本条是关于生产经营单位的主要负责人未履行本法规定的安全生产管理职责的法律责任的规定。

1. 理解

本条规范了生产经营单位的主要负责人未履行本法规定安全生产管理职责行为的处罚办法，新增加了未履行本法规定安全生产管理职责“处二万元以上五万元以下的罚款”，而不是“导致发生生产安全事故”进行罚款，这是本法修改的一大亮点。本条还增加了“对重大、特别重大生产安全事故负有责任的，终身不得担任本行业生产经营单位的主要负责人”的严厉的处罚规定。此条款对主要负责人履行本法规定安全生产管理职责更具有威慑力和督促作用。本条的法律责任还应与第九十二条结合起来理解。

2. 要点

(1) 主要负责人责任认定

本法第五条规定了：“生产经营单位的主要负责人对本单位的安全生产工作全面负责。”本法第十四条提出：“国家实行生产安全事故责任追究制度，依照本法和有关法律、法规的规定，追究生产安全事故责任人员的法律责任。”第十八条规定了生产经营单位的主要负责人安全生产管理职责有七项，在日常安全生产监督管理时主要体现在前七项，重点在第一项“建立、健全本单位安全生产责任制”。如本法第十九条对于生产经营单位建立健全安全生产责任制作出了规定。本法第八十四条对生产经营单位发生生产安全事故的责任作出了相应的规定。

(2) 未履行职责的处罚

本条规定：“生产经营单位的主要负责人未履行本法规定的安全生产管理职责的，责令限期改正；逾期未改正的，处二万元以上五万元以下的罚款，责令生产经营单位停产停业整顿。”本规定的处罚分两个阶段，一是发现未履行本法规定的安全生产管理职责时，责令限期改正。二是若发现生产经营单位的主要负责人未履行安全生产管理职责，责令其限期整改，生产经营单位的主要负责人在规定期限内还未整改的，本条做出了：“逾期未改正的，处二万元以上五万元以下的罚款，责令生产经营单位停产停业整顿”的处罚。

本规定的最大亮点是加强了生产安全事故的前置性管理，也就是“隐患就是事故”的管理理念的体现。对于本条这一规定，负有安全生产监督管理职责的部门理应加强对生产经营单位的主要负责人履行安全生产管理职责情况的重点监管。生产经营单位主要负责人若能认真履行其安全生产管理职责，生产经营单位的安全生产管理水平将明显提高。目前不少地区未能很好利用这一规定开展对生产经营单位的主要负责人履行安全生产管理职责情况的监管，这是当前安全生产监督管理存在的问题。

(3) 未履行职责导致事故的处罚

本条规定生产经营单位的主要负责人未履行本法规定的安全生产管理职责，导致发生生产安全事故的，给予撤职处分；构成犯罪的，依照刑法有关规定追究刑事责任。即一旦由于本人未履行职责导致发生生产安全事故的，将给予撤职处分，若构成犯罪的，依照刑法有关规定追究刑事责任。原法规定，生产经营单位的主要负责人由于本人未履行职责导致发生生产安全事故的，给予撤职处分或不撤职给予处二万元以上二十万元以下的罚款。

(4) 不得任职和终身不得任职的处罚

本条规定生产经营单位的主要负责人依照前款规定受刑事处罚或者撤职处分的，自刑罚执行完毕或者受处分之日起，五年内不得担任任何生产经营单位的主要负责人；对重大、特别重大生产安全事故负有责任的，终身不得担任本行业生产经营单位的主要负责人。即一旦由于本人未履行职责导致发生生产安全事故的受到撤职处分或受刑事处罚的，将受到限制任职的处罚

1) 一般事故、较大事故的，自刑罚执行完毕或者受处分之日起，五年内不得担任任何生产经营单位的主要负责人；

2) 重大、特别重大生产安全事故负有责任的，终身不得担任本行业生产经营单位的主要负责人。

(5) 生产经营单位的主要负责人未履行本法规定的安全生产管理职责，导致发生生产安全事故的，除本条的处罚外，本法第九十二条还根据事故大小作出了相应的罚款规定。

3. 关注

本法第十四条、第十八条、第十九条、第八十四条、第九十二条；《中华人民共和国刑法》。

### 2.6.6 第九十二条 生产经营单位主要负责人事故责任的处罚

【第九十二条条文】

第九十二条 生产经营单位的主要负责人未履行本法规定的安全生产管理职责，导致发生生产安全事故的，由安全生产监督管理部门依照下列规定处以罚款：

(一) 发生一般事故的，处上一年年收入百分之三十的罚款；

(二) 发生较大事故的，处上一年年收入百分之四十的罚款；

(三) 发生重大事故的，处上一年年收入百分之六十的罚款；

(四) 发生特别重大事故的，处上一年年收入百分之八十的罚款。

【第九十二条条文分析】

本条是关于生产经营单位的主要负责人未履行本法规定的安全生产管理职责，导致发生生产安全事故的处罚的规定。

1. 理解

本条为新增加条款，它规范了生产经营单位的主要负责人未履行本法规定的安全生产管理职责导致发生生产安全事故的罚款办法。本条应与本法第九十一条结合起来理解。

2. 要点

(1) 生产经营单位的主要负责人未履行本法规定的安全生产管理职责，导致发生生产安全事故的，除接受本法第九十一条的处罚外，还将由安全生产监督管理部门依照事故等级处以罚款。

(2) 生产经营单位的主要负责人未履行本法规定的安全生产管理职责，导致发生生产安全事故的，由安全生产监督管理部门依照下列规定处以罚款

1) 发生一般事故的，处上一年年收入百分之三十的罚款；

2) 发生较大事故的，处上一年年收入百分之四十的罚款；

3) 发生重大事故的，处上一年年收入百分之六十的罚款；

4) 发生特别重大事故的，处上一年年收入百分之八十的罚款。

这一条款是根据《生产安全事故报告和调查处理条例》(国务院令第493号) 第三十八条规定设置的。

3. 关注

本法第五条、第十四条、第十八条、第十九条、第八十四条；《生产安全事故报告和调查处理条例》第三十八条。

## 2.6.7 第九十三条 安全生产管理人员的法律责任

【第九十三条条文】

第九十三条 生产经营单位的安全生产管理人员未履行本法规定的安全生产管理职责的，责令限期改正；导致发生生产安全事故的，暂停或者撤销其与安全生产有关的资格；构成犯罪的，依照刑法有关规定追究刑事责任。

【第九十三条条文分析】

本条是关于生产经营单位的安全生产管理人员未履行本法规定的安全生产管理职责的法律责任的规定。

1. 理解

本条为新增加条款，它规范了生产经营单位的安全生产管理人员未履行本法规定的安全生产管理职责的处罚办法。过去的有关法规中没有直接对生产经营单位的安全生产管理人员未履行安全生产管理职责专款提出处罚规定，这是首次。

2. 要点

(1) 生产经营单位的安全生产管理人员责任认定

本法第二十二条、第二十三条、第二十四条、第四十三条均对生产经营单位的安全生产管理人员职责以及职责的履行作出了相应的规定。

本法第十四条、第八十四条作出了相应的生产安全事故责任追究制度的规定。

(2) 未履行职责的处罚

本条根据未履行职责的后果，制定如下法律责任

1) 责令限期整改。本条规定生产经营单位的安全生产管理人员未履行本法规定的安全生产管理职责的，责令限期改正。

2) 暂停或者撤销资格。本条规定生产经营单位的安全生产管理人员未履行本法规定的安全生产管理职责导致发生生产安全事故的，暂停或者撤销其与安全生产有关的资格。

3) 追究刑事责任。本条规定生产经营单位的安全生产管理人员未履行本法规定的安全生产管理职责导致发生生产安全事故，构成犯罪的，依照刑法有关规定追究刑事责任。

(3) 本法第六章中对有关人员包括安全生产管理人员的违法行为分别制定了相应的法律责任。

3. 关注

(1) 本法第十四条、第二十二条、第二十三条、第二十四条、第四十三条、第八十四条;《中华人民共和国刑法》第一百三十四条、第一百三十五条。

(2) 因安全生产管理人员某种情况下也属于"其直接负责的主管人员和其他直接责任人员",所以请关注本法第六章中第九十四条、第九十五条、第九十六条、第九十八条等条款中有关"其直接负责的主管人员和其他直接责任人员"的处罚。

### 2.6.8 第九十四条 生产经营单位日常管理的法律责任

【第九十四条条文】

第八十二条第九十四条 生产经营单位有下列行为之一的,责令限期改正,可以处五万元以下的罚款;逾期未改正的,责令停产停业整顿,可以并处二万元以下的罚款并处五万元以上十万元以下的罚款,对其直接负责的主管人员和其他直接责任人员处一万元以上二万元以下的罚款:

(一) 未按照规定设立设置安全生产管理机构或者配备安全生产管理人员的;

(二) 危险物品的生产、经营、储存单位以及矿山、金属冶炼、建筑施工、道路运输单位的主要负责人和安全生产管理人员未按照规定经考核合格的;

(三) 未按照规定对从业人员、被派遣劳动者、实习学生进行安全生产教育和培训,或者未按照规定如实告知有关的安全生产事项的;

(三) 未按照本法第二十一条、第二十二条的规定对从业人员进行安全生产教育和培训,或者未按照本法第三十六条的规定如实告知从业人员有关的安全生产事项的;

(四) 未如实记录安全生产教育和培训情况的;

(五) 未将事故隐患排查治理情况如实记录或者未向从业人员通报的;

(六) 未按照规定制定生产安全事故应急救援预案或者未定期组织演练的;

(四七) 特种作业人员未按照规定经专门的安全作业培训并取得特种作业操作资格证书资格,上岗作业的。

【第九十四条条文分析】

本条是关于生产经营单位及其有关人员未履行本法规定的日常安全生产管理职责的法律责任的规定。

1. 理解

本条规范了生产经营单位以及直接负责的主管人员和其他直接责任人员有本条所规定违法行为的处罚办法。其内容较原法增加或修改了以下内容:

(1) 只要有本条规定的违法行为,均可处五万元以下的罚款,而不是过去只在"逾期未改正的"的情况下罚款。

(2) "逾期未改正的"的罚款,对生产经营单位的罚款由二万元以下提高到五万元以上十万元以下。

(3) 对其直接负责的主管人员和其他直接责任人员也提出了处一万元以上二万元以下的罚款。

(4) 将"金属冶炼"和"道路运输"单位纳入高危企业主要负责人和安全生产管理人员考核范畴。

(5) 将安全生产教育和培训以及如实告知有关的安全生产事项对象扩展为被派遣劳动者、实习学生。

(6) 该条的处罚行为增加了“未如实记录安全生产教育和培训情况的”、“未将事故隐患排查治理情况如实记录或者未向从业人员通报的”和“未按照规定制定生产安全事故应急救援预案或者未定期组织演练的”这三种行为。

(7) 将“取得特种作业操作资格证书”按照本法第二十七条的内容修改为“取得资格”。

2. 要点

(1) 本条所涉及的职责及违法行为共有七项:

1) 设置安全管理机构与配备安全管理人员。本法第二十一条提出了相应的规定,“未按照规定设置安全生产管理机构或者配备安全生产管理人员的”将受本条规定的处罚。

2) 主要负责人和安全生产管理人员考核。本法第二十四条提出了相应的规定,“危险物品的生产、经营、储存单位以及矿山、金属冶炼、建筑施工、道路运输单位的主要负责人和安全生产管理人员未按照规定经考核合格的”将受本条规定的处罚。

3) 安全生产教育培训。本法关于安全生产教育培训的条款很多,本法第六条、第二十五条、第三十七条、第四十一条、第四十二条、第五十条均对安全生产教育培训作出了相应的规定,“未按照规定对从业人员、被派遣劳动者、实习学生进行安全生产教育和培训,或者未按照规定如实告知有关的安全生产事项的”将受本条规定的处罚。

4) 如实记录安全生产教育培训。本法二十二条、第二十五条均对如实记录安全生产教育培训作出了相应的规定,“未如实记录安全生产教育和培训情况的”将受本条规定的处罚。

5) 如实记录和通报隐患。本法第三十八条、第五十条均对如实记录和通报隐患作出了相应的规定,“未将事故隐患排查治理情况如实记录或者未向从业人员通报的”将受本条规定的处罚。

6) 应急救援预案管理。本法第二十二条、第七十八条均对生产安全事故应急救援预案作出了相应的规定,“未按照规定制定生产安全事故应急救援预案或者未定期组织演练的”将受本条规定的处罚。

7) 特种作业人员管理。本法第二十七条对特种作业人员管理作出了相应的规定,“特种作业人员未按照规定经专门的安全作业培训并取得资格,上岗作业的”将受本条规定的处罚。

(2) 处罚规定

本条规定生产经营单位有以上所列行为之一的,将按情节给予处罚:

1) 责令限期改正,可以处五万元以下的罚款。

2) 逾期未改正的,责令停产停业整顿,并处五万元以上十万元以下的罚款,对其直接负责的主管人员和其他直接责任人员处一万元以上二万元以下的罚款。

3. 关注

本法第六条、第二十一条、第二十二条、第二十四条、第二十五条、第二十七条、第三十七条、第三十八条、第四十一条、第四十二条、第五十条、第七十八条。

### 2.6.9 第九十五条 矿山、金属冶炼等建设项目管理的法律责任

【第九十五条条文】

第八十三条第九十五条 生产经营单位有下列行为之一的，责令停止建设或者停产停业整顿，限期改正；逾期未改正的，责令停止建设或者停产停业整顿，可以并处五万元以下的罚款；造成严重后果，处五十万元以上一百万元以下的罚款，对其直接负责的主管人员和其他直接责任人员处二万元以上五万元以下的罚款；构成犯罪的，依照刑法有关规定追究刑事责任：

（一）未按照规定对矿山、金属冶炼建设项目或者用于生产、储存、装卸危险物品的建设项目进行安全评价的；

（一二）矿山、金属冶炼建设项目或者用于生产、储存、装卸危险物品的建设项目没有安全设施设计或者安全设施设计未按照规定报经有关部门审查同意的；

（二三）矿山、金属冶炼建设项目或者用于生产、储存、装卸危险物品的建设项目的施工单位未按照批准的安全设施设计施工的；

（三四）矿山、金属冶炼建设项目或者用于生产、储存危险物品的建设项目竣工投入生产或者使用前，安全设施未经验收合格的。

【第九十五条条文分析】

本条是关于矿山、金属冶炼建设项目或者用于生产、储存、装卸危险物品的建设项目的法律责任。

1. 理解

本条规范了生产经营单位以及直接负责的主管人员和其他直接责任人员有本条所规定的违法行为之一（由原法的第八十三条拆分为两条）的处罚办法，删除了“造成严重后果”不确定的描述。本条的处罚规定较原法的规定更加严厉：

（1）生产经营单位有本条规定的违法行为之一的，责令停止建设或者停产停业整顿，限期改正，而不是过去的只是“责令限期改正”。

（2）逾期未改正的，处五十万元以上一百万元以下的罚款，而不是过去的“责令停止建设或者停产停业整顿，可以并处五万元以下的罚款”。

（3）增加了“对其直接负责的主管人员和其他直接责任人员处二万元以上五万元以下的罚款”。

（4）增加了“金属冶炼”和“装卸危险物品”的建设项目。

（5）违法行为增加了“未按照规定对矿山、金属冶炼建设项目或者用于生产、储存、装卸危险物品的建设项目进行安全评价的”。

2. 要点

（1）本条所涉及的职责及违法行为共有四项：

1）安全评价。本法第二十九条对有关安全评价作出了相应规定，“未按照规定对矿山、金属冶炼建设项目或者用于生产、储存、装卸危险物品的建设项目进行安全评价的”将受本条规定的处罚。

2）安全设施设计。本法第三十条对有关安全设施设计作出了相应规定，“矿山、金属冶炼建设项目或者用于生产、储存、装卸危险物品的建设项目没有安全设施设计或者安全

设施设计未按照规定报经有关部门审查同意的”将受本条规定的处罚。

3）项目施工。本法第三十一条对有关项目设计作出了相应规定，“矿山、金属冶炼建设项目或者用于生产、储存、装卸危险物品的建设项目的施工单位未按照批准的安全设施设计施工的”将受本条规定的处罚。

4）竣工验收。本法第三十一条对相关竣工验收作出了相应规定，“矿山、金属冶炼建设项目或者用于生产、储存危险物品的建设项目竣工投入生产或者使用前，安全设施未经验收合格的”将受本条规定的处罚。

（2）处罚规定

本条规定生产经营单位有以上所列行为之一的，将按情节给予处罚：

1）责令停止建设或者停产停业整顿，限期改正；

2）逾期未改正的，处五十万元以上一百万元以下的罚款，对其直接负责的主管人员和其他直接责任人员处二万元以上五万元以下的罚款；

3）构成犯罪的，依照刑法有关规定追究刑事责任。

3. 关注

本法第二十九条、第三十条、第三十一条；《中华人民共和国刑法》第一百三十四条、第一百三十五条。

## 2.6.10 第九十六条 设备、设施、用品及工艺等管理的法律责任

【第九十六条条文】

第八十三条第九十六条 生产经营单位有下列行为之一的，责令限期改正，可以处五万元以下的罚款；逾期未改正的，责令停止建设或者停产停业整顿，可以并处五万元以下的罚款；造成严重后果，处五万元以上二十万元以下的罚款，对其直接负责的主管人员和其他直接责任人员处一万元以上二万元以下的罚款；情节严重的，责令停产停业整顿；构成犯罪的，依照刑法有关规定追究刑事责任：

（四一）未在有较大危险因素的生产经营场所和有关设施、设备上设置明显的安全警示标志的；

（五二）安全设备的安装、使用、检测、改造和报废不符合国家标准或者行业标准的；

（六三）未对安全设备进行经常性维护、保养和定期检测的；

（七四）未为从业人员提供符合国家标准或者行业标准的劳动防护用品的；

（八五）特种设备以及危险物品的容器、运输工具，以及涉及人身安全、危险性较大的海洋石油开采特种设备和矿山井下特种设备未经具有专业资质的机构检测、检验合格，取得安全使用证或者安全标志，投入使用的；

（九六）使用国家明令淘汰、禁止使用应当淘汰的危及生产安全的工艺、设备的。

【第九十六条条文分析】

本条是关于生产经营单位有关设备、设施、用品及工艺等管理的法律责任的规定。

1. 理解

本条规范了生产经营单位以及直接负责的主管人员和其他直接责任人员有本条所规定的违法行为之一（由原法的第八十三条拆分为两条）的处罚办法，删除了“造成严重后果”不确定的描述。本条的处罚规定较原法的规定更加严厉：

(1) 生产经营单位有本条规定的违法行为之一的，责令限期改正，可以处五万元以下的罚款，而不是过去的只是“责令限期改正”。

(2) 逾期未改正的，处五万元以上二十万元以下的罚款，而不是“逾期未改正的，责令停止建设或者停产停业整顿，可以并处二万元以下的罚款”。

(3) 增加了对其直接负责的主管人员和其他直接责任人员处一万元以上二万元以下的罚款。

(4) 情节严重的，责令停产停业整顿，而不是“逾期未改正的，责令停产停业整顿”。

(5) 将原法“特种设备以及危险物品的容器、运输工具未经专业资质的机构检测、检验合格，取得安全使用证或者安全标志，投入使用的”修改为“危险物品的容器、运输工具，以及涉及人身安全、危险性较大的海洋石油开采特种设备和矿山井下特种设备未经具有专业资质的机构检测、检验合格，取得安全使用证或者安全标志，投入使用的”，与本法第三十四条相对应。

(6) 将原法“使用国家明令淘汰、禁止使用的危及生产安全的工艺、设备的”修改为“使用应当淘汰的危及生产安全的工艺、设备的”，与本法第三十五条相对应。

2. 要点

(1) 本条所涉及的职责及违法行为共有六项：

1) 警示标志。本法第三十二条对有关警示标志作出了相应规定，“未在有较大危险因素的生产经营场所和有关设施、设备上设置明显的安全警示标志的”将受本条规定的处罚。

2) 安装、使用、检测、改造和报废标准。本法第三十三条对有关安装、使用、检测、改造和报废标准作出了相应规定，“安全设备的安装、使用、检测、改造和报废不符合国家标准或者行业标准的”将受本条规定的处罚。

3) 维护、保养和定期检测。本法第三十三条对有关维护、保养和定期检测等作出了相应规定，“未对安全设备进行经常性维护、保养和定期检测的”将受本条规定的处罚。

4) 劳动防护用品。本法第六条、第四十二条对有关劳动防护用品作出了相应规定，“未为从业人员提供符合国家标准或者行业标准的劳动防护用品的”将受本条规定的处罚。

5) 特种设备检测、检验。本法第三十四条对有关特种设备检测、检验作出了相应规定，“危险物品的容器、运输工具，以及涉及人身安全、危险性较大的海洋石油开采特种设备和矿山井下特种设备未经具有专业资质的机构检测、检验合格，取得安全使用证或者安全标志，投入使用的”将受本条规定的处罚。

6) 淘汰工艺、设备管理。本法第三十五条对有关淘汰工艺、设备管理作出了相应规定，“使用应当淘汰的危及生产安全的工艺、设备的”将受本条规定的处罚。

(2) 处罚规定

本条规定生产经营单位有以上所列行为之一的，将按情节给予处罚：

1) 责令限期改正，可以处五万元以下的罚款。

2) 逾期未改正的，处五万元以上二十万元以下的罚款，对其直接负责的主管人员和其他直接责任人员处一万元以上二万元以下的罚款。

3) 情节严重的，责令停产停业整顿。

4) 构成犯罪的，依照刑法有关规定追究刑事责任。

3. 关注

本法第六条、第三十二条、第三十三条、第三十四条、第四十二条；《中华人民共和国刑法》。

### 2.6.11 第九十七条 违法经营危险物品的法律责任

【第九十七条条文】

第八十四条第九十七条 未经依法批准，擅自生产、经营、运输、储存、使用危险物品或者处置废弃危险物品的，责令停止违法行为或者予以关闭，没收违法所得，违法所得十万元以上的，并处违法所得一倍以上五倍以下的罚款，没有违法所得或者违法所得不足十万元的，单处或者并处二万元以上十万元以下的罚款依照有关危险物品安全管理的法律、行政法规的规定予以处罚；造成严重后果，构成犯罪的，依照刑法有关规定追究刑事责任。

【第九十七条条文分析】

本条是关于擅自生产、经营、运输、储存、使用危险物品的法律责任的规定。

1. 理解

本法规范了未经依法批准，擅自生产、经营、运输、储存、使用危险物品或者处置废弃危险物品的处罚规定，删除了“造成严重后果”不确定的描述。有关处罚规定以“依照有关危险物品安全管理的法律、行政法规的规定予以处罚”作出，更加符合本法第三十六条的规定。

2. 要点

(1) 未经依法批准，擅自生产、经营、运输、储存、使用危险物品或者处置废弃危险物品的，依照有关危险物品安全管理的法律、行政法规的规定予以处罚；

(2) 构成犯罪的，依照刑法有关规定追究刑事责任。

3. 关注

本法第三十六条；《中华人民共和国刑法》第一百三十六条。

### 2.6.12 第九十八条 危险作业及隐患管理的法律责任

【第九十八条条文】

第八十五条第九十八条 生产经营单位有下列行为之一的，责令限期改正，可以处十万元以下的罚款；逾期未改正的，责令停产停业整顿，可以并处二十万元以上二十万元以下的罚款，对其直接负责的主管人员和其他直接责任人员处二万元以上五万元以下的罚款；造成严重后果，构成犯罪的，依照刑法有关规定追究刑事责任：

(一) 生产、经营、运输、储存、使用危险物品或者处置废弃危险物品，未建立专门安全管理制度、未采取可靠的安全措施或者不接受有关主管部门依法实施的监督管理的；

(二) 对重大危险源未登记建档，或者未进行评估、监控，或者未制定应急预案的；

(三) 进行爆破、吊装等以及国务院安全生产监督管理部门会同国务院有关部门规定的其他危险作业，未安排专门管理人员进行现场安全管理的。；

(四) 未建立事故隐患排查治理制度的。

【第九十八条条文分析】

本条是关于生产经营单位有关危险作业及隐患管理的法律责任的规定。

1. 理解

本条规范了生产经营单位以及直接负责的主管人员和其他直接责任人员有本条所规定的违法行为之一的处罚办法，删除了“造成严重后果”不确定的描述。本条的处罚规定较原法的规定更加严厉：

(1) 生产经营单位有本条规定的违法行为之一的，责令限期改正，可以处十万元以下的罚款，而不只是“责令限期改正”。

(2) 逾期未改正的，责令停产停业整顿，并处十万元以上二十万元以下的罚款，而不是“可以并处二万元以上十万元以下的罚款”。

(3) 增加了“对其直接负责的主管人员和其他直接责任人员处二万元以上五万元以下的罚款”。

(4) 将“生产、经营、储存、使用危险物品，未建立专门安全管理制度、未采取可靠的安全措施或者不接受有关主管部门依法实施的监督管理的”修改为“生产、经营、运输、储存、使用危险物品或者处置废弃危险物品，未建立专门安全管理制度、未采取可靠的安全措施的”。

(5) 将“进行爆破、吊装等危险作业，未安排专门管理人员进行现场安全管理的”修改为“进行爆破、吊装以及国务院安全生产监督管理部门会同国务院有关部门规定的其他危险作业，未安排专门管理人员进行现场安全管理的”。

(6) 增加了“未建立事故隐患排查治理制度的”违法行为条款。

2. 要点

(1) 本条所涉及的职责及违法行为共有四项：

1) 管理制度及措施。本法第三十六条对有关建立专门安全管理制度和安全措施作出了相应规定，“生产、经营、运输、储存、使用危险物品或者处置废弃危险物品，未建立专门安全管理制度、未采取可靠的安全措施的”将受本条规定的处罚。

2) 重大危险源管理。办法第三十七条对有关重大危险源的管理作出了相应规定，“对重大危险源未登记建档，或者未进行评估、监控，或者未制定应急预案的”将受本条规定的处罚。

3) 现场安全管理。本法第四十条对有关现场管理作出了相应规定，“进行爆破、吊装以及国务院安全生产监督管理部门会同国务院有关部门规定的其他危险作业，未安排专门管理人员进行现场安全管理的”将受本条规定的处罚。

4) 隐患排查治理制度。本法第三十八条对有关隐患排查治理制度作出了相应规定，“未建立事故隐患排查治理制度的”将受本条规定的处罚。

(2) 处罚规定

本条规定生产经营单位有以上所列行为之一的，将按情节给予处罚：

1) 责令限期改正，可以处十万元以下的罚款；

2) 逾期未改正的，责令停产停业整顿，并处十万元以上二十万元以下的罚款，对其直接负责的主管人员和其他直接责任人员处二万元以上五万元以下的罚款；

3) 构成犯罪的，依照刑法有关规定追究刑事责任。

3. 关注

本法第三十六条、第三十七条、第三十八条、第四十条；《中华人民共和国刑法》第一百三十六条。

## 2.6.13 第九十九条 消除事故隐患的法律责任

【第九十九条条文】

第九十九条 生产经营单位未采取措施消除事故隐患的，责令立即消除或者限期消除；生产经营单位拒不执行的，责令停产停业整顿，并处十万元以上五十万元以下的罚款，对其直接负责的主管人员和其他直接责任人员处二万元以上五万元以下的罚款。

【第九十九条条文分析】

本条是关于生产经营单位未采取措施消除事故隐患行为的法律责任的规定。

1. 理解

本条是新增加条款，它规范了生产经营单位未采取措施消除事故隐患的行为的处罚办法。其中对生产经营单位以及其直接负责的主管人员和其他直接责任人员都作出了罚款规定。

2. 要点

(1) 消除隐患职责

本法第十八条、第二十二条、第四十三条、第五十六条对生产经营单位采取措施消除事故隐患作出了相应规定，生产经营单位应当履行其职责。

(2) 未履行其职责的处罚

生产经营单位未采取措施消除事故隐患的，将根据情节受到如下处罚：

1) 责令立即消除或者限期消除；

2) 生产经营单位拒不执行的，责令停产停业整顿，并处十万元以上五十万元以下的罚款，对其直接负责的主管人员和其他直接责任人员处二万元以上五万元以下的罚款。

3. 关注

本法第十八条、第二十二条、第四十三条、第五十六条。

## 2.6.14 第一百条 发包与出租的法律责任

【第一百条条文】

第八十六条第一百条 生产经营单位将生产经营项目、场所、设备发包或者出租给不具备安全生产条件或者相应资质的单位或者个人的，责令限期改正，没收违法所得；违法所得五万元十万元以上的，并处违法所得一倍二倍以上五倍以下的罚款；没有违法所得或者违法所得不足五万元十万元的，单处或者并处一万元十万元以上五万元二十万元以下的罚款；对其直接负责的主管人员和其他直接责任人员处一万元以上二万元以下的罚款；导致发生生产安全事故给他人造成损害的，与承包方、承租方承担连带赔偿责任。

生产经营单位未与承包单位、承租单位签订专门的安全生产管理协议或者未在承包合同、租赁合同中明确各自的安全生产管理职责，或者未对承包单位、承租单位的安全生产统一协调、管理的，责令限期改正，可以处五万元以下的罚款，对其直接负责的主管人员和其他直接责任人员可以处一万元以下的罚款；逾期未改正的，责令停产停业整顿。

【第一百条条文分析】

本条是关于生产经营单位的生产经营项目、场所、设备发包或者出租行为的法律责任的规定。

1. 理解

本条规范了生产经营单位的生产经营项目、场所、设备发包或者出租违法行为的处罚办法。较原法的处罚更加严厉：

(1) 生产经营单位将生产经营项目、场所、设备发包或者出租给不具备安全生产条件或者相应资质的单位或者个人的违法所得的界定由原“五万元以上”调整为“十万元以上”，处罚由原处违法所得“一倍以上五倍以下”的罚款提高到“二倍以上五倍以下”的罚款。

(2) 没有违法所得或者违法所得的界定由不足“五万元”调整为“十万元”，单处或者并处“一万元以上五万元以下”提高到“十万元以上二十万元以下”的罚款。

(3) 增加了“对其直接负责的主管人员和其他直接责任人员处一万元以上二万元以下的罚款”条款。

(4) 对生产经营单位未与承包单位、承租单位签订专门的安全生产管理协议或者未在承包合同、租赁合同中明确各自的安全生产管理职责，或者未对承包单位、承租单位的安全生产统一协调、管理的，在责令限期改正的处罚基础上，增加了“可以处五万元以下的罚款，对其直接负责的主管人员和其他直接责任人员可以处一万元以下的罚款”。

2. 要点

(1) 管理职责

本法第十四条、第四十六条对生产经营单位将生产经营项目、场所、设备发包或者出租的管理职责作出了相应规定，本法第八十四条对未履行职责造成生产安全事故作出了责任追究的相关规定。

(2) 发包和出租违法行为的处罚

即生产经营单位将生产经营项目、场所、设备发包或者出租给不具备安全生产条件或者相应资质的单位或者个人的（关注何谓安全生产条件），属于违法行为，将根据情节作出如下处罚。

1）责令限期改正，没收违法所得。

2）违法所得十万元以上的，并处违法所得二倍以上五倍以下的罚款。

3）没有违法所得或者违法所得不足十万元的，单处或者并处十万元以上二十万元以下的罚款。

4）对其直接负责的主管人员和其他直接责任人员处一万元以上二万元以下的罚款。

5）导致发生生产安全事故给他人造成损害的，与承包方、承租方承担连带赔偿责任。

(3) 未履行管理职责行为的处罚

即生产经营单位未与承包单位、承租单位签订专门的安全生产管理协议或者未在承包合同、租赁合同中明确各自的安全生产管理职责，或者未对承包单位、承租单位的安全生产统一协调、管理的，属于违法行为，将承担本条所规定的法律责任。

生产经营单位未与承包单位、承租单位签订专门的安全生产管理协议或者未在承包合同、租赁合同中明确各自的安全生产管理职责，或者未对承包单位、承租单位的安全生产统一协调、管理的，属于违法行为，将根据情节作出如下处罚：

1）责令限期改正，可以处五万元以下的罚款，对其直接负责的主管人员和其他直接责任人员可以处一万元以下的罚款；

2）逾期未改正的，责令停产停业整顿。

3. 关注

本法第十四条、第四十六条、第八十四条；《中华人民共和国刑法》。

## 2.6.15 第一百零一条 两个以上单位作业的法律责任

【第一百零一条条文】

第八十七条第一百零一条 两个以上生产经营单位在同一作业区域内进行可能危及对方安全生产的生产经营活动，未签订安全生产管理协议或者未指定专职安全生产管理人员进行安全检查与协调的，责令限期改正，可以处五万元以下的罚款，对其直接负责的主管人员和其他直接责任人员可以处一万元以下的罚款；逾期未改正的，责令停产停业。

【第一百零一条条文分析】

本条是关于两个以上生产经营单位在同一作业区域内进行可能危及对方安全生产的生产经营活动行为的法律责任的规定。

1. 理解

本条规范了两个以上生产经营单位在同一作业区域内进行可能危及对方安全生产的生产经营活动，未签订安全生产管理协议或者未指定专职安全生产管理人员进行安全检查与协调的违法行为的处罚办法，在责令限期整改条款上增加了“可以处五万元以下的罚款，对其直接负责的主管人员和其他直接责任人员可以处一万元以下的罚款”。

2. 要点

(1) 管理职责

本法第四十五条对有关两个以上生产经营单位在同一作业区域内进行可能危及对方安全生产的生产经营活动行为作出了相应的规定。

(2) 违法行为

本条规定的两个以上生产经营单位在同一作业区域内进行可能危及对方安全生产的生产经营活动的违法行为有：

1）未签订安全生产管理协议。即两个以上生产经营单位在同一作业区域内进行可能危及对方安全生产的生产经营活动，未签订安全生产管理协议的。

2）未指定专职安全员进行安全检查与协调。即两个以上生产经营单位在同一作业区域内进行可能危及对方安全生产的生产经营活动，未指定专职安全生产管理人员进行安全检查与协调的。

(3) 违法处罚

本条规定，两个以上生产经营单位在同一作业区域内进行可能危及对方安全生产的生产经营活动，未签订安全生产管理协议或者未指定专职安全生产管理人员进行安全检查与协调的，将根据情节受到如下处罚：

1）责令限期改正，可以处五万元以下的罚款，对其直接负责的主管人员和其他直接责任人员可以处一万元以下的罚款。

2）逾期未改正的，责令停产停业。

3. 关注

本法第四十五条。

### 2.6.16 第一百零二条 经营场所和员工宿舍管理的法律责任

【第一百零二条条文】

第八十八条第一百零二条 生产经营单位有下列行为之一的，责令限期改正，可以处五万元以下的罚款，对其直接负责的主管人员和其他直接责任人员可以处一万元以下的罚款；逾期未改正的，责令停产停业整顿；造成严重后果，构成犯罪的，依照刑法有关规定追究刑事责任：

（一）生产、经营、储存、使用危险物品的车间、商店、仓库与员工宿舍在同一座建筑内，或者与员工宿舍的距离不符合安全要求的；

（二）生产经营场所和员工宿舍未设有符合紧急疏散需要、标志明显、保持畅通的出口，或者封闭锁闭、堵塞封堵生产经营场所或者员工宿舍出口的。

【第一百零二条条文分析】

本条是关于生产经营单位有关生产经营场所和员工宿舍管理的法律责任的规定。

1. 理解

本条规范了生产经营单位以及直接负责的主管人员和其他直接责任人员有本条所规定的违法行为之一的处罚办法。其中对直接负责的主管人员和其他直接责任人员作出了“可以处一万元以下的罚款”的规定，删除了“造成严重后果”不确定的描述。

本条将“封闭”改为“锁闭”、“堵塞”改为“封堵”的理解见第三十九条的条文分析。

2. 要点

（1）管理职责

本法第三十九条对生产经营单位有关生产经营场所和员工宿舍管理职责作出了相应规定。

（2）违法行为

本条确定的违法行为有：

1）安全设置违规。即生产、经营、储存、使用危险物品的车间、商店、仓库与员工宿舍在同一座建筑内，或者与员工宿舍的距离不符合安全要求的，属于违法行为，将受本条规定的处罚。

2）紧急疏散口与疏散标志违规。即生产经营场所和员工宿舍未设有符合紧急疏散需要、标志明显、保持畅通的出口，或者锁闭、封堵生产经营场所或者员工宿舍出口的，属于违法行为，将受本条规定的处罚。

（3）处罚规定。本条规定生产经营单位有以上行为之一的，将受到相应的处罚：

1）责令限期改正，可以处五万元以下的罚款，对其直接负责的主管人员和其他直接责任人员可以处一万元以下的罚款；

2）逾期未改正的，责令停产停业整顿；

3）构成犯罪的，依照刑法有关规定追究刑事责任。

3. 关注

本法第三十九条；《中华人民共和国刑法》；《最高人民检察院、公安部关于公安机关管辖的刑事案件立案追诉标准的规定（一）》。

### 2.6.17　第一百零三条　与从业人员订立协议的法律责任

【第一百零三条条文】

第八十九条第一百零三条　生产经营单位与从业人员订立协议，免除或者减轻其对从业人员因生产安全事故伤亡依法应承担的责任的，该协议无效；对生产经营单位的主要负责人、个人经营的投资人处二万元以上十万元以下的罚款。

【第一百零三条条文分析】

本条是关于生产经营单位与从业人员订立违法协议的法律责任的规定。

1. 理解

本条未作修改。本条强调了生产经营单位与从业人员订立协议的法律责任。

2. 要点

（1）管理职责

本法第六条、第十四条、第四十九条、第五十四条对生产经营单位与从业人员订立协议职责作出了相应规定，本法第八十四条对未履行职责造成生产安全事故作出了责任追究的相关规定。

（2）处罚规定

本法规定生产经营单位与从业人员订立协议，免除或者减轻其对从业人员因生产安全事故伤亡依法应承担的责任的，该协议无效；对生产经营单位的主要负责人、个人经营的投资人处二万元以上十万元以下的罚款。

3. 关注

本法第六条、第十四条、第四十九条、第五十四条、第八十四条。

### 2.6.18　第一百零四条　从业人员的法律责任

【第一百零四条条文】

第九十条第一百零四条　生产经营单位的从业人员不服从管理，违反安全生产规章制度或者操作规程的，由生产经营单位给予批评教育，依照有关规章制度给予处分；造成重大事故，构成犯罪的，依照刑法有关规定追究刑事责任。

【第一百零四条条文分析】

本条是关于生产经营单位的从业人员不服从管理的法律责任的规定。

1. 理解

本条规范了生产经营单位的从业人员不服从管理，违反安全生产规章制度或者操作规程的处罚办法，删除了“造成重大事故”不确定的描述。

2. 要点

（1）职责规定

本法第六条、第五十四条对生产经营单位的从业人员职责作出了相应规定，本法第八十四条对未履行职责造成生产安全事故作出了责任追究的相关规定。

(2) 处罚规定

本条规定生产经营单位的从业人员不服从管理，违反安全生产规章制度或者操作规程的，由生产经营单位给予批评教育，依照有关规章制度给予处分；构成犯罪的，依照刑法有关规定追究刑事责任。

3. 关注

本法第六条、第五十四条、第八十四条；《中华人民共和国劳动合同法》；《中华人民共和国刑法》、《最高人民检察院、公安部关于公安机关管辖的刑事案件立案追诉标准的规定（一）》。

### 2.6.19 第一百零五条 生产经营单位拒绝、阻碍执法的法律责任

【第一百零五条条文】

第一百零五条 违反本法规定，生产经营单位拒绝、阻碍负有安全生产监督管理职责的部门依法实施监督检查的，责令改正；拒不改正的，处二万元以上二十万元以下的罚款；对其直接负责的主管人员和其他直接责任人员处一万元以上二万元以下的罚款；构成犯罪的，依照刑法有关规定追究刑事责任。

【第一百零五条条文分析】

本条是关于生产经营单位拒绝、阻碍负有安全生产监督管理职责的部门依法实施监督检查的法律责任的规定。

1. 理解

本条为新增加条款，它规范了生产经营单位拒绝、阻碍负有安全生产监督管理职责的部门依法实施监督检查的处罚办法。

2. 要点

(1) 职责规定

第六十三条、第八十五条对生产经营单位不得拒绝、阻碍负有安全生产监督管理职责的部门依法实施监督检查的相应规定。

(2) 处罚规定

本条规定违反本法规定，生产经营单位拒绝、阻碍负有安全生产监督管理职责的部门依法实施监督检查的，将受到如下处罚：

1) 责令改正；

2) 拒不改正的，处二万元以上二十万元以下的罚款；

3) 对其直接负责的主管人员和其他直接责任人员处一万元以上二万元以下的罚款；

4) 构成犯罪的，依照刑法有关规定追究刑事责任。

3. 关注

本法第六十三条、第六十五条、第八十五条；《中华人民共和国治安管理处罚法》；《中华人民共和国刑法》。

### 2.6.20 第一百零六条 生产经营单位主要负责人事故发生时的法律责任

【第一百零六条条文】

第九十一条第一百零六条 生产经营单位主要负责人在本单位发生重大生产安全事故

时，不立即组织抢救或者在事故调查处理期间擅离职守或者逃匿的，给予降职、撤职的处分，并由安全生产监督管理部门处上一年年收入百分之六十至百分之一百的罚款；对逃匿的处十五日以下拘留；构成犯罪的，依照刑法有关规定追究刑事责任。

生产经营单位主要负责人对生产安全事故隐瞒不报、谎报或者拖延不报迟报的，依照前款规定处罚。

【第一百零六条条文分析】

本条是关于生产经营单位主要负责人在本单位发生重大生产安全事故时的法律责任的规定。

1. 理解

本条规范了生产经营单位主要负责人在本单位发生生产安全事故时，不立即组织抢救或者在事故调查处理期间擅离职守或者逃匿的处罚办法。本条将“重大生产安全事故”改为“生产安全事故”，其理解见本法第四十七条分析。本条还增加了“并由安全生产监督管理部门处上一年年收入百分之六十至百分之一百的罚款”的规定，《生产安全事故报告和调查处理条例》对此作出了同样的规定，并将“拖延不报”修改为“迟报”，使得执法时更好掌握。

2. 要点

（1）职责规定

本法第五条规定“生产经营单位的主要负责人对本单位的安全生产工作全面负责”，因此生产经营单位主要负责人在本单位发生重大生产安全事故时应当履行如下两项主要职责：

1）组织抢救和坚守岗位。本法第四十七条规定：“生产经营单位发生生产安全事故时，单位的主要负责人应当立即组织抢救，并不得在事故调查处理期间擅离职守。”

2）及时如实报告事故。本法第十八条规定：“及时、如实报告生产安全事故”，这是生产经营单位主要负责人应履行的七项职责之一。

本法第八十条对这两项职责的要求又作了具体要求。

本法第十四条、第八十四条对有关生产安全事故责任追究作出了相应的规定。

（2）处罚规定

生产经营单位发生生产安全事故时，主要负责人不履行相应的责任，将受到如下的处罚：

1）生产经营单位主要负责人在本单位发生重大生产安全事故时，不立即组织抢救或者在事故调查处理期间擅离职守或者逃匿的，给予降职、撤职的处分，并由安全生产监督管理部门处上一年年收入百分之六十至百分之一百的罚款。

2）生产经营单位主要负责人在本单位发生重大生产安全事故时，生产经营单位主要负责人在本单位发生重大生产安全事故时逃匿的，除给予降职、撤职的处分，并由安全生产监督管理部门处上一年年收入百分之六十至百分之一百的罚款外，还处十五日以下拘留。

3）生产经营单位主要负责人在本单位发生重大生产安全事故时，不立即组织抢救或者在事故调查处理期间擅离职守或者逃匿，构成犯罪的，依照刑法有关规定追究刑事责任。

4）生产经营单位主要负责人对生产安全事故隐瞒不报、谎报或者迟报的，给予降职、撤职的处分，并由安全生产监督管理部门处上一年年收入百分之六十至百分之一百的罚款，处十五日以下拘留；构成犯罪的，依照刑法有关规定追究刑事责任。

3. 关注

本法第五条、第十八条、第四十七条、第八十四条；《中华人民共和国刑法》；《生产安全事故报告和调查处理条例》。

## 2.6.21 第一百零七条 政府及监管部门事故报告的法律责任

【第一百零七条条文】

第九十二条第一百零七条 有关地方人民政府、负有安全生产监督管理职责的部门，对生产安全事故隐瞒不报、谎报或者拖延不报迟报的，对直接负责的主管人员和其他直接责任人员依法给予行政处分处分；构成犯罪的，依照刑法有关规定追究刑事责任。

【第一百零七条条文分析】

本条是关于地方人民政府、负有安全生产监督管理职责的部门有关生产安全事故报告的法律责任的规定。

1. 理解

本条规范了有关地方人民政府、负有安全生产监督管理职责的部门，对生产安全事故隐瞒不报、谎报或者迟报的处罚规定。其中将“拖延不报”修改为“迟报”，“行政处分”修改为“处分”。

2. 要点

(1) 管理职责

本法第十四条、第八十一条对地方人民政府、负有安全生产监督管理职责的部门有关生产安全事故报告的职责作出了相应规定。

(2) 处罚规定

本条规定有关地方人民政府、负有安全生产监督管理职责的部门，对生产安全事故隐瞒不报、谎报或者迟报的，对直接负责的主管人员和其他直接责任人员依法给予处分；构成犯罪的，依照刑法有关规定追究刑事责任。

3. 关注

本法第十四条、第八十一条；《中华人民共和国刑法》；《生产安全事故报告和调查处理条例》第三十九条。

## 2.6.22 第一百零八条 生产经营单位不具备安全生产条件的法律责任

【第一百零八条条文】

第九十三条第一百零八条 生产经营单位不具备本法和其他有关法律、行政法规和国家标准或者行业标准规定的安全生产条件，经停产停业整顿仍不具备安全生产条件的，予以关闭；有关部门应当依法吊销其有关证照。

【第一百零八条条文分析】

本条是关于生产经营单位不具备安全生产条件的法律责任的规定。

1. 理解

本条未作修改，但有关生产经营单位不具备本法和其他有关法律、行政法规和国家标准或者行业标准规定的安全生产条件应引起关注。

2. 要点

(1) 基本职责

本法第四条、第十条、第十七条对于生产经营单位必须具备安全生产条件的职责作出了相应规定。本法第六十条对负有安全生产监督管理职责的部门履行安全生产条件审查职责，以及第八十四条对未履行职责造成生产安全事故的责任追究均作出了相关规定。《安全生产许可证条例》专门对高危企业的安全生产条件作出了严格的规定，制定了安全生产许可证制度。何谓安全生产条件应当引起有关政府、负有安全生产监督管理职责的部门和生产经营单位的高度重视。

(2) 处罚规定

本条规定生产经营单位不具备本法和其他有关法律、行政法规和国家标准或者行业标准规定的安全生产条件，经停产停业整顿仍不具备安全生产条件的，予以关闭；有关部门应当依法吊销其有关证照。

3. 关注

(1) 本法第四条、第十条、第十七条。

(2)《安全生产许可证条例》。

## 2.6.23 第一百零九条 生产经营单位生产安全事故的法律责任

【第一百零九条条文】

第一百零九条 发生生产安全事故，对负有责任的生产经营单位除要求其依法承担相应的赔偿等责任外，由安全生产监督管理部门依照下列规定处以罚款：

(一) 发生一般事故的，处二十万元以上五十万元以下的罚款；

(二) 发生较大事故的，处五十万元以上一百万元以下的罚款；

(三) 发生重大事故的，处一百万元以上五百万元以下的罚款；

(四) 发生特别重大事故的，处五百万元以上一千万元以下的罚款；情节特别严重的，处一千万元以上二千万元以下的罚款。

【第一百零九条条文分析】

本条为新增加条款，它规范了对负有责任的发生生产安全事故生产经营单位的处罚办法。

1. 理解

该办法较国务院令第493号《生产安全事故报告和调查处理条例》第三十七条规定的处罚增加幅度很大。国务院令第493号《生产安全事故报告和调查处理条例》第三十七条规定：

(1) 发生一般事故的，处十元以上二十万元以下的罚款；

(2) 发生较大事故的，处二十万元以上五十万元以下的罚款；

(3) 发生重大事故的，处五十万元以上二百万元以下的罚款；

(4) 发生特别重大事故的，处二百万元以上五百万元以下的罚款。

由于本法对负有责任的发生生产安全事故生产经营单位的处罚办法进行了修改，因此《生产安全事故报告和调查处理条例》也将作相应的修改。

2. 要点

(1) 生产安全事故责任追究制度

本法第十四条、第八十四条对发生生产安全事故提出了相应的责任追究规定，因此发生生产安全事故不但要追究相应责任人的责任，还要对有责任的生产经营单位除要求其依法承担相应的赔偿等责任外依法进行罚款的处罚。

(2) 罚款处罚

本条规定发生生产安全事故，对负有责任的生产经营单位除要求其依法承担相应的赔偿等责任外，由安全生产监督管理部门依照下列规定处以罚款：

1) 发生一般事故的，处二十万元以上五十万元以下的罚款；

2) 发生较大事故的，处五十万元以上一百万元以下的罚款；

3) 发生重大事故的，处一百万元以上五百万元以下的罚款；

4) 发生特别重大事故的，处五百万元以上一千万元以下的罚款；情节特别严重的，处一千万元以上二千万元以下的罚款。

这一罚款数额较原《生产安全事故报告和调查处理条例》的处罚高出至少一倍以上。

3. 关注

本法第十四条、第八十四条；《生产安全事故报告和调查处理条例》。

## 2.6.24 第一百一十条 行政处罚的决定机关

【第一百一十条条文】

第九十四条第一百一十条 本法规定的行政处罚，由负责安全生产监督管理的部门和其他负有安全生产监督管理职责的部门按照职责分工决定；。予以关闭的行政处罚由负责安全生产监督管理的部门报请县级以上人民政府按照国务院规定的权限决定；给予拘留的行政处罚由公安机关依照治安管理处罚条例治安管理处罚法的规定决定。有关法律、行政法规对行政处罚的决定机关另有规定的，依照其规定。

【第一百一十条条文分析】

本条是关于本法有关行政处罚决定机关的规定。

1. 理解

本条规范了本法规定的行政处罚的职责分工和权限。将“由负责安全生产监督管理的部门决定”修改为“由安全生产监督管理部门和其他负有安全生产监督管理职责的部门按照职责分工决定”，并删除了“有关法律、行政法规对行政处罚的决定机关另有规定的，依照其规定”条文。

这里应关注的是“治安管理处罚条例”修改为“治安管理处罚法”，这是2009年8月27日全国人民代表大会常务委员会第十次会议通过的《全国人民代表大会常务委员会关于修改部分法律的决定》(国家主席令)，对本法原第九十四条“治安管理处罚条例”修改为“治安管理处罚法”，这是本法的第一次修正。本次修改实际上为第二次修改。

2. 要点

(1) 本法规定的行政处罚

本条规定本法规定的行政处罚，由安全生产监督管理部门和其他负有安全生产监督管理职责的部门按照职责分工决定。

(2) 予以关闭的行政处罚

本条规定予以关闭的行政处罚由负责安全生产监督管理的部门报请县级以上人民政府按照国务院规定的权限决定。

(3) 给予拘留的行政处罚

本条规定给予拘留的行政处罚由公安机关依照治安管理处罚条例的规定决定。

3. 关注

《中华人民共和国行政处罚法》、《中华人民共和国治安管理处罚法》。

## 2.6.25 第一百一十一条 生产安全事故赔偿责任

【第一百一十一条条文】

第九十五条第一百一十一条 生产经营单位发生生产安全事故造成人员伤亡、他人财产损失的，应当依法承担赔偿责任；拒不承担或者其负责人逃匿的，由人民法院依法强制执行。

生产安全事故的责任人未依法承担赔偿责任，经人民法院依法采取执行措施后，仍不能对受害人给予足额赔偿的，应当继续履行赔偿义务；受害人发现责任人有其他财产的，可以随时请求人民法院执行。

【第一百一十一条条文分析】

本条是关于生产经营单位发生生产安全事故造成人员伤亡、他人财产损失的应当依法承担赔偿责任的法律责任的规定。

1. 理解

本条未作修改。本条强调生产经营单位发生生产安全事故造成人员伤亡、他人财产损失的应当依法承担赔偿责任的法律责任。

2. 要点

(1) 职责规定

本法第十四条、第五十三条、第八十三条、第八十四条均对发生生产安全事故生产经营单位应尽的责任作出了规定。

(2) 赔偿责任

1) 应当依法承担赔偿责任。本条规定生产经营单位发生生产安全事故造成人员伤亡、他人财产损失的，应当依法承担赔偿责任。

2) 强制执行赔偿。本条规定生产经营单位发生生产安全事故造成人员伤亡、他人财产损失，拒不承担或者其负责人逃匿的，由人民法院依法强制执行。

3) 不能足额赔偿的，应当继续履行赔偿义务。本条规定生产安全事故的责任人未依法承担赔偿责任，经人民法院依法采取执行措施后，仍不能对受害人给予足额赔偿的，应当继续履行赔偿义务。

4) 请求执行。本条规定受害人发现责任人有其他财产的，可以随时请求人民法院执行。

3. 关注

《中华人民共和国侵权责任法》、《中华人民共和国行政强制执行法》。

## 2.7 第七章 附 则

### 2.7.1 第一百一十二条 用语解释

【第一百一十二条条文】

第九十六条第一百一十二条 本法下列用语的含义：

危险物品，是指易燃易爆物品、危险化学品、放射性物品等能够危及人身安全和财产安全的物品。

重大危险源，是指长期地或者临时地生产、搬运、使用或者储存危险物品，且危险物品的数量等于或者超过临界量的单元（包括场所和设施）。

【第一百一十二条条文分析】

本条是关于危险物品及重大危险源用语的解释。

1. 理解

本条未作修改。本条是对本法危险物品、重大危险源等用语含义的解释。

2. 要点

（1）危险物品

本条解释为：危险物品是指易燃易爆物品、危险化学品、放射性物品等能够危及人身安全和财产安全的物品。

（2）重大危险源

本条解释为：重大危险源是指长期地或者临时地生产、搬运、使用或者储存危险物品，且危险物品的数量等于或者超过临界量的单元（包括场所和设施）。

（3）其他解释

除本法的解释外，《中华人民共和国刑法》、《建设工程安全生产管理条例》、《危险化学品重大危险源辨识》（GB 18218—2009）、《危险化学品安全管理条例》（国务院令第591号）、《职业健康安全管理体系 要求》（GB/T 28001—2011）等法规文件和标准规范也对危险物品、危险源等作出解释和规定。

《中华人民共和国刑法》第一百三十六条将危险物品划定为爆炸性、易燃性、放射性、毒害性、腐蚀性物品；在航空运输中，可能明显地危害人身健康、安全或对财产造成损害的物品或物质等。

《建设工程安全生产管理条例》第二十六条将建设施工管理中达到一定规模的危险性较大的分部分项工程规定如下：

1）基坑支护与降水工程；

2）土方开挖工程

3）模板工程；

4）起重吊装工程；

5）脚手架工程；

6）拆除、爆破工程；

7）国务院建设行政主管部门或者其他有关部门规定的其他危险性较大的工程。

《职业健康安全管理体系 要求》(GB/T 28001--2011) 将危险源解释为：可能导致人身伤害和（或）健康损害的根源、状态或行为，或其组合。

3. 关注

《中华人民共和国刑法》；《危险化学品安全管理条例》；《建设工程安全生产管理条例》；《危险化学品重大危险源辨识》(GB 18218—2009)；《职业健康安全管理体系 要求》(GB/T 28001—2011)。

## 2.7.2 第一百一十三条 事故等级划分与重大隐患标准

【第一百一十三条条文】

第一百一十三条 本法规定的生产安全一般事故、较大事故、重大事故、特别重大事故的划分标准由国务院规定。

国务院安全生产监督管理部门和其他负有安全生产监督管理职责的部门应当根据各自的职责分工，制定相关行业、领域重大事故隐患的判定标准。

【第一百一十三条条文分析】

本条是关于生产安全事故等级划分与重大隐患标准的规定。

1. 理解

本条是新增条款。本条对本法规定的生产安全一般事故、较大事故、重大事故、特别重大事故的划分标准以及制定相关行业、领域重大事故隐患的判定标准作出了规定。

2. 要点

(1) 事故等级划分

本法规定的生产安全一般事故、较大事故、重大事故、特别重大事故的划分标准由国务院规定。现行《生产安全事故报告和调查处理条例》第三条将事故等级划分如下：

1）特别重大事故，是指造成30人以上死亡，或者100人以上重伤（包括急性工业中毒，下同），或者1亿元以上直接经济损失的事故。

2）重大事故，是指造成10人以上30人以下死亡，或者50人以上100人以下重伤，或者5000万元以上1亿元以下直接经济损失的事故。

3）较大事故，是指造成3人以上10人以下死亡，或者10人以上50人以下重伤，或者1000万元以上5000万元以下直接经济损失的事故。

4）一般事故，是指造成3人以下死亡，或者10人以下重伤，或者1000万元以下直接经济损失的事故。

国务院安全生产监督管理部门可以会同国务院有关部门，制定事故等级划分的补充性规定。

(2) 重大事故隐患标准

国务院安全生产监督管理部门和其他负有安全生产监督管理职责的部门应当根据各自的职责分工，制定相关行业、领域重大事故隐患的判定标准。国家安全生产监督管理总局《安全生产事故隐患排查治理暂行规定》第三条规定：

1）安全生产事故隐患是指生产经营单位违反《安全生产法》律、法规、规章、标准、规程和安全生产管理制度的规定，或者因其他因素在生产经营活动中存在可能导致事故发生的物的危险状态、人的不安全行为和管理上的缺陷。

2）事故隐患分为一般事故隐患和重大事故隐患。

3）一般事故隐患是指危害和整改难度较小，发现后能够立即整改排除的隐患。

4）重大事故隐患是指危害和整改难度较大，应当全部或者局部停产停业，并经过一定时间整改治理方能排除的隐患，或者因外部因素影响致使生产经营单位自身难以排除的隐患。

2014年3月1日实施的《建筑施工安全技术统一规范》第3.0.2条将建筑施工现场危险等级划分为Ⅰ、Ⅱ、Ⅲ级，对应的事故后果为很严重、严重、不严重。并根据《危险性较大的分部分项工程安全管理办法》[1]对具体的事故隐患进行了划分。

3. 关注

《生产安全事故报告和调查处理条例》；《安全生产事故隐患排查治理暂行规定》。

### 2.7.3 第一百一十四条 本法实行日期

【第一百一十四条条文】

第九十七条第一百一十四条 本法自2002年11月1日起施行。

【第一百一十四条条文分析】

本条是关于本法生效日期的规定。

1. 理解

本条规定了本法的施行日期为2002年11月1日，本法修订后施行的日期为2014年12月1日。

2. 要点

（1）法律生效日期

法律生效日期是指法律开始施行并发生法律效力的日期，这是法律不可缺少的基本要素之一。法律生效日期可分三种情况：

1）本法自×年×月×日起施行；

2）本法自公布之日起施行；

3）规定一部法律的生效日期取决于另一部法律的生效日期。

（2）本次修改生效时间问题

修改法律形式及生效时间：

1）修改法律，即对法律部分条文通过修正案的方式予以修改，不对法律全文作修改，未修改的部分继续实行。属于修改的法律，一般不修改法律的生效日期，只是规定法律的修改决定的公布日期，修改部分执行修改决定的生效日期。

2）修订法律，即对法律全文作全面修改。属于修订的法律，一般是重新公布法律的生效日期，如2014年4月24日中华人民共和国第十二届全国人民代表大会常务委员会第八次会议通过修订的《中华人民共和国环境保护法》，将原法第四十七条“本法自发布之日起施行”（即1989年12月26日）改为修订后的第七十条“本法自2015年1月1日起施行”；2008年10月28日中华人民共和国第十一届全国人民代表大会常务委员会第五次会议通过修订的《中华人民共和国消防法》，将原法第五十四条“本法自1998年9月1日起

[1] 见附录五：危险性较大的分部分项工程范围、附录六：超过一定规模的危险性较大的分部分项工程范围。

施行”改为修订后的第七十四条“本法自2009年5月1日起施行”。

(3) 本条规定本法自2002年11月1日起施行，修改后的内容施行日期为2014年12月1日。

3. 关注

(1)《全国人民代表大会常务委员会关于修改〈中华人民共和国安全生产法〉的决定》(2014年8月31日第十二届全国人民代表大会常务委员会第十次会议通过)。

(2) 本法的施行日期为2002年11月1日，而修改后的内容施行日期为2014年12月1日。

# 第3篇 《安全生产法》有关理论探讨

前篇，笔者按照新《安全生产法》条款的顺序分别以个人学习体会的方式进行解读分析。解读分析的过程，也是对安全生产理论及有关理念认识思考的过程。笔者深深感触到，随着我国《安全生产法》的制定和不断完善，具有中国特色的安全生产理论及理念体系开始形成。总结和归纳我国安全生产理论及理念是一件很有意义的事。为此，笔者收集了《安全生产法》解读分析过程中遇到的八个方面问题，提出个人之管见，如这些管见能在安全生产理论研究上起着一个抛砖引玉的作用，笔者深感荣幸。笔者这些观点中绝大部分只是个人不成熟的看法，未能与广大同仁们展开深入的探讨，有不到之处敬请谅解，并真诚地欢迎批评指正。

## 3.1 何谓安全生产

何谓安全生产？当解读分析新《安全生产法》第一条时笔者就开始思考这个问题。翻阅有关资料，笔者发现安全生产的定义有多种解释，但缺乏一个权威性的解释。安全生产定义这一安全生产管理最基本的概念不清晰，如何更深入地研究安全生产呢？这是笔者在学习《安全生产法》时的第一个思考。

### 3.1.1 安全生产定义的问题

笔者认为安全生产定义不清，是安全生产概念不清的表现，安全生产概念不清直接影响到我国安全生产理论研究的深入开展。追根溯源，当前我国安全生产管理工作许多问题最终都可归咎于安全生产概念模糊所致。因此，科学地界定安全生产的定义，是安全生产理论研究的首要任务。

如常见的安全生产定义有：所谓安全生产，就是指在生产经营活动中，为避免发生造成人员伤害和财产损失的事故，有效消除或控制危险和有害因素而采取一系列措施，使生产过程在符合规定的条件下进行，以保证从业人员的人身安全与健康，设备和设施免受损坏，环境免遭破坏，保证生产经营活动得以顺利进行的相关活动。

以上定义很具有代表性，但它存在明显的缺陷。

首先这个定义构架不仅不简练，而且在逻辑描述上存在问题。它把安全生产的行为分为两部分来描述：前一部分为“采取一系列措施”，后一部分为“进行的相关活动”。实际上这两部分行为中的内容或目的是彼此相关的，即“避免发生造成人员伤害和财产损失的事故，有效消除或控制危险和有害因素”和“保证从业人员的人身安全与健康，设备和设施免受损坏”是相关的，某种程度上是表述的一个意思。我们都知道，日常安全生产管理中为了“避免发生造成人员伤害和财产损失的事故，有效消除或控制危险和有害因素”往往需要“进行相关活动”，而不仅仅只是“采取一系列措施”；反过来，为了“保证从业人员的人身安全与健康，设备和设施免受损坏”有时需要“采取一系列措施”来制约一些不良行为。

框架和逻辑上的问题可能是次要的，更重要的是这个定义与新修改的《安全生产法》不相吻合，不能反映安全生产社会化管理的要求。

学习新修改的《安全生产法》，我们不难发现我国安全生产管理的理念发生了质的变化。《安全生产法》修改后，已把安全生产管理由原来只局限于生产经营单位安全生产管理上升到安全生产社会化管理的范畴。如本法第一条将“安全生产管理”改为“安全生产工作”，将“促进经济发展”改为“促进经济社会持续健康发展”，表明了安全生产立法理念的改变，即它不再是一部行政监察法规，它所涉及的范围更广，既涉及政府部门的监管，又涉及生产经营单位安全生产管理行为，还涉及其他组织、个人及社会团体等关注和参与安全生产工作。因此我国安全生产工作层次提升，它不再局限于安全生产领域，也不再是经济发展的附属品，更是社会管理、社会建设的范畴。

以上这类定义是陈旧的安全生产定义，在过去的安全生产管理中还是容易被接受的。长期以来，安全生产管理企业化属性较重，决定着这类安全生产的定义在相当一个时期内具有一定的合理性。过去我们把安全生产当成企业的事来处理，未能上升到社会管理的范畴来考虑。特别是在计划经济时期，企业发生生产安全事故，如果不是影响很大的事故往往由企业内部解决，即使以行政管理的手段来解决，也基本上还是一种企业管理的形式，因为这一时期我国的企业管理是政企不分的，行政管理中实际包含了企业，这个时期企业行政化管理以及信息传播不像现在这样迅速广泛，所以不是重特大的生产安全事故基本上不会在社会上造成大的影响。

现在无论发生何种生产安全事故，均会在社会上引起反响，政府安全生产监督管理部门都将按照有关规定直接参与调查处理，影响较大的事故还必须由司法、公安及工会组织等部门参与调查处理，这是当前安全生产管理的一大变化。原因就在于企业发生的生产安全事故不仅仅与企业自身的生产经营活动有关，而且与周边乃至整个地区及社会都有关系，它涉及社会的经济发展、社会稳定与社会进步。在当今全球化的今天，安全生产工作还涉及国家形象和整个人类发展等问题。当前我们处于信息化的时代，企业一旦发生生产安全事故，就会迅速地在整个社会中传开，这也是企业更应关注安全生产的原因之一。因此，在安全生产定义中不涉及“社会”一词，就很难完整地表述当前安全生产的内涵。在安全生产定义中凸现社会的概念，是安全生产理念与时俱进的要求。

目前一些安全生产定义是在 2002 年前一些教材中出现的，当时我国《安全生产法》还没出台。但是直到如今，《安全生产法》制定并发布这么多年，安全生产定义还一直没有大的变化，特别是在本次《安全生产法》修改后，还是继续使用过去的定义，说明我们在安全生产管理中缺少与时俱进的科学态度。

如果还继续使用以上这类安全生产定义，就很难解释我们为什么要把安全生产纳入社会化管理范畴，就很难让生产经营者理解为何社会这么关注安全生产。安全生产定义的不清影响到安全生产管理体系的建立，影响到诸多的安全生产理论及理念的正确确立。因此有必要对安全生产的内涵重新定义。

### 3.1.2 新的安全生产定义

为此笔者翻阅了众多的安全生产定义后认为，以下安全生产定义是较早的一种安全生产定义，它与当前安全生产的概念相吻合，这就是：

所谓安全生产就是指生产经营活动中，为保证人身健康与生命安全，保证财产不受损失，确保生产经营活动得以顺利进行，促进社会经济发展、社会稳定和进步而采取的一系列措施和行动的总称❶。

我们暂且把这一定义称之为新安全生产定义。

### 3.1.3 新安全生产定义内涵

新的安全生产定义，涵盖了四个方面的内容和要求，即：

（1）保证人身健康与生命安全；

（2）保证财产不受损失；

（3）确保生产经营活动得以顺利进行；

（4）促进社会经济发展、社会稳定和进步。

其中“保证人身健康与生命安全”，表明安全生产不再局限于“生命安全”，它还关注“人身健康”，与职业健康紧密相关，安全生产更具有人性化，使得安全生产理念能够更好地与世界职业健康安全理念接轨，安全生产内涵得到进一步充实；“促进社会经济发展、社会稳定和进步”，表明了安全生产属于社会化管理范畴，安全生产管理外延得到了扩展。

笔者认为，新的安全生产定义确立与本次修改的《安全生产法》有关“保障人民群众生命和财产安全，促进经济社会持续健康发展”要求相吻合❷，更加符合我国当前安全生产管理的理念。

### 3.1.4 新安全生产定义的意义

有了准确的安全生产定义，我国安全生产理论及理念基础更加充实。如何谓生产安全事故、安全生产条件等诸多概念，都离不开安全生产正确概念的确立。

有了准确的安全生产定义，安全生产各方的职责更加明确。如生产经营单位应当履行安全生产主体责任，确保安全生产各项内容的落实；安全生产监督管理部门以及社会其他组织和人员依据“社会稳定和进步”的要求，实施对生产经营单位的监督管理和社会监督。

有了准确的安全生产定义，安全生产综合管理措施作用得到进一步加强。如安全生产定义中的“一系列措施和行动”就是综合管理的具体要求，人们可根据这一要求确认安全生产三大基本措施，将安全生产管理、安全生产技术和安全生产教育等各项措施有机地结合起来、相互支撑，共同构筑安全生产坚实的平台。

总之，科学界定和正确确立安全生产定义，是我国安全生产理论体系建立的一项基础

---

❶ 见江苏省建筑施工企业安全生产管理人员培训系列教材《安全生产管理简明教程》——苏出准印（2004）字JSE-0000893号。

❷ 关注：本书“第2篇《安全生产法》条文分析 2.1.1 第一条 立法目的”。

性工作。为此笔者建议，我国安全生产管理部门应认真研究确定安全生产定义并在有关正式文件中给予确立。

## 3.2 何谓生产安全事故

新修改的《安全生产法》把立法的目的确定为："为了加强安全生产工作，防止和减少生产安全事故，保障人民群众生命和财产安全，促进经济社会持续健康发展。"其中，防止和减少生产安全事故是其重要目的之一。与安全生产定义一样，笔者在解读分析新《安全生产法》第一条时也遇到生产安全事故概念的问题。

长期以来，对生产安全事故的认定经常出现一些争议性的问题，其原因也是对生产安全事故定义存在一些模糊不清的概念。因此，研究生产安全事故定义同样重要。

### 3.2.1 生产安全事故定义与安全生产概念的关系

何谓生产安全事故？要确定这一定义，必须与安全生产概念联系起来。

不言而喻，生产安全事故是从安全生产相反方面来理解的，也就是说生产安全事故是安全生产工作不好的结局。人们常说不发生生产安全事故就是安全生产，似乎有一定的道理。但认真研究生产安全事故内涵后就会发现，人们常说的这句话不一定正确，或许存在一些问题，值得探讨。

笔者认为，生产安全事故与安全生产有着必然的联系，因此生产安全事故与安全生产四个内涵也有着必然的联系，具体来讲生产安全事故也应涉及安全生产四个内涵的内容，即：

(1) 保证人身健康与生命安全；

(2) 保证财产不受损失；

(3) 确保生产经营活动得以顺利进行；

(4) 促进社会经济发展、社会稳定和进步。

认同这一观点，在探讨生产安全事故定义时就有了一个最基本的理论基础或共识。

### 3.2.2 目前生产安全事故概念中存在的问题

目前生产安全事故的定义不能与安全生产概念相联系，而是单纯地就事故谈生产安全事故，有的干脆把生产安全事故简单地认为是伤亡事故，甚至没发生死亡事故的就不认定为事故，或在生产安全事故统计中忽略不计了。翻开这些年来的生产安全事故统计，可以看到目前有的地方或部门对一些重伤、轻伤事故或没造成伤害的事故不再统计了，甚至发展至今有些一般事故在某些政府部门的安全生产形势分析报告中再也看不到了。现在，你若想了解当年生产安全事故的整体情况，作完整的、全面的统计分析，如轻伤、重伤、死亡等数据之间的关系分析，是一件非常困难的事。笔者在后续的事故分析中，就很难取得准确、权威的事故统计和案例，只能根据有限的、不完整的资料分析当前安全生产管理问题。

根据海因里希的事故法则，死亡、重伤、轻伤和无伤害事故是有规律可循的，许多伤亡或重伤事故都是由无数个轻伤事故或无伤害事故积累造成的。不研究这些无数的轻伤事故和无伤害事故，如何更深入地研究防止死亡事故或重伤事故的发生呢？

生产安全事故概念的不确定性，是我们目前安全生产管理中一个比较严重的问题，它是导致安全生产管理不彻底、不坚决，最终导致发生重特大事故的原因之一。

与安全生产概念一样，生产安全事故概念不清，来源于对生产安全事故定义的不确切或不严谨或不科学。

如在解读《安全生产法》有关定义时，有的人认为：所谓生产安全事故，是指生产经营单位在生产经营活动（包括与生产经营活动有关的活动）中突然发生的，伤害人身安全和健康、损坏设备设施或者造成直接经济损失，导致生产经营活动（包括与生产经营活动有关的活动）暂时中止或永远终止的意外事件❶。

类似这样的定义是不全面的，思考如下：

如生产安全事故都是突然发生的吗？由于生产经营活动造成了周围环境影响、人员疾病或生理影响，这些影响可能不是突然发生的。举例来说，某一施工工地的塔吊臂伸到行人或公共交通道的上空，虽还没有发生吊物坠落，但给行人或周边生活、工作的人员造成了心理负担，生怕万一吊物在头顶上出现吊物坠落事件，于是引发周边单位或群众的投诉或抗议，处理不好投诉或抗议的话就有可能引发周边单位或群众与工地发生激烈矛盾，迫使生产活动停滞。事件发生不是突发的，但生产活动被迫停止，生产经营活动中止了，类似于这种事件属于不属于生产安全事故？

又比如，生产安全事故如何判定？由于人们的认识问题和管理水平存在差异，有些生产安全事故可能已经发生，往往被忽视或者未发觉，如生产安全隐患、劳动者工作环境恶劣或工厂、工地食堂饮食卫生不达标等，都有可能造成人身伤害、有损身心健康或者不同程度的经济损失，使得生产活动不能和谐地开展、顺利地进行，甚至造成不良的社会影响，影响到社会经济发展、社会稳定和进步等，这类事件属于不属于生产安全事故？

再比如，隐患算不算事故？长期以来人们对生产安全事故缺乏正确的认识和科学的定义，已经使得人们对待安全生产管理中出现的一些问题表现出麻木不仁的态度。我们常常看到这类现象：施工工地上一根钢管正从在建的楼上落下，没有砸到人，除了现场有关人员当时紧张了一下外，几乎没有采取任何处理事故的手段，屡发多次，也不在乎，最终有一天砸伤了人或砸死了人，这时才算事故；有的工地上，存在严重的临边洞口防护问题，司空见惯，发现了要求整改，有可能立即"整改完毕"，明天问题又重现，反反复复，最终若有一天一位"未经安全生产教育培训"或"不遵章守纪"者从这里坠落下去身亡了，这时就是事故了；有的工地上施工升降机突然滑落，当时施工升降机上面没有人，或只有一两个人但没有被伤害，就轻易地放过这件事，但是有一天施工升降机上有十来个人，施工升降机滑落造成这些人员伤亡，这就是重大事故了……种种此类的事件，都是这样轻易地被放任过去，最终导致人身伤害事故。那么，日常发生的这些事件是否是隐患？如果是隐患是否定义为事故？

现在存在这样一些现象：造成死人的事件就是事故，未造成死人的事件就不是事故；突然发生的事件就是事故，常见的那些不正常的现象就不是事故；看见的伤害就是事故，未看见的伤害就不是事故……认真研究已发生的许多重大伤亡事故，不难发现有很多都是

❶ 关注：本书"第2篇《安全生产法》条文分析 2.1.1 第一条 立法目的"。

由这些被忽视的事件积累造成的。如果我们还是这样麻木不仁，轻视生产安全事故的内涵，不认真研究生产安全事故，不科学地界定生产安全事故，不认真地防范那些未造成伤害或轻伤事故，重大伤亡事故就会像幽灵一样，“防不胜防”地在我们身边发生。

要想防范生产安全事故，必须对生产安全事故概念进行深入的研究，因此科学界定生产安全事故很重要。

### 3.2.3 科学界定生产安全事故

科学界定生产安全事故，有利于更加科学地开展安全生产管理工作。

实际上，明确了安全生产概念，生产安全事故的定义也就可以确定了。即不能满足安全生产定义中四个方面内涵的任何一个要求的，都可确定为生产安全事故。根据这一思路，我们应当把生产安全事故定义为：

所谓的生产安全事故，是指在生产经营活动中，未能保证人身健康与生命安全以及财产不受损失，使得生产经营活动不能顺利进行，甚至影响到社会经济发展、社会稳定和进步的意外变故或者灾害[1]。

这样的一个定义与安全生产定义相关联，有利于安全生产管理理论的体系化建设。

虽然这里的生产安全事故定义其适用范围仅限于生产经营活动中的事故，如社会安全、自然灾害等不属于生产安全事故。但那些带有商业利益的公共卫生事件、群体集会踩踏事件等，因为这些事件与生产经营活动有关，所以这些活动所造成的伤害或损失，笔者认为应属于生产安全事故范畴。这样的规定，有利于分清责任，让负有责任人承担其责任，如商业性质的踩踏事件应属于生产安全事故，生产经营活动者、组织者们时刻将安全生产挂在心上，担当起安全生产责任；不是商业性的踩踏事故，所属地区有关政府部门应当承担责任。

### 3.2.4 确立生产安全事故定义的意义

准确定义生产安全事故，其目的是帮助人们正确认识生产安全事故的内涵和生产安全事故发生的规律，研究其内涵、找出其规律，最终还是为了防止和减少生产安全事故。

现在普遍出现这种现象，一旦发生生产安全事故就立即要确定事故等级和性质，确定事故等级和性质的目的，就是要追究事故责任。追究完生产安全事故责任后，似乎这次事故处理就接近尾声了，或者就不了了之了。这类事例举不胜举，或就发生在你我身边，本书第4篇列举了多起事故的责任认定和处理就存在这些问题，这里就不在具体举例和逐个分析了。这种处理事故的方法完全违背客观规律，使得本应找出事故真正原因的找不出事故原因，同类事故重复发生就不足为奇了。

还有就是生产安全事故等级划分问题。将生产安全事故划分为等级无可非议。将生产安全事故划分为等级的目的一方面是为了科学界定事故的大小，便于事故的统计分析；另一方面，是为了在事故后续处理中规范地进行处罚，使责任者承担相应的责任。这应是生产安全事故发生后的后续分析数据。如果将事故等级作为生产安全事故内部控制指标，就偏离了划分生产安全事故等级的目的，违反了防范生产安全事故的客观规律。由于有了内

[1] 建筑施工安全生产检查与评价操作手册. 北京：中国建筑工业出版社，2013：24.

部控制指标，各部门和各地方政府不是围绕如何搞好安全生产以此防范生产安全事故的发生，而是层层分解指标，或研究如何统计指标、规避指标，把真正的安全生产管理工作放在了一边。

又如追究生产安全事故责任。追究生产安全事故责任更是无可非议。追究生产安全事故责任的目的就是要让那些不重视或忽视安全生产工作的人直接地或间接地通过生产安全事故责任追究，深感生产安全事故的严重后果，知道了问题所在，今后如何履行安全生产责任。现在处理生产安全事故追究责任，往往是根据事故影响大小来确定，同样问题造成的事故，由于事故发生的大小、影响的大小，其责任追究是不一样的。同样问题其责任不一样，本身就是一个问题。有时同一例事故发生，主要责任人出现若干个，分不清哪个该承担主要责任等。类似这样出了事故的案例也很多。最终处理完，追究了责任后，有相当一部分人不知道安全生产管理问题所在，有的干脆自认倒霉。

事故发生后处理了，最终还是不知道事故的真正原因在哪里，那么如何防范类似的生产安全事故发生就成为一句空话。

要解决这类问题，关键是要认清何谓生产安全事故。

生产安全事故定义表明生产安全事故与安全生产是有关联的，它们都与四个内涵有关。这一定义告诉人们：搞好安全生产就能够有效地防止生产安全事故。

所以正确定义生产安全事故，能够帮助人们正确认识生产安全事故、正确分析生产安全事故，最终有效地防范生产安全事故。同时，有了科学的生产安全事故定义，安全生产监管的范围就得到衍生，安全生产前置管理就能够得到加强。

例如，如果认可生产安全事故这一定义，并对其内涵有了更深的了解的话，那么我们就有可能深刻理解安全生产管理中常常提及的一句话——隐患就是事故。

笔者认为，只有理解生产安全事故的内涵，才能真正树立隐患就是事故的理念，把隐患就是事故理念正确应用到安全生产管理中，使得安全生产前置管理得到有效地实施。

### 3.2.5 树立隐患就是事故的理念

**1. 隐患与危险因素和有害因素**

提及隐患，必然涉及危险因素和有害因素的概念。

根据国家安监总局《安全生产事故隐患排查治理体系建设实施指南》的标准，安全生产事故隐患划分为基础管理和现场管理两个大类，基础管理包含 13 个中类，现场管理包含 11 个中类。其中，危险和有害因素分为“人的因素”、“物的因素”、“环境因素”和“管理因素”这 4 大类，其定义是指劳动者在生产领域从事生产活动的全过程可对人造成伤亡、影响人的身体健康甚至导致疾病的因素。仔细研究这个指南是很有意义的，例如是称做“安全生产事故隐患”还是与生产安全事故相对应称做“生产安全事故隐患”？危险因素和有害因素究竟有哪些特征，如何去理解？笔者重点围绕危险因素结合隐患的概念谈一些看法。

简单地说，安全的反义词就是危险，不安全因素即为危险因素。有的危险因素发展下去可导致人们不愿看到的事故发生，但值得注意的是有的危险因素出现时就已经导致人们不愿看到的事情发生，这种事情的发生从某种程度上来讲已经是一个事故了，只不过人们没有感觉到或忽视了它而已。

危险因素出现往往难以被人们所忽视，或难以被人们及时发现，这就是我们通常所说的——隐患。值得注意的是，未被人们及时发现的危险因素我们可称之为“隐患”，而那些已被人们发现的危险因素能不能称之为“隐患”呢？笔者认为不能称之为“隐患”，而是“明患”。

隐患是潜藏着的祸患，这种潜藏祸患有可能已经悄悄地危及人们。明患是暴露的祸患，对待暴露的祸患，有时人们还不以为然地忽视它，如果把它称之为“隐患”，那么这种“隐患”应是“明患”的一种特殊的存在形式。

**2. 生产安全事故隐患定义**

我们根据以上隐患的分析，是否可把生产安全事故隐患定义为：生产经营活动中未被人们发现或者被人们忽视的可能导致人身伤害或者重大生产安全事件的意外变故或者灾害❶。

例如，生产经营单位违反安全生产法律、法规、规章、标准、规程、安全生产管理制度的规定，或者其他因素在生产经营活动中存在的可能导致伤亡事故发生的物的危险状态、人的不安全行为和管理上的缺陷，即是生产安全事故隐患。

**3. 生产安全事故隐患与生产安全事故的关系**

（1）生产安全事故隐患与生产安全事故的区别：

生产安全事故隐患的特征主要表现在隐蔽性，即未被人们发现或者易被人们忽视，这是与我们通常所说生产安全事故的区别。

（2）生产安全事故隐患与生产安全事故的共同点：

生产安全事故隐患与我们通常所说的生产安全事故的共同特点是已给生产经营活动造成了损失，只是未发现或者对于损失认定的认识问题。实际上根据生产安全事故的定义和划分，生产安全事故隐患就是生产安全事故的一种类型。

**4. 生产安全事故隐患的分类**

生产安全事故隐患分为一般事故隐患和重大事故隐患。一般事故隐患，是指危害和整改难度较小，发现后能够立即整改排除的隐患。重大事故隐患，是指危害和整改难度较大，应当全部或者局部停产停业，并经过一定时间整改治理方能排除的隐患，或者因外部因素影响致使生产经营单位自身难以排除的隐患。生产经营单位完全可以根据这一理念，把本单位的生产安全事故隐患与生产安全事故一样划分为等级，以便发现隐患时按照事故处理的要求认真处理，把隐患消灭在萌芽状态。

**5. 生产安全事故隐患的进一步分析**

我们还可以从现行的事故等级划分来论证生产安全事故隐患就是生产安全事故的理论。如根据事故等级划分，未发生伤亡事故的也可以按照事故造成的经济损失来划分，如果某一事件影响到生产经营活动的正常开展，从经济角度来讲它就是一种经济损失。所以按事故等级划分来讲，许多隐患已经造成了伤害，或者发生虽没造成伤害，却影响生产活动的进行。

还举上一个例子，某施工工地上一根钢管正从在建的楼上落下，没有砸到人，这就暴露出一个隐患。如果这个工地重视这一隐患，完全可以把它定性一般事故隐患来处理。因

❶ 建筑施工安全生产检查与评价操作手册. 北京：中国建筑工业出版社，2013：27.

为按照事故等级划分来说，这样一事件，虽没造成伤亡事故，但工地上为此局部停工检查，核查处理这件事，这就使得工地因此造成了一定的经济损失，最起码影响了施工正常开展，按照现行的事故等级划分它属于一般等级的事故。因为事故等级是按死亡、重伤和经济损失三个指标来划分的，一般事故等级的经济损失是没有下限指标的，如果企业认为影响很大也可以将此隐患确定为较大事故隐患。既然定性为事故，那么企业就应按照事故处理方法，该工地应做到“四不放过”：即造成本次事故（或隐患）的原因不查清不放过、本次事故（或隐患）有关责任人不处理不放过、现场人员未以此事故（或隐患）为教训接受教育不放过、有关防范类似事故（或隐患）再次发生的整改措施未制定不放过。试想，如果所有的工地都这样把隐患当成事故来管理，那些经常发生的伤亡事故还会发生吗?

“隐患就是事故”这句话的要点就在于“就是”这句话，也就是说隐患本身就是事故，只不过是事故的另一种表现形式而已，我们应当把隐患与事故划等号，在实际安全生产管理中用与事故处理一样的方法来处理隐患。如发现隐患及时消除，出现隐患按照“四不放过”原则认真处理，把隐患消灭在萌芽状态。

那些把“隐患就是事故”作为口号喊的形式主义万万要不得。如有的施工现场大门口悬挂着一些警示牌，上面标示着本施工现场诸多的隐患，如果按照“隐患就是事故”的理论来讲，这个工地已经发生了许多大大小小的事故？隐患不是越多越好，发现一起隐患就应消除一起隐患。隐患管理应是动态管理。我们应该呈现给大家的是一个没有隐患、平平安安的工地，这才是安全生产管理的真谛所在。

所以，隐患就是事故，理应成为安全生产管理的一个重要管理理念。

### 3.2.6 生产安全事故报告与调查处理

要做好生产安全事故报告与调查处理工作的前提就是要明确何谓生产安全事故以及隐患就是事故的概念，如果没有这些正确的概念生产安全事故报告与调查处理工作就会出现被动局面，产生诸多的问题。

根据以上阐述的生产安全事故以及隐患就是事故的概念，生产安全事故报告与处理应分成两个方面，一是企业层面的生产安全事故报告与调查处理，二是政府层面的生产安全事故报告与调查处理。企业除按规定要上报生产安全事故外，企业自行处置的生产安全事故报告与调查处理也应建立和正常开展。如按照《生产安全事故报告和调查处理条例》(国务院令第 493 号）第十九条规定：“未造成人员伤亡的一般事故，县级人民政府也可以委托事故发生单位组织事故调查组进行调查。”一般事故的处理有的企业也可处理的，包括生产安全事故中的隐患处理。所以在企业安全生产“五大”制度中，有安全生产隐患与事故报告调查处理制度，其中有些内容就是企业日常安全生产管理的内容。为此，有关部门应当进一步明确何谓“未造成人员伤亡的一般事故”，在解释中要强调隐患就是事故理念，有的重大隐患也应向有关部门报告甚至由有关部门参与调查处理。

按照《安全生产法》第八十三条规定：“事故调查处理应当按照科学严谨、依法依规、实事求是、注重实效的原则，及时、准确地查清事故原因，查明事故性质和责任，总结事故教训，提出整改措施，并对事故责任者提出处理意见。事故调查报告应当依法及时向社会公布。事故调查和处理的具体办法由国务院制定。

事故发生单位应当及时全面落实整改措施，负有安全生产监督管理职责的部门应当加强监督检查。”

所以有关部门在处理生产安全事故时应注意：

（1）科学严谨。对于事故的原因分析应做到严谨，防止循规蹈矩、无针对性，诸如直接原因、主要原因、重要原因等语句应谨慎使用，有关部门应根据事故分析理论及原因与处理结果的关系等内容，作出规范、科学的释义，以便在进行事故调查时能够有效地针对事故，而不是无的放矢。

（2）依法依规。事故分析及处罚应当依据法律法规实施，做到违法必究，只要违反有关法律法规的，都应当进行追究。而不能只追究个别人的和单位的，或本次事故这样追究，下次事故又那样追究。我国安全生产许可制度的建立，实际上已规范了安全生产管理的许多内容，应当持续不懈地完善和加强。

（3）实事求是。生产安全事故发生，其原因和相应的责任是不变的，不能根据当时的形势需要而加大或减轻一些责任，应当实事求是地处理事故。

（4）注重实效。只有坚持科学严谨、依法依规、实事求是的精神处理事故，才能满足注重实效的要求。空洞的分析、不按规则地处理事故，最终难以达到处理事故的真正目的。

（5）及时、准确地查清事故原因是处理生产安全事故的目标。及时与准确有时存在矛盾，但准确是查清事故的根本，所以应实事求是地确定及时的概念和要求，确保事故原因的准确性。

（6）事故调查报告应当依法及时向社会公布。

《安全生产法》第八十六条规定：“县级以上地方各级人民政府负责安全生产监督管理的部门应当定期统计分析本行政区域内发生生产安全事故的情况，并定期向社会公布。”这是生产安全事故调查的最重要的规定。目前，有些事故难以通过公共渠道了解事故报告的内容。每年全国生产安全事故详细的统计报告很难得到，对于一般事故、重轻伤事故的统计分析报告更是难以得到。这是我国安全生产管理工作必须加强的。

为了鼓励企业员工及全社会积极参与生产安全事故管理，及时报告事故及隐患也非常重要，为此《安全生产法》第七十三条规定：“县级以上各级人民政府及其有关部门对报告重大事故隐患或者举报安全生产违法行为的有功人员，给予奖励。具体奖励办法由国务院安全生产监督管理部门会同国务院财政部门制定。”

为了遏制生产安全事故的发生，促使企业重视社会责任，建立更广泛的社会信誉评价体系，《安全生产法》第七十五条规定：“负有安全生产监督管理职责的部门应当建立安全生产违法行为信息库，如实记录生产经营单位的安全生产违法行为信息；对违法行为情节严重的生产经营单位，应当向社会公告，并通报行业主管部门、投资主管部门、国土资源主管部门、证券监督管理机构以及有关金融机构。”

贯彻落实以上《安全生产法》有关事故报告与处理规定，有利于生产安全事故报告与调查处理工作的进一步完善。

本次《安全生产法》修改中，吸收了《生产安全事故报告和调查处理条例》（国务院令第 493 号）有关处罚规定的条款，进一步加大了生产安全事故责任单位和个人的处罚力度。但有关谎报或瞒报事故单位的处罚没有另行规定，如果有关单位谎报或瞒报事故，《安全生产法》第一百零九条规定处二十万元以上五十万元以下的罚款，而《生产安全事故报告和调查处理条例》（国务院令第493号）第三十六条第一款对谎报或瞒报事故的单位规定：处事故发生单位一百万元以上五百万元以下的罚款，两者相差很大。有关部门应当对此作出解释，以规范对谎报或瞒报事故单位的处罚。

## 3.3 安全生产方针由来及内涵

### 3.3.1 安全生产方针的提出

“安全第一、预防为主”的安全生产方针是我国安全生产管理长期经验总结的结果。

早在1960年周恩来总理对我国当时第一艘万吨轮跃进号在航运中触礁沉没后所作的指示中提出“安全第一”。

1979年2月，航空工业部向中共中央汇报工作时提出“安全第一，预防为主”。

1983年5月18日国务院在［1983］85号《国务院转批劳动人事部、国家经委、全国总工会关于加强安全生产的劳动检查工作的报告的通知》中指出：在“安全第一，预防为主”的思想指导下搞好安全生产，是经济管理、生产管理和企业领导的本职工作，也是不可推卸的责任。

1987年1月26日国家劳动人事部在杭州召开会议，把“安全第一，预防为主”作为劳动保护工作方针写进第一部《劳动法（草案）》。同年，在北京召开的全国劳动安全监察工作会议上，经过代表的反复讨论，决定把劳动保护、安全生产工作方针规定为“安全第一，预防为主”。

1995年12月28日第八届全国人民代表大会常务委员会第十七次会议通过并发布的《中华人民共和国电力法》（主席令第六十号）第十九条提出：“电力企业应当加强安全生产管理，坚持安全第一、预防为主的方针，建立、健全安全生产责任制度。”

1996年8月29日第八届全国人民代表大会常务委员会第二十一次会议通过并发布的《中华人民共和国煤炭法》（主席令第七十五号）第七条提出：“煤矿企业必须坚持安全第一、预防为主的安全生产方针，建立健全安全生产的责任制度和群防群治制度。”

1997年11月1日第八届全国人民代表大会常务委员会第二十八次会议通过并发布的《中华人民共和国建筑法》（主席令第九十一号）第三十六条提出：“建筑工程安全生产管理必须坚持安全第一、预防为主的方针，建立健全安全生产的责任制度和群防群治制度。”

由此，我国三部重要法律均提出了“安全第一、预防为主”的安全生产管理方针。

2002年6月29日全国人大常委会审议通过《中华人民共和国安全生产法》，成为我国安全生产管理第一部综合性大法，并正式确立“安全生产管理，坚持安全第一，预防为主的方针”。

### 3.3.2 安全生产方针的含义

“安全第一、预防为主”方针的提出是广大安全生产管理工作者与时俱进，艰难探索的成果，有着很深刻的内涵。它体现了党和国家对劳动者的关怀，体现了社会主义制度的优越性，体现了党和政府对经济发展规律的深刻认识，正确地阐明了安全与生产的关系、预防和事故处理的关系。“安全第一、预防为主”方针的提出符合“三个代表”的思想。

**1. 安全第一的内涵**

所谓“安全第一”，就是说，在生产经营活动中，在处理保证安全生产与实现生产经营活动的其他各项目标的关系上，要始终把安全特别是从业人员的人身安全放在首要的位置，实行“安全优先”的原则。在确保安全的前提下，努力实现生产经营的其他目标。从根本上说，保证生产与实现生产经营活动本身的目标是一致的。“生产必须安全，安全为了生产”这种提法与“安全第一”提法是不矛盾的。“安全第一”是安全生产的基础。

**2. 预防为主的内涵。**

所谓“预防为主”，就是说，对安全生产的管理而言，主要不是在发生事故后去组织抢救，进行事故调查，找原因、追究责任、堵漏洞，这些当然都是安全生产管理工作中不可缺少的重要方面，对事故预防也有亡羊补牢的作用。但更重要的，是要谋事在先，尊重科学，探索规律，采取有效的事前控制措施，千方百计预防事故的发生，做到防患于未然，将事故消灭在萌芽状态。“预防为主”是安全生产方针的核心，是实施安全生产的根本。

“预防为主”应是一个大的概念，它不仅包括生产经营单位在日常安全生产管理中应加强安全生产各项措施的管理，不断改进和完善安全生产条件的要求，也包括发生生产安全事故后找原因、追究责任、堵漏洞，对今后防范和杜绝同类事故再发生起到一个亡羊补牢的预防作用，它也包括为了很好地起到预防为主的作用，发挥各方力量，实行综合管理、社会化管理的各个方面。

因此，我国的“安全第一、预防为主”方针概括了安全生产管理的理念，即“安全第一”是原则、是指导思想，“预防为主”是手段、是措施，它已成为我国安全生产管理者特别是生产经营单位的安全生产管理人员及广大职工耳熟能详的口号和行动指南。

### 3.3.3 安全生产方针的新要求

2005 年 10 月 11 日中国共产党第十六届中央委员会第五次全体会议通过《中共中央关于制定国民经济和社会发展第十一个五年规划的建议》，在保障人民群众生命财产安全中提出了：“坚持安全第一、预防为主、综合治理，落实安全生产责任制，强化企业安全生产责任，健全安全生产监管体制，严格安全执法，加强安全生产设施建设”的管理要求。“安全第一、预防为主、综合治理”口号的提出，是对我国安全生产监督管理提出了更高的要求。

查阅有关资料，我们发现我国各行各业都有综合管理的要求。综合治理的定义就是指在有关部门统一领导下，依靠各方面的力量，分工合作，综合运用法律、政治、经济、行政、教育、文化等各种手段，起到更好的预防作用，从而达到有效的管理。

安全生产综合治理，就是指适应我国安全生产形势的要求，自觉遵循安全生产规律，正视安全生产工作的长期性、艰巨性和复杂性，抓住安全生产工作中的主要矛盾和关键环节，综合运用经济、法律、行政等手段，多管齐下，并充分发挥社会、职工、舆论的监督作用，有效解决安全生产领域的问题。总之，综合治理是在新形势下“预防为主”的重要方式方法和有效途径。

理解“综合治理”与“安全第一、预防为主”的关系，更有利于对我国安全生产管理工作实质的认识。

### 3.3.4 综合治理在安全生产方针中的作用

如何坚持“安全第一、预防为主”的理念，全面落实安全生产综合治理的工作要求，应从相应的法律法规来理解。

2009年8月27日中华人民共和国第十一届全国人民代表大会常务委员会第十次会议通过并发布《全国人民代表大会常务委员会关于修改部分法律的决定》（主席令第十八号），其中《中华人民共和国电力法》第十九条继续强调：“电力企业应当加强安全生产管理，坚持安全第一、预防为主的方针，建立、健全安全生产责任制度。”

2011年4月22日中华人民共和国第十一届全国人民代表大会常务委员会第二十次会议通过的《关于修改〈中华人民共和国煤炭法〉的决定》（主席令第四十五号）第七条继续强调：“煤矿企业必须坚持安全第一、预防为主的安全生产方针，建立健全安全生产的责任制度和群防群治制度。”

2011年4月22日中华人民共和国第十一届全国人民代表大会常务委员会第二十次会议通过《全国人民代表大会常务委员会关于修改〈中华人民共和国建筑法〉的决定》（主席令第四十六号）第三十六条继续强调：“建筑工程安全生产管理必须坚持安全第一、预防为主的方针，建立健全安全生产的责任制度和群防群治制度。”

我国三部重要法律再次坚持了“安全第一、预防为主”的安全生产管理方针的理念。

作为安全生产管理的综合性法规，2014年8月31日全国人大常委会第二次审议表决通过的《关于修改〈中华人民共和国安全生产法〉的决定》提出：“安全生产工作应当以人为本，坚持安全发展，坚持安全第一、预防为主、综合治理的方针。”[1]，这反映了安全生产综合管理的重要性。安全生产社会化管理是我国安全生产综合管理的重要内容。

### 3.3.5 安全生产方针的新理解

理解“坚持安全第一、预防为主、综合治理的方针”对深入了解安全生产方针意义重大。

目前，新修改的《中华人民共和国煤炭法》、《中华人民共和国建筑法》、《中华人民共和国电力法》继续坚持提出“安全第一、预防为主”的安全生产方针，与当前新修改的《安全生产法》提出的“坚持安全第一、预防为主、综合治理的方针”是没有矛盾的。

前者是从行业管理角度出发，提出了我国安全生产管理的一贯方针；后者从综合管理角度出发，提出了我国安全生产综合管理的方针，两者实质都是强调了我国安全生产管理的原则及管理措施、方式方法与途径这两个方面的内涵。

前者在行业安全生产管理中，“预防为主”也有综合治理的要求。生产经营单位从企业自身的安全生产管理出发，坚持“安全第一、预防为主”方针，正确认识综合治理在预防为主中的重要作用，充分调动和发挥工会、职工在安全生产管理中的监督作用，共同提高企业的安全生产管理水平。

按照法律的渊源及地位，《安全生产法》与《中华人民共和国煤炭法》、《中华人民共和国建筑法》、《中华人民共和国电力法》等法律均处于相同地位的法律，因此有关“安全

---

[1] 关注：本书“第2篇《安全生产法》条文分析　2.1.3　第三条　安全生产工作方针与机制”。

第一、预防为主”的方针和“安全第一、预防为主、综合治理”的方针都是确切的。有的专家提出，为了安全生产管理的统一性，建议还是以“安全第一、预防为主”的提法为好。

实际上，我国现行的安全生产管理还是划块的行业管理或部门管理，即使现行的有关安全生产综合监督管理部门也具有行业管理部门的性质，只不过是分成若干个部门而已。所以不少安全生产管理人士希望我国能够改变划片式的安全生产监督管理，实行真正的国家安全生产监督管理，并希望我国能够将所有与安全生产有关法律集为一部统一的安全生产法律，如《职业安全法》或《劳动保护法》以统一我国安全生产法律体系。

## 3.4 安全生产工作机制的演变

安全生产工作机制，亦称为安全生产管理体制或管理格局。本次修改《安全生产法》，提出了我国安全生产工作的新机制要求。为了更深刻地领会当前我国安全生产工作新机制，有必要对我国安全生产工作机制的演变有所了解。

### 3.4.1 我国安全生产管理体制的演变

在本次修改《安全生产法》之前，我国的安全生产管理体制经历了如下几个阶段：

(1) 第一阶段。改革开放初期及初期之前，我国安全生产管理体制提法是“国家监察、行政管理、群众监督”。当时由于政企不分，企业管理与行政管理为一体，“行政管理”即涵盖了企业管理。不少行业的行政机关直接管理着所属企业的安全生产管理，如各行业的生产安全事故和工伤事故的统计都由行业直接管理。

(2) 第二阶段。随着改革开放的深入，提出了政企分开的改革要求，于是各行业将直接管理的企业纷纷从政府行政管理中分离开来，实行企业管理。于是安全生产管理的格局就发生了变化，提出了“企业负责，行业管理，国家监察，群众监督”的管理格局。这个时期安全生产管理格局与原有不同的是：企业从“行政管理”中分出为“企业负责”并放在安全生产管理体制的首位，且“行政管理”变为“行业管理”。其中“国家监察，群众监督”没有变化。从中可以看出，把“企业负责”放在首位，说明较早以前我国安全生产管理就确立了“企业负责”的管理理念。

(3) 第三阶段。随着改革开放的不断深入，社会主义市场经济的建立，对于安全生产管理体制的要求也在不断探索中，针对生产安全事故的频发、有许多事故中从业人员不遵章守纪的现象，从而提出了“企业负责、行政管理、国家监察、群众监督、劳动者遵章守纪”的管理体制。当时，针对将“劳动者遵章守纪”写入体制中，还是存在异议的。有的人认为“劳动者遵章守纪”应属于“企业负责”的范畴，更有的人认为生产安全事故发生伤亡的绝大多数是生产一线的劳动者，他们当中可能有些人不遵章守纪，但不遵章守纪的主要原因绝大多数是企业未进行很好的教育培训，有的企业在劳动保护上存在严重问题，因此不应把“劳动者遵章守纪”写入体制格局中，劳动者更应得到自身权益的维护，积极参与企业的安全生产监督管理。有的人还注意到，这个阶段的体制格局中又把“行业管理”改写为“行政管理”，“行业管理”和“行政管理”这两种提法实际上都是指国家有关行业的行政管理，也称行业行政部门管理，但从中也反映出我国政府行政管理中的一些微妙的变化或波动。

(4) 第四阶段。进入21世纪初，我国开始重视安全生产监督管理体制的建设，提出了构建“政府统一领导、部门依法监管、企业全面负责、群众监督参与、社会广泛支持”安全生产工作新格局的要求，一方面强调了“政府统一领导、部门依法监管”在安全生产管理方面的作用，另一方面也提出了“企业全面负责”的要求，也开始意识到“群众监督参与、社会广泛支持”在安全生产管理方面的重要性。这一阶段的体制格局中，将“政府统一领导、部门依法监管”放在“企业全面负责”前面，也反映出以行政监管为主要手段的工作思路，它也许是我国安全生产管理发展的一个必由过程。无论如何这一阶段的安全生产管理格局的提出，实际上起到了承上启下的作用，它是我国安全生产管理理念不断发展必然要经历过的一段历程。

### 3.4.2　当前我国安全生产管理体制的格局

在充分总结我国安全生产管理经验的基础上，特别是党的十届四中全会关于依法治国有关决定的提出，落实企业安全生产主体责任、实施安全生产社会化管理等理念得到强化，我国安全生产管理有了新的思路。本次修改《安全生产法》，提出了新的管理机制，这就是“生产经营单位负责、职工参与、政府监管、行业自律和社会监督”[1]。

“生产经营单位负责、职工参与、政府监管、行业自律和社会监督”新机制的提出，使得我国安全生产管理格局更加清晰。

(1) 构筑了生产经营单位主体责任的完整框架。

本次格局的提出把企业负责又一次提到首位，强化了生产经营单位的主体责任，“生产经营单位负责、职工参与”构成了落实生产经营单位的主体责任的完整框架。

“生产经营单位负责”，明确了生产经营单位主要负责人为安全生产第一责任人及其安全生产职责，再一次强调了“生产经营单位应当具备本法和有关法律、行政法规和国家标准或者行业标准规定的安全生产条件”方可从事生产经营活动的要求，并对生产经营单位设置安全生产管理机构和配备安全生产管理人员提出了要求。新修改的《安全生产法》规定，无论企业规模如何都必须配备安全生产管理人员，规模再小的企业至少要配备一名兼职安全生产管理人员。

“职工参与”，职工参与的前提是履行其安全生产岗位职责。本法第一次增加安全生产责任体系建立的要求，每个岗位和每个人员都应有安全生产岗位责任，并专门对安全生产管理人员提出了安全生产管理职责的要求，体现了安全生产全员管理的思路。

(2) 建立全面的安全生产监督管理网络。

“政府监管、行业自律和社会监督”提出，构建了全面监管网络，为落实生产经营单位的主体责任建立了保障。

“政府监管”涵盖了政府各个领域与层级的管理，无论哪个领域或层级的管理都是政府职责范围监督管理；“行业自律和社会监督”是社会管理理念的具体体现，它能够弥补政府监管的不足，是安全生产监督管理理念的一次飞跃，也是安全生产管理人人有责、共同治理的理念的体现。

---

[1] 关注：本书“第2篇《安全生产法》条文分析　2.1.3　第三条　安全生产工作方针与机制”。

### 3.4.3 安全生产社会化管理

“行业自律和社会监督”是社会管理理念的具体体现，表现在除生产企业、政府有关部门外，其他社会组织、社会团体、中介服务机构都应积极参与安全生产监督管理。

行业协会是社会组织的重要组成部分，本次新修改的《安全生产法》第十二条新增加了一条内容：“有关协会组织依照法律、行政法规和章程，为生产经营单位提供安全生产方面的信息、培训等服务，发挥自律作用，促进生产经营单位加强安全生产管理。”为行业协会参与安全生产管理工作提出了要求。在当前新形势下，党和政府要求协会去行政化，是协会参与安全生产管理工作的新要求，只有行业协会真正去行政化，转变身份，才能站在一个全新的角度为我国安全生产管理工作作出新贡献。因此，行业协会转变观念、转变思路，发挥行业自律作用，为生产经营单位提供安全生产方面的信息、培训等服务，促进生产经营单位加强安全生产管理。

安全生产社会化管理中的一个重要内容，就是如何规范中介服务机构在安全生产管理中的行为。中介服务机构不是政府部门所属机构，它是独立于企业和政府之外的社会组织机构。长期以来，一些中介服务机构依赖于政府从事中介服务，这一现象必须改变。以建筑施工安全生产管理为例，建筑施工起重机械安装检验机构的检验理应属于中介服务机构，他在施工现场从事建筑施工起重机械安装检验活动是一种委托性的服务，不应是政府部门强制性的检验活动。建筑施工的事件表明，建筑施工起重机械安装检验单位很难担负起建筑施工起重机械安装质量的责任。因此，本着建筑施工安全生产中“谁施工、谁负责”的原则，建筑施工起重机械安装质量应当是“谁安装、谁负责”的原则，即建筑施工起重机械安装质量的检验应该由建筑起重机械安装单位负责。但是，建筑施工安全生产管理中，许多施工单位为了安全使用建筑起重机械，都会委托有关建筑施工起重机械安装检验机构作为第三方对建筑施工起重机械安装质量进行检验。所以，委托有关建筑施工起重机械安装检验机构作为第三方进行检验，应是企业自愿行为，就像施工中深基坑开挖过程的基坑安全检测一样。因此，有关政府部门不应过多地干预企业如何检验，而是加强对检验过程、检验项目的质量的监管，不符合要求的检验应予纠正，对建筑起重机械安装质量进行专项抽查，不符合要求的责令停工整改，真正落实安全生产各个责任主体的责任。笔者在本书第4篇的案例分析中也将涉及有关建筑施工起重机械安装检验机构的管理问题。

在社会化管理中还有产品生产企业的角色问题，它实际上承担了两种角色，从生产产品角度来看，它是生产经营单位，所以在生产产品过程中应按照《安全生产法》的要求履行其各项职责；从为其他企业提供产品服务来讲，它又是销售服务型企业。在产品销售环节中，由于各方面的原因，有的政府管理部门会不自觉地指定要求企业购买某些产品，这是与《安全生产法》有关规定相违背的，如《安全生产法》第六十一条规定：“负有安全生产监督管理职责的部门对涉及安全生产的事项进行审查、验收，不得收取费用；不得要求接受审查、验收的单位购买其指定品牌或者指定生产、销售单位的安全设备、器材或者其他产品。”

如在建筑施工安全生产管理中，有的部门为了防范塔式起重机发生碰撞，于是就要求施工现场安装防碰撞装置，引发了不少的争论。为此，笔者也参与了这场争论，发表了

《关于安装施工塔机“黑匣子”的思考》的文章[1]，其目的就是告诫有关行政监管部门或机构明文规定购买防碰撞装置或所谓的“黑匣子”违反了《安全生产法》以及其他相关法律法规。

如在建筑起重机械安全生产管理中，有的地区和部门没有依据法律法规所赋予的安全生产管理职责来确认建筑起重机械安全生产管理模式，一味按照传统的“一体化”管理模式管理建筑施工起重机械安全生产管理，未能以社会化管理理念来认识安全生产管理的新思路、新方法。为此，笔者撰文对当前建筑起重机械管理一体化提出了自己的看法[2]。

有关安全生产监督管理部门应认真学习《安全生产法》等有关法律法规，在安全生产社会化管理中摆正位置、在职责范围内认真履行职责。

## 3.5 安全生产规章制度与安全生产责任制

由于企业安全生产规章制度内容很多，不少企业不知道如何制定有关安全生产规章制度，有的安全生产行政主管部门也不清楚企业究竟要制定哪些规章制度，甚至有的安全生产行政主管部门在未弄清何谓安全生产规章制度的情况下就给企业下“菜单”，强行要求企业按照他们下的“菜单”要求去做。这类情况不为鲜见，这是影响安全生产管理深入开展的又一原因。

本次修改的《安全生产法》中，对于企业安全生产规章制度及安全生产责任制度提出了具体的要求。企业安全生产规章制度及安全生产责任制是安全生产管理中最为重要的内容，有必要认真研究企业安全生产规章制度及安全生产责任制，理清企业安全生产规章制度及安全生产责任制的含义和相互关系。

### 3.5.1 五大企业安全生产规章制度

安全生产检查时，我们看到一些企业给出的规章制度各式各样，有的制度相互交叉或重叠。为此，有的管理部门干脆给企业制定一份规章制度的样本，于是这些企业为了省事或为了应付检查，就按照这样的样本照葫芦画瓢地复制下来。这样的结果是企业并没有按照这样的样本去执行规章制度，就是想按照这样的样本去执行，由于样本的不实用使得企业无法执行，因此造成了企业安全生产规章制度的形式主义。

为何出现这样的窘境呢？一方面，我们要求企业按照自身的管理要求，制定切实可行的规章制度。可以这么说，由于每个企业的管理不同，其规章制度的内容也应有所不同，所以由行政主管部门统一制定企业规章制度样本是不合适的；另一方面，我们又要求企业按照有关规定完善安全生产规章制度，却又因为企业安全生产规章制度繁多，容易产生交叉、重叠，或者遗漏、丢项，而感到无所适从，所以自然而然地想到由行政主管部门出面编制一个样本，让企业按照样本去制定本企业的规章制度。

那么，难道就没有一种方法来规范企业的安全生产规章制度吗？

实际上，通过长期的安全生产管理，我国已基本形成了比较规范的企业安全生产规章

[1] 见本书“附录二：关于安装施工塔机‘黑匣子’的思考”。
[2] 见本书“附录八：从履行安全生产管理职责角度分析建筑起重机械‘一体化’管理的问题”。

制度的管理要求，这就是五大企业安全生产规章制度，即：

(1) 安全生产责任制度；

(2) 安全生产资金保障制度；

(3) 安全生产教育培训制度；

(4) 安全生产检查制度；

(5) 生产安全隐患事故报告与调查处理制度。

这五大规章制度涵盖了安全生产管理的各项制度，其中安全生产责任制度是五大安全生产规章制度中最首要、最为关键的制度或最为重要的制度。

如果企业领会了这五大制度，就能够有条不紊地建立健全企业安全生产各项制度。

### 3.5.2 安全生产规章制度的由来及内容

早在1963年国务院就发布了《关于加强企业生产中安全工作的规定》。该规定适用于一切企业、单位的安全生产管理。其内容主要包括五项规定：

(1) 关于安全生产责任制；

(2) 关于安全技术措施计划；

(3) 关于安全生产教育；

(4) 关于安全生产的定期检查；

(5) 关于伤亡事故的调查处理。

这"五项规定"自颁布以来，除个别条文作了修改补充外，一直在指导全国的安全生产工作的开展。

目前通常所称的企业安全生产"五大"规章制度，即安全生产责任制度、安全生产资金保障制度、安全生产教育培训制度、安全生产检查制度和生产安全隐患与事故报告制度，就是由"五项规定"逐步演变过来的。我们注意到：其他制度没有多大的变化，重点是安全技术措施计划有所变动，由原来的安全技术措施计划，演变成安全生产资金保障制度。由原来的安全技术措施计划演变成安全生产资金保障制度是可以理解的，因为所有的安全技术措施计划最终落实在安全生产资金的落实，因而形成了安全生产资金保障制度。至于安全生产技术措施的要求，可归结于有关安全生产技术人员的安全生产责任要求，并和生产与管理技术紧密相关。

企业的安全生产"五大"规章制度涵盖了企业的其他安全生产管理制度，也就是说企业的其他安全生产规章制度都归结在这"五大"规章制度之中。

### 3.5.3 安全生产规章制度与安全生产责任制度的关系

安全生产规章制度是从制度管理而言的，有关安全生产技术管理，如技术标准规范的制定和使用均属于技术管理范围。以安全生产管理的消防安全管理为例，应分成两个方面来谈，一个是责任的落实，消防安全责任一定要落实到部门、负责人和每一个相关人员，这就是安全生产责任制度的内容；另一个是消防安全技术和措施的落实，这就属于安全技术管理的范畴。

由此看来安全生产规章制度中安全生产责任制度是最为关键、最为重要的内容，之所以说最为重要，一是因为它排在"五大"规章制度首列，更主要的还是它的重要性。因为安全生产责任制度不落实，其他管理制度就难以实施。

无论安全生产责任制多么重要，它都应被涵盖在安全生产规章制度范畴内，不能把它从安全生产规章制度中分离开来。有时，我们将安全生产责任制度和安全生产规章制度一并提出，可能基于安全生产责任制度在安全生产规章制度中的重要性而提出的。但是，如果混淆它们之间的关系，不但弱化了安全生产规章制度，而且不利于安全生产责任制度的真正有效落实。

安全生产责任制度与其他几项安全生产规章制度是息息相关的：

(1) 与安全生产资金保障制度的关系

安全生产责任制度中，有很大一块内容与安全生产资金保障制度是相关的。如在安全生产责任制度中有生产经营单位主要负责人“保证本单位安全生产投入的有效实施”、“并对由于安全生产所必需的资金投入不足导致的后果承担责任”的职责要求，企业有关部门和人员有落实和使用“安全生产所必需的资金”的职责要求，企业安全生产教育培训部门和教育培训负责人有按需制定教育培训资金计划并按计划组织实施教育培训的职责要求，生产经营单位在新建、改建、扩建工程项目安全设施时，有关生产技术部门有将安全设施投资纳入建设项目概算中的职责要求等，这些安全生产责任的落实，必须要用安全生产资金保障制度来规范，否则有关于安全生产资金相关的责任就难以落实。

(2) 与安全生产教育培训制度的关系

安全生产责任制度的一项重要内容就是制定和签订各部门和各岗位的安全生产责任状。各部门和各岗位的安全生产责任状的制定和签订的目的就是要让签订部门和各岗位人员知晓安全生产责任有哪些、如何去做，要通过教育培训去解决。实际上安全生产教育培训的主要目的就是要告知安全生产责任的内容、履行方法和实施的途径，并教会和提高相关人员履行安全生产责任的能力。所以，安全生产教育培训制度是落实安全生产责任制的前提。

(3) 与生产安全检查制度的关系

安全生产责任制的履行必须要有督促或监督的环节。安全生产检查的最终目的就是对落实安全生产责任的检查。安全生产检查中，发现的所有问题都应归结为安全生产责任的落实问题，而不是为检查而检查。目前，许多安全生产检查似乎没有这样一个基本的概念，这是安全生产责任难以落实的一个主要问题。因此，我们在开展安全生产检查时，应该牢记安全生产检查的根本目的就是检查安全生产责任的落实情况，而不是其他。所以，安全生产检查制度是落实安全生产责任制的根本保证。

(4) 与生产安全隐患事故报告与调查处理制度的关系

安全生产隐患的查处和事故报告，是安全生产责任的一项重要内容。如生产经营单位主要负责人有“督促、检查本单位的安全生产工作，及时消除生产安全事故隐患”和“及时、如实报告生产安全事故”的职责要求，有关人员有“检查本单位的安全生产状况，及时排查生产安全事故隐患”、“采取技术、管理措施，及时发现并消除事故隐患”和“发现事故隐患或者其他不安全因素，应当立即向现场安全生产管理人员或者本单位负责人报告”等职责要求，因而必须建立一套安全生产隐患与事故报告制度以确保安全生产责任制中有关职责的落实。所以，生产安全隐患与事故报告制度是落实安全生产责任的又一重要措施。

因此，理清安全生产责任制度和安全生产规章制度之间的关系，搞懂安全生产责任制度相关概念和内容是非常重要的。

### 3.5.4 安全生产责任相关概念

要理解安全生产责任的相关概念，首先要明确“责任”二字的真正含义。

责任应涵盖两层意思：一是指分内应做的事，也就是我们所说的岗位职责；二是指分内应做的事未做好，应承担的不利后果，也就是我们通常所说的应当接受的处罚。

即责任不能从单方面来理解，不能是只有“做什么”的权利，而没有做不好“承担什么”的义务限制；同样，也不能只有“承担什么”的义务，而没有“做什么”的权利。责任是相对应的，原则上是一一对应的关系，这是理解责任的关键，也是建立责任、落实责任的关键。

权利与义务的对等性是责任最重要的特征。

在日常安全生产管理上，有关安全生产责任的说法很多，现归纳如下：

**1. 安全生产责任制度**

安全生产责任制度，通常也称安全生产责任制，它是由各个机构或部门以及每个人在安全生产方面的职责要求，以及未履行好其职责应受到相应的处罚和如何受到处罚这三大部分系列文件组成。只有职责方面的文件，而没有未履行好其职责应受到相应的处罚和如何受到处罚等相关文件，这是安全生产责任制度的不健全的明显特征。如安全生产责任考核机构与考核人员的职责、安全生产责任制的考核奖惩办法以及有关法律法规作确定的法律责任文件的收集整理等都是安全生产责任制度的最重要的内容。

**2. 安全生产责任体系**

安全生产责任体系是安全生产责任制度与运行机制所组成的完整运行机制，它包括如下五个方面的主要内容：

（1）职责内容。即各个机构或部门以及每个人的安全生产职责。这里必须指出的是安全生产职责的内容是相对独立和固定的，即职责尽可能地避免重叠，特别是管理岗位的职责，但同时安全生产职责又是一个动态的管理，企业应根据生产活动中岗位内容的变化或实际需求及时调整或修订职责内容，但必须以文件形式确立。如安全生产技术交底，实际就是一种动态的安全生产职责交代，它包括交底人、被交底人、交底内容、技术验收以及双方所含的责任和义务等。再比如，生产活动中岗位内容的变化必须随之调整岗位的安全生产职责，生产活动中发现岗位职责有交叉、有重复或有遗漏时必须重新修订安全生产职责等。

（2）奖惩规定。即对应于各个机构或部门以及每个人的安全生产职责，所确定的履行其职责情况的奖惩规定，重点应在处罚规定。

（3）职责告知。即安全生产责任制度的有关内容应告知有关机构或部门负责人以及每个人，通常以告知人和被告知人在安全生产职责文件上签字的基本形式确立。在确保安全生产责任告知基本形式基础上，安全生产教育培训是安全生产责任告知的一种重要形式，它不但告知其职责，而且也告知如何履行其职责。

（4）考核机制。即安全生产考核机构或考核人员的确立，包括安全生产考核机构或考核人员职责的确立。

（5）考核方式。即安全生产责任制度的考核形式和方法。

如果缺少以上任意一个内容，安全生产责任体系就难以正常运转。

**3. 安全生产职责或岗位职责**

安全生产职责或岗位职责主要是指有关机构或部门以及个人在安全生产方面应该做的事项或任务，通常以文件形式告知相应机构或部门和个人的，相应机构或部门负责人和个人在相应的告知文件上签字。在日常安全生产管理中，一般将安全生产职责或岗位职责挂在墙上公示，以便督促有关机构或部门以及责任人履行其职责，也便于实施安全生产的监督管理和开展安全生产检查活动。

本次修改的《安全生产法》，不仅提出了生产经营单位主要负责人及安全生产管理人员的安全生产职责，而且也对未履行其职责作出了相应处罚规定。同时，还提出了"生产经营单位的安全生产责任制应当明确各岗位的责任人员、责任范围和考核标准等内容"、"生产经营单位应当建立相应的机制，加强对安全生产责任制落实情况的监督考核，保证安全生产责任制的落实"。由此可见，笔者以上介绍的安全生产责任体系五个方面内容均在本次修改的《安全生产法》中得到体现[1]。

因此，企业安全生产规章制度及安全生产责任制度中有许多值得深入研究探讨的内容，我们应高度重视这方面的研究。

## 3.6 安全生产条件及其评价

新修改的《安全生产法》中有关"安全生产条件"一词出现 16 次，说明它在安全生产管理中的重要性。

笔者一直认为，安全生产条件是安全生产管理的核心内容。不深入研究安全生产条件，就不可能理解安全生产管理的实质；不重视安全生产条件，安全生产管理工作就会流于形式；没有对安全生产条件的管控措施和手段，安全生产管理水平就难以迈向一个新的台阶。

所以，笔者再次专门对安全生产条件及其评价进行阐述。

### 3.6.1 安全生产条件概念中的问题

目前，不少生产经营单位，甚至负有安全生产监督管理职责的有关人员不清楚或不能完整地表述安全生产条件。这恐怕是在学习和贯彻《安全生产法》时面临的最大问题。

本次修改《安全生产法》条款中，有一条始终没有改动过，这就是原安全生产安全法中的第十六条，现在修改的《安全生产法》第十七条规定："生产经营单位应当具备本法和有关法律、行政法规和国家标准或者行业标准规定的安全生产条件；不具备安全生产条件的，不得从事生产经营活动。"它是第二章生产经营单位的安全生产保障中的首条，说明其重要性。具体来说，第二章的所有条款乃至整个《安全生产法》的内容都与本条相关。

针对新修改的《安全生产法》第十七条的内容，笔者提出两个问题，以便大家共同思考：

试问生产经营单位不知道或不清楚何谓安全生产条件，他们如何才能具备安全生产条件呢？

[1] 关注：本书"第2篇《安全生产法》条文分析　2.1.4　第四条　生产经营单位基本要求"。

试问负有安全生产监督管理职责的部门不知道或不清楚何谓安全生产条件，他们怎么判断生产经营单位不具备安全生产条件，而做出依法禁止生产经营单位从事生产经营活动呢？

不知道或不清楚安全生产条件固然是个问题，但笼统地、随意地去解释或理解安全生产条件更是一个严重的问题。

所以我们应当深入学习和研究《安全生产法》及其他有关法律法规，科学地界定安全生产条件。重视安全生产条件的内容，完整、正确地表述安全生产条件，是认真履行本法的关键。

欣慰的是本次修改《安全生产法》中，将第四条中“完善安全生产条件”改为“改善安全生产条件”，笔者认为这样的修改表明有关部门已经在安全生产条件上有所思考了❶。

### 3.6.2 安全生产条件内容

查阅有关部门的文件及有关部门对安全生产条件的解读中就可以看出，目前安全生产管理中人们对安全生产条件的解释是不完整的或不一致的。如有人认为，安全生产条件是指生产经营单位在安全生产中的设施、设备、场所、环境等条件。这一定义及内容与《安全生产法》中所确定企业安全生产职责的要求是不对应的，更与《安全生产许可证条例》第六条规定的13项安全生产条件不相吻合。

（1）安全生产条件的内容

《安全生产许可证条例》第六条规定，生产经营单位的安全生产条件应有如下13项内容：

1）建立、健全安全生产责任制，制定完备的安全生产规章制度和操作规程；

2）安全投入符合安全生产要求；

3）设置安全生产管理机构，配备专职安全生产管理人员；

4）主要负责人和安全生产管理人员经考核合格；

5）特种作业人员经有关业务主管部门考核合格，取得特种作业操作资格证书；

6）从业人员经安全生产教育和培训合格；

7）依法参加工伤保险，为从业人员缴纳保险费；

8）厂房、作业场所和安全设施、设备、工艺符合有关《安全生产法》律、法规、标准和规程的要求；

9）有职业危害防治措施，并为从业人员配备符合国家标准或者行业标准的劳动防护用品；

10）依法进行安全评价；

11）有重大危险源检测、评估、监控措施和应急预案；

12）有生产安全事故应急救援预案、应急救援组织或者应急救援人员，配备必要的应急救援器材、设备；

13）法律、法规规定的其他条件。

（2）所有生产经营单位的安全生产条件的内容均被涵盖在13项安全生产条件之中。

---

❶ 见本书“第2篇2.1.4第四条　生产经营单位基本要求”。

理论分析认为，所有的生产经营单位的安全生产条件均可归纳在《安全生产许可证条例》的13项安全生产条件之中。如《安全生产条件评价理论与实践》(2007年4月东南大学出版社出版）中对“五大高危企业”安全生产管理职责要求与《安全生产许可证条例》的13项安全生产条件对比，列出了“五大高危企业”所涉及的安全生产条件均在13项安全生产条件之中[1]。据此笔者认为，虽然《安全生产许可证条例》是针对我国一些高危企业提出的，但它所确定的安全生产条件是针对所有生产经营单位的。

为了进一步论证这一观点，笔者将本次修改的《安全生产法》中所确定的生产经营单位安全生产职责与《安全生产许可证条例》第六条的13项安全生产条件进行对比，发现《安全生产许可证条例》中的13项安全生产条件内容基本涵盖了其内容，并作了生产经营单位安全生产管理要求与安全生产条件对应分析，其内容见表3-1所例。

**生产经营单位安全生产管理要求与安全生产条件对应分析表　　表3-1**

| 《安全生产许可证条例》13项安全生产条件 | 《安全生产法》对应的条款 |
|---|---|
| (1) 建立、健全安全生产责任制，制定完备的安全生产规章制度和操作规程 | 第四条、第五条、第六条、第十条、第十三条、第十八条、第十九条、第二十二条、第二十三条、第三十条、第三十一条、第四十三条、第四十五条、第四十六条、第四十七条、第五十条、第五十一条、第五十二条、第五十四条、第五十五条、第五十六条、第五十八条、第六十三条、第六十七条、第八十条、第八十二条、第八十三条 |
| (2) 安全投入符合安全生产要求 | 第二十条、第四十四条 |
| (3) 设置安全生产管理机构，配备专职安全生产管理人员 | 第二十一条 |
| (4) 主要负责人和安全生产管理人员经考核合格 | 第二十四条 |
| (5) 特种作业人员经有关业务主管部门考核合格，取得特种作业操作资格证书 | 第二十七条 |
| (6) 从业人员经安全生产教育和培训合格 | 第二十五条、第二十六条、第四十一条、第五十五条 |
| (7) 依法参加工伤保险，为从业人员缴纳保险费 | 第四十八条、第四十九条、第五十三条 |
| (8) 厂房、作业场所和安全设施、设备、工艺符合有关《安全生产法》律、法规、标准和规程的要求 | 第二十八条、第三十条、第三十一条、第三十二条、第三十三条、第三十四条、第三十五条、第三十六条、第三十九条、第五十条 |
| (9) 有职业危害防治措施，并为从业人员配备符合国家标准或者行业标准的劳动防护用品 | 第四十二条 |
| (10) 依法进行安全评价 | 第二十九条 |
| (11) 有重大危险源检测、评估、监控措施和应急预案 | 第三十七条、第三十八条、第四十条、第四十三条 |
| (12) 有生产安全事故应急救援预案、应急救援组织或者应急救援人员，配备必要的应急救援器材、设备 | 第七十八条、第七十九条 |
| (13) 法律、法规规定的其他条件 | 第二条、第七条、第五十七条、第八十五条 |

[1] 安全生产条件评价理论与实践. 南京：东南大学出版社，2007：37-64.

笔者在本书第2篇中，凡是与企业有关的条款解读分析，都一一与安全生产条件进行比照，进行了专门注释，目的就是要提醒读者关注本条款与安全生产条件的关系。

### 3.6.3 安全生产条件定义及其含义

安全生产条件不仅有其相应的内容，而且也有它相应的定义。

目前，已有不少书籍和标准规范给予安全生产条件明确的定义，最常见的定义有：所谓的安全生产条件是指满足安全生产的各种因素及其组合[1]。

安全生产条件有广义和狭义之分，以上这个定义应是广义的定义，它针对所有的对象。狭义的定义应根据其对象，冠以其对象名称，如生产经营单位的安全生产条件可以定义为：所谓的生产经营单位安全生产条件是指满足安全生产经营活动的各种因素及其组合；安全生产监督管理部门的安全生产条件可定义为：所谓的安全生产监督管理部门的安全生产条件是指满足安全生产监督管理的各种因素及其组合……。

强调狭义的安全生产条件，是想告诉人们任何与安全生产有关的部门或单位都应有相应的安全生产条件，而不仅仅是生产经营单位或者只是那些高危企业有安全生产条件。所有与安全生产有关的部门或单位都必须具备相应的安全生产条件，只不过是由于安全生产工作的性质不同，其安全生产条件的内容或要求不同而已。

如生产经营单位的安全生产条件是《安全生产许可证条例》第六条所确定的13项安全生产条件。同样，有关安全生产行政监管部门也应有诸多因素的安全生产条件，这些因素或要求有待于我们继续研究和关注。还有某些特定作业和设备设施的安全生产条件，如现行已开展的安全条件评价中所指的“安全条件”内容等，这些都与安全生产条件有关。本篇的重点是研究生产经营单位的安全生产条件。通常情况下，在未说明安全生产条件的对象时，都是指生产经营单位的安全生产条件。

我们应坚持这样一个观点：即《中华人民共和国安全生产法》中所说的安全生产条件是指生产经营单位的安全生产条件，而不是其他。这里所指的生产经营单位安全生产条件应涵盖在《安全生产许可证条例》第六条所确定的13项安全生产条件之中。否则，我们在从事安全生产管理中就有可能产生偏差。

也就是说，在提及安全生产条件时必须确定何种范围的安全生产条件，不能含糊不清。

2004年6月29日，国家建设部第37次部常务会议根据《安全生产许可证条例》的管理要求，讨论通过了《建筑施工企业安全生产许可证管理规定》，并于2004年7月5日施行。国家建设部根据建筑施工企业管理的特点，确定建筑施工企业安全生产条件共计12项：

（1）建立、健全安全生产责任制，制定完备的安全生产规章制度和操作规程；

（2）保证本单位安全生产条件所需资金的投入；

（3）设置安全生产管理机构，按照国家有关规定配备专职安全生产管理人员；

（4）主要负责人、项目负责人、专职安全生产管理人员经建设主管部门或者其他有关部门考核合格；

---

[1] 见《施工企业安全生产评价标准》（JGJ/T 77—2010）中“2 术语”。

（5）特种作业人员经有关业务主管部门考核合格，取得特种作业操作资格证书；

（6）管理人员和作业人员每年至少进行一次安全生产教育培训并考核合格；

（7）依法参加工伤保险，依法为施工现场从事危险作业的人员办理意外伤害保险，为从业人员交纳保险费；

（8）施工现场的办公、生活区及作业场所和安全防护用具、机械设备、施工机具及配件符合有关安全生产法律、法规、标准和规程的要求；

（9）有职业危害防治措施，并为作业人员配备符合国家标准或者行业标准的安全防护用具和安全防护服装；

（10）有对危险性较大的分部分项工程及施工现场易发生重大事故的部位、环节的预防、监控措施和应急预案；

（11）有生产安全事故应急救援预案、应急救援组织或者应急救援人员，配备必要的应急救援器材、设备；

（12）法律、法规规定的其他条件。

理论与实践告诉我们：安全生产管理的实质就是不断完善和提高安全生产条件。

这一理念应贯穿于整个安全生产管理之中。为此，笔者在本书第2篇分析《安全生产法》时，都标注了与生产经营单位有关职责和安全生产条件之间的关系，以便引起人们对安全生产条件的关注。

但是，直到如今包括建筑施工行业在内的安全生产管理还没能很好地应用安全生产条件这个理念，实施安全生产管理。

### 3.6.4 安全生产条件特征

安全生产条件不仅有它的定义和具体内容，而且还有它独有的特征。生产经营单位的安全生产条件特征有：

（1）人为性。安全生产条件绝大多数是属于“人的安全行为因素”，即使属于“物的安全状态因素”，许多因素也是由人的因素作用的。

（2）前置性。安全生产条件不等同于安全生产业绩，它是生产活动前应具备的条件，没有它就难以保证生产安全活动的开展。安全生产业绩是生产活动开展后的一系列表象。安全生产条件在前，安全生产业绩在后，安全生产条件是安全生产业绩的前提，安全生产业绩是安全生产条件结果的反映。

（3）充分性（也称做欠必要性）。按照逻辑分析，安全生产条件是不发生生产安全事故的充分条件，但并不完全是必要条件，即不具备安全生产条件不一定发生事故。欠必要性这一特点往往使人们产生了一些错觉或者错误的认识，似乎不抓安全生产或者安全生产未抓好，生产安全事故也不一定就发生；有时抓了安全生产（实际上是没有很好地去抓）反而就发生了事故。于是，有了抓不抓安全生产一个样、安全生产“听天由命”的不正确想法。但无数事实表明，生产安全事故的发生总是存在这样和那样的安全生产条件不具备的问题。反之，安全生产真正搞得好的企业，安全生产条件都是过得硬的。只要安全生产条件完全符合管理要求，生产安全事故就完全可以避免。安全生产条件越完善，生产的安全概率就越大。所以，应正确认识安全生产条件充分性，正确看待安全生产条件的欠必要性，扎扎实实地完善企业的安全生产条件。

(4) 约束性。安全生产条件的欠必要性容易使人们对安全生产条件的重要性产生错误的认识，仅通过宣传、教育难以起到人们对安全生产条件的关注和重视。因此，必须采取强制手段约束（规范）企业的安全生产条件。加强对安全生产条件的约束，应从内外两方面着手：一是企业内部的约束。首先企业领导者要提高对规范安全生产条件的认识，制定切实有效的规章制度落实各项安全生产条件；二是要通过社会关注、政府监管，督促企业落实安全生产条件。实行安全生产许可制度，就是要进一步落实企业的安全生产条件，加强安全生产条件的监督管理。安全生产许可制度从法律上确立了安全生产条件在安全管理上的重要地位，所以安全生产条件具有法律的约束性。

(5) 动态性。安全生产条件随着生产活动的不断变化而变化，随着人们对安全生产的认识不断提高在变化。有时也会随着管理的松懈，安全生产条件降低，使得安全生产条件不具备或者严重不具备，这是我们应当关注的问题。实行安全生产条件动态监管越来越成为安全生产管理中关注的问题。

(6) 可控性。安全生产条件虽然具有动态特征和难以掌握的规律，但在某一阶段或者某一场合相对稳定，且人们对于事物的认识不断加深、手段不断完善，所以影响（或者制约）生产安全的所有因素是可以掌控的。安全生产条件的可控性还表现在可以通过现代技术计算机原理进行控制。无论安全生产条件状况如何，我们都可以将每一个评价单元定性地作出判断，并给予其定值；再通过各单元值的换算得出总值及其他参数值；最后再作出综合分析，对某一单元或者某一局部系统、甚至整个系统作出科学、客观的判定，并可根据综合值对某一单元或者某一局部系统或者对整个系统作出定性的评价。

(7) 均衡性。安全生产条件虽然其内容和要求各不相同，但按其条件的划分来说，任何一项条件均不能忽视，不能说这个条件比那个条件重要。忽视任何一个条件，都有可能造成重大的生产安全事故，给安全生产管理造成重大的影响。

学习和掌握安全生产条件的7个特征有助于我们更好地开展安全生产管理工作。

### 3.6.5 安全生产管理的实质

由上分析可知，安全生产条件是指满足安全生产的各种因素及其组合或者影响（或者制约）生产安全的所有因素。也就是说安全生产条件内容涵盖了安全生产管理的所有内容，这从表3-1中也可一目了然。

分析认为，安全生产条件最终归结为“人”与“物”两个最基本的元素。“人”的元素是最活跃的一个元素，安全生产管理的重点在于对人的管理。国务院颁发实施的《安全生产许可证条例》第六条提出的13项安全生产条件中，85%是与人的安全行为因素有关的条件。这是安全生产条件最鲜明的一个特征。有关研究表明，生产安全事故与人有关的因素为88%，与物有关的为10%。以上两组数据反映了安全生产管理的内在规律。从某种意义上来讲，安全生产管理的实质就是不断完善和提高安全生产条件。

安全生产管理的实质就是不断完善安全生产条件，这一理念应成为我们从事安全生产管理的一个重要理念。在安全生产管理中，只要我们紧紧抓住安全生产这根主旋律，就能够有条不紊地、全面地开展和落实安全生产管理工作。否则，就有可能丢三落四，使得安全生产管理杂乱无章，不能有的放矢地开展安全生产管理工作。

### 3.6.6 安全生产条件评价

搞清楚安全生产条件的定义、内容及其特征，其目的就是为了更好地落实《安全生产法》中关于“生产经营单位应当具备本法和有关法律、行政法规和国家标准或者行业标准规定的安全生产条件；不具备安全生产条件的，不得从事生产经营活动”（新修改的《安全生产法》第十七条）等规定的实施。

前面提到的两个问题：一个是生产经营单位如何判断本单位具备安全生产条件，另一个是有关安全生产监督管理部门如何在安全生产监管中发现生产经营单位不具备安全生产条件。现在是落实问题，即如何判断或鉴别安全生产条件的问题。

如何判断或鉴别安全生产条件的问题，这是一个不可回避的问题，但这一问题在某种程度上或对某些行业来讲已回避或被忽视了近 10 年。笔者曾于《安全生产许可证条例》发布实施三周年后不久，即安全生产许可证有效期管理来临之际，撰写了一篇《安全生产条件——一个不容忽视的问题!》在新华网理论频道社会研究专栏上发表❶，呼吁人们重视安全生产条件。但是自从《安全生产许可证条例》出台至今，很少有部门和机构深入研究这样一个问题。这一问题，实际上就是安全生产许可证制度衍生的安全生产条件评价问题。

如何判断生产经营单位的安全生产条件，目前已有相应的评价规范，如江苏省建设行政主管部门批准实施的《施工企业安全生产评价标准》(JGJ/T 77—2010)，实践证明它是有效的。但由于各地普遍对安全生产条件评价的不重视，或对其理解的偏差，有的地方也出台了相应评价规范，但与安全生产条件内容或要求是不相吻合的。所以有待于有关部门加强这方面的研究，尽快制定一部符合各方共同适用的安全生产条件评价规范。

笔者认为，在研究制定有关安全生产条件评价规范时，还是应首先确定安全生产条件评价的定义，以规范安全生产条件评价的行为。笔者认为，如下安全生产条件评价的定义较完整地描述了安全生产条件评价的含义及内容：

安全生产条件评价是指依据相关的标准（或规范），用科学的方法对满足安全生产的各种因素及其组合进行分析判断，并按照一定的程序（或法定的要求）对其满足程度作出判定❷。

这一定义，首先确定了安全生产条件评价的前提必须要用标准（或规范）来指导，其次就是方法上要科学，程序上要符合要求，并将安全生产条件评价这一行为紧紧地与安全生产条件的概念相结合，形成有机的整体。

一般来说，在作出安全生产条件满足程度的判定的同时，还应对不完善的地方提出满足安全生产条件的对策措施，以实现安全生产的目的。

### 3.6.7 与安全生产条件评价相关概念的讨论

笔者认为，目前安全条件论证与安全评价和安全生产条件评价有相应的关系，应当在此提出来进行分析研究。

---

❶ 见本书“附录一：安全生产条件——一个不容忽视的问题!”

❷ 安全生产条件评价理论与实践. 南京：东南大学出版社，2007：15.

(1) 安全条件论证。安全条件论证实际上就是安全生产条件论证，它与安全生产条件评价是有关联的。如根据《建设项目安全设施“三同时”监督管理暂行办法》第七条规定：“生产经营单位应当分别对其安全生产条件进行论证和安全预评价”；第八条规定：“生产经营单位对本办法第七条规定的建设项目进行安全条件论证时，应当编制安全条件论证报告。”这里的第七条和第八条表述的应该是一个问题，在表述的转化上虽有变化但可以看出安全条件论证就是安全生产条件论证，这样看来“安全生产条件论证”与“安全生产条件评价”只是“论证”与“评价”的区别，其概念已经基本接近或基本相同了。

(2) 安全评价。我们不难发现在《建设项目安全设施“三同时”监督管理暂行办法》第七条“生产经营单位应当分别对其安全生产条件进行论证和安全预评价”规定中“安全预评价”与“安全生产条件论证”是相提并论的两个概念。本次《安全生产法》修改后，第二十九条规定：“矿山、金属冶炼建设项目和用于生产、储存、装卸危险物品的建设项目，应当分别按照国家有关规定进行安全评价。”其中删除了原先的“安全条件论证”，保留了“安全评价”。这一改动并不是“安全条件论证”不重要了、“安全评价”重要了，而是两个概念含义及内容是不同的，决定了它们使用的方式不同。笔者认为，本条是专指建设项目的可行性研究，且是阶段性的具体针对“物的因素”进行评价，因此为安全预评价。而安全生产条件论证主要是指项目建设过程和建设项目使用过程的安全论证或评价，这一论证或评价不但针对“物的因素”也针对“人的因素”。因此，原先的有关“安全条件论证”在建设项目评估上就不适用了，因而本次修改时删除了“安全条件论证”。这一改动，再一次说明了安全条件论证与安全评价是两个不同的概念。安全评价主要是指在建设项目的可行性研究阶段的安全预评价[❶]，它是针对项目安全使用的可行性的评估方法或措施，而安全条件论证是对项目建设过程和建设项目使用过程的安全论证或评价。

(3) 安全条件论证的内容。目前有关项目建设过程和建设项目使用过程的安全生产条件的内容是不清晰的。

《建设项目安全设施“三同时”监督管理暂行办法》第八条的规定，将安全条件论证内容概括为：

1) 建设项目内在的危险和有害因素及对安全生产的影响；

2) 建设项目与周边设施（单位）生产、经营活动和居民生活在安全方面的相互影响；

3) 当地自然条件对建设项目安全生产的影响；

4) 其他需要论证的内容。

如果这就是项目建设过程和建设项目使用过程的安全生产条件，这些内容与《安全生产许可证条例》第六条所确定的安全生产条件内容相差甚远。

综上所述，有关安全生产条件的概念还需进一步深入探讨和严格规范。

## 3.7 企业安全生产教育培训与考核

本次修改的《安全生产法》中有关安全生产教育培训与考核的内容增加了不少，如生产经营单位主要负责人职责由原来的六条增加到七条，增加的内容就是安全生产教育培

---

❶ 中华人民共和国〈安全生产法〉解读. 北京：中国法制出版社，2014：91.

训；生产经营单位主要负责人和专职安全生产人员的考核，特种作业人员的考核也有新的提法。因此本次修改的《安全生产法》中，企业安全生产教育培训与考核最为引人关注。

安全生产管理的三大基本措施中，教育培训是一项重要内容。从某种意义上来讲，教育培训较安全管理、安全技术两项措施来讲显得尤为重要。教育培训的实施离不开考核。因此认真探讨安全生产教育培训与考核，对于促进安全生产管理水平的提高很有意义。

### 3.7.1 安全生产教育培训与考核中存在的问题

我们会经常听到一些企业的管理人员抱怨工人不懂安全生产操作基本知识、安全生产意识不强，而一些安全生产监督管理部门又会抱怨现在企业管理人员管理水平差、素质不高等。一旦发生生产安全事故，有关部门首先就会看事故单位有没有资质，管理人员和操作人员有没有上岗证书或资格证书，如果没有证书的话，该企业或有关人员将受到更加严厉的处罚。企业有关人员有没有接受教育培训、有没有取得有关考核合格证书已成为人们非常关注的问题，似乎大家都重视安全生产教育培训与考核工作。

但是安全生产教育培训与考核的实施情况又如何呢？当前有这么一些怪现象：说是培训重要，有些企业人员却抱怨工作忙没有时间学习；如果有了时间去学习，不少人员参加学习后又抱怨没有学到什么东西，或者云里来雾里去不知学到什么东西，但他们都能拿到一个像模像样的所谓的培训合格证书或考核合格证书等；多数企业抱怨，现在是“能考试、拿到证书的不能干活，能干活的不会考试、拿不到证书”；更有甚者，现在有的地方什么都要证，有的证书与实际要求相差甚远，如建筑施工中登入吊篮从事建筑立面的作业操作人员，个别地区的有关部门也要求有吊篮操作特种作业证书；如果想要证可以通过花钱的方式取得证书而不需要亲自参加培训；在安全生产监督管理中，以压证代替管理，以拥有证书的数量作为申报企业资质或取得生产许可证、施工许可证的“敲门砖”……种种此类现象，暴露了现在安全生产教育培训已出现严重的问题。

安全生产教育培训与考核已经进入一个怪圈，已远离了安全生产管理初衷，并对安全生产管理产生了越来越大的负面效应，这是一个不可否认的事实。

安全生产教育培训为何会出现这样的局面？任何问题的产生应找根源。笔者认为，安全生产教育培训的根源是主体责任问题。不解决安全生产教育培训主体责任问题，安全生产教育培训的诸多问题就难以从根本上解决。

### 3.7.2 安全生产教育培训主体责任

安全生产教育培训主体责任这个问题，在本次《安全生产法》修改中已有明确的界定。

本次修改的《安全生产法》第三条明确指出：“强化和落实生产经营单位的主体责任”；“建立生产经营单位负责、职工参与、政府监管、行业自律和社会监督的机制。”不言而喻，生产经营单位是安全生产的主体责任者，并且在我国安全生产管理体制格局中，生产经营单位负责被正式列入我国安全生产管理体制格局的首位。

生产经营单位是安全生产责任主体，那么就意味着生产经营单位也是安全生产教育培训的责任主体。

我们还是以新修改的《安全生产法》来证明生产经营单位是安全生产教育培训的责任

主体。

新修改的《安全生产法》第五条明确规定："生产经营单位的主要负责人对本单位的安全生产工作全面负责。"也就是说，生产经营单位主要负责人所承担的责任理应是企业应付的安全生产职责。

新修改的《安全生产法》第十八条明确规定生产经营单位的主要负责人对本单位安全生产工作负有下列职责：

（1）建立、健全本单位安全生产责任制；

（2）组织制定本单位安全生产规章制度和操作规程；

（3）组织制定并实施本单位安全生产教育和培训计划；

（4）保证本单位安全生产投入的有效实施；

（5）督促、检查本单位的安全生产工作，及时消除生产安全事故隐患；

（6）组织制定并实施本单位的生产安全事故应急救援预案；

（7）及时、如实报告生产安全事故。

其中，"组织制定并实施本单位安全生产教育和培训计划"是本次修改《安全生产法》中增加的一条。这一修改，更加强调了生产经营单位应当履行安全生产教育培训主体责任，显示了生产经营单位履行安全生产教育培训主体责任的重要性。

因此，安全生产教育培训的责任主体是生产经营单位。生产经营单位就是我们通常所说的企业，即企业是安全生产教育培训的责任主体，这是《安全生产法》所赋予的职责。

### 3.7.3 履行安全生产教育培训主体责任的内在要求

主体责任是一项责任，而且是要负主要责任的责任，这是主体责任的基本概念。

既然是一项责任，它就应与责任的内涵挂钩。本篇"3.5.4安全生产责任相关概念"中，解析了责任含义：一是指分内应做的事；二是指分内应做的事未做好应承担的不利后果。简言之，"做什么"与"承担什么"是责任不可分割的两个内涵。

安全生产教育培训主体责任的含义就在于：一是安全生产教育培训的实施主体是企业，即具体的安全生产教育培训应由企业自主地来实施，换句话说企业应有安全生产教育培训的主动权；二是企业在享有安全生产教育培训主动权的前提下，如果安全生产教育培训上存在问题的话，企业应为此后果负责，接受相应的处罚。

回过头来看问题，目前众多的安全教育培训活动企业能自主地实施吗？显然不是的。现在存在一些怪现象，企业必须参加由有关部门指定的培训机构或有关单位组织的教育培训活动，其教育培训费用一分不少，但培训的内容和效果企业几乎难以知晓和掌控。对于指定性的培训，有人理直气壮地说，现在大部分企业没有能力也没有意识主动参加培训的，不强制不行。于是，有关部门以各种方式强制性地要求企业参加他们所指定的各类培训活动。但是，这些培训机构或培训单位所组织的培训效果又如何呢？目前这类培训的实际效果大家是有目共睹的。

不可否认，目前不少企业缺乏教育培训的自觉性，但同时又反映出缺乏教育培训的自主性，现在相当一部分企业实际已失去了教育培训的主动权。在一些地区和部门用行政手段或变相的行政手段强制性地要求企业参加一些培训活动，用被剥夺了企业安全生产教育培训主动权来形容这一行为是不为过的。没有教育培训主动权，教育培训出现问题，却要这些企业去承担主要责任，这个道理是说不通的。如某人参加有关部门指定的专职安全生产管理人员培训班，并取得了有关部门的安全生产考核合格证书。从道理上来讲，取得考核合格证书就意味着有关部门核实此人掌握了安全生产管理知识、具备了安全生产管理能力，核准此人可以上岗履行专职安全生产管理人员责任了。但如果此人取证后对安全生产管理要求还是一窍不通，企业用上了这样的人，谁对此负主要责任呢？这就是上述企业埋怨的“能考试、拿到证书的不能干活，能干活的不会考试、拿不到证书”的现象。

因此，安全生产教育培训主体责任中“做什么”与“承担什么”两个内容必须理清，不得随意肢解。企业承担安全生产教育培训主体责任，并享有安全生产教育培训的主动权应该得到落实。只有企业主动承担起安全生产教育培训的主体责任，发挥其主动性和自觉性，企业安全生产教育培训才能真正健康开展。

### 3.7.4 安全生产教育培训考核的主体责任

安全生产教育培训考核是安全生产教育培训的一个重要环节，它是检验安全生产教育培训效果、证明受教育培训对象学习成绩的必要手段，所以安全生产教育培训考核与安全生产教育培训密不可分。

既然安全生产教育培训考核是安全生产教育培训的一个重要环节，那么安全生产教育培训考核就应与安全生产教育培训主体责任的要求相关联，即企业安全生产教育培训考核的主体责任也应是企业。

企业安全生产教育培训考核的范围应包括企业承担的所有安全生产教育培训的内容，也就是我们通常所说的全员安全生产教育培训，它既包含企业日常安全生产教育培训，如各类管理人员、一线操作工人的教育培训考核，也包括企业主要负责人、专职安全生产管理人员、特种作业人员的教育培训考核。可能有人会对后者提出异议，认为企业主要负责人、专职安全生产管理人员、特种作业人员的教育培训考核主体责任应是政府有关安全生产监督管理部门，而不是企业。为了解答这个问题，必须从安全生产教育培训考核的实质来分析。

前面所述，安全生产教育培训考核是安全生产教育培训的一个重要环节。既然安全生产教育培训考核是安全生产教育培训的一个重要环节，那么将安全生产教育培训考核与安全生产教育培训分离开来，安全生产教育培训就不可能成为一个完整的培训。所以，安全生产教育培训考核的实质就是一种检验安全生产教育培训效果、证明受教育培训对象学习成绩的手段而已，而不是其他。只不过对于特殊的安全生产教育培训考核，有关部门增加了一个监督的环节而已，其安全生产教育培训考核的主体责任还是由企业来承担。就企业主要负责人、专职安全生产管理人员、特种作业人员的教育培训考核而言，它是由有关主管部门对其安全生产知识和管理能力考核的一种行政监管手段，其目的是检验企业主要负责人、专职安全生产管理人员、特种作业人员是否按照有关要求掌握了安全生产知识和具备了安全生产管理能力，如果没有掌握安全生产知识或不具备安全生产管理能力，企业应承担其责任，令这类的人员不得上岗，并对这类人员重新进行教育培训。

企业是安全生产教育培训考核的责任主体，有利于解决目前安全生产教育培训存在的一系列困惑。企业不要再埋怨持证人不会干活了，有关持证人员是否能上岗决定权在企业。

本次修改的《安全生产法》对于“企业是安全生产教育培训考核的责任主体”作了较好的注释，在有关安全生产教育培训考核的条款中作了适当的调整，以对应“企业是安全生产教育培训考核的责任主体”的这一管理理念。

如新修改的《安全生产法》第二十四条规定：“危险物品的生产、经营、储存单位以及矿山、金属冶炼、建筑施工、道路运输单位的主要负责人和安全生产管理人员，应当由有关主管部门对其安全生产知识和管理能力考核合格。考核不得收费。”将原有的“考核合格后方可任职”修改为“考核合格”，删除了“后方可任职”这句话，也就是说企业应组织这类人员开展安全生产教育培训，使其真正掌握安全生产知识和具备安全生产管理能力，在使用前应对其是否掌握安全生产知识和具备安全生产管理能力进行考核，考核合格后方可任职，这里实际上把“后方可任职”的权力交给了企业，企业必须把好上岗任职关。而有关主管部门履行的是对企业安全生产教育培训考核责任的监督。把安全生产教育培训考核的事前管理交给了企业，有关主管部门履行的是事后管理。

在第二十七条中，新修改的《安全生产法》规定：“生产经营单位的特种作业人员必须按照国家有关规定经专门的安全作业培训，取得相应资格，方可上岗作业。”其中，将原有的“取得特种作业操作资格证书”改为“取得相应资格”，而不一味地强调“取得特种作业操作资格证书”，其“相应资格”更具有可操作性和灵活性，今后有关部门将对其“相应资格”作切合实际的规定，相信企业将在特种作业人员培训与考核上更具有主动性。

实际上，在特种作业人员培训考核上，有关部门已给企业相当大的考核权力，如特种作业人员首次取得证书后必须要有两年的实习期，企业必须记录特种作业人员的作业行为及表现，没有这些记录档案的不得使用这类特种作业人员等，如果记录档案不全或记录档案上已记录其一些不良行为和表现的，企业不得使用或慎重使用这类人员等。

所以，安全生产教育培训考核的责任主体是企业，有关法律和相关规定已经赋予了其责任。企业应学习和领会有关法律和相关规定，切实履行其安全生产教育培训考核的主体责任，扎实开展安全生产教育培训工作。

### 3.7.5 建立完善的安全培训责任监督体系的思考

针对目前安全教育培训的乱象，国家安全监管总局在人民日报上发表的《提高全民安全素质严防安全事故发生》中提出要依法从严落实企业安全培训主体责任、政府安全培训监管责任、培训考试机构保障培训质量责任，依法从重查处不培训、假培训、低标准培训的行为，切实使安全培训非法违法责任单位和责任人付出代价，使持证上岗和先培训后上岗制度成为安全生产工作中不能碰、不敢碰的“高压线”。

国家安全监管总局提出企业安全培训主体责任、政府安全培训监管责任、培训考试机构保障培训质量责任。其中，企业安全培训主体责任和培训考试机构保障培训质量责任，可通过政府部门的安全培训监管责任进行监督管理，并对企业和培训考试机构都有相应的违规处罚规定。但是，对于政府安全培训监管责任又由谁来监督和对其违规行为进行处罚呢？似乎没有明确的规定。无法对政府部门履行职责情况进行有效监督，这恐怕是目前行政管理上的通病。

为什么要提对政府部门履行职责情况进行监督呢？因为在安全教育培训中往往是政府部门违规在先，源头在政府有关部门。只要研究以下几个问题，就不难得出此答案了。

一是企业真的能够履行安全培训主体责任吗？现在各地企业安全培训大部分都是由政府或与政府有关的培训机构包办了，企业根本没有培训的自主权。许多政府机构规定，不到政府指定的培训机构参加培训，就不能取得相应的安全资格证书，企业只能被动地参加培训。这类培训，往往是通过强制性考核来实现的，即不参加指定机构的培训就不能参加考核。

有的人会说，企业自主培训不能保证培训质量，这句话是伪命题。试问，现在由政府部门指定的培训机构培训质量能够保证吗？目前不少政府部门指定的培训机构，以盈利为目的、不重视培训质量，出现的问题很多，这是大家心知肚明的，不举例说明了。

不放心企业自主培训，强行或变相强行要求企业到政府部门指定的培训机构进行培训，而政府部门指定的培训机构又不能保证培训质量，最终要企业来承担培训责任，这种做法合理吗？按理来说，由政府部门指定的培训机构进行培训，就应该由政府部门指定的培训机构对培训质量负责，乃至政府部门负责，而不是企业。如果这样，企业履行安全培训主体责任就是一句空话！

二是企业履行安全培训主体责任的最基本保证是什么？毋庸置疑最基本保证就是能够行使培训的自主权，只有自己能够决定的事才能对此事负责。可能有不少企业没有能力组织安全培训，他们完全可以自主地选择培训好、服务好的培训机构帮助开展培训，而不是被动地参加政府部门指定的培训。如果企业自主选择培训机构，自主选择培训教材，那么由企业承担培训质量那是理所当然的事。现在事实上，政府部门指定培训机构、指定培训教材现象还是严重存在的。政府部门不改变这种做法，就很难落实企业安全培训主体责任。

以上是政府部门过多干涉企业自主培训引发的问题。再来研究第三个问题：政府部门履行了安全培训监管责任吗？由于政府部门只关注培训业务了，对考核质量和持证上岗要求几乎丧失监管。这么多年来，政府部门发了多少证书、持证率达到多少，没有一个准确的说法，有些做法或说法本身就是违规行为，如要求“到‘十二五’时期末高危行业企业主要负责人、安全管理人员100％持证上岗”就是违规的说法，因为按照国家有关文件精神要求企业主要负责人、安全管理人员自2005年1月13日起必须做到持证上岗，否则有关监督管理部门就应当严肃查处，责令企业暂停生产经营活动，严重的应勒令企业停止生产经营活动（详见《安全生产许可证条例》）。更为严重的是，现在不少各级、各地政府管理部门不能对主要负责人、安全管理人员和生产经营单位特种作业人员考核质量把关，证书的水分很大，许多取得安全考核证书或资格证书人员还是不懂安全管理或安全技术，甚至对于他们有哪些安全职责也不了解。有关政府部门不履行职责又由谁来监管呢？

政府部门插手培训、违规培训，难以做到考培分离，对于自己应尽的职责又不能很好的履行，更得不到有效的监督。因此，治理现在乱培训现象，关键的还是落实政府安全培训监管责任！

笔者认为，政府部门应该完全放开培训市场，让市场在安全培训资源配置中起决定性作用，这样政府部门才能做到只当“裁判员”，不当“运动员”，全力以赴投入到安全培训监管工作上来，真正发挥政府作用，履行好政府安全培训监管责任。笔者欣慰地看到，在国家安全生产监督总局这篇文章中已看到了类似的表述。

政府履行好安全培训监管责任，不能靠政府自己来监督自己，这样就是要建立一个监督平台，由社会及企业、培训机构共同监督政府行为，让那些又要管培训、又要亲自参与培训的做法得到有效监督。

这里需要说明的是，我们不是不要政府亲自参与培训，倘若政府自己亲自参与培训的话，那么必然是免费培训、公益性培训，远离有偿培训是政府必须坚持的红线。只有这样，才能真正有效地治理乱培训现象。

希望有关部门能够拿出具体的办法来，有效地监督安全培训责任体系的建立。

### 3.7.6 落实企业安全培训主体责任的思考

笔者认为：企业履行安全培训主体责任必须具有安全培训方式的选择权、安全培训资金的支配权、安全培训效果的知情权和安全培训人员的使用权这“四项权力”，缺一不可，否则安全培训主体责任将难以落实。

有责必有权，这是最基本的道理。企业不能行使安全培训主体责任的“四项权力”，履行安全培训主体责任就是一句空话。事实上，当前企业是难以实行安全培训主体责任“四项权力”的。请看如下事实：

安全培训方式的选择权——目前，绝大多数企业人员的安全培训，特别是企业主要负责人、安全管理人员和特种作业人员的培训，都是由各级、各地有关政府监管部门指定的培训机构来组织培训的，这类培训绝大多数都是考前培训、短期培训甚至是“速成”培训，企业几乎没有选择权。只要打开政府部门或政府部门指定的培训机构网站就不难收集到这类信息。

安全培训资金的支配权——企业人员到政府监管部门指定的培训机构参加培训，几乎是“一口价”，教材、学费甚至是住宿费都由这些培训机构指定好、安排好了，有的培训费用已在国家有关物价部门“备案”，收费标准似乎是合法的，企业只有照单交费，没有更多的选择。

安全培训效果的知情权——企业人员参加过政府监管部门指定的培训机构培训后，到底学到了什么，没有人去追究了。考、培混为一体，是这类培训班的特点。考试的形式、方法是否能够检验参加过培训人员安全知识的水平，没有一个客观、科学的鉴定，甚至有的考题“文不对题”，玩起“文字游戏”，有的考试题目存在错误也没人去监管或指正。这样一来造成的结果是“会干活的拿不到证，拿到证的不会干活”，这是目前存在的普遍现象。

安全培训人员的使用权——由于企业缺乏安全培训方式的选择权、资金的支配权和效果的知情权，因此企业很难做到“科学施教”（培训方式由政府监管部门指定的培训机构组织实施）和“未经培训合格不得上岗作业”（不知是否真的培训合格），有限的培训经费很难用于真正提高企业的安全培训质量。那些真正在一线工作的渴望安全培训的人员，很难有机会参加培训；那些考试“专业户”拿到资格证书和特种作业人员考核合格证书却不能干活；企业自己组织的在工作现场有针对性培训的人员，在有关安全检查中又不能得到认可甚至说是违法的培训。

种种现象表明，企业在安全培训中是没有或缺乏“四项权力”的。只有责、没有权，让企业履行安全培训主体责任就显得很牵强。实事求是地讲，当前许多“不培训、假培训、低标准培训的行为”往往不是来自企业，而是有关部门和培训考核机构。

要企业履行安全培训主体职责，就要充分给予企业安全培训责任主体的“四项权力”，就必须按照国家安全监管总局在人民日报上发表的文章中明确的企业是安全培训责任的主体、政府是安全培训监管责任的主体、培训考试机构是保障培训质量责任的主体要求去做，三方在履行各自的责任中做到职责分明，不能混淆或替代。

企业是安全培训责任的主体——企业要有培训的组织权和培训的选择权，而不是被动地参加培训。有的企业没有能力组织培训，可以委托有相应培训能力的学校和培训机构组织培训。这里必须指出的是并不是不管企业的培训或不强调培训的质量，政府有关部门和培训考试机构可通过履行其职责来监管企业培训和严把培训质量关。但是绝不能因为企业没有培训能力，而强行组织企业到指定的培训机构培训，也不能借考核和所谓的“继续教育”强行要求企业参加指定的集中培训，更不能举办考前培训和指定教材，强行要求企业参加。

政府是安全培训监管责任的主体——政府有关部门应当加强企业安全培训的日常监管，发现企业没组织培训或经过培训没有达到培训效果，就应当依法进行警告或相应的处罚。这里必须强调的是政府有关部门应当制定重点岗位的培训大纲和检查验收规范，依法、依规进行监督。政府部门可以通过有关标准，规范有关培训机构设立标准和行为准则，以公平公正的原则向社会公布有诚信、有信誉的培训机构参与企业安全培训活动，而不是随心所欲地检查，更不能借培训检查之便要求企业参加指定的培训机构培训。

培训考试机构是保障培训质量责任的主体——培训考试机构应该是受政府委托，参与重点岗位人员培训质量考核或考试的有关机构。它的职责是按照有关考试规则和考核标准组织考试或考核，而不是培训机构。这里必须强调的是，有的培训考试机构可能具有丰富的培训资源，但绝不能以此既开展培训又组织这类培训的考试或考核，考培分开是这些考试机构应当遵循的最基本的职业准则，回避对自己组织的培训人员进行考核或考试是这类培训机构理应坚持的底线。还应强调的是，由政府有关部门委托的培训考试并不是针对所有的岗位，而是国家确定的重点岗位，一般的培训效果的检验还应由企业自主进行，这样才能做到“谁同意上岗谁负责”，包括对于取得政府有关部门和培训考试机构颁发的培训合格证书人员，企业都应进行上岗前的考核，即企业应行使对培训人员的使用权，只有这样才能真正做到企业是安全培训责任的主体。

## 3.8 安全生产标准化的探讨

新修改的《安全生产法》第四条新增加了生产经营单位“推进安全生产标准化建设”的要求，预示着今后“安全生产标准化”在安全生产管理中将得到强化，因此探讨安全生产标准化非常重要。

### 3.8.1 安全生产标准化的提出及问题的提出

2004 年 1 月 9 日国务院发文提出开展安全质量标准化活动：“制定和颁布重点行业、领域安全生产技术规范和安全生产质量工作标准，在全国所有工矿、商贸、交通运输、建筑施工等企业普遍开展安全质量标准化活动。”[1] 为此，不少行业管理部门陆续制定了相应

---

[1] 见《国务院关于进一步加强安全生产工作的决定》国发〔2004〕2 号。

的安全生产标准化达标管理办法，要求在全行业开展安全生产标准化达标工作。如2005年国家建设行政主管部门就发文要求“2008年底，建筑施工企业的安全生产工作要全部达到‘基本合格’，特、一级企业的‘合格’率应达到100%；二级企业的‘合格’率应达到70%以上；三级企业及其他施工企业的‘合格’率应达到50%以上。2010年底，建筑施工企业的‘合格’率应达到100%。”[1]。……可是对照当时的规定，至今未完成当初制定的达标任务。现在，国家建设行政主管部门又发文[2]，要求开展建筑施工企业安全生产标准化考评工作。过去的工作没有做好，在没认真分析“为何没有做好”的情况下，现在又要继续实行，难免使得人们费解。类似这种现象在一些行业管理部门很普遍，值得研究。

### 3.8.2 安全生产标准化问题分析

**1. 安全生产标准化的定义及内容设置问题**

2010年4月15日国家安全生产监督管理总局发布了《企业安全生产标准化基本规范》（AQ/T 9006—2010）。该规范对安全生产标准化作出了如下定义：

安全生产标准化是指通过建立安全生产责任制，制定安全管理制度和操作规程，排查治理隐患和监控重大危险源，建立预防机制，规范生产行为，使各生产环节符合有关《安全生产法》律、法规和标准规范的要求，人、机、物、环处于良好的生产状态，并持续改进，不断加强企业安全生产规范化建设。

该规范把安全生产标准化的内容概括为13个大要素，但对《安全生产许可证条例》（第397号令）所涉及的高危企业取得安全生产许可证方可从事生产活动，以及生产经营企业依法为从业人员缴纳保险费等法律法规强制性的规定未能关注。

按理说，部门或行业的文件应服从人大及国务院有关文件，《企业安全生产标准化基本规范》（AQ/T 9006—2010）的安全生产标准化内容中应当全面地贯彻国务院的《安全生产许可证条例》（第397号令）的精神，更何况《企业安全生产标准化基本规范》（AQ/T 9006—2010）是在《安全生产许可证条例》（第397号令）后发布的，更不应该忽视安全生产条件。试问：企业如果不参加工伤保险、为从业人员缴纳保险费，或高危企业没有取得安全生产许可证就擅自从事生产活动，这样的企业能够成为安全生产标准化企业吗？也就是说，《企业安全生产标准化基本规范》（AQ/T 9006—2010）有关安全生产标准化的定义及内容是欠妥的或不严谨的。

正是安全生产标准化的不严谨，造成了安全生产标准化的不规范。以建筑行业为例：

2014年7月31日，住房和城乡建设部发布《建筑施工安全生产标准化考评暂行办法》（建质［2014］111号），暂行办法所确认的建筑施工企业安全生产标准化的内容为两个方面。一是企业的安全生产标准化管理内容定为安全生产管理、安全技术管理、设备和设施管理、企业市场行为和施工现场管理这5项内容，且称“施工企业安全生产条件应按安全生产管理、安全技术管理、设备和设施管理、企业市场行为和施工现场管理这5项内容进行考核”[3]。暂行办法不但在企业安全生产条件的解释上与《安全生产许可证条例》（第

[1] 见《关于开展建筑施工安全质量标准化工作的指导意见》建质［2005］232号。

[2] 见《建筑施工安全生产标准化考评暂行办法》（建质［2014］111号）。

[3] 见《施工企业安全生产评价标准》（JGJ/T 77—2010）中的3.1.1条款。

397号令）不能对应，而且在“安全生产管理”评价项目与“企业安全生产条件”的称呼上存在逻辑关系的混乱；二是施工项目的安全生产标准化内容以19项专项检查内容[1]为基础，忽略了安全生产条件在施工现场管理的重要性，且19项内容只是以建筑施工企业的土建企业为主，评价结果只能反映某一时刻或某一时间段的状况。也就是说该评价标准并不是所有建筑施工企业都能适用，就是使用该标准也不能反映、评价企业施工项目的全过程。所以，该标准评价结果不能体现施工项目的安全生产管理的真实状况。

**2. 企业安全生产标准化的管理主体问题**

理论上来讲，安全生产标准化管理应当分为两个层次，一是国家及政府管理宏观层面的安全生产标准化管理要求，它涉及我国安全生产法律法规，涉及国家、行业部门和地方上的标准规范等；二是企业安全生产标准化管理要求，即企业应在贯彻安全生产法律法规以及国家、行业部门和地方上的标准规范的基础上，根据企业自身的安全生产管理特点制定符合企业管理实际的管理规范和技术标准，形成企业安全生产标准化。企业安全生产标准化是安全生产标准化的基础。没有这两个层面的管理概念，就容易将两个责任主体的安全生产标准化混为一谈，安全生产标准化工作就难以落实。

在《企业安全生产标准化基本规范》（AQ/T 9006—2010）中虽然确定了企业在安全生产标准化中的职责，但根据有关文件精神企业还应按照要求达标，即所谓的安全生产标准化评级。在该规范的“4.3评定和监督”中规定了企业开展安全生产标准化工作评定后，还应申请外部评审定级，安全生产标准化评审分为一级、二级、三级，一级为最高。安全生产监督管理部门对评审定级进行监督管理。这样一来，企业安全生产标准化的最终效果要由外部来判定，安全生产监督管理部门对评审定级进行监督管理，造成了现在不少企业安全生产标准化管理的动力来自外部，而不是企业自发地开展。有些政府管理部门利用这一规定，强制性地要求企业申请外部机构对企业安全生产标准化工作进行干预，不达标就会受到相应的制约或处罚。这种干预往往是建立在“盈利”性收费服务上的，极易造成权力寻租现象。目前，社会上存在的花钱买达标评定，结果是花了钱、拿到证，但企业安全生产管理没有什么大的起色，有的反而有所退步。

受企业安全生产标准化评级要求由外部来实施的指导思想影响，有关部门制定了一些非常不切合实际的做法。如住房和城乡建设部在《建筑施工安全生产标准化考评暂行办法》（建质［2014］111号）中规定“国务院住房和城乡建设主管部门监督指导全国建筑施工安全生产标准化考评工作”、“县级以上地方人民政府住房和城乡建设主管部门负责本行政区域内建筑施工安全生产标准化考评工作”、“县级以上地方人民政府住房和城乡建设主管部门可以委托建筑施工安全监督机构具体实施建筑施工安全生产标准化考评工作”，似乎各级建设行政主管部门都有了相应的责任，但是如果每个建筑施工企业和施工现场的安全生产标准化评级都要由建设行政管理部门来介入，忙得过来吗？如该办法要求：“建筑施工项目实施安全生产监督的住房和城乡建设主管部门或其委托的建筑施工安全监督机构应当对已办理施工安全监督手续并取得施工许可证的建筑施工项目实施安全生产标准化考评”、“对建筑施工项目实施日常安全监督时同步开展项目考评工作，指导监督项目自评工作。”实践已告诉我们，过去开展的建筑施工安全生产标准化工作是不成功的，例子之

---

[1] 见《建筑施工安全生产检查标准》（JGJ 59—2011）。

一："2010年底，建筑施工企业的'合格'率应达到100%。"[1] 的目标至今也没实现。

安全生产标准化工作之所以没能很好开展，重要的问题是安全生产标准化责任主体不明确，有关行政管理部门过多地干预或参与到企业安全生产标准化工作中去了，企业被动或依赖于政府行政管理部门，使得很多企业照葫芦画瓢，形成了安全生产标准化形式主义较为普遍的现象。

**3. 企业安全生产标准化内容问题**

我们常说，企业标准应高于国家、行业或地方标准，也就是说企业应有自己的标准，这才是安全生产标准化应出现的良好局面。

可是，目前安全生产标准化管理最大的缺失是企业安全生产标准化，企业自身制定的安全生产标准规范没有占据重要的位置，即企业相应的安全生产标准或规范的内容没有能够提及。分析《企业安全生产标准化基本规范》（AQ/T 9006—2010），我们不难发现所涉及的标准规范只是国家及行政管理部门出台的《安全生产法》律、法规、标准规范，在与企业有关的标准规范中只是提到"企业应遵守《安全生产法》律、法规、标准规范，并将相关要求及时转化为本单位的规章制度，贯彻到各项工作中"，而忽视了企业自身制定安全生产标准规范的重要性，企业根据自身特点制定相应的安全生产标准规范只字没提，这是目前我国安全生产标准化管理理念的一个重大缺失。

**4. 安全生产标准化操作问题**

由于当前安全生产标准化管理在概念上、内容上存在模糊的概念，或与现行法规、现实管理上存在矛盾，因而带来操作难的问题。这些操作难的问题还表现在如下几个方面：

（1）关于达标企业管理的问题

虽然国发［2010］23号为推进安全生产标准化建设指出："深入开展以岗位达标、专业达标和企业达标为内容的安全生产标准化建设，凡在规定时间内未实现达标的企业要依法暂扣其生产许可证、安全生产许可证，责令停产整顿；对整改逾期未达标的，地方政府要依法予以关闭。"但是关于暂扣安全生产许可证的管理办法，《安全生产许可证管理条例》及其他有关规定已经明确地提出来了，现在又一安全生产标准化达标的形式提出来，相互之间的关系又没说明，给安全生产许可制度的实施带来一些理论上的混乱，影响到安全生产许可制度的贯彻与实施。如现在不少人认为安全监管部门监管企业标准化建设缺乏强有力的制约措施，规定时限如何把握、责令停产整顿如何执行、地方政府如何关闭等都没有明确的界定，操作性不强。

（2）关于评定标准问题

按照《国务院关于进一步加强企业安全生产工作的通知》（国发［2010］23号）和《国务院关于坚持科学发展安全发展促进安全生产形势的意见》（国发［2011］40号）文件，以煤矿、非煤矿山、交通运输、建筑施工、危险化学品、烟花爆竹、民用爆炸物品、冶金等行业（领域）为重点，全面开展企业安全生产标准化建设。但有部分行业安全生产标准化评定标准尚未出台，直接影响行业安全生产标准化建设的推进，成为这些行业开展安全生产标准化建设的瓶颈。而已出台的安全生产标准化评定标准缺乏科学性，除以上分析的明显存在与现行法规不衔接的问题外，在评定分数设置上存在问题，如具体扣多少

[1] 见《关于开展建筑施工安全质量标准化工作的指导意见》建质［2005］232号。

分、为何扣这些分数均没有一个科学的推算或解释。另外，评价机构的设置问题，由于隐性利益的存在，现在没有文件会对此提出明确的要求。

（3）关于评定费用的问题

《国务院安委会关于深入开展企业安全生产标准化建设的指导意见》（安委［2011］4号）明确规定："各地区、各有关部门在企业安全生产标准化创建中不得收取费用。"这条规定是对的。但是国家没有考虑评价过程中究竟会产生哪些费用，这些费用如何拨付，没有具体的规定或措施。还有，作为法人单位的评审单位服务性评审不收取费用是不可能的，但是目前国家对安全生产标准化评审缺乏统一的指导性收费标准，也没有统一的行业自律规定，评审收费亟须规范。

（4）关于评定目标完成问题

前一时期，国务院有关部门要求达标，没能实现。现在《国务院安委会办公室关于深入开展全国冶金等工贸企业安全生产标准化建设的实施意见》（安委办〔2011〕18号）又提出："工贸企业全面开展安全生产标准化建设工作，实现企业安全管理标准化、作业现场标准化和操作过程标准化。2013年底前，规模以上工贸企业实现安全达标；2015年底前，所有工贸企业实现安全达标。"近期住房和城乡建设部也提出了类似的达标要求。全国这么多企业要完成达标，需要大数量的认定机构，以目前的情况来看根本满足不了安全生产标准化评审的实际需要。就是目前完成的达标企业，其达标的质量如何，今后如何继续，都存在一些问题。

**5. 有关安全生产标准化达标问题案例分析**

现就建筑施工企业安全生产标准化管理存在的问题分析如下：

（1）《建筑施工安全生产标准化考评暂行办法》（建质［2014］111号）规定："工程项目应当成立由施工总承包及专业承包单位等组成的项目安全生产标准化自评机构，在项目施工过程中每月主要依据《建筑施工安全生产检查标准》（JGJ 59—2011）等开展安全生产标准化自评工作。"前面分析过，目前现行的《建筑施工安全生产检查标准》（JGJ 59—2011）只适用于建设工程主体阶段的安全检查评定，工程刚刚开始阶段和工程结束阶段就很难用此标准来评定，所以"在项目施工过程中每月"都开展自评是做不到的。另外，现行的《建筑施工安全生产检查标准》（JGJ 59—2011）只适用于工程总承包企业的安全生产检查评定，其他专业承包企业如何按照这个标准开展安全生产检查评定呢？如果说，有的企业自称每月都按《建筑施工安全生产检查标准》（JGJ 59—2011）进行自评，或其他专业承包企业也说用《建筑施工安全生产检查标准》（JGJ 59—2011）进行自评，这种说法是没有可信度的。如果硬性要求项目施工中每月依据《建筑施工安全生产检查标准》（JGJ 59—2011）开展安全生产标准化自评工作，那只能是形式主义，应付而已。

（2）《建筑施工安全生产标准化考评暂行办法》（建质［2014］111号）规定："建筑施工企业应当成立企业安全生产标准化自评机构，每年主要依据《施工企业安全生产评价标准》（JGJ/T 77—2010）等开展企业安全生产标准化自评工作"、"对于安全生产标准化考评不合格的建筑施工企业，住房和城乡建设主管部门应当责令限期整改，在企业办理安全生产许可证延期时，复核其安全生产条件，对整改后具备安全生产条件的，安全生产标准化考评结果为'整改后合格'，核发安全生产许可证；对不再具备安全生产条件的，不予核发安全生产许可证。"这里面出现"安全生产标准化考评"与"安全生产条件"的关系问题，它们是对应的关系，还是相互补充的关系，在这里是不明确的。在《施工企业安全生产评价标准》（JGJ/T 77—2010）中是这样描述的："施工企业安全生产条件应按安全生产管理、安全技术管理、设备和设施管理、企业市场行为和施工现场管理等5项内容进行考核。"也就是说，施工企业的"安全生产条件"就是"安全生产管理、安全技术管理、设备和设施管理、企业市场行为和施工现场管理"等5项内容，这显然是不对的，与《安全生产许可证条例》（第397号令）是不相符的。因此，如果按《建筑施工安全生产标准化考评暂行办法》（建质［2014］111号）开展企业安全生产标准化势必带来安全管理理论及概念上的问题，也是不好实施的。

### 3.8.3 有关安全生产标准化的建议

（1）《安全生产法》规及管理应有衔接，保持延续性；安全生产条件概念及内容理应在安全生产标准化管理中得到体现。

笔者认为，《安全生产法》规及管理应有衔接，保持延续性，否则将造成安全生产管理及其理论的紊乱。目前安全生产管理中出现的众多问题的根源是目前我国现有的《安全生产法》律、法规、标准规范中存在严重的不协调，甚至出现矛盾，各说各的，给安全生产管理工作带来极大的混乱，应当引起有关部门和领导的高度重视。

安全生产管理的实质就是不断完善安全生产条件，2004年1月13日《安全生产许可证条例》（第397号令）提出的安全生产条件的理念必须坚持，安全生产条件必须逐一落实。

笔者认为企业安全生产标准化的定义应当严谨，重新定义。安全生产条件概念及内容理应在安全生产标准化管理中得到体现。

（2）企业应承担起安全生产标准化责任，前提是政府有关部门不应直接介入；检验企业安全生产标准化成效标准应是企业安全生产管理的结果和成效，而不是形式或文件效果；外部评价应建立在企业自愿的基础上，强制性的评价可设定为或发生事故，或有严重违章行为情况下进行，且严格遵守不收费的原则。为了体现企业是安全生产责任主体，具体建议：

1）企业是安全生产标准化的责任主体，应表现在企业在安全生产标准化实施过程中完全自主性，政府有关部门不应直接介入企业安全生产标准化管理。政府有关部门出台相应指导性文件时，应避免出现干预性的指令。应鼓励企业按照安全生产标准化有关规范（这些规范往往是推荐性规范，而不是强制性规范）制定企业自身的安全生产标准化管理制度及措施。要明白这样一个道理，企业管理的方式方法各不相同，因此企业安全生产标准化管理都应具有自身的特点，不要一味的"一体化"。

2）安全生产标准化管理的最终目的是搞好安全生产管理，因此检验企业安全生产标准化管理的成效也应是企业安全生产管理实际效果，而不是评价文件。应该让企业自身感觉到实施安全生产标准化管理后的甜头，而不是让他们照葫芦画瓢，搞形式主义。

3）鼓励企业自愿邀请第三方参与安全生产标准化评价工作，评价机构按照有关规定收取相应的服务咨询费；不反对有关部门在企业发生重大事故或有严重违法行为时采取强制性的评价，但这样的评价应当是不收费的。我们相信，有不少企业在实施安全生产标准化过程中，或经验不足，或需求外部帮助，请求外部帮助开展安全生产标准化工作，或为了向外界显示自身安全生产管理成效、展示企业形象，邀请有信誉的第三方为其安全生产标准化工作进行评价公正，这些都应在良好的社会环境下开展，而不是在一种强制性的要求下进行。

（3）政府部门一定要转变观念，在职责范围内依法办事，要依法给予企业应有的自主权，充分相信企业，发挥企业在管理中的积极性、主动性。在制定有关规定时，要坚持调查研究、科学决策，不能拍脑袋办事。发出的有关文件要有实效性，要有落实文件发出后的检验环节，主动、定期地对已发文件的绩效进行考核，对不符合实际的文件要及时撤销；对于脱离实际，有严重影响的文件，要对文件制定的当事人、签发人给予相应的处理或批评，这样才能杜绝不切合实际、甚至与行政许可法严重背离的现象发生。

# 第4篇 《安全生产法》在建筑施工安全管理中的应用

新修改的《安全生产法》确立了生产经营单位是安全生产责任主体的管理思路。

《安全生产法》所指的生产经营单位应是指在中华人民共和国领域内从事生产经营活动的所有单位。将这一观点运用到建设工程安全生产领域，将得出建筑施工安全生产责任主体是在建筑施工工地上从事建筑业活动的所有生产经营单位，它包括建筑施工总承包单位、专业承包单位、各类分包单位以及从事建筑起重机械租赁单位、建筑起重机械安装检验检测机构、建筑施工安全咨询机构等有关安全生产服务、咨询的单位。这些单位都是以生产经营活动为主营目的参与或者介入建筑施工活动的，因而理应定性为建筑施工安全生产责任主体单位。具体来说，实行建筑施工总承包的企业承担建设工程总承包安全生产责任，各专业承包单位及其他分包单位在承包范围内承担其相应的责任，从事建筑起重机械租赁单位、建筑起重机械安装检验检测机构、建筑施工安全咨询机构等有关安全生产服务、咨询的单位在其服务范围内承担相应的责任。

新修改的《安全生产法》明确了各级人民政府以及安全生产监督管理部门和对有关行业、领域的安全生产工作实施监督管理的部门的安全生产职责，《安全生产法》统称这些部门为负有安全生产监督管理职责的部门。在建设工程安全生产领域，负有建筑施工安全生产监督管理的部门和机构应在建筑施工安全生产范围内履行安全生产监管职责，承担建设工程安全生产监督管理职责。

本篇阅读对象主要是针对参与建设工程安全的有关人员，它包括有关建筑施工安全生产责任主体单位有关人员，如建筑施工总承包单位、专业承包单位、各类分包单位以及从事建筑起重机械租赁单位、建筑起重机械安装检验检测单位有关人员，以及建筑施工安全生产监督管理的部门和机构等有关人员，如各级建设行政主管部门和各安全生产监督机构等人员。

笔者试图依据新修改的《安全生产法》，对各类建筑施工安全生产责任主体的安全生产责任进行剖析，共同探索三个问题：

（1）各类建筑施工安全生产责任主体应当履行哪些安全生产责任？

（2）各类建筑施工安全生产责任主体未履行安全生产责任将承担哪些法律责任？

（3）各类建筑施工安全生产责任主体如何履行其职责？

本篇最后，将以现有的建筑施工生产安全事故案例分析，对照新修改的《安全生产法》进行再思考，深究当前安全生产管理中存在的问题，特别是在防范生产安全事故和处理生产安全事故中存在的一些问题，以此提高人们对学习和贯彻新《安全生产法》的认识，不断探索安全生产管理的新思路、新方法，为我国安全生产管理作出新的贡献。

## 4.1 建筑施工企业安全生产责任

安全生产管理的实质就是不断完善和提高安全生产条件[1]，这理应成为大家的一个共识。生产经营单位不断完善和提高安全生产条件的过程，就是履行安全生产责任的过程。

理论与实践表明，安全生产责任的内容涵盖在安全生产条件各项内容之中[2]。据此理论，笔者以建筑施工企业安全生产条件 12 项内容[3]为主线，依据《安全生产法》逐项对建筑施工企业安全生产进行分析，以达到剖析建筑施工企业安全生产责任之目的。

这里的建筑施工企业是指从事建筑施工总承包单位、专业承包单位、各类分包单位。由于建筑施工企业的特殊性，建筑施工企业的生产经营单位主要负责人应分为建筑施工企业主要负责人和建筑施工项目主要负责人，安全生产管理人员应分为企业安全生产管理人员和项目安全生产管理人员。在本篇未强调或者说明情况下，笔者用本单位统称建筑施工企业和施工项目，如本单位主要负责人既指企业主要负责人又指项目主要负责人，本单位安全生产管理人员既指企业安全生产管理人员又指项目安全生产管理人员。

本节收集了《安全生产法》中与建筑施工企业有关的安全生产职责要求 50 项，虽不能完全代表《安全生产法》对建筑施工企业的所有要求，但已基本涵盖。

### 4.1.1 安全生产管理制度及操作规程

根据国家建设行政主管部门所确定建筑施工企业安全生产条件，第一项是“建立、健全安全生产责任制，制定完备的安全生产规章制度和操作规程”。建筑施工企业应根据这一要求，对照《安全生产法》找出相应的职责，完善本单位安全生产责任制、安全生产规章制度和操作规程。《安全生产法》中有关安全生产管理规章制度的规定很多，本节就收集整理了近 20 条，占据本节收集的有关建筑施工企业安全生产条件有关规定的 2/5，说明建立、健全安全生产管理规章制度在整个建筑施工企业 12 项安全生产条件中的分量及其重要性。

**1. 建立健全安全生产规章制度[4]。**

《安全生产法》第四条规定：“生产经营单位必须遵守本法和其他有关安全生产的法律、法规，加强安全生产管理，建立、健全安全生产责任制度和安全生产规章制度，改善安全生产条件，推进安全生产标准化建设，提高安全生产管理水平，确保安全生产。”

本条是对生产经营单位建立、健全安全生产规章制度的总体要求，它是引领生产经营单位其他有关安全生产责任的总纲。只有建立、健全安全生产责任制度和安全生产规章制度，才能改善安全生产条件，推进安全生产标准化建设，提高安全生产管理水平，确保安全生产。对此，建筑施工企业应当深入学习领会本条，提高对建立健全本单位安全生产规章制度必要性的认识。

何谓安全生产责任制度和安全生产规章制度以及它们之间的关系，本书第 3 篇 3.5 节

---

[1] 见本书“第 3 篇 3.6.5　安全生产管理的实质”。

[2] 见本书“第 3 篇表 3-1 所例内容”。

[3] 见 2004 年 7 月 5 日国家建设部颁布的《建筑施工企业安全生产许可证管理规定》（建设部令第 128 号）第四条。

[4] 见本书“第 2 篇 2.1.4　第四条　生产经营单位基本要求”。

作了比较详细的分析。在这里必须强调的是，企业的安全生产规章制度应归纳为“五大制度”，这五大制度分别是安全生产责任制度、安全生产资金保障制度、安全生产教育培训制度、安全生产检查制度和生产安全隐患事故报告与调查处理制度。其他安全生产管理制度的内容都归结在这五大规章制度之中。

强调“五大制度”的目的：

一是为了好记。由于安全生产规章制度内容很多，互相之间又有相似或者交叉的内容，因此现在不少企业一谈安全生产规章制度，就理不清头绪，在汇报企业安全生产规章制度时不能系统完整地汇报，甚至是丢三落四。有了“五大制度”的概念，企业就可以据此归类整理，有利于建立健全规章制度。

二是更具有条理。“五大制度”是根据安全生产实际总结出来的五项制度，即我们通常所说的“人、财、物”三项大的内容。首先是“人”，即安全生产规章制度首要的是责任制度，安全生产责任制是全员的，每个岗位、每个部门和每个人员包括每件事情都要有安全生产责任，即“干什么、承担什么”，这是企业应当花大力气解决的制度。其次是“财”，即有了安全生产责任制后的第二项制度就是安全生产资金保障制度的建立，即安全生产资金的适用范围、来源、使用与监督等多项内容。有了“人”、“财”的落实，下面就是围绕安全生产管理具体应做的三件具体事情，那就是“告知”、“检查”和“处理”。

三是知道主要做哪几件事。在落实“人”、“物”后必须做“告知”、“检查”和“处理”三件事情。第一件事情是“告知”，就是在生产活动前告诉你如何去做，这就要求开展安全生产的一系列教育培训，包括安全技术交底等活动。第二件事情是“检查”，通过一系列检查活动，检查你是否按照告知的要求去做了。第三件事情是“处理”，通过检查发现你没按照要求去做或者违反了有关规定就对此做出处理，这些处理活动包括隐患查处和事故查处等。

因此“五大制度”应成为从事安全生产管理人员必须熟练掌握的管理要点。

**2. 施工单位主要负责人对本单位的安全生产工作全面负责❶**

《安全生产法》第五条规定：“生产经营单位的主要负责人对本单位的安全生产工作全面负责。”

对于建筑施工企业来说，建筑施工企业主要负责人还应包括建筑施工项目主要负责人，作为主要负责人应对本单位的安全生产工作全面负责。建筑施工企业主要负责人能否对本单位的安全生产工作全面负责，关键是看建筑施工企业主要负责人对本法提出有关生产经营单位是安全生产责任主体的深入理解程度，以及建筑施工企业主要负责人对于生产经营单位主要负责人安全生产职责要求的领会程度。为此，建议建筑施工企业主要负责人应当更加深入学习本法，特别是对本法第十八条的理解以及对其《安全生产法》责任的重视。

**3. 施工单位执行国家标准或者行业标准规定❷**

《安全生产法》第十条规定：“国务院有关部门应当按照保障安全生产的要求，依法及时制定有关的国家标准或者行业标准，并根据科技进步和经济发展适时修订。

生产经营单位必须执行依法制定的保障安全生产的国家标准或者行业标准。”

---

❶ 见本书“第2篇 2.1.5 第五条 生产经营单位主要负责人全面负责基本规定”。

❷ 见本书“第2篇 2.1.10 第十条 安全生产标准制定及执行的基本规定”。

这里所说的标准是指国家标准或者行业标准，建筑施工企业应当引起重视，在本单位安全生产管理中必须贯彻执行有关的国家标准或者行业标准。

在这里需要指出的是，建筑施工企业还应根据本单位生产活动实际需要制定本单位有关安全生产标准，以完善和充实标准化管理，确保本单位在整个生产活动中都有相应的标准和操作规程来指导生产活动的安全开展。

建筑施工企业标准化管理的领导责任主要在企业，执行者主要在项目上。即企业是安全生产标准化的领导者，所有施工现场的安全生产标准均应由企业名义发布，施工现场是安全生产标准的具体执行者，也就是说项目上执行的所有标准应当按企业要求的标准执行，或者项目上新确认的标准应报企业批准后执行。建筑施工企业应担负起安全生产标准化的领导责任。

有关建筑施工企业安全生产标准化管理问题，本书第 3 篇有专门的探讨❶。

**4. 委托服务机构的安全生产责任仍由施工单位负责❷**

《安全生产法》第十三条规定："依法设立的为安全生产提供技术、管理服务的机构，依照法律、行政法规和执业准则，接受生产经营单位的委托为其安全生产工作提供技术、管理服务。

生产经营单位委托前款规定的机构提供安全生产技术、管理服务的，保证安全生产的责任仍由本单位负责。"

这里必须要特别指出的是：生产经营单位委托有关服务机构提供安全生产技术、管理服务的，保证安全生产的责任仍由本单位负责。

我们应该清醒地认识到：为建设工程安全生产提供技术、管理服务的机构是一种以服务方式参与建筑施工企业生产活动的单位，它只承担委托于它的服务项目的质量，或者只是对其服务事项负一定的安全责任，不能对其生产活动安全负总责。有时我们甚至难以找到这些机构对安全或者质量负责的法律依据。因此保证安全生产的责任仍由本单位负责。如施工现场塔机安装检测验收后不久发生塔机倒塌等事故，施工企业还是要承担主要责任的；深基坑施工方案的专家论证或者监测，发生深基坑坍塌事故主要责任还在施工单位。

所以提醒建筑施工企业，本次修改的《安全生产法》将"保证安全生产的责任仍由本单位负责"写入本法，建筑施工企业应当更加注重委托为其安全生产工作提供技术、管理服务项目的安全监管。因此，建筑施工企业在制定本单位有关安全生产责任时，应当明确告知企业有关部门或者人员树立安全责任意识，要将有关提示或者责任写入本单位有关职责或者管理制度中，以防止企业有关部门或者人员放松对安全生产技术、管理等服务、咨询项目的安全监管。

学习本条款，对有关建筑起重机械安装检验检测机构的管理必然有更多的讨论。此问题不在这里阐述，将在本书其他章节中讨论❸。

**5. 施工单位主要负责人的职责❹**

《安全生产法》第十八条规定："生产经营单位的主要负责人对本单位安全生产工作负

---

❶ 见本书"第 3 篇　3.8　安全生产标准化的探讨"。

❷ 见本书"第 2 篇　2.1.13　第十三条　安全生产服务机构职责。"

❸ 见本书"第 3 篇　3.4.3　安全生产社会化管理"。

❹ 见本书"第 2 篇　2.2.2　第十八条　生产经营单位主要负责人职责"。

有下列职责：

（1）建立、健全本单位安全生产责任制；

（2）组织制定本单位安全生产规章制度和操作规程；

（3）组织制定并实施本单位安全生产教育和培训计划；

（4）保证本单位安全生产投入的有效实施；

（5）督促、检查本单位的安全生产工作，及时消除生产安全事故隐患；

（6）组织制定并实施本单位的生产安全事故应急救援预案；

（7）及时、如实报告生产安全事故。”

本条七项职责与本法第五条共同规范了生产经营单位主要负责人安全生产责任。建筑施工企业主要负责人及施工项目负责人也不例外，其安全生产职责也应归结为这七项职责。本节后续所列举的其他建筑施工企业安全生产职责和管理要求都是以这七项职责为基础展开的，也可以说后续所列举的其他建筑施工企业安全生产职责和管理是这七项职责的分解与落实。

提醒建筑施工企业主要负责人或者项目负责人：如果建筑施工企业主要负责人或者项目负责人未履行本条中的任何一项要求，将受到相应的经济处罚，或者由此造成生产安全事故构成犯罪的，将面临刑事处罚，严重的将难以再在本行业领域内担任任何的领导职务。因此，强烈建议建筑施工企业主要负责人及施工项目负责人要牢记这七项职责，认真贯彻和履行这七项职责，并将这七项职责的落实逐项分解到本单位各项安全生产岗位职责和规章制度中去，并建立安全生产责任的落实的监督考核机制（为此，新修改的《安全生产法》第十九条专门对此提出了相应的规定[1]），督促检查本单位安全生产责任制的落实情况，否则这七项职责是难以落实的。

新修改的《安全生产法》是这样作出处罚规定的：

(1)《安全生产法》第九十一条规定：“生产经营单位的主要负责人未履行本法规定的安全生产管理职责的，责令限期改正；逾期未改正的，处二万元以上五万元以下的罚款，责令生产经营单位停产停业整顿。

生产经营单位的主要负责人有前款违法行为，导致发生生产安全事故的，给予撤职处分；构成犯罪的，依照刑法有关规定追究刑事责任。

生产经营单位的主要负责人依照前款规定受刑事处罚或者撤职处分的，自刑罚执行完毕或者受处分之日起，五年内不得担任任何生产经营单位的主要负责人；对重大、特别重大生产安全事故负有责任的，终身不得担任本行业生产经营单位的主要负责人。”

(2)《安全生产法》第九十二条规定：“生产经营单位的主要负责人未履行本法规定的安全生产管理职责，导致发生生产安全事故的，由安全生产监督管理部门依照下列规定处以罚款：

（一）发生一般事故的，处上一年年收入百分之三十的罚款；

（二）发生较大事故的，处上一年年收入百分之四十的罚款；

（三）发生重大事故的，处上一年年收入百分之六十的罚款；

（四）发生特别重大事故的，处上一年年收入百分之八十的罚款。”

---

[1] 见本书“第2篇 2.2.6 第二十二条 安全生产管理机构及管理人员职责”。

(3)《安全生产法》第一百零六条规定:"生产经营单位主要负责人在本单位发生生产安全事故时,不立即组织抢救或者在事故调查处理期间擅离职守或者逃匿的,给予降职、撤职的处分,并由安全生产监督管理部门处上一年年收入百分之六十至百分之一百的罚款;对逃匿的处十五日以下拘留;构成犯罪的,依照刑法有关规定追究刑事责任。

生产经营单位主要负责人对生产安全事故隐瞒不报、谎报或者迟报的,依照前款规定处罚。"

**6. 施工单位全员安全生产责任制及安全责任监督考核机制**[1]

《安全生产法》第十九条规定:"生产经营单位的安全生产责任制应当明确各岗位的责任人员、责任范围和考核标准等内容。

生产经营单位应当建立相应的机制,加强对安全生产责任制落实情况的监督考核,保证安全生产责任制的落实。"

这是本次修改《安全生产法》时增加的新内容,因此很重要。重要之处在于,安全生产责任制的建立容易,但实施与落实较难。因此本法第一次对建立安全生产责任制的考核机制提出了要求,所以很有必要。

建筑施工企业主要负责人或者施工项目负责人要高度重视安全生产责任的监督考核机制的建立,如果安全生产责任制不落实,造成生产安全事故的,企业主要负责人有可能受到相应的处罚(《安全生产法》的有关处罚条款已在上条"5. 施工单位主要负责人的职责"中详细介绍,详见《安全生产法》第九十一条、第九十二条和第一百零六条)。

建议:建筑施工企业及施工项目的安全生产管理机构负责人要协助本单位主要负责人按照本条的要求制定全员安全生产岗位责任制,明确每个部门和每个人员的安全生产责任范围以及相应的考核标准,建立安全生产责任的考核机制,以加强对安全生产责任制落实情况的监督考核,保证安全生产责任制的落实。

**7. 施工单位安全生产管理机构及安全生产管理人员的职责**[2]

《安全生产法》第二十二条规定:"生产经营单位的安全生产管理机构以及安全生产管理人员履行下列职责:

(一)组织或者参与拟订本单位安全生产规章制度、操作规程和生产安全事故应急救援预案;

(二)组织或者参与本单位安全生产教育和培训,如实记录安全生产教育和培训情况;

(三)督促落实本单位重大危险源的安全管理措施;

(四)组织或者参与本单位应急救援演练;

(五)检查本单位的安全生产状况,及时排查生产安全事故隐患,提出改进安全生产管理的建议;

(六)制止和纠正违章指挥、强令冒险作业、违反操作规程的行为;

(七)督促落实本单位安全生产整改措施。"

这条是新修改的《安全生产法》新增加的条款。

由于建筑施工企业安全生产管理的特殊性,安全生产管理机构分为两大块,一块是企

---

[1] 见本书"第2篇2.2.3 第十九条 安全生产责任制"。

[2] 见本书"第2篇2.2.6 第二十二条 安全生产管理机构及管理人员职责"。

业的安全生产管理机构，另一块是施工项目安全生产管理机构。为此，国家建设行政主管部门分别对企业安全生产管理机构和项目安全生产管理机构提出要求❶（见附录三建筑施工企业安全生产管理机构设置及专职安全生产管理人员配备办法）。这些要求实际上与本法第二十二条是基本一致的，笔者为此进行了比较对照（表4-1），对照表明建设行政主管部门对企业安全生产管理机构和项目安全生产管理机构提出的要求基本涵盖在《安全生产法》第二十二条之中。

**建筑施工企业安全生产管理机构及人员职责与《安全生产法》要求对照表　　表4-1**

| 《安全生产法》第二十二条规定 | 建质［2008］91号文 |
| --- | --- |
| （一）组织或者参与拟订本单位安全生产规章制度、操作规程和生产安全事故应急救援预案 | 1. 编制并适时更新安全生产管理制度并监督实施（第六条第二款）；<br>2. 组织制定项目安全生产管理制度并监督实施（第十一条第二款）；<br>3. 组织或者参与企业生产安全事故应急救援预案的编制（第六条第三款）；<br>4. 编制项目生产安全事故应急救援预案（第十一条第三款）；<br>5. 组织开展安全生产评优评先表彰工作（第六条第十款）；<br>6. 企业明确的其他安全生产管理职责（第六条第十四款、第八条第八款） |
| （二）组织或者参与本单位安全生产教育和培训，如实记录安全生产教育和培训情况 | 1. 宣传和贯彻国家有关《安全生产法》律法规和标准（第六条第一款）；<br>2. 贯彻落实国家有关《安全生产法》律法规和标准（第十一条第一款）；<br>3. 组织开展安全教育培训与交流（第六条第四款）；<br>4. 开展项目安全教育培训（第十一条第六款） |
| （三）督促落实本单位重大危险源的安全管理措施 | 1. 参与危险性较大工程安全专项施工方案专家论证会（第六条第八款）；<br>2. 检查危险性较大工程安全专项施工方案落实情况（第七条第二款）；<br>3. 组织编制危险性较大工程安全专项施工方案（第十一条第五款）；<br>4. 现场监督危险性较大工程安全专项施工方案实施情况（第十二条第二款） |
| （四）组织或者参与本单位应急救援演练 | 1. 组织或者参与企业生产安全事故应急救援预案的演练（第六条第三款）；<br>2. 组织项目生产安全事故应急救援预案演练（第十一条第三款） |
| （五）检查本单位的安全生产状况，及时排查生产安全事故隐患，提出改进安全生产管理的建议 | 1. 协调配备项目专职安全生产管理人员（第六条第五款）；<br>2. 制定企业安全生产检查计划并组织实施（第六条第六款）；<br>3. 监督在建项目安全生产费用的使用（第六条第七款）；<br>4. 保证项目安全生产费用的有效使用（第十一条第四款）；<br>5. 组织实施项目安全检查和隐患排查（第十一条第七款）；<br>6. 负责施工现场安全生产日常检查并做好检查记录（第十二条第一款）；<br>7. 建立企业在建项目安全生产管理档案（第六条第十一款）；<br>8. 建立项目安全生产管理档案（第十一条第八款）；<br>9. 考核评价分包企业安全生产业绩及项目安全生产管理情况（第六条第十二款）；<br>10. 查阅在建项目安全生产有关资料、核实有关情况（第七条第一款）；<br>11. 监督项目专职安全生产管理人员履责情况（第七条第三款）；<br>12. 监督作业人员安全防护用品的配备及使用情况（第七条第四款）；<br>13. 对发现的安全生产违章违规行为或者安全隐患，有权当场予以纠正或者作出处理决定（第七条第五款）；<br>14. 对不符合安全生产条件的设施、设备、器材，有权当场作出查封的处理决定（第七条第六款） |

❶ 见《建筑施工企业安全生产管理机构设置及专职安全生产管理人员配备办法》（建质［2008］91号）第六条、第七条、第八条、第十一条、第十二条。

续表

| 《安全生产法》第二十二条规定 | 建质［2008］91号文 |
|---|---|
| （六）制止和纠正违章指挥、强令冒险作业、违反操作规程的行为 | 1. 通报在建项目违规违章查处情况（第六条第九款）；<br>2. 参加生产安全事故的调查和处理工作（第六条第十三款）；<br>3. 对施工现场存在的重大安全隐患有权越级报告或者直接向建设主管部门报告（第七条第七款）；<br>4. 对作业人员违规违章行为有权予以纠正或者查处（第十二条第三款）；<br>5. 对于发现的重大安全隐患，有权向企业安全生产管理机构报告（第十二条第五款）；<br>6. 及时、如实报告安全生产事故（第十一条第九款）；依法报告生产安全事故情况（第十二条第六款） |
| （七）督促落实本单位安全生产整改措施 | 对施工现场存在的安全隐患有权责令立即整改（第十二条第四款） |

建筑施工企业应按照《安全生产法》第二十二条以及国家建设行政主管部门有关文件要求，认真研究落实本单位安全生产管理机构以及安全生产管理人员的职责。

提醒建筑施工企业安全生产管理人员：如果安全生产管理人员未履行其职责，将受到相应的处罚。

《安全生产法》第九十三条规定："生产经营单位的安全生产管理人员未履行本法规定的安全生产管理职责的，责令限期改正；导致发生生产安全事故的，暂停或者撤销其与安全生产有关的资格；构成犯罪的，依照刑法有关规定追究刑事责任。"

**8. 施工单位安全生产管理机构及人员的权利和义务[1]**

《安全生产法》第二十三条规定："生产经营单位的安全生产管理机构以及安全生产管理人员应当恪尽职守，依法履行职责。

生产经营单位作出涉及安全生产的经营决策，应当听取安全生产管理机构以及安全生产管理人员的意见。

生产经营单位不得因安全生产管理人员依法履行职责而降低其工资、福利等待遇或者解除与其订立的劳动合同。"

为了切实维护安全生产管理机构及人员的权利，《安全生产法》第七十条规定："负有安全生产监督管理职责的部门应当建立举报制度，公开举报电话、信箱或者电子邮件地址，受理有关安全生产的举报；受理的举报事项经调查核实后，应当形成书面材料；需要落实整改措施的，报经有关负责人签字并督促落实。"

同时，对安全生产管理人员不履行职责的，《安全生产法》第九十三条规定："生产经营单位的安全生产管理人员未履行本法规定的安全生产管理职责的，责令限期改正；导致发生生产安全事故的，暂停或者撤销其与安全生产有关的资格；构成犯罪的，依照刑法有关规定追究刑事责任。"

为此，建筑施工企业的安全生产管理人员应当认真学习本条规定，认真履行这七项职责的内容以及国家建设行政主管部门所确认的本单位安全生产管理人员的职责要求（职责见本篇表4-1的内容）。建议建筑施工安全生产管理人员应熟记这七项职责的内容。

[1] 见本书"第2篇 2.2.7 第二十三条 安全生产管理机构及管理人员履职"。

建筑施工企业特别是本单位主要负责人应当积极支持安全生产管理人员履行其职责，因为只有他们认真履行其职责了，本单位的安全生产管理工作才能扎实开展，企业主要负责人的安全生产职责才能有效落实。

从某种意义上来讲，企业安全生产管理人员的地位越高，呈现出本单位安全生产重视程度越高。企业安全生产管理重视程度越高，其企业各方面的管理水平就越高。这是已经被证实的事实，希望企业各级领导能够高度重视安全生产管理机构及人员的权利和义务的落实。

建议企业在检查本企业建筑施工项目安全生产管理时，或者有关部门在检查有关建筑施工企业及施工现场安全生产管理时，把安全生产管理机构是否健全和安全生产管理人员权力是否能够有效实施、安全生产管理人员地位高低作为重视安全生产管理的重要标志来判断，即“安全第一”不是说在嘴上，也不是写在纸上、挂在墙上，关键的一条就是安全生产管理机制是否有效、正常地运行，安全管理力度是否强而有力。

**9. 施工单位负责人及安全生产管理人员的安全检查职责❶**

《安全生产法》第四十三条规定：“生产经营单位的安全生产管理人员应当根据本单位的生产经营特点，对安全生产状况进行经常性检查；对检查中发现的安全问题，应当立即处理；不能处理的，应当及时报告本单位有关负责人，有关负责人应当及时处理。检查及处理情况应当记录在案。

生产经营单位的安全生产管理人员在检查中发现重大事故隐患，依照前款规定向本单位有关负责人报告，有关负责人不及时处理的，安全生产管理人员可以向负有安全生产监督管理职责的主管部门报告，接到报告的部门应当依法及时处理。”

新修改的《安全生产法》，在本条原有基础上增加了“有关负责人应当及时处理”以及第二款内容。

在建筑施工安全生产管理中，建筑施工企业有关负责人应包括企业主要负责人、项目负责人、技术负责人和企业其他负责人，这些负责人在接到安全生产管理人员有关报告时，应当及时处理。不能及时处理的，建筑施工安全生产管理人员有权向负有安全生产监督管理职责的主管部门报告。

为了确保这一条规定的有效实施，以上有关隐患报告的管理规定应在有关企业安全生产责任制和管理制度上明确制定，并督促执行。安全生产管理人员在执行这条规定时也有据可依。

本条还规定，有关建设工程安全管理部门在接到报告后应及时处理。这里需要提醒的是，安全生产管理人员在向有关人员和部门报告时应注意留下充分的报告依据，以备为事后核查提供证据资料。

如果违反本条规定，建筑施工企业安全生产管理人员、单位有关负责人、负有安全生产监督管理职责的主管部门有关人员将受到相应的处罚，其中《安全生产法》第九十三条规定：“生产经营单位的安全生产管理人员未履行本法规定的安全生产管理职责的，责令限期改正；导致发生生产安全事故的，暂停或者撤销其与安全生产有关的资格；构成犯罪的，依照刑法有关规定追究刑事责任。”第九十九条规定：“生产经营单位未采取措施消除

---

❶ 见本书“第 2 篇 2.2.27 第四十三条 安全生产管理人员检查管理”。

事故隐患的，责令立即消除或者限期消除；生产经营单位拒不执行的，责令停产停业整顿，并处十万元以上五十万元以下的罚款，对其直接负责的主管人员和其他直接责任人员处二万元以上五万元以下的罚款。”

以上这两条的处罚规定都是本法修订后新增加的内容。从中可以看出本次修改《安全生产法》，对生产经营单位有关负责人及安全生产管理人员切实履行安全检查职责的重视。

**10. 施工现场多个施工单位作业的安全管理职责**[1]

《安全生产法》第四十五条规定："两个以上生产经营单位在同一作业区域内进行生产经营活动，可能危及对方生产安全的，应当签订安全生产管理协议，明确各自的安全生产管理职责和应当采取的安全措施，并指定专职安全生产管理人员进行安全检查与协调。"

建筑施工现场多个施工单位同时作业的现象很多，建筑施工企业一定要按照本规定的要求签订安全生产管理协议。协议文本中应当写明：各自的安全生产管理职责、有关作业的安全措施以及各方安全生产管理人员名单。在各方安全生产管理人员名单中，应指定专职安全生产管理人员进行安全检查与协调，并确定各方安全生产管理人员在本作业中的相应职责。

但是我们经常会看到，有的施工现场参建单位多了，施工现场安全生产管理反而更加混乱，问题更多。为什么会出现这种现象呢？我们应认真学习并落实本条规定，研究分析如何贯彻落实这条规定。

从建筑施工现场的安全生产管理机构人员来看，在正常情况下，多个施工单位同时作业时，该施工现场的安全生产管理机构人员应更加充实，不仅本单位按照要求有一定数量的安全员，而且各参与单位也有一定数量的安全员，施工现场的安全生产管理机构人员中各单位的项目负责人都是该施工现场安全管理机构的主要人员。

从建筑施工现场安全生产管理机构职责来看，按照施工现场安全管理有关规定，一旦施工现场发生生产安全事故时，各单位都将受到影响，因此往往安全生产管理协议内容都会写入联合开展安全生产检查的要求。即施工现场安全生产管理机构人员不但要负责本单位人员在施工现场的安全管理，而且还要与其他单位安全生产管理机构人员一起负责检查本施工现场其他单位的安全管理。

正常情况下多个施工单位作业的施工现场，其安全管理人员应该比其他同面积或者同造价工程施工现场的安全生产管理人员要更多。如一个实行建设工程总承包的工地上，其建设工程规模在4万平方米，在进入主体工程阶段，其专业分包单位有3个，按照国家建设行政主管部门的要求[2]，除各单位施工作业班组设置的兼职安全巡查员外，这个施工现场的安全生产管理机构人员的数量至少应为9人。这个施工现场安全生产管理机构人员人数计算方法是，各参与单位的项目负责人至少各1人，计至少4人；由于本施工现场建设工程面积为4万平方米，所以总包单位专职安全生产管理人员至少2人，其他专业分包单位专职安全生产管理人员至少1人，即三个分包单位专职安全生产管理人员至少计3人，共计这个施工现场专职安全生产管理人员不应少于5人。

一个正常开展安全生产管理的施工现场，安全生产管理人员的人数较其他施工现场多

---

[1] 见本书"第2篇 2.2.29 第四十五条 两个以上生产经营单位安全生产协调管理"。

[2] 见"附录三：建筑施工企业安全生产管理机构设置及专职安全生产管理人员配备办法"。

了，而且安全生产检查的频次更多、范围更广了。以施工现场电焊作业为例，一个施工现场电焊作业时，不但负责电焊作业的专业承包单位要有安全生产管理人员专门从事现场检查，总包单位以及其他有关分包单位也会对这一电焊作业点进行抽查，如果发现现场电焊工没有作业证、没有动火证、没有现场监火人员就及时进行处理。这些都应该有明显的检查标志，存在问题应该是很容易检查出来的，那么施工现场电焊作业较其他现场监管就更加严密，发生电焊作业危险事故的可能性就会降低。

所以多个施工单位在同一个施工现场作业时，如果严格按照本条规定以及建设工程有关安全生产管理规定去做的话，应该更加安全。问题在于现在有的施工现场没有严格执行本条规定和建设工程有关安全生产管理规定。如果施工现场未按本规定实施安全生产协调管理的话，不但容易造成安全生产管理的混乱，而且参建各方有可能为此承担相应的法律责任。

建议：建筑施工总承包企业或者有关安全生产监督管理部门在检查施工现场时，应该首先检查这个施工现场安全生产管理机构是否建立和完善。如果发现一个多家施工单位参与作业的施工现场安全生产管理人员还是那么几个，或者反而减少的话，这样的施工现场安全生产管理是不正常的，说明这个施工现场没有按照本法的规定开展多方安全生产协调管理。有关安全生产监督管理部门在检查时发现这一问题，应该按照《安全生产法》第一百零一条规定进行处罚，而不是等发生生产安全事故后再去处罚。

《安全生产法》第一百零一条规定："两个以上生产经营单位在同一作业区域内进行可能危及对方安全生产的生产经营活动，未签订安全生产管理协议或者未指定专职安全生产管理人员进行安全检查与协调的，责令限期改正，可以处五万元以下的罚款，对其直接负责的主管人员和其他直接责任人员可以处一万元以下的罚款；逾期未改正的，责令停产停业。"

**11. 施工现场发包与出租的安全生产管理职责❶**

《安全生产法》第四十六条规定："生产经营单位不得将生产经营项目、场所、设备发包或者出租给不具备安全生产条件或者相应资质的单位或者个人。

生产经营项目、场所发包或者出租给其他单位的，生产经营单位应当与承包单位、承租单位签订专门的安全生产管理协议，或者在承包合同、租赁合同中约定各自的安全生产管理职责；生产经营单位对承包单位、承租单位的安全生产工作统一协调、管理，定期进行安全检查，发现安全问题的，应当及时督促整改。"

建筑施工现场经常有发包和租赁项目，如建筑材料加工、建筑起重机械租赁、暂不使用场地的出租等，建筑施工企业要按照本规定的要求在从事发包或者出租业务时，应当签订专门的安全生产管理协议，或者在承包合同、租赁合同中约定各自的安全生产管理职责，并做到对承包单位、承租单位的安全生产工作统一协调、管理，定期进行安全检查，发现安全问题的，应当及时督促整改。

如果违反本规定，《安全生产法》第一百条规定："生产经营单位将生产经营项目、场所、设备发包或者出租给不具备安全生产条件或者相应资质的单位或者个人的，责令限期改正，没收违法所得；违法所得十万元以上的，并处违法所得二倍以上五倍以下的罚款；

❶ 见本书"第 2 篇 2.2.30 第四十六条　发包与出租安全管理"。

没有违法所得或者违法所得不足十万元的，单处或者并处十万元以上二十万元以下的罚款；对其直接负责的主管人员和其他直接责任人员处一万元以上二万元以下的罚款；导致发生生产安全事故给他人造成损害的，与承包方、承租方承担连带赔偿责任。

生产经营单位未与承包单位、承租单位签订专门的安全生产管理协议或者未在承包合同、租赁合同中明确各自的安全生产管理职责，或者未对承包单位、承租单位的安全生产统一协调、管理的，责令限期改正，可以处五万元以下的罚款，对其直接负责的主管人员和其他直接责任人员可以处一万元以下的罚款；逾期未改正的，责令停产停业整顿。”

本条在修改时，其处罚力度较原先的规定加大了，说明在修改《安全生产法》时对发包与出租的安全生产管理更加重视，建筑施工企业一定要引起足够的重视。

**12. 落实建筑施工从业人员权利与义务**

本法对从业人员的权利和义务设立了专门的一章内容，并且增加了被派遣劳动者的权利与义务的内容。建筑施工企业应熟悉、掌握以下规定，并认真落实到本单位安全生产管理制度中。

（1）基本权利与义务[1]

《安全生产法》第六条规定：“生产经营单位的从业人员有依法获得安全生产保障的权利，并应当依法履行安全生产方面的义务。”

本条是对所有生产经营单位从业人员提出的有关安全生产权利与义务的基本要求。权利与义务是对等的，我们在告知建筑业从业人员权利与义务的时候要宣传这一思想。

同时，建筑施工企业应当确保建筑施工从业人员享有获得安全生产保障的权利，并督促建筑施工从业人员依法履行安全生产方面的义务。

《安全生产法》对生产经营单位的从业人员权利与义务作出了具体的要求。

（2）知情权和建议权[2]

《安全生产法》第五十条规定：“生产经营单位的从业人员有权了解其作业场所和工作岗位存在的危险因素、防范措施及事故应急措施，有权对本单位的安全生产工作提出建议。”

为此，建筑施工企业就有义务告知从业人员这一权力。建筑施工企业告知从业人员这一权力的最重要方式为开展教育培训和进行安全技术交底。如果没有开展教育培训和进行安全技术交底，或者虽开展教育培训和进行安全技术交底但没有相应的记录，没有教育培训或者安全技术交底记录就等同于没有告知，都有可能受到相应的处罚。

《安全生产法》第九十四条规定：“生产经营单位有下列行为之一的，责令限期改正，可以处五万元以下的罚款；逾期未改正的，责令停产停业整顿，并处五万元以上十万元以下的罚款，对其直接负责的主管人员和其他直接责任人员处一万元以上二万元以下的罚款：

……

（四）未如实记录安全生产教育和培训情况的；

（五）未将事故隐患排查治理情况如实记录或者未向从业人员通报的；

……。”

---

[1] 见本书“第2篇 2.1.6 第六条 从业人员权利义务基本规定”。

[2] 见本书“第2篇 2.3.2 第五十条 知情权和建议权”。

（3）批评、检举、控告及拒绝的权利与权利保护❶

《安全生产法》第五十一条规定："从业人员有权对本单位安全生产工作中存在的问题提出批评、检举、控告；有权拒绝违章指挥和强令冒险作业。

生产经营单位不得因从业人员对本单位安全生产工作提出批评、检举、控告或者拒绝违章指挥、强令冒险作业而降低其工资、福利等待遇或者解除与其订立的劳动合同。"

为了确保从业人员拥有以上权利，《安全生产法》第七十条规定："负有安全生产监督管理职责的部门应当建立举报制度，公开举报电话、信箱或者电子邮件地址，受理有关安全生产的举报；受理的举报事项经调查核实后，应当形成书面材料；需要落实整改措施的，报经有关负责人签字并督促落实。"第七十一条规定："任何单位或者个人对事故隐患或者安全生产违法行为，均有权向负有安全生产监督管理职责的部门报告或者举报。"第七十三条规定："县级以上各级人民政府及其有关部门对报告重大事故隐患或者举报安全生产违法行为的有功人员，给予奖励。具体奖励办法由国务院安全生产监督管理部门会同国务院财政部门制定。"

学习本规定，建筑施工企业一方面要重视，不得违反本规定；另一方面要善于学会化解有关矛盾，一旦本单位从业人员反映问题的渠道不畅通，他们就有可能向负有安全生产监督管理职责的部门报告或者举报，这样的报告或者举报对本单位的形象将造成一定的影响。为此，建筑施工企业应关注建筑施工从业人员的批评、检举、控告及拒绝权利的保护，建立本单位内部的批评、检举、控告渠道，如在本单位内部设立批评、检举、控告箱（电话）等，鼓励从业人员如实进行批评、检举、控告，有条件的可设定给予合理的批评、检举、控告等行为的奖励措施，并在有关职责和规章制度中确定下来。

（4）紧急情况处置权❷

《安全生产法》第五十二条规定："从业人员发现直接危及人身安全的紧急情况时，有权停止作业或者在采取可能的应急措施后撤离作业场所。

生产经营单位不得因从业人员在前款紧急情况下停止作业或者采取紧急撤离措施而降低其工资、福利等待遇或者解除与其订立的劳动合同。"

很多情况下的生产安全事故本应能够防止或者减少损失的，但由于一些建筑施工企业不重视紧急情况下处置权的宣传，造成不该发生的事故发生了，或者事故发生时不应造成更大损失的事故发生了，因此确保从业人员发现直接危及人身安全的紧急情况时，有权停止作业或者在采取可能的应急措施后撤离作业场所很重要。这就需要企业加强这方面的宣传，并制定有关规章制度确保本单位不得因从业人员在前款紧急情况下停止作业，防止采取紧急撤离措施而降低其工资、福利等待遇或者解除与其订立的劳动合同等情况的发生。只有建筑施工现场从业人员知道了什么情况下可以有权停止作业或者在采取可能的应急措施后撤离作业场所，且这些行为不会由此造成降低其工资、福利等待遇或者解除与其订立的劳动合同等事情的发生，才能在关键时刻及时采取有效措施，确保事故不发生或者事故发生后把事故的损失降到最低。

---

❶ 见本书"第2篇 2.3.3 第五十一条 批评、检举、控告及拒绝的权利与权利保护"。

❷ 见本书"第2篇 2.3.4 第五十二条 紧急情况处置权"。

（5）遵章守纪服从管理义务[1]

《安全生产法》第五十四条规定："从业人员在作业过程中，应当严格遵守本单位的安全生产规章制度和操作规程，服从管理，正确佩戴和使用劳动防护用品。"

建筑施工企业应依据这一规定制定建筑施工从业人员相应的安全生产职责，并告知建筑施工从业人员如果违反本规定，将受到相应的处罚。这种处罚一方面是企业制定的一些规章制度，违反有关规章制度，从业人员将受到的处罚，如本单位的安全生产责任制的考核奖惩制度，必须以制度的形式确定下来并告知从业人员，违反了相关规定将受到什么样的处罚。另一方面是有关法规制定的处罚规定，如《安全生产法》第一百零四条的规定，要在安全生产教育培训中进行宣传告知。

《安全生产法》第一百零四条规定："生产经营单位的从业人员不服从管理，违反安全生产规章制度或者操作规程的，由生产经营单位给予批评教育，依照有关规章制度给予处分；构成犯罪的，依照刑法有关规定追究刑事责任。"

（6）接受教育培训和提高技能的义务[2]

《安全生产法》第五十五条规定："从业人员应当接受安全生产教育和培训，掌握本职工作所需的安全生产知识，提高安全生产技能，增强事故预防和应急处理能力。"

建筑施工从业人员接受教育培训、提高安全技能，是建筑施工从业人员必须履行的职责。教育的内容应是国家有关法律法规、企业的规章制度、从业人员的岗位职责和安全技术操作规程，从业人员必须熟悉和掌握这些内容，同时从业人员还应当提高安全生产技能，并告知如果从业人员违反本规定，将受到处罚。但是，由于建筑施工企业有部分从业人员文化水平不高，在进行教育培训和开展技能训练时，应有计划、切合实际、有针对性地进行培训，而不能"一刀切"或者采取满堂灌的形式组织培训，培训过后要有培训效果的检验，培训合格的方可上岗作业，这也是确保从业人员参加培训效果和掌握技能知识的关键环节。

这里必须强调的一点，一般情况下建筑施工企业应当先行告知从业人员"接受教育培训、提高安全技能"这一职责，这是从业人员履行"接受教育培训、提高安全技能"的前提。很多情况下，出现安全问题或者发生生产安全事故，有的企业和有关部门不分青红皂白责怪从业人员没有安全意识、不接受安全教育培训，这是不妥当的。从业人员有没有接受教育培训、安全技能高不高，首先是用人单位的责任。有的生产安全事故中，从业人员刚刚进入施工现场就从事生产活动，根本不知晓有关安全生产方面的知识，这个责任应在企业，而不能落在有关从业人员身上，更不能落在那些在事故中已经身亡的从业人员身上。有关部门在事故认定中不能轻易地作出"因其死亡，免于追究其责任"等类似的事故责任认定和处理意见。

建议在组织有关建筑施工一线人员培训时，一次培训的内容不要超过三个问题，以便讲透、讲深，让一线作业人员领会、记住。每次培训完以后，要留下培训记录和考核记录，以便有关部门掌握培训情况。

《安全生产法》第一百零四条规定："生产经营单位的从业人员不服从管理，违反安全

---

[1] 见本书"第2篇 2.3.6 第五十四条 遵章守纪服从管理义务"。

[2] 见本书"第2篇 2.3.7 第五十五条 接受教育培训和提高技能的义务"。

生产规章制度或者操作规程的，由生产经营单位给予批评教育，依照有关规章制度给予处分；构成犯罪的，依照刑法有关规定追究刑事责任。”

(7) 隐患报告义务❶

《安全生产法》第五十六条规定：“从业人员发现事故隐患或者其他不安全因素，应当立即向现场安全生产管理人员或者本单位负责人报告；接到报告的人员应当及时予以处理。”

建筑施工企业从业人员发现事故隐患或者其他不安全因素，应当立即向现场安全生产管理人员或者本单位负责人报告，这是建筑施工企业从业人员的职责。我们应当告诉从业人员，他们不但有紧急情况处置权，也有隐患报告义务，处置权和报告权是对等的，不可忽视任何一方面，这是安全生产教育培训中必须强调的内容。

这里还要特别注意的是，建筑施工企业在接到从业人员有关事故隐患报告后应当及时予以处理，若不采取措施，将受到严厉处罚。

《安全生产法》第九十九条规定：“生产经营单位未采取措施消除事故隐患的，责令立即消除或者限期消除；生产经营单位拒不执行的，责令停产停业整顿，并处十万元以上五十万元以下的罚款，对其直接负责的主管人员和其他直接责任人员处二万元以上五万元以下的罚款。”本条是新增加的条款，建筑施工企业应重视事故隐患的排查和处理。

(8) 被派遣劳动者的权利义务❷

《安全生产法》第五十八条规定：“生产经营单位使用被派遣劳动者的，被派遣劳动者享有本法规定的从业人员的权利，并应当履行本法规定的从业人员的义务。”

本条是新增加的条款，体现本次修改《安全生产法》对派遣劳务管理的重视。

建筑施工企业人员管理中派遣劳务是常见的，因此更应当重视劳务派遣人员的管理。建筑施工企业应当在有关职责及规章制度中明确被派遣劳动者的权利义务。在签订派遣协议时应规避违法行为，并告知派遣人员的相关义务和相应的法律责任。

《安全生产法》第一百零三条规定：“生产经营单位与从业人员订立协议，免除或者减轻其对从业人员因生产安全事故伤亡依法应承担的责任的，该协议无效；对生产经营单位的主要负责人、个人经营的投资人处二万元以上十万元以下的罚款。”第一百零四条规定：“生产经营单位的从业人员不服从管理，违反安全生产规章制度或者操作规程的，由生产经营单位给予批评教育，依照有关规章制度给予处分；构成犯罪的，依照刑法有关规定追究刑事责任。”

**13. 配合安全生产监督检查的职责❸**

《安全生产法》第六十三条规定：“生产经营单位对负有安全生产监督管理职责的部门的监督检查人员依法履行监督检查职责，应当予以配合，不得拒绝、阻挠。”

建筑施工企业应将配合安全生产监督检查的职责写入有关职责或者规章制度的规定中，以督促有关人员主动配合安全生产监督检查。如果违反本规定，《安全生产法》第一百零五条规定：“违反本法规定，生产经营单位拒绝、阻碍负有安全生产监督管理职责的

---

❶ 见本书“第2篇 2.3.8 第五十六条 隐患报告义务及处理规定”。

❷ 见本书“第2篇 2.3.10 第五十八条 被派遣劳动者的权利义务”。

❸ 见本书“第2篇 2.4.5 第六十三条 配合安全生产监督检查”。

部门依法实施监督检查的，责令改正；拒不改正的，处二万元以上二十万元以下的罚款；对其直接负责的主管人员和其他直接责任人员处一万元以上二万元以下的罚款；构成犯罪的，依照刑法有关规定追究刑事责任。”这是本次修改《安全生产法》新增加的一项处罚规定。

**14. 发生生产安全事故时主要负责人职责**[1]

《安全生产法》第四十七条规定：“生产经营单位发生生产安全事故时，单位的主要负责人应当立即组织抢救，并不得在事故调查处理期间擅离职守。”

建筑施工企业主要负责人和项目负责人在发生生产安全事故时，应当立即组织抢救，不得在事故调查处理期间擅离职守，这也是主要负责人的职责所在[2]。违反本规定，将受到处罚。

《安全生产法》第一百零六条规定：“生产经营单位主要负责人在本单位发生生产安全事故时，不立即组织抢救或者在事故调查处理期间擅离职守或者逃匿的，给予降职、撤职的处分，并由安全生产监督管理部门处上一年年收入百分之六十至百分之一百的罚款；对逃匿的处十五日以下拘留；构成犯罪的，依照刑法有关规定追究刑事责任。

生产经营单位主要负责人对生产安全事故隐瞒不报、谎报或者迟报的，依照前款规定处罚。”

**15. 配合处置重大事故隐患措施的职责**[3]

《安全生产法》第六十七条规定：“负有安全生产监督管理职责的部门依法对存在重大事故隐患的生产经营单位作出停产停业、停止施工、停止使用相关设施或者设备的决定，生产经营单位应当依法执行，及时消除事故隐患。生产经营单位拒不执行，有发生生产安全事故的现实危险的，在保证安全的前提下，经本部门主要负责人批准，负有安全生产监督管理职责的部门可以采取通知有关单位停止供电、停止供应民用爆炸物品等措施，强制生产经营单位履行决定。通知应当采用书面形式，有关单位应当予以配合。

负有安全生产监督管理职责的部门依照前款规定采取停止供电措施，除有危及生产安全的紧急情形外，应当提前二十四小时通知生产经营单位。生产经营单位依法履行行政决定、采取相应措施消除事故隐患的，负有安全生产监督管理职责的部门应当及时解除前款规定的措施。”

这是本次修改《安全生产法》新增加的内容。这一规定的设立，让负有安全生产监督管理职责的部门依法在对存在重大事故隐患的生产经营单位作出停产停业、停止施工、停止使用相关设施或者设备作出决定时，更具有可操作性。同时，对作出相应决定也设置了一些限制条件，如“除有危及生产安全的紧急情形外，应当提前二十四小时通知生产经营单位”。

建筑施工企业应当学习和掌握这一规定，在遇到负有安全生产监督管理职责的部门依法对存在重大事故隐患的生产经营单位作出停产停业、停止施工、停止使用相关设施或者设备决定时，应当接受，并依法履行行政决定、采取相应措施消除事故隐患。同时，建筑

---

[1] 见本书“第二篇 2.2.31 第四十七条 发生生产安全事故时主要负责人职责”。

[2] 参见本节“5. 施工单位主要负责人的职责”内容。

[3] 见本书“第2篇 2.4.9 第六十七条 处置重大事故隐患措施”。

施工企业还应注意有关部门在采取停止供电措施时，除有危及生产安全的紧急情形外，应当提前二十四小时通知生产经营单位，或者建筑施工企业依法履行行政决定、采取相应措施消除事故隐患的，有关部门应当及时解除有关限制措施。如果不是特殊情况，采取停止供电措施时有关部门就违反了本规定，或者建筑施工企业依法履行行政决定、采取相应措施消除事故隐患的，有关部门没有及时解除有关限制措施的，建筑施工企业可以向有关部门投诉。

**16. 生产经营单位生产安全事故报告与抢救职责**[1]

《安全生产法》第八十条规定："生产经营单位发生生产安全事故后，事故现场有关人员应当立即报告本单位负责人。单位负责人接到事故报告后，应当迅速采取有效措施，组织抢救，防止事故扩大，减少人员伤亡和财产损失，并按照国家有关规定立即如实报告当地负有安全生产监督管理职责的部门，不得隐瞒不报、谎报或者迟报，不得故意破坏事故现场、毁灭有关证据。"

建筑施工企业应当依据本规定在本单位有关安全生产规章制度中加以明确，落实有关履行生产安全事故报告与抢救职责的规定。实际上，一旦发生生产安全事故，建筑施工企业应当及时向有关部门报告，如果不报告的话其违法成本是相当高的，本篇中后续所举的有关生产安全事故瞒报案例的处置介绍和分析更进一步告诫有关建筑施工企业没有必要违反这一规定。所以，企业将生产安全事故报告的要求及职责写入有关制度并加以落实是很有必要的。

有关部门在开展安全生产检查时，也应对企业制定的生产安全事故报告与处理制度进行检查，并核查能否落实。

建筑施工企业若不履行本规定，《安全生产法》第一百零六条作出了："生产经营单位主要负责人在本单位发生生产安全事故时，不立即组织抢救或者在事故调查处理期间擅离职守或者逃匿的，给予降职、撤职的处分，并由安全生产监督管理部门处上一年年收入百分之六十至百分之一百的罚款；对逃匿的处十五日以下拘留；构成犯罪的，依照刑法有关规定追究刑事责任。

生产经营单位主要负责人对生产安全事故隐瞒不报、谎报或者迟报的，依照前款规定处罚"的规定。

**17. 协同生产安全事故抢救的职责**[2]

《安全生产法》第八十二条规定："有关地方人民政府和负有安全生产监督管理职责的部门的负责人接到生产安全事故报告后，应当按照生产安全事故应急救援预案的要求立即赶到事故现场，组织事故抢救。

参与事故抢救的部门和单位应当服从统一指挥，加强协同联动，采取有效的应急救援措施，并根据事故救援的需要采取警戒、疏散等措施，防止事故扩大和次生灾害的发生，减少人员伤亡和财产损失。

事故抢救过程中应当采取必要措施，避免或者减少对环境造成的危害。

任何单位和个人都应当支持、配合事故抢救，并提供一切便利条件。"

---

[1] 见本书"第2篇 2.5.5 第八十条 生产经营单位生产安全事故报告与抢救"。

[2] 见本书"第2篇 2.5.7 第八十二条 生产安全事故抢救"。

这里所指的生产安全事故有可能是企业自身发生的事故，也有可能是周围其他企业发生的事故，无论何种事故建筑施工企业都应当服从统一指挥，加强协同联动，采取有效的应急救援措施，并根据事故救援的需要采取警戒、疏散等措施，防止事故扩大和次生灾害的发生，减少人员伤亡和财产损失。

**18. 事故调查处理与整改职责❶**

《安全生产法》第八十三条规定："事故调查处理应当按照科学严谨、依法依规、实事求是、注重实效的原则，及时、准确地查清事故原因，查明事故性质和责任，总结事故教训，提出整改措施，并对事故责任者提出处理意见。事故调查报告应当依法及时向社会公布。事故调查和处理的具体办法由国务院制定。

事故发生单位应当及时全面落实整改措施，负有安全生产监督管理职责的部门应当加强监督检查。"

发生生产安全事故后，建筑施工企业应当主动、及时全面地落实整改措施。

在这里必须指出的是，有关事故调查处理并不都是由政府有关部门组织的事故调查组组织调查的，某些事故可根据事故的大小由建筑施工企业自己组织调查，如未造成人员伤亡的一般事故，以及我们常提到的那些"隐患就是事故"的事故等。

《生产安全事故报告和调查处理条例》（国务院令第 493 号）第十九条规定："未造成人员伤亡的一般事故，县级人民政府也可以委托事故发生单位组织事故调查组进行调查。"因此，建筑施工企业可根据这一规定，按照《安全生产法》第八十三条规定组织事故调查，以"事故原因分析不清不放过；事故责任者和群众没有受到教育不放过；没有采取防范措施不放过；事故责任者没有受到处理不放过"的事故处理原则精神处理事故。

建筑施工企业应当把事故调查处理包括隐患调查处理的有关规定写入本单位安全生产规章制度之中，落实企业生产安全事故报告与调查处理制度。

### 4.1.2 安全生产资金投入

根据国家建设行政主管部门所确定的建筑施工企业安全生产条件，第二项是"保证本单位安全生产条件所需资金的投入"，企业应按照《安全生产法》的要求确保安全生产资金的投入。

《安全生产法》第二十条❷规定："生产经营单位应当具备的安全生产条件所必需的资金投入，由生产经营单位的决策机构、主要负责人或者个人经营的投资人予以保证，并对由于安全生产所必需的资金投入不足导致的后果承担责任。

有关生产经营单位应当按照规定提取和使用安全生产费用，专门用于改善安全生产条件。安全生产费用在成本中据实列支。安全生产费用提取、使用和监督管理的具体办法由国务院财政部门会同国务院安全生产监督管理部门征求国务院有关部门意见后制定。"

《安全生产法》第四十四条还规定："生产经营单位应当安排用于配备劳动防护用品、进行安全生产培训的经费。"

为加强建筑工程安全生产、文明施工管理，保障施工从业人员的作业条件和生活环

---

❶ 见本书"第 2 篇 2.5.8 第八十三条 事故调查处理与整改"。

❷ 见本书"第 2 篇 2.2.4 第二十条 安全生产资金投入、2.2.28 第四十四条 安全生产有关经费管理"。

境，防止施工安全事故发生，国家建设行政主管部门印发了《建筑工程安全防护、文明施工措施费用及使用管理规定》（建办［2005］89号）。该规定所称安全防护、文明施工措施费用，是指按照国家现行的建筑施工安全、施工现场环境与卫生标准和有关规定，购置和更新施工安全防护用具及设施、改善安全生产条件和作业环境所需要的费用。文件还详细地列出了有关安全防护、文明施工措施项目的清单。

建筑施工企业的决策机构、主要负责人应按照《安全生产法》第二十条、第四十四条的规定和国家建设行政主管部门有关安全生产所需费用的要求，建立健全安全生产保障制度，安全生产资金保障制度的内容应包括安全生产资金范围、资金来源、资金使用以及资金使用记录与统计，其中包括相关人员职责。

有关部门在组织安全生产检查时，应把安全生产资金投入与使用作为专项检查内容进行检查。进行安全生产资金投入与使用专项检查时，首先是检查安全生产资金保障制度是否建立，其次是检查安全生产资金范围是否全面、资金来源是否得到保证、资金使用是否落实到位，以及资金使用记录与统计是否完整等。

如果建筑施工企业违反本规定，将受到处罚。

《安全生产法》第九十条规定："生产经营单位的决策机构、主要负责人或者个人经营的投资人不依照本法规定保证安全生产所必需的资金投入，致使生产经营单位不具备安全生产条件的，责令限期改正，提供必需的资金；逾期未改正的，责令生产经营单位停产停业整顿。

有前款违法行为，导致发生生产安全事故的，对生产经营单位的主要负责人给予撤职处分，对个人经营的投资人处二万元以上二十万元以下的罚款；构成犯罪的，依照刑法有关规定追究刑事责任。"

### 4.1.3 安全生产管理机构设置及人员配备

根据国家建设行政主管部门所确定的建筑施工企业安全生产条件，第三项是"设置安全生产管理机构，按照国家有关规定配备专职安全生产管理人员"，企业应按照《安全生产法》的要求设置安全生产管理机构、配备专职安全生产管理人员。

《安全生产法》第二十一条❶规定："矿山、金属冶炼、建筑施工、道路运输单位和危险物品的生产、经营、储存单位，应当设置安全生产管理机构或者配备专职安全生产管理人员。

前款规定以外的其他生产经营单位，从业人员超过一百人的，应当设置安全生产管理机构或者配备专职安全生产管理人员；从业人员在一百人以下的，应当配备专职或者兼职的安全生产管理人员。"

根据建筑施工安全生产管理的特殊性，国家建设行政主管部门出台了《建筑施工企业安全生产管理机构设置及专职安全生产管理人员配备办法》（建质［2008］91号），对建筑施工企业设置安全生产管理机构和有关人员职责作出了规定（详见附录一）：

（1）明确了安全生产管理机构职责有14条（建质［2008］91号文第六条）、安全生产管理人员职责有8条（建质［2008］91号文第七条）。

❶ 见本书"第2篇 2.2.5 第二十一条 设置安全生产管理机构与配备安全生产管理人员"。

（2）确立了建筑施工企业应当实行建设工程项目专职安全生产管理人员委派制度，要求建设工程项目的专职安全生产管理人员应当定期将项目安全生产管理情况报告企业安全生产管理机构（建质［2008］91号文第九条）。

（3）规定了建筑施工企业应当在建设工程项目中组建安全生产领导小组，建设工程实行施工总承包的，安全生产领导小组由总承包企业、专业承包企业和劳务分包企业项目经理、技术负责人和专职安全生产管理人员组成（建质［2008］91号文第十条）。

（4）明确了安全生产领导小组的主要职责有9条（建质［2008］91号文第十一条）。

（5）明确了项目专职安全生产管理人员主要职责有6条（建质［2008］91号文第十二条）。

《建筑施工企业安全生产管理机构设置及专职安全生产管理人员配备办法》（建质［2008］91号），对建筑施工安全生产管理人员人数配备也提出了要求❶，如建筑施工企业安全生产管理机构专职安全生产管理人员的配备应满足下列要求，并应根据企业经营规模、设备管理和生产需要予以增加：

（1）建筑施工总承包资质序列企业：特级资质不少于6人；一级资质不少于4人；二级和二级以下资质企业不少于3人。

（2）建筑施工专业承包资质序列企业：一级资质不少于3人；二级和二级以下资质企业不少于2人。

（3）建筑施工劳务分包资质序列企业：不少于2人。

（4）建筑施工企业的分公司、区域公司等较大的分支机构（以下简称分支机构）应依据实际生产情况配备不少于2人的专职安全生产管理人员。

如施工现场按照建筑面积，建筑工程、装修工程总承包单位配备项目专职安全生产管理人员应当满足下列要求：

（1）1万平方米以下的工程不少于1人；

（2）1万～5万平方米的工程不少于2人；

（3）5万平方米及以上的工程不少于3人，且按专业配备专职安全生产管理人员。

如施工现场按照工程合同价，土木工程、线路管道、设备安装工程总承包单位配备项目专职安全生产管理人员应当满足下列要求：

（1）5000万元以下的工程不少于1人；

（2）5000万～1亿元的工程不少于2人；

（3）1亿元及以上的工程不少于3人，且按专业配备专职安全生产管理人员。

如分包单位配备项目专职安全生产管理人员应当满足下列要求：

（1）专业承包单位应当配置至少1人，并根据所承担的分部分项工程的工程量和施工危险程度增加。

（2）劳务分包单位施工人员在50人以下的，应当配备1名专职安全生产管理人员；50～200人的，应当配备2名专职安全生产管理人员；200人及以上的，应当配备3名及以上专职安全生产管理人员，并根据所承担的分部分项工程施工危险实际情况增加，不得少于工程施工人员总人数的5‰。

---

❶ 见本书“附录三：建筑施工企业安全生产管理机构设置及专职安全生产管理人员配备办法”。

并对采用新技术、新工艺、新材料或者致害因素多、施工作业难度大的工程项目，提出了项目专职安全生产管理人员的数量应当根据施工实际情况，在以上规定的配备标准上增加。还规定施工作业班组可以设置兼职安全巡查员，对本班组的作业场所进行安全监督检查。

建筑施工企业应根据《建筑施工企业安全生产管理机构设置及专职安全生产管理人员配备办法》（建质［2008］91号）完善本单位的安全生产管理机构的设置和配备专职安全生产管理人员。

这里需要提醒的是，有的建筑施工企业人员偏少，如某些专业承包企业人数少于100人的，也应配备安全生产管理人员，最少也得配备兼职安全生产管理人员。据此，实行建设工程总承包的企业，在建筑施工总承包管理中应当要求各分包单位都应有安全生产管理人员负责本项目的安全生产管理。

建筑施工企业未按规定设置安全生产管理机构或者配备安全生产管理人员的，将受到处罚。

《安全生产法》第九十四条规定："生产经营单位有下列行为之一的，责令限期改正，可以处五万元以下的罚款；逾期未改正的，责令停产停业整顿，并处五万元以上十万元以下的罚款，对其直接负责的主管人员和其他直接责任人员处一万元以上二万元以下的罚款：

（一）未按照规定设置安全生产管理机构或者配备安全生产管理人员的；

……。"

### 4.1.4 三类人员考核及任职

根据国家建设行政主管部门所确定的建筑施工企业安全生产条件，第四项是"主要负责人、项目负责人、专职安全生产管理人员经建设主管部门或者其他有关部门考核合格"，企业应按照《安全生产法》的要求组织安全生产管理人员参加安全生产考核。

《安全生产法》第二十四条[1]规定："生产经营单位的主要负责人和安全生产管理人员必须具备与本单位所从事的生产经营活动相应的安全生产知识和管理能力。

危险物品的生产、经营、储存单位以及矿山、金属冶炼、建筑施工、道路运输单位的主要负责人和安全生产管理人员，应当由有关主管部门对其安全生产知识和管理能力考核合格。考核不得收费。"

这里需要提醒的是，本次《安全生产法》修改将企业主要负责人、安全生产管理人员"考核合格后方可任职"改为"考核合格"，预示着主要负责人、安全生产管理人员考核有新的变化，即不再提"考核合格后方可任职"，表明企业主要负责人、安全生产管理人员在有关部门组织考核前可以先任职。这一变化的目的在于，企业主要负责人、安全生产管理人员考核的主体责任在企业，能否上岗任职，应由企业自己把关，即企业按照有关要求自行组织考核，经过企业自行考核后企业认为主要负责人或者安全生产管理人员具备与本单位所从事的生产经营活动相应的安全生产知识和管理能力的，可准予上岗任职，有关政府监管部门实行的是事后监管，如果通过有关部门事后监管考核不合格的，企业应让其下

[1] 见本书"第2篇 2.2.8 第二十四条 主要负责人和安全生产管理人员知识与能力"。

岗重新学习，直到具备与本单位所从事的生产经营活动相应的安全生产知识和管理能力方可再次上岗。

目前建筑施工企业主要负责人、项目负责人、安全生产管理人员俗称“三类人员”的考核确实遇到一些问题，如企业或施工现场根据企业生产活动实际需要拟增加或者调整有关“三类人员”，但苦于必须要先参加有关部门组织的安全生产考核合格后才能任职和上岗，而目前有关部门的“三类人员”考核有一定的程序（各地不同，其程序合理性有待讨论），有的需要很长的时间等待（有的地方管理部门要求参加指定的培训班培训后才能参加考核），因此企业的生产经营活动受到了一定的影响。本次《安全生产法》修改将企业主要负责人、安全生产管理人员“考核合格后方可任职”改为“考核合格”，可以在一定程度上解决这个问题，并进一步强化了建筑施工企业安全生产教育培训的主体责任。

为此，建筑施工企业一方面要了解掌握当前安全生产考核新动向，积极参加有关部门组织的安全生产考核；另一方面企业要主动组织开展本单位主要负责人、安全生产管理人员安全生产知识和管理能力的培训，或者自行培训或者送有关培训机构培训，使其掌握与本单位所从事的生产经营活动相应的安全生产知识和管理能力，经考试合格后方可上岗任职，并保留有关培训与考核的资料备查。在单位主要负责人、安全生产管理人员考核管理中，若有关人员经建设行政主管部门考核不合格的必须重新培训合格后方可上岗。总之，建筑施工企业按照新形势、新变化、新要求，主动承担起企业安全生产教育培训的主体责任[1]。

如果建筑施工企业未经考试合格就让有关企业主要负责人、安全生产管理人员上岗的，将受到处罚。

《安全生产法》第九十四条规定：“生产经营单位有下列行为之一的，责令限期改正，可以处五万元以下的罚款；逾期未改正的，责令停产停业整顿，并处五万元以上十万元以下的罚款，对其直接负责的主管人员和其他直接责任人员处一万元以上二万元以下的罚款：

……

（二）危险物品的生产、经营、储存单位以及矿山、金属冶炼、建筑施工、道路运输单位的主要负责人和安全生产管理人员未按照规定经考核合格的；

……。”

### 4.1.5　特种作业人员考核及持证上岗

根据国家建设行政主管部门所确定的建筑施工企业安全生产条件，第五项是“特种作业人员经有关业务主管部门考核合格，取得特种作业操作资格证书”，企业应按照《安全生产法》的要求实施特种作业人员管理。

《安全生产法》第二十七条[2]规定：“生产经营单位的特种作业人员必须按照国家有关规定经专门的安全作业培训，取得相应资格，方可上岗作业。

特种作业人员的范围由国务院安全生产监督管理部门会同国务院有关部门确定。”

[1] 见本书“第3篇 3.7.6　落实企业安全培训主体责任的思考”。

[2] 见本书“第2篇 2.2.11　第二十七条　特种作业人员从业资格管理”。

值得注意的是，本次《安全生产法》修改将原来的“取得特种作业操作资格证书，方可上岗作业”改为“取得相应资格，方可上岗作业”，即删除了“取得特种作业操作资格证书”的要求，改为“取得相应资格”，这就预示着特种作业人员培训、考核将发生变化。建筑施工企业在特种作业人员培训与管理中将更具有主动性。

目前建筑施工企业有关特种作业人员的工种设置的比较多，每个工种其培训与考核的要求无论是从时间上还是从内容上、操作工艺复杂性上都不一样，每位特种作业人员文化及接受能力也不一样。有的地方不切合实际地要求特种作业人员参加指定培训点（或者亦称考核点）的培训，不少地区有关部门没有根据每位特种作业人员的特点进行培训和考核，人为地规定统一的培训时间，造成了目前特种作业人员培训与考核看似严格、其实存在许多问题，谁来确认特种作业人员上岗引起多方质疑，即上岗非得以“取得特种作业操作资格证书”来认定成为人们议论的话题。本次《安全生产法》修改将原来的“取得特种作业操作资格证书，方可上岗作业”改为“取得相应资格，方可上岗作业”，为改变目前特种作业人员管理提供了可能。

建筑施工企业应关注特种作业人员培训与管理的新形势、新变化、新要求，积极开展特种作业人员的培训考核，做到特种作业人员必须先培训、经考试合格后方可上岗作业，履行好企业有关特种作业人员考核与管理的职责。

建筑施工企业违反本规定，将受到处罚。

《安全生产法》第九十四条规定：“生产经营单位有下列行为之一的，责令限期改正，可以处五万元以下的罚款；逾期未改正的，责令停产停业整顿，并处五万元以上十万元以下的罚款，对其直接负责的主管人员和其他直接责任人员处一万元以上二万元以下的罚款：

……

（七）特种作业人员未按照规定经专门的安全作业培训并取得资格，上岗作业的。”

此外，国家建设行政主管部门印发了《建筑施工特种作业人员管理规定》（建质[2008] 75 号文），对建筑施工特种作业人员的管理提出要求，建筑施工企业还应当按照这一规定，加强特种作业人员的日常安全生产管理工作，除做到特种作业人员须经岗前培训取得相应资格外，还应注意以下几点：

（1）特种作业人员须受聘于建筑施工企业或者建筑起重机械出租单位中的一家用人单位，方可从事相应的特种作业。用人单位与持有效资格证书的特种作业人员订立劳动合同。如果持有相应证书的特种作业人员没有固定的用人单位，不得使用。

（2）对于首次取得有关特种作业证书的人员，应当在其正式上岗前安排不少于 3 个月的实习操作。取得有关特种作业证书的人员，如没有证明其工作的档案的无论持证年限多少均应视为首次取得证书人员。未经 3 个月实习的人员不得单独使用。

（3）要求特种作业人员参加年度安全教育培训或者继续教育，每年不得少于 24 小时。

（4）用人单位应建立本单位特种作业人员管理档案，特种作业人员违章行为应记录在档案中。

（5）特种作业人员变动工作单位，任何单位和个人不得以任何理由非法扣押其证书。

（6）特种作业人员证书到期后应参加有关复检审核，审核合格的方可使用。

### 4.1.6 全员教育培训

根据国家建设行政主管部门所确定的建筑施工企业安全生产条件，第六项是“管理人员和作业人员每年至少进行一次安全生产教育培训并考核合格”，企业应按照《安全生产法》的要求开展全员安全生产教育培训工作。

**1. 全员安全生产教育培训的基本内容和要求**[1]

《安全生产法》第二十五条规定：“生产经营单位应当对从业人员进行安全生产教育和培训，保证从业人员具备必要的安全生产知识，熟悉有关的安全生产规章制度和安全操作规程，掌握本岗位的安全操作技能，了解事故应急处理措施，知悉自身在安全生产方面的权利和义务。未经安全生产教育和培训合格的从业人员，不得上岗作业。

生产经营单位使用被派遣劳动者的，应当将被派遣劳动者纳入本单位从业人员统一管理，对被派遣劳动者进行岗位安全操作规程和安全操作技能的教育和培训。劳务派遣单位应当对被派遣劳动者进行必要的安全生产教育和培训。

生产经营单位接收中等职业学校、高等学校学生实习的，应当对实习学生进行相应的安全生产教育和培训，提供必要的劳动防护用品。学校应当协助生产经营单位对实习学生进行安全生产教育和培训。

生产经营单位应当建立安全生产教育和培训档案，如实记录安全生产教育和培训的时间、内容、参加人员以及考核结果等情况。”

其中，“了解事故应急处理措施，知悉自身在安全生产方面的权利和义务”以及本条第二、第三、第四款的内容均是本次安全生产修改时提出的，说明这方面内容的重要性和现实性。建筑施工企业应重视本法提出的有关安全生产教育培训的各项规定，切实搞好企业的安全生产教育培训工作。

这里要求的全员安全生产教育培训除建筑施工企业在岗所有人员包括管理人员教育培训外，还应包括使用被派遣劳动人员，以及接收中等职业学校、高等学校学生实习人员等。总之，进入建筑施工企业及施工现场所有人员都必须进行安全生产教育培训。所有的教育培训都必须按照有关规定按计划组织，并做好培训记录，建立培训档案。建筑施工企业应将这些规定以文件的形式确立下来，落实到岗位、落实到人。

违反本规定，《安全生产法》第九十四条提出：“生产经营单位有下列行为之一的，责令限期改正，可以处五万元以下的罚款；逾期未改正的，责令停产停业整顿，并处五万元以上十万元以下的罚款，对其直接负责的主管人员和其他直接责任人员处一万元以上二万元以下的罚款：

……

（三）未按照规定对从业人员、被派遣劳动者、实习学生进行安全生产教育和培训，或者未按照规定如实告知有关的安全生产事项的；

（四）未如实记录安全生产教育和培训情况的；

……。”

[1] 见本书“第2篇 2.2.9 第二十五条 安全生产教育培训”。

**2. “四新”管理及其安全教育培训❶**

《安全生产法》第二十六条规定：“生产经营单位采用新工艺、新技术、新材料或者使用新设备，必须了解、掌握其安全技术特性，采取有效的安全防护措施，并对从业人员进行专门的安全生产教育和培训。”

建筑施工生产活动中，新工艺、新技术、新材料或者使用新设备层出不穷，建筑施工企业一定要结合新工艺、新技术、新材料或者使用新设备的安全技术特性，采取有效的安全防护措施，并对与“四新”技术有关的所有从业人员进行专门的安全生产教育和培训。

同样，违反本规定，企业将受到以上所列的《安全生产法》第九十四条第三、第四款规定的处罚。

**3. 从业人员安全告知管理❷**

《安全生产法》第四十一条规定：“生产经营单位应当教育和督促从业人员严格执行本单位的安全生产规章制度和安全操作规程；并向从业人员如实告知作业场所和工作岗位存在的危险因素、防范措施以及事故应急措施。”

建筑施工企业要将“教育和督促从业人员严格执行本单位的安全生产规章制度和安全操作规程”落实到部门、落实到人，如果没有落实到部门、落实到人履行这一职责，“生产经营单位应当教育和督促从业人员严格执行本单位的安全生产规章制度和安全操作规程”将是一句空话。同样，“向从业人员如实告知作业场所和工作岗位存在的危险因素、防范措施以及事故应急措施”也应写入相关制度文件中去，并在具体实施工程中要有相应的记录，并进行相应的技术交底，交底人和被交底人（即从业人员）都应在相应的交底记录上签字，只有这样本条关于向从业人员告知的管理规定才能落实到位。否则，这项规定难以执行，或者告知了由于没有记录难以对证。因此，建筑施工企业要扎扎实实地做好这项工作。

如果建筑施工企业违反本条规定的，或者未认真做好这项工作，企业将受到处罚。

《安全生产法》第九十四条规定：“生产经营单位有下列行为之一的，责令限期改正，可以处五万元以下的罚款；逾期未改正的，责令停产停业整顿，并处五万元以上十万元以下的罚款，对其直接负责的主管人员和其他直接责任人员处一万元以上二万元以下的罚款：

……

（五）未将事故隐患排查治理情况如实记录或者未向从业人员通报的；

……。”

### 4.1.7 工伤保险及意外伤害保险

根据国家建设行政主管部门所确定的建筑施工企业安全生产条件，第七项是“依法参加工伤保险，依法为施工现场从事危险作业的人员办理意外伤害保险，为从业人员交纳保险费”，企业应按照《安全生产法》的要求依法参加工伤保险，为从业人员缴纳保险费。

---

❶ 见本书“第2篇 2.2.10 第二十六条 ‘四新’管理及其安全教育培训”。

❷ 见本书“第2篇 2.2.25 第四十一条 从业人员安全告知管理”。

《安全生产法》第四十八条[1]规定："生产经营单位必须依法参加工伤保险，为从业人员缴纳保险费。"第四十九条规定："生产经营单位与从业人员订立的劳动合同，应当载明有关保障从业人员劳动安全、防止职业危害的事项，以及依法为从业人员办理工伤保险的事项。"第五十三条规定："因生产安全事故受到损害的从业人员，除依法享有工伤保险外，依照有关民事法律尚有获得赔偿的权利的，有权向本单位提出赔偿要求。"

建筑施工企业应当依法参加工伤保险，为本单位从业人员缴纳保险费。本法虽没有提及办理意外伤害保险，但在有关建筑施工安全生产管理的规范性文件中有相关的规定，建筑施工企业应给予关注。

建筑施工企业违反本规定，将受到处罚。

《安全生产法》第一百零三条规定："生产经营单位与从业人员订立协议，免除或者减轻其对从业人员因生产安全事故伤亡依法应承担的责任的，该协议无效；对生产经营单位的主要负责人、个人经营的投资人处二万元以上十万元以下的罚款。"

针对赔偿处罚的执行，《安全生产法》第一百一十一条规定："生产经营单位发生生产安全事故造成人员伤亡、他人财产损失的，应当依法承担赔偿责任；拒不承担或者其负责人逃匿的，由人民法院依法强制执行。

生产安全事故的责任人未依法承担赔偿责任，经人民法院依法采取执行措施后，仍不能对受害人给予足额赔偿的，应当继续履行赔偿义务；受害人发现责任人有其他财产的，可以随时请求人民法院执行。"

### 4.1.8 生产活动场所和机具配件管理

根据国家建设行政主管部门所确定的建筑施工企业安全生产条件，第八项是"施工现场的办公、生活区及作业场所和安全防护用具、机械设备、施工机具及配件符合有关安全生产法律、法规、标准和规程的要求"，企业应按照《安全生产法》的要求加强对生产活动场所和机具配件的管理。

**1. 建设项目安全设施管理**[2]

《安全生产法》第二十八条规定："生产经营单位新建、改建、扩建工程项目（以下统称建设项目）的安全设施，必须与主体工程同时设计、同时施工、同时投入生产和使用。安全设施投资应当纳入建设项目概算。"

建筑施工企业在涉及新建、改建、扩建工程项目的安全设施，应坚持与主体工程同时设计、同时施工、同时投入生产和使用的原则。

如果违反本规定，将受到处罚。

如建设项目安全设施施工时，安全生产资金不能满足，《安全生产法》第九十条规定："生产经营单位的决策机构、主要负责人或者个人经营的投资人不依照本法规定保证安全生产所必需的资金投入，致使生产经营单位不具备安全生产条件的，责令限期改正，提供必需的资金；逾期未改正的，责令生产经营单位停产停业整顿。

---

[1] 见本书"第2篇 2.2.32 第四十八条 工伤保险管理"；"2.3.1 第四十九条 工伤保险管理"；"2.3.5 第五十三条 依法赔偿权"。

[2] 见本书"第2篇 2.2.12 第二十八条 建设项目安全设施管理基本规定"。

有前款违法行为，导致发生生产安全事故的，对生产经营单位的主要负责人给予撤职处分，对个人经营的投资人处二万元以上二十万元以下的罚款；构成犯罪的，依照刑法有关规定追究刑事责任。”

如在涉及矿山、金属冶炼建设项目或者用于生产、储存、装卸危险物品的建设项目等施工活动中的违规行为，《安全生产法》第九十五条规定：“生产经营单位有下列行为之一的，责令停止建设或者停产停业整顿，限期改正；逾期未改正的，处五十万元以上一百万元以下的罚款，对其直接负责的主管人员和其他直接责任人员处二万元以上五万元以下的罚款；构成犯罪的，依照刑法有关规定追究刑事责任：

（一）未按照规定对矿山、金属冶炼建设项目或者用于生产、储存、装卸危险物品的建设项目进行安全评价的；

（二）矿山、金属冶炼建设项目或者用于生产、储存、装卸危险物品的建设项目没有安全设施设计或者安全设施设计未按照规定报经有关部门审查同意的；

（三）矿山、金属冶炼建设项目或者用于生产、储存、装卸危险物品的建设项目的施工单位未按照批准的安全设施设计施工的；

（四）矿山、金属冶炼建设项目或者用于生产、储存危险物品的建设项目竣工投入生产或者使用前，安全设施未经验收合格的。”

**2. 建设项目施工与验收**[1]

《安全生产法》第三十一条规定：“矿山、金属冶炼建设项目和用于生产、储存、装卸危险物品的建设项目的施工单位必须按照批准的安全设施设计施工，并对安全设施的工程质量负责。

矿山、金属冶炼建设项目和用于生产、储存危险物品的建设项目竣工投入生产或者使用前，应当由建设单位负责组织对安全设施进行验收；验收合格后，方可投入生产和使用。安全生产监督管理部门应当加强对建设单位验收活动和验收结果的监督核查。”

建筑施工企业涉及矿山、金属冶炼建设项目和用于生产、储存、装卸危险物品的建设项目施工时，应严格按照本法规定的建设项目施工与验收办法进行施工或者验收。如有违反本规定的，《安全生产法》第九十五条第三款对违反本规定作出了“责令停止建设或者停产停业整顿，限期改正；逾期未改正的，处五十万元以上一百万元以下的罚款，对其直接负责的主管人员和其他直接责任人员处二万元以上五万元以下的罚款；构成犯罪的，依照刑法有关规定追究刑事责任”的处罚规定。

**3. 安全警示标志管理**[2]

《安全生产法》第三十二条规定：“生产经营单位应当在有较大危险因素的生产经营场所和有关设施、设备上，设置明显的安全警示标志。”

建筑施工企业应在有较大危险因素的生产经营场所和有关设施、设备上，设置明显的安全警示标志。违反本规定，《安全生产法》第九十六条第一款作出了“责令限期改正，可以处五万元以下的罚款；逾期未改正的，处五万元以上二十万元以下的罚款，对其直接负责的主管人员和其他直接责任人员处一万元以上二万元以下的罚款；情节严重的，责令

---

[1] 见本书“第 2 篇 2.2.15　第三十一条　建设项目施工与验收”。
[2] 见本书“第 2 篇 2.2.16　第三十二条　安全警示标志”。

停产停业整顿；构成犯罪的，依照刑法有关规定追究刑事责任”的处罚规定。

**4. 安全设备管理**[1]

《安全生产法》第三十三条规定：“安全设备的设计、制造、安装、使用、检测、维修、改造和报废，应当符合国家标准或者行业标准。

生产经营单位必须对安全设备进行经常性维护、保养，并定期检测，保证正常运转。维护、保养、检测应当做好记录，并由有关人员签字。”

其中安装、使用等安全设备管理与建筑施工企业有关，建筑施工企业应关注安全设备的管理，在安全设备管理中注重做好记录、保留有关人员的签字记录。如果违反本规定，《安全生产法》第九十六条第二款作出了“责令限期改正，可以处五万元以下的罚款；逾期未改正的，处五万元以上二十万元以下的罚款，对其直接负责的主管人员和其他直接责任人员处一万元以上二万元以下的罚款；情节严重的，责令停产停业整顿；构成犯罪的，依照刑法有关规定追究刑事责任”的处罚规定。

**5. 危险物品容器、运输工具及部分特种设备的特殊管理**[2]

《安全生产法》第三十四条规定：“生产经营单位使用的危险物品的容器、运输工具，以及涉及人身安全、危险性较大的海洋石油开采特种设备和矿山井下特种设备，必须按照国家有关规定，由专业生产单位生产，并经取得专业资质的检测、检验机构检测、检验合格，取得安全使用证或者安全标志，方可投入使用。检测、检验机构对检测、检验结果负责。”

当建筑施工企业涉及使用的危险物品的容器、运输工具，以及涉及人身安全、危险性较大的海洋石油开采特种设备和矿山井下特种设备时，或者与此相似的特种设备管理时，应遵守此规定。如果违反此规定，《安全生产法》第九十六条第五款作出了“责令限期改正，可以处五万元以下的罚款；逾期未改正的，处五万元以上二十万元以下的罚款，对其直接负责的主管人员和其他直接责任人员处一万元以上二万元以下的罚款；情节严重的，责令停产停业整顿；构成犯罪的，依照刑法有关规定追究刑事责任”的处罚规定。

**6. 工艺及设备淘汰制度**[3]

《安全生产法》第三十五条规定：“国家对严重危及生产安全的工艺、设备实行淘汰制度，具体目录由国务院安全生产监督管理部门会同国务院有关部门制定并公布。法律、行政法规对目录的制定另有规定的，适用其规定。

省、自治区、直辖市人民政府可以根据本地区实际情况制定并公布具体目录，对前款规定以外的危及生产安全的工艺、设备予以淘汰。

生产经营单位不得使用应当淘汰的危及生产安全的工艺、设备。”

建筑施工企业应关注有关生产安全的工艺、设备，实行淘汰制度，不得使用应当淘汰的危及生产安全的工艺、设备。如果违反本规定，《安全生产法》第九十六条第六款作出了“责令限期改正，可以处五万元以下的罚款；逾期未改正的，处五万元以上二十万元以下的罚款，对其直接负责的主管人员和其他直接责任人员处一万元以上二万元以下的罚

---

[1] 见本书“第2篇 2.2.17　第三十三条　安全设备管理”。

[2] 见本书“第2篇 2.2.18　第三十四条　危险物品容器、运输工具及部分特种设备的管理”。

[3] 见本书“第2篇 2.2.19　第三十五条　工艺及设备淘汰制度”。

款；情节严重的，责令停产停业整顿；构成犯罪的，依照刑法有关规定追究刑事责任”的处罚规定。

**7. 危险物品管理❶**

《安全生产法》第三十六条规定：“生产、经营、运输、储存、使用危险物品或者处置废弃危险物品的，由有关主管部门依照有关法律、法规的规定和国家标准或者行业标准审批并实施监督管理。

生产经营单位生产、经营、运输、储存、使用危险物品或者处置废弃危险物品，必须执行有关法律、法规和国家标准或者行业标准，建立专门的安全管理制度，采取可靠的安全措施，接受有关主管部门依法实施的监督管理。”

建筑施工过程中有时也会遇到危险物品的管理问题，因此建筑施工企业应当重视危险物品的安全管理，遵守本规定。

首先遵守危险物品的审批制度。如果违反本规定的审批制度，《安全生产法》第九十七条作出了“未经依法批准，擅自生产、经营、运输、储存、使用危险物品或者处置废弃危险物品的，依照有关危险物品安全管理的法律、行政法规的规定予以处罚；构成犯罪的，依照刑法有关规定追究刑事责任”的处罚规定。

其次是履行其职责。如果不履行其职责，《安全生产法》第九十八条第一款作出了“责令限期改正，可以处十万元以下的罚款；逾期未改正的，责令停产停业整顿，并处十万元以上二十万元以下的罚款，对其直接负责的主管人员和其他直接责任人员处二万元以上五万元以下的罚款；构成犯罪的，依照刑法有关规定追究刑事责任”的处罚规定。

**8. 生产经营场所与员工宿舍管理❷**

安全生产第三十九条规定：“生产、经营、储存、使用危险物品的车间、商店、仓库不得与员工宿舍在同一座建筑物内，并应当与员工宿舍保持安全距离。

生产经营场所和员工宿舍应当设有符合紧急疏散要求、标志明显、保持畅通的出口。禁止锁闭、封堵生产经营场所或者员工宿舍的出口。”

建筑施工现场的作业场地与员工宿舍较为复杂，因此建筑施工企业更要注意施工现场的作业场地与员工宿舍的管理，严格遵守本规定。如果违反本规定，《安全生产法》第一百零二条作出了“责令限期改正，可以处五万元以下的罚款，对其直接负责的主管人员和其他直接责任人员可以处一万元以下的罚款；逾期未改正的，责令停产停业整顿；构成犯罪的，依照刑法有关规定追究刑事责任”的处罚规定。

**9. 从业人员的作业场所和工作岗位安全知情权❸**

《安全生产法》第五十条规定：“生产经营单位的从业人员有权了解其作业场所和工作岗位存在的危险因素、防范措施及事故应急措施，有权对本单位的安全生产工作提出建议。”

建筑施工企业不仅要管理好施工作业场所的防护管理，而且要把施工作业场所和工作岗位存在的危险因素、防范措施及事故应急措施告知从业人员，共同管理好施工作业场

---

❶ 见本书“第 2 篇 2.2.20 第三十六条 危险物品管理”。

❷ 见本书“第 2 篇 2.2.23 第三十九条 生产经营场所与员工宿舍管理”。

❸ 见本书“第 2 篇 2.3.2 第五十条 知情权和建议权”。

所，防范工作岗位的不安全因素。如果违反本规定，将受到处罚。

《安全生产法》第九十条规定："生产经营单位有下列行为之一的，责令限期改正，可以处五万元以下的罚款；逾期未改正的，责令停产停业整顿，并处五万元以上十万元以下的罚款，对其直接负责的主管人员和其他直接责任人员处一万元以上二万元以下的罚款：

……

（四）未如实记录安全生产教育和培训情况的；

（五）未将事故隐患排查治理情况如实记录或者未向从业人员通报的；

……"

### 4.1.9 职业危害防治与劳动防护

根据国家建设行政主管部门所确定的建筑施工企业安全生产条件，第九项是"有职业危害防治措施，并为作业人员配备符合国家标准或者行业标准的安全防护用具和安全防护服装"，企业应做好职业危害防治措施。

《安全生产法》第四十二条[1]规定："生产经营单位必须为从业人员提供符合国家标准或者行业标准的劳动防护用品，并监督、教育从业人员按照使用规则佩戴、使用。"

建筑施工企业应为从业人员提供符合国家标准或者行业标准的劳动防护用品。违反本规定，《安全生产法》第九十六条第四款作出了"责令限期改正，可以处五万元以下的罚款；逾期未改正的，处五万元以上二十万元以下的罚款，对其直接负责的主管人员和其他直接责任人员处一万元以上二万元以下的罚款；情节严重的，责令停产停业整顿；构成犯罪的，依照刑法有关规定追究刑事责任"的处罚规定。

建筑施工企业应监督、教育从业人员按照使用规则佩戴、使用。对于违反本规定的，《安全生产法》第九十四条第三款作出了"责令限期改正，可以处五万元以下的罚款；逾期未改正的，责令停产停业整顿，并处五万元以上十万元以下的罚款，对其直接负责的主管人员和其他直接责任人员处一万元以上二万元以下的罚款"的处罚规定。

### 4.1.10 危险性工程及重要部位监控管理

根据国家建设行政主管部门所确定的建筑施工企业安全生产条件，第十项是"有对危险性较大的分部分项工程及施工现场易发生重大事故的部位、环节的预防、监控措施和应急预案"，企业应当加强对危险性较大的分部分项工程及施工现场易发生重大事故的部位、环节的预防、监控措施和应急预案的管理。

**1. 重大危险源管理[2]**

《安全生产法》第三十七条规定："生产经营单位对重大危险源应当登记建档，进行定期检测、评估、监控，并制定应急预案，告知从业人员和相关人员在紧急情况下应当采取的应急措施。

生产经营单位应当按照国家有关规定将本单位重大危险源及有关安全措施、应急措施报有关地方人民政府安全生产监督管理部门和有关部门备案。"

---

[1] 见本书"第2篇 2.2.26 第四十二条 劳动防护用品管理"。

[2] 见本书"第2篇 2.2.21 第三十七条 重大危险源管理"。

建筑施工企业应当根据这一规定建立重大危险源档案、制定应急预案以及相应的测评监控措施以及应急措施，并向有关部门备案。

建筑施工企业未对重大危险源登记建档，或者未进行定期检测、评估、监控，并制定应急预案的，《安全生产法》第九十八条第二款作出了“责令限期改正，可以处十万元以下的罚款；逾期未改正的，责令停产停业整顿，并处十万元以上二十万元以下的罚款，对其直接负责的主管人员和其他直接责任人员处二万元以上五万元以下的罚款；构成犯罪的，依照刑法有关规定追究刑事责任”的处罚规定。

建筑施工企业未将重大危险源及应急预案以及在紧急情况下应当采取的应急措施告知从业人员和相关人员，《安全生产法》第九十四条第三款作出了“责令限期改正，可以处五万元以下的罚款；逾期未改正的，责令停产停业整顿，并处五万元以上十万元以下的罚款，对其直接负责的主管人员和其他直接责任人员处一万元以上二万元以下的罚款”的处罚规定。

**2. 生产安全事故隐患管理❶**

《安全生产法》第三十八条规定：“生产经营单位应当建立健全生产安全事故隐患排查治理制度，采取技术、管理措施，及时发现并消除事故隐患。事故隐患排查治理情况应当如实记录，并向从业人员通报。”

建筑施工企业应当建立健全生产安全事故隐患排查治理制度，采取技术、管理措施，及时发现并消除事故隐患。事故隐患排查治理情况应当如实记录，并向从业人员通报。对于违反本规定的，本法第九十八条第四款作出了“责令限期改正，可以处十万元以下的罚款；逾期未改正的，责令停产停业整顿，并处十万元以上二十万元以下的罚款，对其直接负责的主管人员和其他直接责任人员处二万元以上五万元以下的罚款；构成犯罪的，依照刑法有关规定追究刑事责任”的处罚规定。

**3. 建筑施工危险作业的安全管理❷**

《安全生产法》第四十条规定：“生产经营单位进行爆破、吊装以及国务院安全生产监督管理部门会同国务院有关部门规定的其他危险作业，应当安排专门人员进行现场安全管理，确保操作规程的遵守和安全措施的落实。”

建筑施工现场经常会遇到爆破、吊装等危险作业，尤其是吊装在施工现场是常见的。建筑施工企业如有爆破、吊装以及国务院安全生产监督管理部门会同国务院有关部门规定的其他危险作业，应当安排专门人员进行现场安全管理，确保操作规程的遵守和安全措施的落实。

为进一步规范和加强对建筑施工现场危险性较大的分部分项工程安全管理，积极防范和遏制建筑施工生产安全事故的发生，国家建设行政主管部门制定了《危险性较大的分部分项工程安全管理办法》，指出危险性较大的分部分项工程是指建筑工程在施工过程中存在的、可能导致作业人员群死群伤或者造成重大不良社会影响的分部分项工程。其中，不仅提出了有危险作业时，必须安排专门人员进行现场安全管理，确保操作规程的遵守和安全措施的落实外，还提出了编制专项施工方案、进行专家论证、开展安全技术交底、加强

---

❶ 见本书“第 2 篇 2.2.22　第三十八条　生产安全事故隐患管理”。

❷ 见本书“第 2 篇 2.2.24　第四十条　爆破、吊装等危险作业管理”。

现场安全监理等管理要求❶。

建筑施工企业有关人员不但要学习本法第四十条的规定，而且要贯彻《危险性较大的分部分项工程安全管理办法》所提的有关要求。建议建筑施工企业有关人员特别是本单位负责人、技术负责人和安全生产管理人员应当熟悉掌握危险性较大的分部分项工程和超过一定规模的危险性较大的分部分项工程的范围和管理要求，落实建筑施工危险作业的各项安全管理职责。

如违反本规定，《安全生产法》第九十八条规定："生产经营单位有下列行为之一的，责令限期改正，可以处十万元以下的罚款；逾期未改正的，责令停产停业整顿，并处十万元以上二十万元以下的罚款，对其直接负责的主管人员和其他直接责任人员处二万元以上五万元以下的罚款；构成犯罪的，依照刑法有关规定追究刑事责任：

……

（三）进行爆破、吊装以及国务院安全生产监督管理部门会同国务院有关部门规定的其他危险作业，未安排专门管理人员进行现场安全管理的；

……。"

从建筑施工安全生产管理角度来看，这里的"其他危险作业"应当包括《危险性较大的分部分项工程安全管理办法》中所指的危险性较大的分部分项工程和超过一定规模的危险性较大的分部分项工程。

**4. 发现重大隐患的处置管理❷**

《安全生产法》第四十三条："生产经营单位的安全生产管理人员应当根据本单位的生产经营特点，对安全生产状况进行经常性检查；对检查中发现的安全问题，应当立即处理；不能处理的，应当及时报告本单位有关负责人，有关负责人应当及时处理。检查及处理情况应当记录在案。

生产经营单位的安全生产管理人员在检查中发现重大事故隐患，依照前款规定向本单位有关负责人报告，有关负责人不及时处理的，安全生产管理人员可以向主管的负有安全生产监督管理职责的部门报告，接到报告的部门应当依法及时处理。"

建筑施工企业安全生产管理人员按照本规定，视情况逐级报告。如果安全生产管理人员未履行其职责，将受到处罚，《安全生产法》第九十三条规定"生产经营单位的安全生产管理人员未履行本法规定的安全生产管理职责的，责令限期改正；导致发生生产安全事故的，暂停或者撤销其与安全生产有关的资格；构成犯罪的，依照刑法有关规定追究刑事责任。"

如果建筑施工企业不及时消除隐患，《安全生产法》第九十九条规定："生产经营单位未采取措施消除事故隐患的，责令立即消除或者限期消除；生产经营单位拒不执行的，责令停产停业整顿，并处十万元以上五十万元以下的罚款，对其直接负责的主管人员和其他直接责任人员处二万元以上五万元以下的罚款。"

### 4.1.11　安全事故应急救援预案管理

根据国家建设行政主管部门所确定的建筑施工企业安全生产条件，第十一项是"有生

❶ 见本书"附录四：危险性较大的分部分项工程安全管理办法"。

❷ 见本书"第2篇 2.2.27　第四十三条　安全生产管理人员检查管理"。

产安全事故应急救援预案、应急救援组织或者应急救援人员，配备必要的应急救援器材、设备”，企业应按照《安全生产法》的要求加强生产安全事故应急救援预案的管理。

**1. 生产经营单位生产安全事故应急救援预案的衔接❶**

《安全生产法》第七十八条规定：“生产经营单位应当制定本单位生产安全事故应急救援预案，与所在地县级以上地方人民政府组织制定的生产安全事故应急救援预案相衔接，并定期组织演练。”

建筑施工企业在制定本单位生产安全事故应急救援预案时，应注意与所在地县级以上地方人民政府组织制定的生产安全事故应急救援预案相衔接，并定期组织演练。

**2. 高危生产经营单位应急救援建设❷**

《安全生产法》第七十九条规定：“危险物品的生产、经营、储存单位以及矿山、金属冶炼、城市轨道交通运营、建筑施工单位应当建立应急救援组织；生产经营规模较小的，可以不建立应急救援组织，但应当指定兼职的应急救援人员。

危险物品的生产、经营、储存单位以及矿山、金属冶炼、城市轨道交通运营、建筑施工单位应当配备必要的应急救援器材、设备和物资，并进行经常性维护、保养，保证正常运转。”

建筑施工企业应当建立应急救援组织；规模较小的建筑施工企业，可以不建立应急救援组织，但应当指定兼职的应急救援人员。

建筑施工企业还应当配备必要的应急救援器材、设备和物资，并进行经常性维护、保养，保证正常运转。

## 4.1.12 法律法规的其他规定

根据国家建设行政主管部门所确定的建筑施工企业安全生产条件，第十二项是“法律、法规规定的其他条件”，企业应按照《安全生产法》的要求完善法律、法规规定的其他条件。

**1. 工会安全生产管理规定❸**

《安全生产法》第七条规定：“工会依法对安全生产工作进行监督。

生产经营单位工会依法组织职工参加本单位安全生产工作的民主管理和民主监督，维护职工在安全生产方面的合法权益。生产经营单位制定或者修改有关安全生产规章制度，应当听取工会的意见。”

《安全生产法》第五十七条规定：“工会有权对建设项目的安全设施与主体工程同时设计、同时施工、同时投入生产和使用进行监督，提出意见。

工会对生产经营单位违反安全生产法律、法规，侵犯从业人员合法权益的行为，有权要求纠正；发现生产经营单位违章指挥、强令冒险作业或者发现事故隐患时，有权提出解决的建议，生产经营单位应当及时研究答复；发现危及从业人员生命安全的情况时，有权向生产经营单位建议组织从业人员撤离危险场所，生产经营单位必须立即作出处理。

---

❶ 见本书“第 2 篇 2.5.3 第七十八条 生产经营单位生产安全事故应急救援预案的衔接”。

❷ 见本书“第 2 篇 2.5.4 第七十九条 高危生产经营单位应急救援建设”。

❸ 见本书“第 2 篇 2.1.7 第七条 工会安全生产职责”；“2.3.9 第五十七条 工会监管权力”。

工会有权依法参加事故调查，向有关部门提出处理意见，并要求追究有关人员的责任。”

建筑施工企业在安全生产管理中应充分听取工会意见，工会有依法组织职工参加本单位安全生产工作的民主管理和民主监督，维护职工在安全生产方面的合法权益。建筑施工企业应确保工会监管权力得到落实，接收工会的监管。

**2. 不得阻挠和干涉调查处理**[1]

《安全生产法》第八十五条规定：“任何单位和个人不得阻挠和干涉对事故的依法调查处理。”

建筑施工企业应开展有关法律法规的宣传教育，尊重执法、尊重司法，教育员工不得阻挠和干涉对事故的依法调查处理。若违反本规定，《安全生产法》第一百零五条规定：“违反本法规定，生产经营单位拒绝、阻碍负有安全生产监督管理职责的部门依法实施监督检查的，责令改正；拒不改正的，处二万元以上二十万元以下的罚款；对其直接负责的主管人员和其他直接责任人员处一万元以上二万元以下的罚款；构成犯罪的，依照刑法有关规定追究刑事责任。”

## 4.2 安全生产服务咨询等有关单位安全生产责任

前面所述，建筑施工安全生产责任主体是在建筑施工工地上从事建筑业活动的所有生产经营单位，这就包括除建筑施工企业外还有从事建筑起重机械租赁单位、建筑起重机械安装检验检测机构、建筑施工安全咨询机构等有关安全生产服务、咨询的单位，这些安全生产服务、咨询单位与建筑施工企业一样也应履行《安全生产法》所确立的有关安全生产职责。同样，按照生产经营单位履行安全生产责任的过程，就是不断完善和提高安全生产条件的过程这一理论，从事建筑起重机械租赁单位、建筑起重机械安装检验检测机构、建筑施工安全咨询机构等有关安全生产服务、咨询单位也应具备相应的安全生产条件。

因此，笔者按照前面建筑施工企业安全生产职责的分析方法，以安全生产条件的顺序逐项分析建筑起重机械租赁单位、建筑起重机械安装检验检测机构、建筑施工安全咨询机构等有关安全生产服务、咨询的单位的安全生产职责，其中也包括其他有关为建筑施工安全生产服务的单位。本节如无特殊说明，文章中所用“有关服务单位”是指建筑起重机械租赁单位、建筑起重机械安装检验检测机构、建筑施工安全咨询机构等有关安全生产服务、咨询的单位。

### 4.2.1 安全生产管理制度及操作规程

根据《安全生产许可证条例》第六条所确定的安全生产条件，第一项是“建立、健全安全生产责任制，制定完备的安全生产规章制度和操作规程”，从事建筑起重机械租赁单位、建筑起重机械安装检验检测机构、建筑施工安全咨询机构等有关安全生产服务、咨询的单位应按照《安全生产法》的要求，建立、健全安全生产责任制，制定完备的安全生产规章制度和操作规程。

[1] 见本书“第2篇 2.5.10 第八十五条 不得阻挠和干涉调查处理”。

**1. 建立、健全安全生产规章制度**

《安全生产法》第四条规定："生产经营单位必须遵守本法和其他有关安全生产的法律、法规，加强安全生产管理，建立、健全安全生产责任制度和安全生产规章制度，改善安全生产条件，推进安全生产标准化建设，提高安全生产管理水平，确保安全生产。"

这里的生产经营单位是指所有从事生产活动的经营单位。在建筑施工安全生产管理中，从事建筑起重机械租赁单位、建筑起重机械安装检验检测机构、建筑施工安全咨询机构等有关安全生产服务、咨询的单位都应当依法建立相应的安全生产规章制度。建筑施工企业在考核有关建筑起重机械租赁、建筑起重机械安装检验检测、建筑施工安全咨询等单位时，应当了解有关服务单位建立、健全安全生产规章制度的情况，选择安全生产管理好、信誉好的服务单位为其开展建筑施工安全服务或咨询活动。

如《安全生产法》第六十九条规定："承担安全评价、认证、检测、检验的机构应当具备国家规定的资质条件，并对其作出的安全评价、认证、检测、检验的结果负责。"所以，承担建筑施工安全评价、认证、检测、检验的机构应当将这一规定体现在本单位安全生产管理制度中去。

同样的，有关服务单位的安全生产管理制度也应按建筑施工企业安全生产规章制度的要求以"五大制度"进行归纳❶。

**2. 主要负责人对本单位的安全生产工作全面负责**

《安全生产法》第五条规定："生产经营单位的主要负责人对本单位的安全生产工作全面负责。"

从事建筑起重机械租赁单位、建筑起重机械安装检验检测机构、建筑施工安全咨询机构等有关安全生产服务、咨询单位应当明确本单位的主要负责人对本单位的安全生产工作全面负责。有关服务单位主要负责人能否全面负责，体现在该单位各个方面。建筑施工企业应考察有关服务单位主要负责人是否能够对其单位的安全生产工作负全面责任，不但要查验该单位有关营业证书、管理文件等，还应考察该单位有关业绩，如该单位主要负责人的安全生产管理职责是否能够满足《安全生产法》第十八条的规定要求，该单位信用评价等级是多少等。

**3. 执行国家标准或者行业标准**

《安全生产法》第十条规定："国务院有关部门应当按照保障安全生产的要求，依法及时制定有关的国家标准或者行业标准，并根据科技进步和经济发展适时修订。

生产经营单位必须执行依法制定的保障安全生产的国家标准或者行业标准。"

从事建筑起重机械租赁单位、建筑起重机械安装检验检测机构、建筑施工安全咨询机构等有关安全生产服务、咨询单位应根据本单位经营活动制定相应的标准，确保在经营活动中有相应的标准和操作规程来指导生产经营活动的安全开展。建筑施工企业在委托有关服务单位开展服务或咨询活动时，应将有关服务单位的安全生产标准化管理工作作为重点考察内容。良好的安全生产标准化管理，是有关服务单位服务质量的保证。

**4. 依照法律、行政法规和执业准则从事技术或管理服务**

《安全生产法》第十三条规定："依法设立的为安全生产提供技术、管理服务的机构，

---

❶ 见本篇"4.1.1 安全生产管理制度及操作规程"中的"1. 建立、健全安全生产规章制度"。

依照法律、行政法规和执业准则，接受生产经营单位的委托为其安全生产工作提供技术、管理服务。……”

从事建筑起重机械租赁单位、建筑起重机械安装检验检测机构、建筑施工安全咨询机构等有关安全生产服务、咨询单位应依法设立，并依照法律、行政法规和执业准则，接受生产经营单位的委托为其安全生产工作提供技术、管理服务，并承诺确保委托为其安全生产工作提供技术、管理服务的质量。

建筑施工企业应关注有关服务单位是否依法成立，有关单位资质以及人员资格是否满足要求。

**5. 主要负责人安全生产工作职责**

《安全生产法》第十八条规定："生产经营单位的主要负责人对本单位安全生产工作负有下列职责：

（一）建立、健全本单位安全生产责任制；

（二）组织制定本单位安全生产规章制度和操作规程；

（三）组织制定并实施本单位安全生产教育和培训计划；

（四）保证本单位安全生产投入的有效实施；

（五）督促、检查本单位的安全生产工作，及时消除生产安全事故隐患；

（六）组织制定并实施本单位的生产安全事故应急救援预案；

（七）及时、如实报告生产安全事故。”

从事建筑起重机械租赁单位、建筑起重机械安装检验检测机构、建筑施工安全咨询机构等有关安全生产服务、咨询的单位应按照以上规定，制定相应的本单位主要负责人安全生产职责，确保单位主要负责人的安全生产职责满足以上规定的七条职责要求。

如果有关服务单位主要负责人未履行本条中的任何一项要求，或受到罚款的处罚，或由此造成生产安全事故的，有可能面临难以继续担任本行业生产经营单位的主要负责人处罚的可能。

如《安全生产法》第九十一条规定："生产经营单位的主要负责人未履行本法规定的安全生产管理职责的，责令限期改正；逾期未改正的，处二万元以上五万元以下的罚款，责令生产经营单位停产停业整顿。

生产经营单位的主要负责人有前款违法行为，导致发生生产安全事故的，给予撤职处分；构成犯罪的，依照刑法有关规定追究刑事责任。

生产经营单位的主要负责人依照前款规定受刑事处罚或者撤职处分的，自刑罚执行完毕或者受处分之日起，五年内不得担任任何生产经营单位的主要负责人；对重大、特别重大生产安全事故负有责任的，终身不得担任本行业生产经营单位的主要负责人。”

《安全生产法》第九十二条规定："生产经营单位的主要负责人未履行本法规定的安全生产管理职责，导致发生生产安全事故的，由安全生产监督管理部门依照下列规定处以罚款：

（一）发生一般事故的，处上一年年收入百分之三十的罚款；

（二）发生较大事故的，处上一年年收入百分之四十的罚款；

（三）发生重大事故的，处上一年年收入百分之六十的罚款；

（四）发生特别重大事故的，处上一年年收入百分之八十的罚款。”

(3)《安全生产法》第一百零六条规定："生产经营单位主要负责人在本单位发生生产安全事故时，不立即组织抢救或者在事故调查处理期间擅离职守或者逃匿的，给予降职、撤职的处分，并由安全生产监督管理部门处上一年年收入百分之六十至百分之一百的罚款；对逃匿的处十五日以下拘留；构成犯罪的，依照刑法有关规定追究刑事责任。

生产经营单位主要负责人对生产安全事故隐瞒不报、谎报或者迟报的，依照前款规定处罚。"

**6. 全员安全生产责任制及监督考核机制**

《安全生产法》第十九条规定："生产经营单位的安全生产责任制应当明确各岗位的责任人员、责任范围和考核标准等内容。

生产经营单位应当建立相应的机制，加强对安全生产责任制落实情况的监督考核，保证安全生产责任制的落实。"

这是本次修改《安全生产法》时增加的新内容，因此很重要。从事建筑起重机械租赁单位、建筑起重机械安装检验检测机构、建筑施工安全咨询机构等有关安全生产服务、咨询单位主要负责人，要建立相应的安全生产责任的考核机制，切实加强本单位各项安全生产责任制的落实。有关服务单位的安全生产管理机构负责人要协助本单位主要负责人按照本条的要求制定全员安全生产岗位责任制，明确责任和考核标准，并落实安全生产责任的考核机制。

如果安全生产责任制不落实，造成生产安全事故的，从事建筑起重机械租赁单位、建筑起重机械安装检验检测机构、建筑施工安全咨询机构等有关安全生产服务、咨询单位主要负责人有可能受到《安全生产法》第九十一条、第九十二条和第一百零六条作出的相应处罚。

**7. 安全生产管理机构与安全生产管理人员管理**

《安全生产法》第二十二条规定："生产经营单位的安全生产管理机构以及安全生产管理人员履行下列职责：

（一）组织或者参与拟订本单位安全生产规章制度、操作规程和生产安全事故应急救援预案；

（二）组织或者参与本单位安全生产教育和培训，如实记录安全生产教育和培训情况；

（三）督促落实本单位重大危险源的安全管理措施；

（四）组织或者参与本单位应急救援演练；

（五）检查本单位的安全生产状况，及时排查生产安全事故隐患，提出改进安全生产管理的建议；

（六）制止和纠正违章指挥、强令冒险作业、违反操作规程的行为；

（七）督促落实本单位安全生产整改措施。"

这条是新修改的《安全生产法》新增加的条款。虽然从事建筑起重机械租赁单位、建筑起重机械安装检验检测机构、建筑施工安全咨询机构等有关安全生产服务、咨询单位与建筑施工企业不一样，但依据《安全生产法》也应设立安全生产管理机构或配备安全生产管理人员。所以同样地，从事建筑起重机械租赁单位、建筑起重机械安装检验检测机构、建筑施工安全咨询机构等有关安全生产服务、咨询单位的安全生产管理机构或配备安全生产管理人员都应履行《安全生产法》所确定的管理职责。

**8. 施工现场多个单位作业的安全管理职责**

《安全生产法》第四十五条规定："两个以上生产经营单位在同一作业区域内进行生产经营活动，可能危及对方生产安全的，应当签订安全生产管理协议，明确各自的安全生产管理职责和应当采取的安全措施，并指定专职安全生产管理人员进行安全检查与协调。"

建筑施工现场多个单位同时作业的现象很多，从事建筑起重机械租赁单位、建筑起重机械安装检验检测机构、建筑施工安全咨询机构等有关安全生产服务、咨询单位一定要按照本规定的要求"签订安全生产管理协议，明确各自的安全生产管理职责和应当采取的安全措施，并指定专职安全生产管理人员进行安全检查与协调"，否则将承担相应的法律责任。

《安全生产法》第一百零一条规定："两个以上生产经营单位在同一作业区域内进行可能危及对方安全生产的生产经营活动，未签订安全生产管理协议或者未指定专职安全生产管理人员进行安全检查与协调的，责令限期改正，可以处五万元以下的罚款，对其直接负责的主管人员和其他直接责任人员可以处一万元以下的罚款；逾期未改正的，责令停产停业。"

**9. 出租单位的安全生产管理职责**

《安全生产法》第四十六条规定："生产经营单位不得将生产经营项目、场所、设备发包或者出租给不具备安全生产条件或者相应资质的单位或者个人。

生产经营项目、场所发包或者出租给其他单位的，生产经营单位应当与承包单位、承租单位签订专门的安全生产管理协议，或者在承包合同、租赁合同中约定各自的安全生产管理职责；生产经营单位对承包单位、承租单位的安全生产工作统一协调、管理，定期进行安全检查，发现安全问题的，应当及时督促整改。"

从事建筑起重机械租赁单位将起重机械设备出租给施工单位的，应当按照本规定与施工单位签订专门的安全生产管理协议，或者在承包合同、租赁合同中约定各自的安全生产管理职责，实行安全生产工作统一协调、管理，定期进行安全检查，发现安全问题的，应当及时督促整改。

如果违反本规定，《安全生产法》第一百条规定："生产经营单位将生产经营项目、场所、设备发包或者出租给不具备安全生产条件或者相应资质的单位或者个人的，责令限期改正，没收违法所得；违法所得十万元以上的，并处违法所得二倍以上五倍以下的罚款；没有违法所得或者违法所得不足十万元的，单处或者并处十万元以上二十万元以下的罚款；对其直接负责的主管人员和其他直接责任人员处一万元以上二万元以下的罚款；导致发生生产安全事故给他人造成损害的，与承包方、承租方承担连带赔偿责任。

生产经营单位未与承包单位、承租单位签订专门的安全生产管理协议或者未在承包合同、租赁合同中明确各自的安全生产管理职责，或者未对承包单位、承租单位的安全生产统一协调、管理的，责令限期改正，可以处五万元以下的罚款，对其直接负责的主管人员和其他直接责任人员可以处一万元以下的罚款；逾期未改正的，责令停产停业整顿。"

本条在修改时，其处罚力度较原先的规定加大了，建筑起重机械租赁单位应更加重视。

**10. 从业人员的职责及权利与义务**

《安全生产法》第六条规定："生产经营单位的从业人员有依法获得安全生产保障的权

利，并应当依法履行安全生产方面的义务。”

从事建筑起重机械租赁单位、建筑起重机械安装检验检测机构、建筑施工安全咨询机构等有关安全生产服务、咨询的单位应当确保本单位的从业人员享有获得安全生产保障的权利，并督促本单位的从业人员依法履行安全生产方面的义务。

### 4.2.2 安全生产资金投入与使用

根据《安全生产许可证条例》第六条所确定的安全生产条件，第二项是“安全投入符合安全生产要求”，从事建筑起重机械租赁单位、建筑起重机械安装检验检测机构、建筑施工安全咨询机构等有关安全生产服务、咨询的单位应按照《安全生产法》的要求确保本单位有关安全生产资金的投入。

《安全生产法》第二十条规定：“生产经营单位应当具备的安全生产条件所必需的资金投入，由生产经营单位的决策机构、主要负责人或者个人经营的投资人予以保证，并对由于安全生产所必需的资金投入不足导致的后果承担责任。

有关生产经营单位应当按照规定提取和使用安全生产费用，专门用于改善安全生产条件。安全生产费用在成本中据实列支。安全生产费用提取、使用和监督管理的具体办法由国务院财政部门会同国务院安全生产监督管理部门征求国务院有关部门意见后制定。”

《安全生产法》第四十四条还规定：“生产经营单位应当安排用于配备劳动防护用品、进行安全生产培训的经费。”

从事建筑起重机械租赁单位、建筑起重机械安装检验检测机构、建筑施工安全咨询机构等有关安全生产服务、咨询的单位的安全生产资金投入也是必须的。如有关安全检测设备、人员安全教育培训资金等都需要投入。

《安全生产法》第九十条规定：“生产经营单位的决策机构、主要负责人或者个人经营的投资人不依照本法规定保证安全生产所必需的资金投入，致使生产经营单位不具备安全生产条件的，责令限期改正，提供必需的资金；逾期未改正的，责令生产经营单位停产停业整顿。

有前款违法行为，导致发生生产安全事故的，对生产经营单位的主要负责人给予撤职处分，对个人经营的投资人处二万元以上二十万元以下的罚款；构成犯罪的，依照刑法有关规定追究刑事责任。”

### 4.2.3 安全生产管理机构设置及人员配备

根据《安全生产许可证条例》第六条所确定的安全生产条件，第三项是“设置安全生产管理机构，配备专职安全生产管理人员”，从事建筑起重机械租赁单位、建筑起重机械安装检验检测机构、建筑施工安全咨询机构等有关安全生产服务、咨询的单位应按照《安全生产法》的要求设置安全生产管理机构或配备专职安全生产管理人员。

《安全生产法》第二十一条规定：“……前款规定以外的其他生产经营单位，从业人员超过一百人的，应当设置安全生产管理机构或者配备专职安全生产管理人员；从业人员在一百人以下的，应当配备专职或者兼职的安全生产管理人员。”

从事建筑起重机械租赁单位、建筑起重机械安装检验检测机构、建筑施工安全咨询机构等有关安全生产服务、咨询的单位人员人数少于一百人的，也应配备安全生产管理人员，最少也得配备兼职安全生产管理人员。以建筑施工安全咨询单位为例，实际上这样的单位咨询人员都对安全生产管理非常熟悉，有的就是安全生产管理专家，所以一般来说这样的单位不一定要设置安全生产管理机构，但必须要有一名专门负责安全管理的审核人员对到施工现场从事建筑施工安全咨询时的方案进行必要的审核，提醒咨询小组到施工现场应注意哪些安全事项。按照有关规定，有关单位未按规定设置安全生产管理机构或配备安全生产管理人员的，将受到处罚。

《安全生产法》第九十四条规定："生产经营单位有下列行为之一的，责令限期改正，可以处五万元以下的罚款；逾期未改正的，责令停产停业整顿，并处五万元以上十万元以下的罚款，对其直接负责的主管人员和其他直接责任人员处一万元以上二万元以下的罚款：

（一）未按照规定设置安全生产管理机构或者配备安全生产管理人员的；

……。"

有关安全生产管理知识及管理能力的考核：

《安全生产法》第二十四条规定："生产经营单位的主要负责人和安全生产管理人员必须具备与本单位所从事的生产经营活动相应的安全生产知识和管理能力。……"

这里需要指出的是从事建筑起重机械租赁单位、建筑起重机械安装检验检测机构、建筑施工安全咨询机构等有关安全生产服务、咨询的单位的主要负责人、安全生产管理人员虽然不要参加有关部门组织的考核，但有关服务单位应当对主要负责人、安全生产管理人员进行考核，确认具备与本单位所从事的生产经营活动相应的安全生产知识和管理能力后方可上岗任职。特别是从事建筑施工安全咨询服务的单位，更应对所有从事建筑施工安全咨询人员进行考核，以确保安全咨询服务的质量。

### 4.2.4 特种作业人员考核及持证上岗

根据《安全生产许可证条例》第六条所确定的安全生产条件，第五项是"特种作业人员经有关业务主管部门考核合格，取得特种作业操作资格证书"，从事建筑起重机械租赁单位、建筑起重机械安装检验检测机构、建筑施工安全咨询机构等有关安全生产服务、咨询的单位应按照《安全生产法》的要求实施特种作业人员管理。

《安全生产法》第二十七条规定："生产经营单位的特种作业人员必须按照国家有关规定经专门的安全作业培训，取得相应资格，方可上岗作业。

特种作业人员的范围由国务院安全生产监督管理部门会同国务院有关部门确定。"

从事建筑起重机械租赁单位、建筑起重机械安装检验检测机构、建筑施工安全咨询机构等有关安全生产服务、咨询的单位涉及特种作业人员的培训与管理，也应按照规定加强特种作业人员管理。特别是建筑起重机械设备租赁单位，有可能涉及特种作业人员的使用，建筑起重机械安装检验检测单位有的检验人员按照规定也属于特种作业人员，建筑施工安全咨询单位有可能要使用有关特种作业人员参与某些咨询项目的检查。所以必须加强有关单位特种作业人员的管理。违反本规定，将受到处罚。

《安全生产法》第九十四条规定："生产经营单位有下列行为之一的，责令限期改正，可以处五万元以下的罚款；逾期未改正的，责令停产停业整顿，并处五万元以上十万元以下的罚款，对其直接负责的主管人员和其他直接责任人员处一万元以上二万元以下的罚款：

……

（七）特种作业人员未按照规定经专门的安全作业培训并取得资格，上岗作业的。”

### 4.2.5 全员教育培训

根据《安全生产许可证条例》第六条所确定的安全生产条件，第六项是“从业人员经安全生产教育和培训合格”，从事建筑起重机械租赁单位、建筑起重机械安装检验检测机构、建筑施工安全咨询机构等有关安全生产服务、咨询的单位应按照《安全生产法》的要求开展安全生产教育培训工作。

《安全生产法》第二十五条规定：“生产经营单位应当对从业人员进行安全生产教育和培训，保证从业人员具备必要的安全生产知识，熟悉有关的安全生产规章制度和安全操作规程，掌握本岗位的安全操作技能，了解事故应急处理措施，知悉自身在安全生产方面的权利和义务。未经安全生产教育和培训合格的从业人员，不得上岗作业。

……

生产经营单位应当建立安全生产教育和培训档案，如实记录安全生产教育和培训的时间、内容、参加人员以及考核结果等情况。”

从事建筑起重机械租赁单位、建筑起重机械安装检验检测机构、建筑施工安全咨询机构等有关安全生产服务、咨询的单位应重视本法提出的有关安全生产教育培训的各项规定，切实搞好企业的安全生产教育培训工作。

如《安全生产法》第二十六条规定：“生产经营单位采用新工艺、新技术、新材料或者使用新设备，必须了解、掌握其安全技术特性，采取有效的安全防护措施，并对从业人员进行专门的安全生产教育和培训。”

从事建筑起重机械租赁单位、建筑起重机械安装检验检测机构、建筑施工安全咨询机构等有关安全生产服务、咨询的单位应针对新工艺、新技术、新材料或者使用新设备的出现，根据其安全技术特性，采取有效的安全防护措施，并对从业人员进行专门的安全生产教育和培训。

### 4.2.6 工伤保险管理

根据《安全生产许可证条例》第六条所确定的安全生产条件，第七项是“依法参加工伤保险，为从业人员缴纳保险费”，从事建筑起重机械租赁单位、建筑起重机械安装检验检测机构、建筑施工安全咨询机构等有关安全生产服务、咨询的单位应按照《安全生产法》的要求依法参加工伤保险，为从业人员缴纳保险费。

《安全生产法》第四十八条规定：“生产经营单位必须依法参加工伤保险，为从业人员缴纳保险费。”第四十九条规定：“生产经营单位与从业人员订立的劳动合同，应当载明有关保障从业人员劳动安全、防止职业危害的事项，以及依法为从业人员办理工伤保险的事项。”第五十三条规定：“因生产安全事故受到损害的从业人员，除依法享有工伤保险外，依照有关民事法律尚有获得赔偿的权利的，有权向本单位提出赔偿要求。”

从事建筑起重机械租赁单位、建筑起重机械安装检验检测机构、建筑施工安全咨询机构等有关安全生产服务、咨询的单位同样应依法参加工伤保险，为本单位人员缴纳保险费。

### 4.2.7 生产活动场所和机具配件管理

根据《安全生产许可证条例》第六条所确定的安全生产条件，第八项是“厂房、作业场所和安全设施、设备、工艺符合有关安全生产法律、法规、标准和规程的要求”，从事建筑起重机械租赁单位、建筑起重机械安装检验检测机构、建筑施工安全咨询机构等有关安全生产服务、咨询的单位应按照《安全生产法》的要求加强对生产活动场所和机具配件的管理。

**1. 安全警示标志管理**

《安全生产法》第三十二条规定：“生产经营单位应当在有较大危险因素的生产经营场所和有关设施、设备上，设置明显的安全警示标志。”

从事建筑起重机械租赁或建筑起重机械安装检验检测单位应在有较大危险因素的生产经营场所和有关设施、设备上，设置明显的安全警示标志。从事建筑施工安全咨询单位也应了解有关警示标志的管理，教育有关咨询人员进入施工现场应遵循警示标志提示的管理。

违反本规定，《安全生产法》第九十六条第一款作出了“责令限期改正，可以处五万元以下的罚款；逾期未改正的，处五万元以上二十万元以下的罚款，对其直接负责的主管人员和其他直接责任人员处一万元以上二万元以下的罚款；情节严重的，责令停产停业整顿；构成犯罪的，依照刑法有关规定追究刑事责任”的处罚规定。

**2. 安全设备管理**

《安全生产法》第三十三条规定：“安全设备的设计、制造、安装、使用、检测、维修、改造和报废，应当符合国家标准或者行业标准。

生产经营单位必须对安全设备进行经常性维护、保养，并定期检测，保证正常运转。维护、保养、检测应当作好记录，并由有关人员签字。”

其中维修、改造、检测和报废等安全设备管理与建筑起重机械租赁或建筑起重机械安装检验检测单位有关，建筑起重机械租赁或建筑起重机械安装检验检测单位应关注安全设备的管理，在安全设备管理中注重作好记录、保留有关人员的签字记录。如果违反本规定，《安全生产法》本法第九十六条第二款作出了“责令限期改正，可以处五万元以下的罚款；逾期未改正的，处五万元以上二十万元以下的罚款，对其直接负责的主管人员和其他直接责任人员处一万元以上二万元以下的罚款；情节严重的，责令停产停业整顿；构成犯罪的，依照刑法有关规定追究刑事责任”的处罚规定。

**3. 工艺及设备淘汰制度**

《安全生产法》第三十五条规定：“国家对严重危及生产安全的工艺、设备实行淘汰制度，具体目录由国务院安全生产监督管理部门会同国务院有关部门制定并公布。法律、行政法规对目录的制定另有规定的，适用其规定。

省、自治区、直辖市人民政府可以根据本地区实际情况制定并公布具体目录，对前款规定以外的危及生产安全的工艺、设备予以淘汰。

生产经营单位不得使用应当淘汰的危及生产安全的工艺、设备。”

建筑起重机械租赁或建筑起重机械安装检验检测单位应关注有关生产安全的工艺、设备，实行淘汰制度，不得出租应当淘汰的危及生产安全的工艺、设备。如果违反本规定，

《安全生产法》第九十六条第六款对违反本规定作出了“责令限期改正，可以处五万元以下的罚款；逾期未改正的，处五万元以上二十万元以下的罚款，对其直接负责的主管人员和其他直接责任人员处一万元以上二万元以下的罚款；情节严重的，责令停产停业整顿；构成犯罪的，依照刑法有关规定追究刑事责任”的处罚规定。

### 4.2.8 职业危害防治与劳动防护

根据《安全生产许可证条例》第六条所确定的安全生产条件，第九项是“有职业危害防治措施，并为从业人员配备符合国家标准或者行业标准的劳动防护用品”，从事建筑起重机械租赁单位、建筑起重机械安装检验检测机构、建筑施工安全咨询机构等有关安全生产服务、咨询的单位应做好职业危害防治措施。

《安全生产法》第四十二条规定：“生产经营单位必须为从业人员提供符合国家标准或者行业标准的劳动防护用品，并监督、教育从业人员按照使用规则佩戴、使用。”

从事建筑起重机械租赁单位、建筑起重机械安装检验检测机构、建筑施工安全咨询机构等有关安全生产服务、咨询的单位应为本单位人员提供符合国家标准或者行业标准的劳动防护用品。违反本规定，《安全生产法》第九十六条第四款作出了“责令限期改正，可以处五万元以下的罚款；逾期未改正的，处五万元以上二十万元以下的罚款，对其直接负责的主管人员和其他直接责任人员处一万元以上二万元以下的罚款；情节严重的，责令停产停业整顿；构成犯罪的，依照刑法有关规定追究刑事责任”的处罚规定。

从事建筑起重机械租赁单位、建筑起重机械安装检验检测机构、建筑施工安全咨询机构等有关安全生产服务、咨询的单位应监督、教育本单位人员按照使用规则佩戴、使用。对于违反本规定的，《安全生产法》第九十四条第三款作出了“责令限期改正，可以处五万元以下的罚款；逾期未改正的，责令停产停业整顿，并处五万元以上十万元以下的罚款，对其直接负责的主管人员和其他直接责任人员处一万元以上二万元以下的罚款”的处罚规定。

### 4.2.9 危险性工程及重要部位监控管理

根据《安全生产许可证条例》第六条所确定的安全生产条件，第十一项是“有重大危险源检测、评估、监控措施和应急预案”，从事建筑起重机械租赁单位、建筑起重机械安装检验检测机构、建筑施工安全咨询机构等有关安全生产服务、咨询单位应当加强对重大危险源检测、评估、监控措施和应急预案的管理。

**1. 重大危险源管理**

《安全生产法》第三十七条规定：“生产经营单位对重大危险源应当登记建档，进行定期检测、评估、监控，并制定应急预案，告知从业人员和相关人员在紧急情况下应当采取的应急措施。

生产经营单位应当按照国家有关规定将本单位重大危险源及有关安全措施、应急措施报有关地方人民政府安全生产监督管理部门和有关部门备案。”

从事建筑起重机械租赁、建筑起重机械安装检验检测单位应当根据这一规定建立大危险源档案、制定应急预案以及相应的测评监控措施以及应急措施，并向有关部门备案。

建筑起重机械租赁单位未对重大危险源进行登记建档，或未进行定期检测、评估、监控，并制定应急预案的，《安全生产法》第九十八条第二款作出了“责令限期改正，可以处十万元以下的罚款；逾期未改正的，责令停产停业整顿，并处十万元以上二十万元以下的罚款，对其直接负责的主管人员和其他直接责任人员处二万元以上五万元以下的罚款；构成犯罪的，依照刑法有关规定追究刑事责任”的处罚规定。

建筑起重机械租赁或建筑起重机械安装检验检测单位未将重大危险源及应急预案以及在紧急情况下应当采取的应急措施告知从业人员和相关人员，《安全生产法》第九十四条第三款作出了“责令限期改正，可以处五万元以下的罚款；逾期未改正的，责令停产停业整顿，并处五万元以上十万元以下的罚款，对其直接负责的主管人员和其他直接责任人员处一万元以上二万元以下的罚款”的处罚规定。

**2. 生产安全事故隐患管理**

《安全生产法》第三十八条规定：“生产经营单位应当建立健全生产安全事故隐患排查治理制度，采取技术、管理措施，及时发现并消除事故隐患。事故隐患排查治理情况应当如实记录，并向从业人员通报。”

建筑起重机械租赁或建筑起重机械安装检验检测单位应当建立健全生产安全事故隐患排查治理制度，采取技术、管理措施，及时发现并消除事故隐患。事故隐患排查治理情况应当如实记录，并向从业人员通报。对于违反本规定的，本法第九十八条第四款作出了“责令限期改正，可以处十万元以下的罚款；逾期未改正的，责令停产停业整顿，并处十万元以上二十万元以下的罚款，对其直接负责的主管人员和其他直接责任人员处二万元以上五万元以下的罚款；构成犯罪的，依照刑法有关规定追究刑事责任”的处罚规定。

**3. 发现重大隐患的处置管理**

《安全生产法》第四十三条：“生产经营单位的安全生产管理人员应当根据本单位的生产经营特点，对安全生产状况进行经常性检查；对检查中发现的安全问题，应当立即处理；不能处理的，应当及时报告本单位有关负责人，有关负责人应当及时处理。检查及处理情况应当记录在案。

生产经营单位的安全生产管理人员在检查中发现重大事故隐患，依照前款规定向本单位有关负责人报告，有关负责人不及时处理的，安全生产管理人员可以向主管的负有安全生产监督管理职责的部门报告，接到报告的部门应当依法及时处理。”

建筑起重机械租赁或建筑起重机械安装检验检测单位安全生产管理人员按照本规定，视情况逐级报告。如果安全生产管理人员未履行其职责，将受到处罚，《安全生产法》第九十三条规定“生产经营单位的安全生产管理人员未履行本法规定的安全生产管理职责的，责令限期改正；导致发生生产安全事故的，暂停或者撤销其与安全生产有关的资格；构成犯罪的，依照刑法有关规定追究刑事责任。”

如果建筑起重机械租赁或建筑起重机械安装检验检测单位不及时消除隐患，《安全生产法》第九十九条规定：“生产经营单位未采取措施消除事故隐患的，责令立即消除或者限期消除；生产经营单位拒不执行的，责令停产停业整顿，并处十万元以上五十万元以下的罚款，对其直接负责的主管人员和其他直接责任人员处二万元以上五万元以下的罚款。”

### 4.2.10 安全事故应急救援预案管理

根据《安全生产许可证条例》第六条所确定的安全生产条件，第十二项是“有生产安全事故应急救援预案、应急救援组织或者应急救援人员，配备必要的应急救援器材、设备”，从事建筑起重机械租赁单位、建筑起重机械安装检验检测机构、建筑施工安全咨询机构等有关安全生产服务、咨询单位应按照《安全生产法》的要求加强生产安全事故应急救援预案的管理。

《安全生产法》第七十八条规定：“生产经营单位应当制定本单位生产安全事故应急救援预案，与所在地县级以上地方人民政府组织制定的生产安全事故应急救援预案相衔接，并定期组织演练。”

建筑起重机械租赁或建筑起重机械安装检验检测单位在制定本单位生产安全事故应急救援预案时，应注意与所在地县级以上地方人民政府组织制定的生产安全事故应急救援预案相衔接，并定期组织演练。

### 4.2.11 法律法规的其他规定

根据《安全生产许可证条例》第六条所确定的安全生产条件，第十三项是“法律、法规规定的其他条件”，从事建筑起重机械租赁单位、建筑起重机械安装检验检测机构、建筑施工安全咨询机构等有关安全生产服务、咨询单位应按照《安全生产法》的要求完善法律、法规规定的其他条件。

**1. 工会安全生产管理规定**

安全生产第七条规定：“工会依法对安全生产工作进行监督。

生产经营单位工会依法组织职工参加本单位安全生产工作的民主管理和民主监督，维护职工在安全生产方面的合法权益。生产经营单位制定或者修改有关安全生产规章制度，应当听取工会的意见。”

建筑起重机械租赁或建筑起重机械安装检验检测单位在安全生产管理中应充分听取工会意见，工会有依法组织职工参加本单位安全生产工作的民主管理和民主监督，维护职工在安全生产方面的合法权益。

**2. 不得阻挠和干涉调查处理**

《安全生产法》第八十五条规定：“任何单位和个人不得阻挠和干涉对事故的依法调查处理。”

从事建筑起重机械租赁单位、建筑起重机械安装检验检测机构、建筑施工安全咨询机构等有关安全生产服务、咨询的单位应开展有关法律法规的宣传教育，尊重执法、尊重司法，教育员工不得阻挠和干涉对事故的依法调查处理。若违反本规定，《安全生产法》第一百零五条规定：“违反本法规定，生产经营单位拒绝、阻碍负有安全生产监督管理职责的部门依法实施监督检查的，责令改正；拒不改正的，处二万元以上二十万元以下的罚款；对其直接负责的主管人员和其他直接责任人员处一万元以上二万元以下的罚款；构成犯罪的，依照刑法有关规定追究刑事责任。”

## 4.3 建筑施工安全监督管理部门安全生产责任

新修订的《安全生产法》对负有安全生产监督管理职责的部门提出了管理要求。从安全生产管理角度来看，负有安全生产监督管理职责部门是安全生产监督管理的责任主体。建筑施工安全生产监督管理中，各级政府及建设行政主管部门以及所属的建筑安全监督管理机构是建筑施工安全生产监督管理的责任主体。

本节主要以《安全生产法》为主线，探讨有关建筑施工安全监督管理的职责。

### 4.3.1 安全生产监督管理的目的及特征[1]

《安全生产法》第一条规定："为了加强安全生产工作，防止和减少生产安全事故，保障人民群众生命和财产安全，促进经济社会持续健康发展，制定本法。""加强安全生产工作，防止和减少生产安全事故，保障人民群众生命和财产安全，促进经济社会持续健康发展"既是本法立法的目的，也是安全生产监管的目的。

新修改的《安全生产法》将"安全生产监督管理"改为"安全生产工作"，将"促进经济发展"改为"促进经济社会持续健康发展"。这一修改表明，新修改的《安全生产法》不再是一部行政监察法规，它所涉及的范围更广，既涉及政府部门的监管，又涉及生产经营单位安全生产管理行为，还涉及其他组织、个人及社会团体等关注和参与安全生产工作，更具有社会监管的特征。所以，从某种意义上来讲，我国的安全生产监管不仅限于政府有关部门及所属安全生产管理监管机构，它具有社会属性，安全生产监督管理的社会化趋势将加大。

安全生产监督管理社会化大格局中，政府有关部门及所属安全生产管理监管机构依然是安全生产的监管主体，担负起安全生产监管的主体责任。

《安全生产法》第八条规定："国务院和县级以上地方各级人民政府应当根据国民经济和社会发展规划制定安全生产规划，并组织实施。安全生产规划应当与城乡规划相衔接。

国务院和县级以上地方各级人民政府应当加强对安全生产工作的领导，支持、督促各有关部门依法履行安全生产监督管理职责，建立、健全安全生产工作协调机制，及时协调、解决安全生产监督管理中存在的重大问题。

乡、镇人民政府以及街道办事处、开发区管理机构等地方人民政府的派出机关应当按照职责，加强对本行政区域内生产经营单位安全生产状况的监督检查，协助上级人民政府有关部门依法履行安全生产监督管理职责。"

所以从政府部门监管角度来看，新修改的《安全生产法》不仅赋予了负有安全生产监督管理部门的管理职责，而且将乡、镇人民政府以及街道办事处、开发区管理机构等地方人民政府的派出机构纳入安全生产监管范畴，并赋予了相应的管理职责。建筑施工安全生产监督管理中，各级政府及建设行政主管部门以及所属的建筑安全监督管理机构是建筑施工安全生产监督管理的责任主体。

从安全生产管理目的及安全生产监管职责分工的要求来看，建筑施工安全生产监管的目的就是加强建筑施工安全生产工作，防止和减少建设工程领域生产安全事故，保障建筑施工从业人员及广大人民群众生命和财产安全，促进我国城镇建设事业等整个经济社会持续健康发展。

### 4.3.2 建筑施工安全生产监督管理的范围

《安全生产法》第二条规定："在中华人民共和国领域内从事生产经营活动的单位的

---

[1] 见本书"第2篇 2.1.1 第一条 立法目的"。

安全生产，适用本法；有关法律、行政法规对消防安全和道路交通安全、铁路交通安全、水上交通安全、民用航空安全以及核与辐射安全、特种设备安全另有规定的，适用其规定。”

本法的适用范围是在我国领域内所有从事生产经营活动的单位。即本法的适用范围不仅包括从事产品制造、工程建设等生产经营企业，也包括资源开采、产品加工、产品租赁与储存、设备安装、产品运输、设备与设施维护以及商业、娱乐业、其他服务业等与生产经营活动有关的所有生产经营单位。无论生产经营单位的规模大小、性质如何，如国有企业事业单位、集体所有制企业事业单位、股份制企业、中外合资经营企业、中外合作经营企业、外资企业、合伙企业、个人独资企业等，只要在中华人民共和国领域内从事生产经营活动的，都必须遵守本法的各项规定。

据此，建筑施工安全生产监管的范围应包括在我国领域内从事所有的建筑施工活动的单位，其监管的依据应遵照新修改的《安全生产法》，也包括《中华人民共和国劳动法》、《中华人民共和国消防法》、《中华人民共和国建筑法》以及《安全生产许可证条例》和《建设工程安全生产管理条例》等法律法规。

### 4.3.3 建筑施工安全监管工作的格局

新修改的《安全生产法》第三条规定："安全生产工作应当以人为本，坚持安全发展，坚持安全第一、预防为主、综合治理的方针，强化和落实生产经营单位的主体责任，建立生产经营单位负责、职工参与、政府监管、行业自律和社会监督的机制。"

新修改的《安全生产法》彰显了"以人为本，安全发展"，突出了"强化和落实生产经营单位的主体责任"，提出了"生产经营单位负责、职工参与、政府监管、行业自律和社会监督的机制"安全生产工作的新格局，从社会化管理的角度提出了"安全第一、预防为主、综合治理"的方针。如《安全生产法》第七条提出了工会依法对安全生产工作进行监督的要求，第十二条提出了有关协会组织参与安全生产管理的要求，第十三条提出了依法设立的为安全生产提供技术、管理服务的机构参与安全生产管理的要求等内容。

《安全生产法》第九条提出："国务院安全生产监督管理部门依照本法，对全国安全生产工作实施综合监督管理；县级以上地方各级人民政府安全生产监督管理部门依照本法，对本行政区域内安全生产工作实施综合监督管理。

国务院有关部门依照本法和其他有关法律、行政法规的规定，在各自的职责范围内对有关行业、领域的安全生产工作实施监督管理；县级以上地方各级人民政府有关部门依照本法和其他有关法律、法规的规定，在各自的职责范围内对有关行业、领域的安全生产工作实施监督管理。"

因此在建筑施工安全生产监督管理中，各级政府及建设行政主管部门以及所属的建筑安全监督管理机构要注重建筑施工企业是安全生产管理的主体，在实施建筑施工政府监管的同时，要积极发挥生产经营单位负责、职工参与、行业自律和社会监督的作用，在强调综合治理的同时要继续提倡"安全第一、预防为主"的工作理念❶。

---

❶ 见《中华人民共和国建筑法》第三十六条及本书"第3篇 3.3 安全生产方针由来及内涵"。

### 4.3.4 建筑施工企业安全生产管理职责要求

新修改的《安全生产法》第四条规定："生产经营单位必须遵守本法和其他有关安全生产的法律、法规，加强安全生产管理，建立、健全安全生产责任制度和安全生产规章制度，改善安全生产条件，推进安全生产标准化建设，提高安全生产管理水平，确保安全生产。"第五条规定："生产经营单位的主要负责人对本单位的安全生产工作全面负责。"第六条规定："生产经营单位的从业人员有依法获得安全生产保障的权利，并应当依法履行安全生产方面的义务。"对生产经营单位及其主要负责人以及从业人员提出了安全生产工作的基本要求，其中第四条中增加了安全生产规章制度的内容，将"完善安全生产条件"改为"改善安全生产条件"，并在本法中首次提出"安全生产标准化"的概念，表明今后"安全生产标准化"在安全生产管理中将得到强化。

建筑施工企业是建筑施工安全生产监管的重点，因此各级政府及建设行政主管部门以及所属的建筑安全监督管理机构中的有关建筑施工安全生产监管人员应当关注《安全生产法》中有关生产经营单位职责的要求，对安全生产规章制度、安全生产条件及安全生产标准化等新增加或新修改的内容有更深的认识，以便更深入地了解和掌握建筑施工企业安全生产管理职责，有的放矢地加强对建筑施工企业安全生产的监管。

新修改的《安全生产法》以第二章和第四章为主要内容，重点规范了生产经营单位的职责，实际上也是建筑施工企业应当履行的职责。本篇第1节，以建筑施工企业12项安全生产条件为主线，以《安全生产法》依次分析了建筑施工企业应当履行的安全生产职责、未履行安全生产职责应承担的法律责任以及如何履行安全生产职责，供建筑施工安全生产监督管理部门有关人员从事建筑施工企业安全生产监管时参考。

### 4.3.5 生产安全事故责任追究制度

《安全生产法》第十四条规定："国家实行生产安全事故责任追究制度，依照本法和有关法律、法规的规定，追究生产安全事故责任人员的法律责任。"

为了防止和减少生产安全事故，追究生产安全事故责任是必要的，这是落实《安全生产法》的一项重要措施。因此，《安全生产法》中与生产安全事故责任有关的规定之条款达三十多条，占本法条款近30%。

追究生产安全事故的责任，应依照《安全生产法》及其他有关法律、法规的规定和要求追究。《安全生产法》第八十三条规定："事故调查处理应当按照科学严谨、依法依规、实事求是、注重实效的原则。"为依法追究生产安全事故的责任确定了基本原则。

《安全生产法》第八十四条规定："生产经营单位发生生产安全事故，经调查确定为责任事故的，除了应当查明事故单位的责任并依法予以追究外，还应当查明对安全生产的有关事项负有审查批准和监督职责的行政部门的责任，对有失职、渎职行为的，依照本法第八十七条的规定追究法律责任。"即《安全生产法》第八十四条除了应当查明事故单位的责任并依法予以追究外，还应当查明对安全生产的有关事项负有审查批准和监督职责的行政部门的责任，对有失职、渎职行为依照本法第八十七条的规定追究法律责任。

《安全生产法》第八十七条规定："负有安全生产监督管理职责的部门的工作人员，有下列行为之一的，给予降级或者撤职的处分；构成犯罪的，依照刑法有关规定追究刑事责任：

（一）对不符合法定安全生产条件的涉及安全生产的事项予以批准或者验收通过的；

（二）发现未依法取得批准、验收的单位擅自从事有关活动或者接到举报后不予取缔或者不依法予以处理的；

（三）对已经依法取得批准的单位不履行监督管理职责，发现其不再具备安全生产条件而不撤销原批准或者发现安全生产违法行为不予查处的；

（四）在监督检查中发现重大事故隐患，不依法及时处理的。

负有安全生产监督管理职责的部门的工作人员有前款规定以外的滥用职权、玩忽职守、徇私舞弊行为的，依法给予处分；构成犯罪的，依照刑法有关规定追究刑事责任。”

除此以外，《中华人民共和国公务员法》第五十六条、《中华人民共和国行政处罚法》第八条、《中华人民共和国民法通则》第一百三十四条、《中华人民共和国侵权责任法》第十五条、《中华人民共和国刑法》第一百三十一条至第一百三十七条均对负有安全生产监督管理部门及工作人员的安全生产监督管理责任追究作出了有关规定。

因此，有关建筑施工安全生产监管部门及其工作人员要学习领会《安全生产法》以及其他法律法规对负有安全生产监督管理部门及工作人员的安全生产监督管理责任追究有关规定，认真学习《安全生产法》赋予的安全生产监管职责，做到依法办事、不超越职责办事，在本职工作范围内履行好本部门和本岗位的安全生产监管职责。

### 4.3.6 建筑施工安全生产监管职责

各级政府及建设行政主管部门以及所属的建筑安全监督管理机构中的有关安全生产监管人员应对《安全生产法》赋予的有关监管职责熟悉掌握。

**1. 分级监管职责**

《安全生产法》第五十九条规定：“县级以上地方各级人民政府应当根据本行政区域内的安全生产状况，组织有关部门按照职责分工，对本行政区域内容易发生重大生产安全事故的生产经营单位进行严格检查。

安全生产监督管理部门应当按照分类分级监督管理的要求，制定安全生产年度监督检查计划，并按照年度监督检查计划进行监督检查，发现事故隐患，应当及时处理。”

各级建筑施工安全生产监管部门应依据本条的规定，对本行政区域的建设工程领域容易发生重大生产安全事故的建筑施工现场进行严格检查。各级建筑施工安全生产监督管理部门要制定安全生产年度监督检查计划，并按照年度监督检查计划进行监督检查，发现事故隐患，应当及时处理。

要认真贯彻好本条规定，首先要理清何谓建设工程领域容易发生重大生产安全事故的建筑施工现场。建设工程领域容易发生重大生产安全事故的建筑施工现场是指生产安全事故发生极易造成加大影响的事故。国家建设行政主管部门制定了《危险性较大的分部分项工程安全管理办法》[1]，这里的危险性较大的分部分项工程是指建筑工程在施工过程中存在的、可能导致作业人员群死群伤或造成重大不良社会影响的分部分项工程。但只搞清何谓建设工程领域容易发生重大生产安全事故的建筑施工现场是不行的，还应重点对容易发生生产安全事故的企业或现场有清醒的认识，这些企业或施工现场不仅仅会在容易发生危险

[1] 见本书“附录四：危险性较大的分部分项工程安全管理办法”。

性较大的分部分项工程上出现问题，在未纳入危险性较大的分部分项工程上也会出现问题，如火灾事故、频繁的高处坠落事故以及施工现场群体性闹事和上访事件等。这些企业或施工现场为何出现问题？可能原因很多，归纳起来就是一条，这就是这些企业或施工现场安全生产条件出现问题。因此，关注企业或施工现场安全生产条件[1]是安全生产监管的根本问题，也是安全生产监管的重点内容。

其次是制定安全生产年度监督检查计划。安全生产年度监督检查计划是根据当地安全生产实际和有关政府部门年度工作总要求制定的，制定后应当报有关部门备案。因此制定的安全生产年度监督检查计划应切实可行，大话、空话或不在安全生产监管职责范围内或监管力量难以做到的不要写入计划中，计划要有利于年终考核，有利于发生生产安全事故时的责任追究。此外，不在计划内的突发事件、重大隐患事件以及形势需要统一部署的安全生产检查都应有相应的预案，预案中应明确责任和要求。

**2. 安全生产事项审批和验收职责**

《安全生产法》第六十条规定："负有安全生产监督管理职责的部门依照有关法律、法规的规定，对涉及安全生产的事项需要审查批准（包括批准、核准、许可、注册、认证、颁发证照等，下同）或者验收的，必须严格依照有关法律、法规和国家标准或者行业标准规定的安全生产条件和程序进行审查；不符合有关法律、法规和国家标准或者行业标准规定的安全生产条件的，不得批准或者验收通过。对未依法取得批准或者验收合格的单位擅自从事有关活动的，负责行政审批的部门发现或者接到举报后应当立即予以取缔，并依法予以处理。对已经依法取得批准的单位，负责行政审批的部门发现其不再具备安全生产条件的，应当撤销原批准。"

建筑施工安全生产监督管理部门履行有关安全生产时的审批和验收的管理职责，应当做到：

（1）严格依照安全生产条件审查

依照有关法律、法规的规定，目前对涉及安全生产的事项需要审查批准或者验收的主要事项有依照国家建设行政主管部门制定的《建筑施工企业安全生产许可证管理规定》（建设部令第128号）对建筑施工企业12项安全生产条件进行审核[2]。

值得注意的是由于对安全生产条件的认识问题，现在有的地方和部门随意更改安全生产条件的定义和内容现象较为普遍，因此"严格依照有关法律、法规和国家标准或者行业标准规定的安全生产条件进行审查"是必须的。

（2）严格依照程序审查

依照有关法律、法规的规定，对涉及安全生产的事项需要审查批准或者验收的建筑施工安全生产监督管理部门，必须严格依照有关法律、法规和国家标准或者行业标准规定的程序进行审查。如《建筑施工企业安全生产许可证管理规定》（建设部令第128号）对审核建筑施工企业安全生产条件以及审核时间、审核程序都作出了相应的规定。

建筑施工企业安全生产条件有规范性的要求，任何单位不得随意修改。《建筑施工企业安全生产许可证管理规定》第四条规定："建筑施工企业取得安全生产许可证，应当具

[1] 见本书"第3篇3.6　安全生产条件及其评价"。

[2] 见本书"第3篇3.6.3　安全生产条件定义及其含义"。

备下列安全生产条件：

（一）建立、健全安全生产责任制，制定完备的安全生产规章制度和操作规程；

（二）保证本单位安全生产条件所需资金的投入；

（三）设置安全生产管理机构，按照国家有关规定配备专职安全生产管理人员；

（四）主要负责人、项目负责人、专职安全生产管理人员经建设主管部门或者其他有关部门考核合格；

（五）特种作业人员经有关业务主管部门考核合格，取得特种作业操作资格证书；

（六）管理人员和作业人员每年至少进行一次安全生产教育培训并考核合格；

（七）依法参加工伤保险，依法为施工现场从事危险作业的人员办理意外伤害保险，为从业人员交纳保险费；

（八）施工现场的办公、生活区及作业场所和安全防护用具、机械设备、施工机具及配件符合有关安全生产法律、法规、标准和规程的要求；

（九）有职业危害防治措施，并为作业人员配备符合国家标准或者行业标准的安全防护用具和安全防护服装；

（十）有对危险性较大的分部分项工程及施工现场易发生重大事故的部位、环节的预防、监控措施和应急预案；

（十一）有生产安全事故应急救援预案、应急救援组织或者应急救援人员，配备必要的应急救援器材、设备；

（十二）法律、法规规定的其他条件。”

有关建筑施工企业安全生产条件审核时间，《建筑施工企业安全生产许可证管理规定》第七条规定：“建设主管部门应当自受理建筑施工企业的申请之日起45日内审查完毕。”有关建设主管部门不但要了解审查建筑施工企业安全生产条件时间是45个工作日，必须在45个工作日完成审查工作，而且要知道为何设定为45个工作日，这可能对如何开展安全生产条件审查有很大的帮助。

建筑施工企业安全生产条件的审核程序是：

1）建筑施工企业申请安全生产许可证并向建设主管部门提交有关材料；

2）建设主管部门对建筑施工企业申请安全生产许可证材料进行初审，符合要求的受理申请，不符合要求的退回要求重新申报，并一次性告知退回的理由（不得多次就原申请报告内容或资料作退回理由）；

3）在受理之日起后的45个工作日内按照有关规定对建筑施工企业安全生产条件进行审核（注意安全生产条件审核的有关规定是什么）；

4）审核完成：经审查符合安全生产条件的，颁发安全生产许可证；不符合安全生产条件的，不予颁发安全生产许可证，书面通知企业并说明理由（注意：何谓符合安全生产条件和不符合安全生产条件）。

（3）不符合的不得批准或者验收通过

对不符合有关法律、法规和国家标准或者行业标准规定的安全生产条件的生产经营单位，不得批准或者验收通过。如《建筑施工企业安全生产许可证管理规定》第七条规定：“不符合本条例规定的安全生产条件的，不予颁发安全生产许可证”。

(4) 未依法取得批准或者验收合格的擅自活动的处置

对未依法取得批准或者验收合格的建筑施工企业擅自从事有关活动的，负责行政审批的建筑施工安全生产监督管理部门发现或者接到举报后应当立即予以取缔，并依法予以处理。如《建筑施工企业安全生产许可证管理规定》第二十四条规定："违反本规定，建筑施工企业未取得安全生产许可证擅自从事建筑施工活动的，责令其在建项目停止施工，没收违法所得，并处10万元以上50万元以下的罚款；造成重大安全事故或者其他严重后果，构成犯罪的，依法追究刑事责任"。

(5) 已依法取得但不再具备安全生产条件的处置

对已经依法取得批准的建筑施工企业，负责行政审批的建筑施工安全生产监督管理部门发现其不再具备安全生产条件的，应当撤销原批准。如《建筑施工企业安全生产许可证管理规定》第二十三条规定："建筑施工企业不再具备安全生产条件的，暂扣安全生产许可证并限期整改；情节严重的，吊销安全生产许可证。"

对于建筑施工安全生产监督管理部门工作人员违反本规定，本法第八十七条规定："负有安全生产监督管理职责的部门的工作人员，有下列行为之一的，给予降级或者撤职的处分；构成犯罪的，依照刑法有关规定追究刑事责任：

（一）对不符合法定安全生产条件的涉及安全生产的事项予以批准或者验收通过的；

（二）发现未依法取得批准、验收的单位擅自从事有关活动或者接到举报后不予取缔或者不依法予以处理的；

（三）对已经依法取得批准的单位不履行监督管理职责，发现其不再具备安全生产条件而不撤销原批准或者发现安全生产违法行为不予查处的；

（四）在监督检查中发现重大事故隐患，不依法及时处理的。

负有安全生产监督管理职责的部门的工作人员有前款规定以外的滥用职权、玩忽职守、徇私舞弊行为的，依法给予处分；构成犯罪的，依照刑法有关规定追究刑事责任。"

**3. 审查验收禁止事项**

《安全生产法》第六十一条规定："负有安全生产监督管理职责的部门对涉及安全生产的事项进行审查、验收，不得收取费用；不得要求接受审查、验收的单位购买其指定品牌或者指定生产、销售单位的安全设备、器材或者其他产品。"

建筑施工安全生产监督管理部门及工作人员对涉及安全生产的事项进行审查、验收时，应遵守以下禁止事项：

(1) 不得收费

建筑施工安全生产监督管理部门对涉及安全生产的事项进行审查、验收，不得收取费用。不得收取费用，也应包括不得变相收费或委托其他机构代收费的行为。

(2) 不得指定购买

建筑施工安全生产监督管理部门不得要求接受审查、验收的单位购买其指定品牌或者指定生产、销售单位的安全设备、器材或者其他产品。不得指定购买，也应包括变相指定购买等行为。

违反本规定，本法第八十八规定："负有安全生产监督管理职责的部门，要求被审查、验收的单位购买其指定的安全设备、器材或者其他产品的，在对安全生产事项的审查、验收中收取费用的，由其上级机关或者监察机关责令改正，责令退还收取的费用；情节严重的，对直接负责的主管人员和其他直接责任人员依法给予处分。”

**4. 安全生产监督检查职责**

《安全生产法》第六十二条规定：“安全生产监督管理部门和其他负有安全生产监督管理职责的部门依法开展安全生产行政执法工作，对生产经营单位执行有关安全生产的法律、法规和国家标准或者行业标准的情况进行监督检查，行使以下职权：

（一）进入生产经营单位进行检查，调阅有关资料，向有关单位和人员了解情况；

（二）对检查中发现的安全生产违法行为，当场予以纠正或者要求限期改正；对依法应当给予行政处罚的行为，依照本法和其他有关法律、行政法规的规定作出行政处罚决定；

（三）对检查中发现的事故隐患，应当责令立即排除；重大事故隐患排除前或者排除过程中无法保证安全的，应当责令从危险区域内撤出作业人员，责令暂时停产停业或者停止使用；重大事故隐患排除后，经审查同意，方可恢复生产经营和使用；

（四）对有根据认为不符合保障安全生产的国家标准或者行业标准的设施、设备、器材以及违法生产、储存、使用、经营、运输的危险物品予以查封或者扣押，对违法生产、储存、使用、经营危险物品的作业场所予以查封，并依法作出处理决定。

监督检查不得影响被检查单位的正常生产经营活动。”

建筑施工安全生产监督管理部门依法开展建筑施工安全生产行政执法工作，对进入建筑施工现场的有关安全生产经营单位执行有关安全生产的法律、法规和国家标准或者行业标准的情况进行监督检查，行使以下职权：

（1）依法履行其职责

建筑施工安全生产监督管理部门依法开展安全生产行政执法工作，对进入建筑施工现场的有关安全生产经营单位执行有关安全生产的法律、法规和国家标准或者行业标准的情况进行监督检查。这就要求建筑施工安全生产监督管理部门依照行政许可法的要求，依照本法及其他安全生产管理法规，履行其职责。

（2）查阅资料权

建筑施工安全生产监督管理部门监督检查人员有权对进入建筑施工现场的有关安全生产经营单位进行检查，调阅有关资料，向有关单位和人员了解情况。

（3）纠正和处罚权

建筑施工安全生产监督管理部门监督检查人员有权对检查中发现的安全生产违法行为，当场予以纠正或者要求限期改正；对依法应当给予行政处罚的行为，依照本法和其他有关法律、行政法规的规定作出行政处罚决定。

（4）事故隐患处置权

建筑施工安全生产监督管理部门监督检查人员对检查中发现的事故隐患，应当责令立即排除；重大事故隐患排除前或者排除过程中无法保证安全的，应当责令从危险区域内撤出作业人员，责令暂时停产停业或者停止使用；重大事故隐患排除后，经审查同意，方可恢复生产经营和使用。

（5）查封扣押处置权

建筑施工安全生产监督管理部门监督检查人员对有根据认为不符合保障安全生产的国家标准或者行业标准的设施、设备、器材以及违法生产、储存、使用、经营、运输的危险物品予以查封或者扣押，对违法生产、储存、使用、经营危险物品的作业场所予以查封，并依法作出处理决定。

（6）防范事项

建筑施工安全生产监督管理部门监督检查人员在依法进行监督检查时，不得影响被检查单位的正常生产经营活动。

违反本规定，本法第八十八条及《中华人民共和国建筑法》、《中华人民共和国消防法》均提出了相应的法律责任。

**5. 要求配合安全生产监督检查的权利**

《安全生产法》第六十三条规定："生产经营单位对负有安全生产监督管理职责的部门的监督检查人员依法履行监督检查职责，应当予以配合，不得拒绝、阻挠。"

本法要求进入建筑施工现场的有关安全生产经营单位应当配合建筑施工安全生产监督管理部门监督检查人员依法履行监督检查，应做到：

（1）配合检查

进入建筑施工现场的有关安全生产经营单位对建筑施工安全生产监督管理部门监督检查人员依法履行监督检查职责，应当予以配合。这是有关生产经营单位应当履行的职责。

（2）违法行为

进入建筑施工现场的有关安全生产经营单位不得拒绝、阻挠建筑施工安全生产监督管理部门监督检查人员依法履行监督检查。拒绝、阻挠建筑施工安全生产监督管理部门监督检查人员依法履行监督检查是严重的违法行为。

**6. 安全生产监督检查人员执法准则**

《安全生产法》第六十四条规定："安全生产监督检查人员应当忠于职守，坚持原则，秉公执法。

安全生产监督检查人员执行监督检查任务时，必须出示有效的监督执法证件；对涉及被检查单位的技术秘密和业务秘密，应当为其保密。"

建筑施工安全生产监督管理部门监督检查人员在执行监督检查任务时应当忠于职守，坚持原则，秉公执法，这是建筑施工安全生产监督管理部门监督检查人员应当遵守的基本准则。建筑施工安全生产监督管理部门监督检查人员执行监督检查任务时应当做到：

（1）必须出示有效的监督执法证件。目的就是为了向被检查对象表明其执法的合法身份，这是依法行使职权、文明执法的基本要求。如果建筑施工安全生产监督管理部门监督检查人员在执行监督检查任务时，不出示有效的监督执法证件的，被检查对象有权拒绝检查。我国劳动法等有关法律法规也对此作出了明确规定。

（2）保守秘密。建筑施工安全生产监督管理部门监督检查人员在执行监督检查任务时，对涉及被检查单位的技术秘密和业务秘密，应当为其保密，这是安全生产监督检查人员应承担的法律义务。我国刑法等相关法律法规对此作出了相应的规定。

**7. 做好安全生产监督检查记录**

《安全生产法》第六十五条规定："安全生产监督检查人员应当将检查的时间、地点、内容、发现的问题及其处理情况，作出书面记录，并由检查人员和被检查单位的负责人签字；被检查单位的负责人拒绝签字的，检查人员应当将情况记录在案，并向负有安全生产监督管理职责的部门报告。"

建筑施工安全生产监督管理部门监督检查人员应按如下要求做好检查记录：

（1）检查书面记录

建筑施工安全生产监督管理部门监督检查人员应当将检查的时间、地点、内容、发现的问题及其处理情况，作出书面记录，并由检查人员和被检查单位的负责人签字。按照有关规定，该检查记录最少应一式两份，安全生产监督检查人员和被检查单位负责人各持一份。安全检查书面记录应当详细，特别是关于检查的时间、地点、内容、发现的问题及其处理情况等必须完整，这是督促整改和万一发生生产安全事故调查处理的依据，因此安全生产监督检查人员必须高度重视。被检查单位的负责人也应认真对待，核实检查记录后签字确认，以便单位对照及时整改和消除隐患。

（2）拒不签字处置

建筑施工安全生产监督管理部门监督检查人员要求被检查单位签字，被检查单位的负责人拒绝签字的，检查人员应当将情况记录在案，并向建筑施工安全生产监督管理部门报告。

为了规范本条的执行，有关建筑施工安全生产监督管理部门可将安全生产监督检查记录做成标准格式，以便执法操作。

**8. 安全生产监督部门之间的配合检查职责**

《安全生产法》第六十六条规定："负有安全生产监督管理职责的部门在监督检查中，应当互相配合，实行联合检查；确需分别进行检查的，应当互通情况，发现存在的安全问题应当由其他有关部门进行处理的，应当及时移送其他有关部门并形成记录备查，接受移送的部门应当及时进行处理。"

负有安全生产监督管理职责的部门在监督检查中应相互配合，做到：

（1）配合检查

负有安全生产监督管理职责的部门在监督检查中，应当互相配合，实行联合检查。

（2）互通情况

负有安全生产监督管理职责的部门需分别进行检查的，应当互通情况，发现存在的安全问题应当由其他有关部门进行处理的，应当及时移送其他有关部门并形成记录备查，接受移送的部门应当及时进行处理。

**9. 处置重大事故隐患措施的职责**

《安全生产法》第六十七条规定："负有安全生产监督管理职责的部门依法对存在重大事故隐患的生产经营单位作出停产停业、停止施工、停止使用相关设施或者设备的决定，生产经营单位应当依法执行，及时消除事故隐患。生产经营单位拒不执行，有发生生产安全事故的现实危险的，在保证安全的前提下，经本部门主要负责人批准，负有安全生产监督管理职责的部门可以采取通知有关单位停止供电、停止供应民用爆炸物品等措施，强制生产经营单位履行决定。通知应当采用书面形式，有关单位应当予以配合。

负有安全生产监督管理职责的部门依照前款规定采取停止供电措施，除有危及生产安全的紧急情形外，应当提前二十四小时通知生产经营单位。生产经营单位依法履行行政决定、采取相应措施消除事故隐患的，负有安全生产监督管理职责的部门应当及时解除前款规定的措施。"

建筑施工安全生产监督管理部门有依法对存在重大事故隐患的生产经营单位的处

置权：

(1) 建筑施工安全生产监督管理部门依法对进入建筑施工现场的有关安全生产经营单位存在重大事故隐患的作出停产停业、停止施工、停止使用相关设施或者设备的决定。

(2) 进入建筑施工现场的有关安全生产经营单位应当依法执行，及时消除事故隐患。

(3) 在作出停产停业、停止施工、停止使用相关设施或者设备的处罚后，进入建筑施工现场的有关安全生产经营单位拒不执行，有发生生产安全事故的现实危险的，在保证安全的前提下，经本部门主要负责人批准，建筑施工安全生产监督管理部门可以采取通知有关单位停止供电、停止供应民用爆炸物品等措施，强制生产经营单位履行决定。

(4) 执行停止供电措施的注意事项。作出停电措施应注意：一是停止供电通知应当采用书面形式，有关单位应当予以配合；二是建筑施工安全生产监督管理部门依照前款规定采取停止供电措施，除有危及生产安全的紧急情形外，应当提前二十四小时通知生产经营单位；三是生产经营单位依法履行行政决定、采取相应措施消除事故隐患的，建筑施工安全生产监督管理部门应当及时解除前款规定的措施。

**10. 监察机关监察职责**

《安全生产法》第六十八条规定："监察机关依照行政监察法的规定，对安全生产监督管理部门及其工作人员履行安全生产监督管理职责实施监察。"

本规定监察机关是指县级以上人民政府行使行政监察职能的专门机关。监察机关根据《中华人民共和国行政监察法》有权对安全生产监督管理部门及其工作人员实施监察。

**11. 建立安全生产举报制度职责**

《安全生产法》第七十条规定："负有安全生产监督管理职责的部门应当建立举报制度，公开举报电话、信箱或者电子邮件地址，受理有关安全生产的举报；受理的举报事项经调查核实后，应当形成书面材料；需要落实整改措施的，报经有关负责人签字并督促落实。"第七十一条规定："任何单位或者个人对事故隐患或者安全生产违法行为，均有权向负有安全生产监督管理职责的部门报告或者举报。"第七十二条规定："居民委员会、村民委员会发现其所在区域内的生产经营单位存在事故隐患或者安全生产违法行为时，应当向当地人民政府或者有关部门报告。"

因此，建筑施工安全生产监督管理部门应当建立举报制度：

(1) 受理举报

建筑施工安全生产监督管理部门应当公开举报电话、信箱或者电子邮件地址，受理有关安全生产的举报。

(2) 核实材料

建筑施工安全生产监督管理部门受理举报事项经调查核实后，应当形成书面材料。

(3) 整改落实

建筑施工安全生产监督管理部门针对需要落实整改措施的，应报经有关负责人签字并督促落实。

《安全生产法》第七十三条还规定："县级以上各级人民政府及其有关部门对报告重大事故隐患或者举报安全生产违法行为的有功人员，给予奖励。具体奖励办法由国务院安全生产监督管理部门会同国务院财政部门制定。"

建筑施工安全生产监督管理部门应当配合当地人民政府及其有关部门对报告重大事故

隐患或者举报的奖励制定相关规定。

**12. 建立信息库与公告、通报制度**

《安全生产法》第七十五条规定："负有安全生产监督管理职责的部门应当建立安全生产违法行为信息库，如实记录生产经营单位的安全生产违法行为信息；对违法行为情节严重的生产经营单位，应当向社会公告，并通报行业主管部门、投资主管部门、国土资源主管部门、证券监督管理机构以及有关金融机构。"

本条规定是新增条款，也是该法新亮点之一。它首次提出了负有安全生产监督管理职责的部门建立安全生产违法行为信息库的要求，将对违法行为情节严重的生产经营单位起到有效的制约作用。建筑施工安全生产监督管理部门应当做到：

（1）建立信息库

建立安全生产违法行为信息库，如实记录生产经营单位的安全生产违法行为信息，为掌握生产经营单位的安全生产违法行为，向社会公布并通报有关部门和机构为其提供依据。

（2）社会公告

对违法行为情节严重的生产经营单位，应当向社会公告，接受社会监督。

（3）通报有关部门和机构

将违法行为情节严重的生产经营单位，通报行业主管部门、投资主管部门、国土资源主管部门、证券监督管理机构以及有关金融机构，接到通报的有关部门和机构在对通报企业的用地、贷款、上市及取得相应资格上进行相应的制约。

## 4.3.7 生产安全事故的应急救援与调查处理职责

**1. 建立生产安全事故应急救援体系**

《安全生产法》第七十六条规定："国家加强生产安全事故应急能力建设，在重点行业、领域建立应急救援基地和应急救援队伍，鼓励生产经营单位和其他社会力量建立应急救援队伍，配备相应的应急救援装备和物资，提高应急救援的专业化水平。

国务院安全生产监督管理部门建立全国统一的生产安全事故应急救援信息系统，国务院有关部门建立健全相关行业、领域的生产安全事故应急救援信息系统。"

《安全生产法》第七十七条规定："县级以上地方各级人民政府应当组织有关部门制定本行政区域内生产安全事故应急救援预案，建立应急救援体系。"

建筑施工安全生产监督管理部门应在加强生产安全事故应急能力建设的方面作出努力。

**2. 应急救援预案应与建筑施工企业生产安全事故衔接**

安全生产第七十八条规定："生产经营单位应当制定本单位生产安全事故应急救援预案，与所在地县级以上地方人民政府组织制定的生产安全事故应急救援预案相衔接，并定期组织演练。"

建筑施工安全生产监督管理部门应进一步规范建筑施工企业的生产安全事故应急救援预案，要求建筑施工企业生产安全事故应急救援预案应与所在地县级以上地方人民政府组织制定的生产安全事故应急救援预案相衔接。

**3. 生产安全事故报告职责**

《安全生产法》第八十一条规定："负有安全生产监督管理职责的部门接到事故报告后，应当立即按照国家有关规定上报事故情况。负有安全生产监督管理职责的部门和有关地方人民政府对事故情况不得隐瞒不报、谎报或者迟报。"

建筑施工安全生产监督管理部门接到事故报告后，应当立即按照国家有关规定上报事故情况。现行的国务院《生产安全事故报告和调查处理条例》规定，负有安全生产监督管理职责的部门应逐级上报事故，每级上报时间不得超过 2 小时。

建筑施工安全生产监督管理部门和有关地方人民政府对事故情况不得隐瞒不报、谎报或者迟报。违反本规定，本法第一百零七条规定："有关地方人民政府、负有安全生产监督管理职责的部门，对生产安全事故隐瞒不报、谎报或者迟报的，对直接负责的主管人员和其他直接责任人员依法给予处分；构成犯罪的，依照刑法有关规定追究刑事责任。"

**4. 生产安全事故抢救职责**

《安全生产法》第八十二条规定："有关地方人民政府和负有安全生产监督管理职责的部门的负责人接到生产安全事故报告后，应当按照生产安全事故应急救援预案的要求立即赶到事故现场，组织事故抢救。

参与事故抢救的部门和单位应当服从统一指挥，加强协同联动，采取有效的应急救援措施，并根据事故救援的需要采取警戒、疏散等措施，防止事故扩大和次生灾害的发生，减少人员伤亡和财产损失。

事故抢救过程中应当采取必要措施，避免或者减少对环境造成的危害。

任何单位和个人都应当支持、配合事故抢救，并提供一切便利条件。"

建筑施工安全生产监督管理部门的负责人接到生产安全事故报告后，应当按照生产安全事故应急救援预案的要求立即赶到事故现场，组织事故抢救。这是本法赋予有关地方人民政府和负有安全生产监督管理职责的部门的负责人的职责。《生产安全事故报告和调查处理条例》第十五条规定："事故发生地有关地方人民政府、安全生产监督管理部门和负有安全生产监督管理职责的有关部门接到事故报告后，其负责人应当立即赶赴事故现场，组织事故救援。"

**5. 事故调查处理与提出整改管理职责**

《安全生产法》第八十三条规定："事故调查处理应当按照科学严谨、依法依规、实事求是、注重实效的原则，及时、准确地查清事故原因，查明事故性质和责任，总结事故教训，提出整改措施，并对事故责任者提出处理意见。事故调查报告应当依法及时向社会公布。事故调查和处理的具体办法由国务院制定。

事故发生单位应当及时全面落实整改措施，负有安全生产监督管理职责的部门应当加强监督检查。"

建筑施工安全生产监督管理部门在组织或参与事故调查处理与整改时应注意：

（1）事故调查原则

本条规定事故调查处理应当按照科学严谨、依法依规、实事求是、注重实效的原则。《国务院关于坚持科学发展安全发展促进安全生产形势持续稳定好转的意见》中提出依法严肃查处各类事故，严格按照"科学严谨、依法依规、实事求是、注重实效"的原则，认真调查处理每一起事故，查明原因，依法严肃追究事故单位和有关责任人的责任，严厉查处事故背后的腐败行为，及时向社会公布调查进展和处理结果。

（2）事故调查任务

本条规定事故调查的目的是：及时、准确地查清事故原因，查明事故性质和责任，总结事故教训，提出整改措施，并对事故责任者提出处理意见。

（3）事故调查报告公布

本条规定事故调查报告应当依法及时向社会公布。《生产安全事故报告和调查处理条例》第三十四条规定：“事故处理的情况由负责事故调查的人民政府或者其授权的有关部门、机构向社会公布，依法应当保密的除外。”

（4）事故调查处理办法

本条规定事故调查和处理的具体办法由国务院制定。现行的事故调查和处理的具体办法为 2007 年 4 月 9 日国务院颁发的《生产安全事故报告和调查处理条例》（国务院令第 493 号），于 2007 年 6 月 1 日起施行。

（5）落实整改

本条规定事故发生单位应当及时全面落实整改措施，负有安全生产监督管理职责的部门应当加强监督检查。整改措施中还应包括“生产经营单位发生生产安全事故造成人员伤亡、他人财产损失的，应当依法承担赔偿责任”的要求，本法第一百一十条对此规定了相应的法律责任。

（6）监督检查

本条规定负有安全生产监督管理职责的部门应当加强对事故发生单位全面落实整改措施情况实施监督检查。因此，建筑施工安全生产监督管理部门应当加强对发生建筑施工生产安全事故单位的整改实施监督检查。

**6. 事故统计分析及公布职责**

《安全生产法》第八十六条规定：“县级以上地方各级人民政府负责安全生产监督管理的部门应当定期统计分析本行政区域内发生生产安全事故的情况，并定期向社会公布。”

本条规定县级以上地方各级人民政府负责安全生产监督管理的部门定期统计分析并公布事故。

## 4.4 建筑施工生产安全事故案例分析再思考

本节以《安全生产法》为依据，通过对建筑施工生产安全事故案例分析，进一步阐述建筑施工安全生产管理的方式方法。

每年建筑施工生产安全事故很多，有关生产安全事故案例分析也有不少，但是以《安全生产法》解读方式分析生产安全事故的文章不多。笔者尝试用《安全生产法》有关规定分析事故案例，由于收集渠道的缘故部分所举事故案例不能确定为事故调查报告的正式版本，因此案例中所涉及的有关地区、单位和个人尽可能地用英文字母或“某”字等代替，表明所举事故案例具有代表性而非针对性。本节分析中，笔者对所举案例中的事故分析及责任认定等内容进行了再思考，以提问解答的形式阐述了自己的观点，可能会与所举案例事故分析的观点有所不同。笔者认为不同的观点提出，有利于安全生产管理思想及理论的深入探讨，如有不正确的观点欢迎批评指出，不到之处敬请谅解。

**【案例1】** 2010年11月20日上午，C市一工地工程进入七楼土建施工阶段，某劳务公司架子工班班长王某根据施工进度，安排架子工陆某进行悬挑脚手架搭设，普工许某辅助运送钢管等作业。9时05分左右，许某在七楼北侧脚手架顶层竹笆上，肩扛一根6.5m长钢管，自东向西往陆某搭设作业处运送，当途径楼梯口凸出的脚手转弯处，所扛钢管随肩转向时与脚手架立杆相碰撞，造成许某重心失稳，失足坠落至地面。现场其他施工人员立即报警，经120救护急送至医院抢救，许某终因伤势过重抢救无效而死亡。

事后成立了有关事故调查组，事故调查组通过技术原因分析（包含直接技术原因、重要技术原因）、管理原因分析（包括直接管理原因、主要管理原因、监管原因）得出结论：这是一起因总包管理不到位，劳务公司安全管理不力、施工班组违规搭设、施工人员违章冒险作业而引发的安全责任事故，并作出了如下责任认定和处理：

（1）总包单位未按规定履行安全职责，忽视严格督促劳务公司按照施工方案的要求搭设施工，事故隐患排查和治理工作不到位，对事故的发生负有责任，由建设行政主管部门依法进行行政处罚。

（2）该劳务公司虽然制定了安全管理制度和各项安全操作规程，但执行不严，管理不善，落实不到位，施工现场安全检查和事故隐患排查不力，未及时发现施工人员违规搭设和冒险作业并予以制止，违反了《安全生产法》第三十六条的规定，对本起事故负有主要管理责任，由市安全生产监督管理局依据《生产安全事故报告和调查处理条例》（国务院令第493号）对该劳务公司实施行政处罚。

（3）该项目管理有限公司安全监理职责履行不力，未及时督促施工单位落实相关安全措施和隐患排查治理，对本起事故负有相应的监管责任，由市建设行政主管部门按照有关规定对某项目管理有限公司及相关监理人员进行处理。

（4）许某安全意识不强，对在高处作业存在坠落的危险因素认识不足，未采取安全防范措施，冒险作业，引发高坠事故，对本起事故负有直接责任。因其死亡，免于追究其责任。

（5）该劳务公司架子工班组未按施工方案的要求进行脚手架搭设作业，未及时架设安全平网，落实安全防护措施，对本起事故的发生负有操作岗位危险因素告知不到位的管理责任，由劳务公司按照公司管理规定对架子工班长王某进行处理。

（6）该劳务公司项目负责人廖某未认真履行本职工作，未督促施工人员严格执行公司安全管理制度和项目部施工方案，施工现场安全检查不力，未发现和及时制止施工人员的冒险作业行为，对本起事故的发生负有直接管理责任，由某劳务公司按照公司管理规定对其进行处理。

（7）总包项目经理胡某未认真履行规定职责，现场安全监管不力，未严格督促施工人员落实安全防护措施，违反了《安全生产法》第十七条的规定，对本起事故负有管理责任，由市安全生产监督管理局依据《安全生产法》对胡某实施行政处罚。

（8）现场负责人张某未认真履行岗位职责，对本起事故也负有相应的管理责任，由总包单位按照公司管理规定对张某进行处理。

据此，有关部门及专家给予本起事故进行了点评，提出了相应的事故教训和预防对策，主要集中在认真执行国家安全生产有关法律、法规的规定，认真履行安全生产工作职责，进一步落实各级安全生产责任制，建立健全安全生产管理制度和安全操作规程，并督促施工人员严格执行；牢固树立企业安全生产主体责任意识，严格执行建筑施工安全管理规定，严格制定安全施工方案，加大隐患排查力度，加大安全培训教育力度，加大施工现场安全检查力度，杜绝违规和冒险作业行为，提高防范事故的能力，确保建设工程的安全生产与文明施工；切实履行施工现场的安全监管职责，加强施工现场安全督查，确保工程建设的质量和安全等方面。

**【案例1的思考】** 案例1的生产安全事故是典型的建筑施工高处坠落事故，事故等级为一般生产安全事故。通过这个典型的一般事故，我们能够发现不一般的问题，应当引起我们思考。

(1) 如何重视和防范高处坠落事故?

建筑施工中的高处坠落事故等级通常为一般事故（生产安全事故等级划分为四个等级[1]。一般事故，是指造成3人以下死亡，或者10人以下重伤，或者1000万元以下直接经济损失的事故）。

根据每年全国建筑业生产安全事故统计来看，高处坠落事故起数占每年全国建筑施工生产安全事故总起数50%以上，死亡人数占全年死亡人数的50%左右。以2012年为例，全国房屋市政工程生产安全事故中高处坠落事故257起，占全年全国建筑施工生产安全事故总起数的52.77%。高处坠落伤亡人数如此之高，应成为人们重点防范的事故，但是由于高处坠落事故通常为一般事故，每次伤亡人数为1～2人，有的高处坠落发生后没有死人，因此没能引起企业及有关部门的高度重视，人们的注意力集中在那些危险性较大的可能引起重大伤亡的分部分项工程中。

高处坠落事故起数如此之多、伤亡人数如此之高，没能引起企业及有关部门的高度重视，实在是建筑施工管理中出现的一个不可思议的怪现象。为何会出现这种怪现象呢？其中的一个原因就是高处坠落事故一次伤亡人数少，事故发生时往往只在小范围内影响而不会造成大范围的影响。由于高处坠落事故发生影响面小，有的高处坠落事故没有人员死亡，有的企业就不按照有关规定上报事故，那些经常发生的高处坠落事故没有造成死亡和重伤的，有的企业根本不把这类事故作为生产安全事故看待，甚至发生高处坠落的死亡事故的企业想尽办法不报，多数情况下“私了”。

如果以上分析符合实事的话，我们完全可以得出这样一个结论，这就是有关地区上报的高处坠落事故的起数和伤亡人数与统计数据不符，即每年全国建筑业生产安全事故统计中的高处坠落事故起数和死亡人数远远高于50%。

这是一个惊人的数据，应当引起我们的警觉和反思。这个数据告诉我们：每年全国建筑业高处坠落事故造成的伤亡人数是全年全国建筑业生产安全事故造成的伤亡人数的一半以上，也就是我们经常关注的建筑施工中的危险性较大的分部分项工程中（见附录五：危险性较大的分部分项工程范围和附录六：超过一定规模的危险性较大的分部分项工程范围）每年伤亡的人数远远不及高处坠落的伤亡人数。

《安全生产法》指出：“安全生产工作应当以人为本，坚持安全发展。”安全生产以人为本，人的生命最为重要。既然每年建筑施工高处坠落事故发生的起数如此之多、伤亡人数如此之大，我们为何不在重视危险性较大的分部分项工程安全生产管理的同时，关注建

[1] 见《生产安全事故报告和调查处理条例》（国务院令第493号）第三条。

筑施工高处坠落的事故防范管理呢？这是一个严肃的话题，应该值得人们思考。

(2) 事故原因分析及有关措施如何更具有针对性？

目前，不少生产安全事故分析中的直接技术原因、重要技术原因、直接管理原因、主要管理原因说法很多。它们之间有何区别？如何归类？这些原因在认定事故责任时究竟起到什么作用？这一系列问题现在没有规范的说法。事故原因的界定没有规范的说法，造成事故分析的随意性，不利于人们吸取事故教训。

在有的事故分析报告中，关于事故教训和预防对策有时缺乏针对性，存在大话、套话现象比较多。如有时我们把一起事故原因分析放在其他事故中去解释，发现基本上是大同小异，好像也很适用。这反映了两个方面问题：一个是现在许多生产事故，其原因基本都是相同的，折射出生产安全事故管理没有做到防止同类事故重复发生的作用，事故原因没有被认真吸取，安全生产管理问题重复发生，得不到根本解决；另一个就是我们在分析生产安全事故时缺乏针对性，对事故分析不能做到深入的研究，或缺少科学的态度和负责任的精神，因而没能触及事故企业和其他有关单位对事故发生原因的高度重视和反思，事故发生后不知道如何真正从管理上下功夫防范类似事故重复发生。

建议有关部门应规范生产安全事故调查的行为和有关分析报告的术语，明确原因，分析在生产安全事故调查分析及责任认定中的作用。在组织调查人员进行生产安全事故调查时，应当尽可能地选派各类专家，如技术、管理、法律等方面的专家参与，以不同的角度全面、深入地进行事故分析，找出相应的有针对性的措施和对策。有关专家应对所调查的事故分析报告负责，接受社会的监督。

(3) 造成事故发生的根本原因是什么？

我们应当承认，防范高处坠落事故发生的技术含量是不高的，有关防范高处坠落的安全技术操作规程是通俗易懂的，一般操作人员都容易理解。只要遵守有关安全技术操作规程，思想上重视、措施上到位、管理上严格，即按安全生产管理三大措施认真实施，这类事故完全是可以防止的。

如果案例1的生产安全事故可以回放重来的话，这起事故在很多环节上都可做到防范事故的发生：

1) 班组安全作业环节。在班组作业上有多个环节，如果有一个环节做到了，该起事故就不会发生或发生了也不至于造成这样的后果。如该事故中的某劳务公司架子工班班长王某，作为班长应该有多年架设脚手架的经验，应该知道脚手架搭设时哪些地方容易发生高处坠落的危险。那么王某在布置这起作业时，就应当反复交代架子工陆某、普工许某等班组的作业人员在操作时注意哪些安全（事前做好安全技术交底）；为了防止反复交代后仍有人还会大意、不按要求去做，王某事先应当采取相应的措施在过道口架设防护栏杆以防人员跌落（安全措施的第一道防线），在过道口容易发生坠落的下方架设安全平网以防万一有人跌落也不至于跌倒在地面造成伤亡（安全措施的第二道防线），应当要求普工许某系好安全带（安全措施的第三道防线），这些简单的措施（有关安全技术操作规程有要求）不需要多大的资金投入、也没有复杂的技术，完全是可以做到的，但架子工班班长王某忽视了、失职了；架子工陆某在看到普工许某肩扛钢管向他走来时，应当知道转弯处有危险（安全交底时应当告知的），及时叮嘱普工许某在脚手转弯处时小心注意（事中注意安全监管，班组应配备兼职安全生产管理人员），这起事故可能就不会发生，如果许某不慎还是跌落，由于安全平网的作用也不至于坠落到地面而身亡。由此可以看出，班组管理的这么多安全环节一个都没有，如果有一个环节存在起作用，这起事故就不可能发生，这反映了班组的管理问题，很显然架子工班长王某在班组管理上应当负主要责任。

2）劳务公司项目部对作业班组的管理环节。班组的管理问题反映了劳务公司在这个项目上的管理问题。如果劳务公司项目部能够切实加强对架子工班组的管理，督促和检查架子工班长王某重视安全管理、落实各项安全措施，那么架子工班组的安全作业的各个环节就能落实。从案例1调查组对劳务公司项目负责人廖某的责任来看，显然劳务公司项目部没有对作业班组加强安全管理，存在严重问题。调查组认定劳务公司项目负责人廖某“未督促施工人员严格执行公司安全管理制度和项目部施工方案，施工现场安全检查不力，未发现和及时制止施工人员的冒险作业行为，对本起事故的发生负有直接管理责任”。

3）对劳务公司项目部的安全生产监管环节。劳务公司项目部的安全生产监管问题反映了劳务公司对项目部的监管问题，也反映了实行工程总承包企业对劳务公司项目部的监管问题，也就是说对于分包单位应有本单位和总包单位的“双重”监督管理，这个“双重”监督管理中一个都没有发挥作用。如果劳务公司能够加强对本项目部的安全管理，或实行项目总承包的施工单位能够加强对分包单位劳务公司项目部的监管，也不至于造成劳务公司项目部对作业班组安全管理的缺失。按照《安全生产法》及建设工程管理有关规定，该劳务公司应与该项目的总承包单位签订安全协议，确认劳务公司在本项目上的负责和专职安全生产管理人员，服从总包单位管理，实施所承接的劳务活动的安全管理。该项目的总承包单位专职安全生产管理人员和劳务公司项目部安全生产管理人员应承担起本项目的安全生产监管责任。

4）劳务公司内部管理环节。如果劳务公司重视安全生产管理，各项安全生产责任制能够落实到位、落实到各个项目中去的话，该项目安全生产管理就不至于存在这么多的问题。调查组认为：该劳务公司对安全管理制度和各项安全操作规程“执行不严，管理不善，落实不到位”，对“施工现场安全检查和事故隐患排查不力”。由此可见，劳务公司内部管理存在问题。调查报告中没有相关企业取得安全生产许可证的情况介绍，不知该劳务公司是否取得安全生产许可证？事故发生后是否暂扣了安全生产许可证？

5）总包单位的安全管理环节。如果总包单位能够按照有关规定，加强对劳务分包单位的安全生产监管，督促和检查劳务公司的安全生产管理，如开展对劳务公司项目部安全生产条件的评价，就可以发现劳务公司项目部存在的许多问题，及时要求整改，本起事故也是可以防止发生的。案例1调查组对总包单位责任认定分析是：“总包单位未按规定履行安全职责，忽视严格督促劳务公司按照施工方案的要求搭设施工，事故隐患排查和治理工作不到位，对事故的发生负有责任。”调查报告中也没有总承包企业取得安全生产许可证的情况介绍，不知该总承包单位是否取得安全生产许可证？事故发生后是否暂扣了安全生产许可证？根据安全生产许可管理制度，该总承包单位安全生产管理是不到位的，事故发生后应当暂扣其安全生产许可证。

6）安全监理环节。如果劳务公司、总承包公司忽视安全生产管理，该项目管理有限公司安全监理能够认真履行安全监管职责，及时督促劳务公司、总承包单位落实相关安全措施和隐患排查治理，促使劳务公司、总承包单位重视安全生产管理、落实各项管理措施，本起事故也是可以防止发生的。

7）安全生产行政监管环节。以上各个管理环节均出现问题，这些问题都是不难发现的。如果有关安全生产监管部门能够加强有效的监管，在发放安全生产许可证时，能够严格审核安全生产条件，在过程监督管理中能够有效监管这些企业和项目的安全生产条件状况，及时发现问题督促及时整改，那么这些企业和施工项目部就不会存在那么多的问题。如果监管到位，这样的事故也是可以防止发生的。

显然，以上每个环节都存在问题，所以本次事故发生是必然的。

我们已有太多的事故原因分析报告了。每次事故，分析的原因一大堆，造成事故发生的根本原因是什么？很少有从安全生产管理实质这一理论来分析造成事故原因的。

安全生产管理的实质就是不断完善和提高安全生产条件❶，根据这一理论必然得出这样一个道理：造成生产安全事故的根本原因就是安全生产条件不完善所致。

以上环节出现的问题，无一不是安全生产条件上出现的问题，如果建筑施工企业、建筑施工企业有关安全生产管理人员、各级安全生产监督管理部门有关安全生产监管人员能够牢固树立“不具备安全生产条件的，不得从事生产经营活动”❷的管理指导思想，关注安全生产条件，不断完善安全生产条件，防范生产安全事故和大幅度地减少生产安全事故才有可能。

（4）企业有关安全生产管理人员如何配备和管理？

分析案例1发现一个重要问题，这就是本起事故调查分析报告中的安全生产管理人员在哪？本起事故调查分析报告中忽视了一个重要成员的作用，这就是总承包公司、劳务分包单位的安全生产管理人员以及总承包单位项目部、劳务公司项目部的安全生产管理人员究竟是谁？特别是劳务分包公司项目上的安全生产管理人员究竟是谁？这可能是大部分劳务公司或总承包公司存在着忽视劳务公司应在项目上设置安全生产管理人员的问题。根据《安全生产法》第二十一条、第二十二条、第二十三条、第四十三条、第四十五条，对安全生产管理人员的设置、职责、管理要求都作出了规定，进入建筑施工现场的各个生产经营单位都必须要配备专职安全生产管理人员或指定安全生产管理人员，负责本项目安全管理的监管。可是本案中没有说明配备安全生产管理人员的情况，只提到该项目管理有限公司安全监理问题。

有关建设行政主管部门或安全生产监督管理机构的安全生产监管人员在监管这个项目时，没有关注这个项目各个单位安全生产管理人员配备情况，有关调查组成员在事故调查过程中也没有关注这个问题。按照《安全生产许可证条例》第六条第三款的管理要求，该工程项目上如果有的企业安全生产管理人员配备不到位或安全生产管理人员未履行监管责任的，应判定该工程有关项目部或有关企业安全生产条件不具备，理应按照有关规定给予处罚，据此可暂停该项目的施工活动，严重的可暂扣相关企业的安全生产许可证。

企业安全生产管理人员是安全生产管理的重要成员，企业应按要求配备相应的安全生产管理人员；安全生产管理人员应履行其职责，监督施工现场各项安全生产活动。否则，该施工现场安全生产条件或有关企业的安全生产条件不符合法律法规的规定，有关安全生产监督管理部门应当按照《安全生产法》等有关法律法规的规定对施工现场或企业进行相

❶ 见本书“第3篇 3.6.5 安全生产管理的实质”。

❷ 见《安全生产许可证条例》中第六条和《中华人民共和国安全生产法》第十七条规定。

应的处罚。

**【案例 2】** 2011 年 11 月 2 日，某区安全生产监督管理局接到举报：10 月 25 日 10 时 10 分许，该区某住宅工程工地发生一起高处坠落死亡事故。事故发生后，该工程的施工单位 A 建筑公司一直没有向任何有关部门上报事故情况。

该区安全生产监督管理局领导对此举报事故高度重视，在向市安全生产监督管理局以及该区政府有关领导汇报后，立即组织市建委安全监督站、区公安局、区人民检察院、区总工会、区人力资源和社会保障局相关人员赶赴事故现场，组成了事故调查组开展调查。经过对现场相关人员的询问取证及到 120 急救中心、B 医院、C 医院等地走访调查，查明事故发生经过。

2011 年 10 月 25 日 10 时 10 分许，A 建筑公司木工张某在某住宅工程的基坑地下室进行木工支模作业过程中，攀爬钢筋柱笼取施工材料时，从距地面 1.2m 高的钢筋柱笼箍筋上坠落，坠落时其脚卡在钢筋柱笼中，致使其本人的身体完全倒挂在钢筋柱上，头部着地。事故发生后，现场的工友们立即将张某从钢筋柱上解救下来，并将他送到 B 医院抢救，后因伤势过重转到 C 医院救治。经过 3 天抢救，张某终因伤势过重，经抢救无效于 10 月 28 日 12 时死亡。张某死亡后，施工单位没有按照有关规定，向该区安全生产监督管理部门和建设行政主管部门报告。事情暴露后，工地相关人员仍不积极配合事件调查，拒绝向事故调查组提供死者的有关信息和事件发生情况，不承认该工地发生过死亡事故。直至该工地木工负责人熊某承认木工张某确实在某住宅工地地下室作业过程中坠落死亡，并提供与死者家属的抚恤协议后，施工现场负责人张某等人才承认该工地在 2011 年 10 月 25 日 10 时 10 分，确实发生过一起死亡事故，同时承认了对此事故的瞒报情况。

事故调查组经过事故调查，从技术原因（包括主要技术原因、直接技术原因、主要技术原因）、管理原因（包括主要管理原因、重要管理原因、直接管理原因、监管原因）分析了事故的起因。事故调查组认定，该起事故属于一般的生产安全责任瞒报事故，并作出了如下处理决定：

（1）依据《生产安全事故报告和调查处理条例》第三十六条第一款的规定，由该区安全生产监督管理局对该施工单位处以罚款 100 万元人民币的行政处罚。

（2）木工张某对此事故负有直接责任，鉴于张某本人在事故中已经死亡，免于追究其责任。

（3）施工单位副总经理蔡某（项目总承包单位总负责人），依据《生产安全事故报告和调查处理条例》第三十六条第一款的规定，处上一年年收入 100%（人民币 5.2 万元整）的处罚，并移交司法机关依法处理。

（4）施工单位该工程现场施工负责人张某（项目现场生产安全主要负责人），依据《生产安全事故报告和调查处理条例》第三十六条第一款的规定，处上一年年收入 80%（人民币 2.1 万元整）的处罚，并移送司法机关依法处理。

（5）施工单位安全管理人员沈某（现场生产安全工作负责人），依据《生产安全事故报告和调查处理条例》第三十六条第一款的规定，处上一年年收入 80%（人民币 1.6 万元整）的处罚，移交司法机关依法处理。

（6）监理单位安全监理工程师腾某（项目现场安全监理负责人），依据《生产安全事故报告和调查处理条例》第三十六条第一款的规定，处上一年年收入 80%的处罚（人民币

8000元整）。

(7) 施工单位该住宅工程木工负责人熊某（木工项目负责人），鉴于在事故发生后熊某能积极救治和协助抚恤，配合事故调查组对事故进行调查，免于经济处罚，责令写出深刻检查。

**【案例2思考】** 案例2生产安全事故又是一起高处坠落伤亡事故。依据现行《生产安全事故报告和调查处理条例》（国务院令第493号）第三条规定，本起事故属于一般生产安全事故；依据条例第九条规定要求，该事故属于瞒报。

案例1和案例2两起事故都是高处坠落一般等级事故，但由于案例2事故属于瞒报，与案例1事故相比，其性质严重了，所以事故的处理相对来说严厉得多。

案例2事故原因分析与案例1分析内容基本相同，如安全生产意识淡薄对安全工作重视不够、安全管理制度和各项安全技术操作规程不完善、安全生产责任制落实不到位、未对作业人员进行安全教育、安全检查不到位、监理单位履职不力等。由于案例2事故为一起生产安全责任瞒报事故，所以除案例1事故有关高处坠落事故的思考以及事故根本原因分析思考外，又引发了我们更多的思考。

(1) 为何要瞒报事故？

案例1与案例2同样是高处坠落事故，事故等级同样是一般事故。案例2中的事故单位在处理这起事故时，也进行了及时的抢救，人员死亡后也没有少花费用，如提供与死者家属的抚恤协议，但还是在极力隐瞒这起事故，原因何在？笔者认为，原因在于：

1) 有关隐瞒事故处置的严厉性没有进行广泛宣传，施工单位没有认识到问题的严重性。

实际上对隐瞒事故的处罚力度将更大，如《安全生产法》第九十二条规定：生产经营单位的主要负责人未履行本法规定的安全生产管理职责，导致发生一般事故的，由安全生产监督管理部门处上一年年收入百分之三十的罚款。

隐瞒事故、谎报或者迟报生产安全事故的，处罚较之《安全生产法》第九十二条规定更为严厉。《安全生产法》第一百零六条规定：生产经营单位主要负责人对生产安全事故隐瞒不报、谎报或者迟报的，给予降职、撤职的处分，并由安全生产监督管理部门处上一年年收入百分之六十至百分之一百的罚款；构成犯罪的，依照刑法有关规定追究刑事责任。《安全生产法》第一百零六条规定沿用了现行的《生产安全事故报告和调查处理条例》第三十六条第一款处罚规定的内容，即生产经营单位主要负责人对生产安全事故隐瞒不报、谎报或者迟报的，不但要给予降职、撤职的处分，而且处上一年年收入百分之六十至百分之一百的罚款。

可以看出隐瞒事故、谎报或者迟报生产安全事故的，仅从对生产经营单位主要负责人罚款额度上来讲高出二、三倍以上。如案例2中，对施工单位副总经理蔡某、现场施工负责人张某、安全管理人员沈某和监理单位安全监理工程师腾某等分别处上一年年收入80%的处罚，就是依据《生产安全事故报告和调查处理条例》第三十六条第一款的规定，也是本次新修改的《安全生产法》第一百零六条的规定。

从对企业处罚来讲，发生一般事故，《安全生产法》第一百零九条规定处二十万元以上五十万元以下的罚款；如果发生谎报或瞒报的，《生产安全事故报告和调查处理条例》（国务院令第493号）第三十六条第一款规定处事故发生单位100万元以上500万元以下的罚款。本案由该区安全生产监督管理局对该施工单位处以罚款 100 万元人民币的行政处罚，就是依据本规定。

2）隐瞒事故的监督机制不全面。有的企业在出现事故后，特别是对一般事故，采取“私了”的形式有时得逞，这是不可否认的事实。如果案例 2 这起事故不是由于其他原因被举报的话，可能就会被隐瞒下去。《安全生产法》第七十三条规定：“县级以上各级人民政府及其有关部门对报告重大事故隐患或者举报安全生产违法行为的有功人员，给予奖励。”有关部门如能尽快建立生产安全事故的举报奖励制度，就能有效地防范隐瞒事故的现象发生。

3）生产安全事故处置的不确定性。由于在处理一些生产安全事故时不能做到科学严谨、依法依规、实事求是，而是根据发生事故时的形势需求，有时处罚过于严厉，有些企业为此承担了过多的责任，而有时处罚又过于放松，有的企业逃避了一些责任，因此有些企业怕承担过多的责任，或有的企业有侥幸心理逃避一些责任，这是隐瞒事故的重要原因之一。

4）行政监管追究的不科学性，这同样是生产安全事故处置的不确定性问题，同样的事故、原因可能也是同样的，在处理时可能有不同的结果。另外还有事故统计问题，主要反映在每年事故的内部控制指标问题上，现有的每年事故统计数据不是为了统计分析，而一味的是作为考核政绩的指标，带来的问题是：有的为了不超过指标想方设法地不计算在本部门、本地区或本行业的统计范围内，在其他方面化解掉，因而带来事故统计的不科学性，为此有的地方对隐瞒事故的现象不是那么认真查处，有的个别地区或部门甚至参与事故隐瞒。

因此，科学制定生产安全事故的调查处理方式方法很重要。

(2) 如何防范某些企业不具备安全生产条件还继续从事生产活动?

从案例 1 和案例 2 两起事故分析中，我们不难发现承接该项目的施工总承包单位、劳务分包单位以及施工项目部都有可能在施工前或施工过程中不具备安全生产条件。

如案例 1 认为总承包单位事故调查组给出的责任分析认为“总包单位未按规定履行安全职责，忽视严格督促劳务公司按照施工方案的要求搭设施工，事故隐患排查和治理工作不到位”。据此可以认定，总承包单位在建立、健全安全生产责任制和规章制度上面存在严重问题，这一问题如属实的话，就能够证明该单位的 12 项安全生产条件中第一项就出现问题，由此可判别该单位的安全生产条件是不合格的[1]。

劳务承包单位，事故调查组给出的责任分析认为“该劳务公司虽然制定了安全管理制度和各项安全操作规程，但执行不严，管理不善，落实不到位，施工现场安全检查和事故隐患排查不力，未及时发现施工人员违规搭设和冒险作业并予以制止”，同样，该劳务公司的第一项安全生产条件也是存在严重问题的，由此可判别该单位的安全生产条件是不合格的。

在施工项目管理上，两个单位是否配备了安全生产管理人员，从本案的分析中是看不出来的。如果任何一个单位没有配备安全生产管理人员，该现场的 12 项安全生产条件中的第三项条件就会存在严重的问题，同样可判定其安全生产条件是不合格的。

---

[1] 依据《建筑施工安全生产条件评价规范》。

如果以上问题属实，即施工总承包单位、劳务分包单位以及两个单位的施工项目部安全生产条件不具备，怎能继续从事生产活动呢?

“怎样能继续从事生产活动”的问责应当以三种情形分析，第一种情形是安全生产许可证的取得，这两家单位是否取得了安全生产许可证，或凭什么条件取得，是否在取得证书时就具备了安全生产条件；第二种情形是施工活动的监管，如符合安全生产条件是否继续保持安全生产条件，如何监管。如果没有取得安全生产许可证，那么它们是如何承接工程项目任务的；第三种情形是施工单位自身的监管，施工单位能否形成有效的安全生产条件的内部监管机制，能否对分包单位的安全生产条件实施监管，能否对作业班组的安全生产条件实施监管。

以上分析认为，我们应当研究如何完善安全生产许可制度，防范不具备安全生产条件的企业从事生产活动，这才是安全生产管理的实质所在。

(3) 事故发生后如何处置相关责任人?

生产安全事故发生后，相关责任人应按有关法律法规和企业规章制度对责任人进行处罚。处罚相关责任人应当由处置部门或单位按照有关权限及职责范围进行处罚，不能超越职权代行处罚。处罚时依法处罚，处罚的内容应做到尽可能地详细，符合相关依据。

作为有关部门派出的调查组不宜将某些企业的处罚和处理作为该事故处理的结果，如有关部门的调查与处理报告不宜出现“某公司按照公司规定对某某进行处理”，这样表面上看似乎由有关部门进行了处理，容易造成应该按照有关法律法规进行处罚而未进行处罚的现象发生。

如《安全生产法》第九十三条规定生产经营单位的安全生产管理人员未履行本法规定的安全生产管理职责的，责令限期改正；导致发生生产安全事故的，暂停或者撤销其与安全生产有关的资格；构成犯罪的，依照刑法有关规定追究刑事责任。第九十四条规定生产经营单位未按照规定设置安全生产管理机构或者配备安全生产管理人员的、未按照规定对从业人员进行安全生产教育和培训或者未按照规定如实告知有关的安全生产事项的，将受到责令限期改正，可以处五万元以下的罚款；逾期未改正的，责令停产停业整顿，并处五万元以上十万元以下的罚款，对其直接负责的主管人员和其他直接责任人员处一万元以上二万元以下的罚款等。

有的生产安全事故分析报告中已经认定安全生产管理人员未履行职责、企业未按照规定对从业人员进行安全生产教育的，但都是由于事故报告中的事故责任认定与处理意见以“按照公司规定进行处理”为处理结论，而未受到相应的法律法规给予的处罚。有的施工项目负责人在该项目发生生产安全事故后，按照有关规定应当受到相应的处罚，但是在有关事故责任与认定处理中，以“鉴于在事故发生后……配合事故调查组对事故进行调查，免于经济处罚，责令写出深刻检查”。

有的事故报告责任认定与处理，以“由某部门依据《安全生产法》对某某实施行政处罚”为处理结论，至于何种处罚最后往往没有结果，可能会造成不了了之的现象发生，责任人得不到应有的惩罚。有的虽有处罚数目，但实在不能让人相信，如有的事故报告处理中是这样处罚相应项目管理负责人的：“依据《生产安全事故报告和调查处理条例》第三十六条第一款的规定，处上一年年收入80%的处罚（人民币8000元整）”，也就是说这位企业项目管理负责人年收入仅为1万元，月收入平均不到1000元？案例2事故中几位被处理的从事建筑施工行业管理人员平均年收入为3万元，最高收入者仅为6.5万元？这些人"移交司法机关依法处理"，但有关司法机关是如何处置的也没能查到司法处理的最终结果。

以上这些充分反映了一些事故处理上的随意性和不严肃性。

因此，规范对事故责任人的处理，生产安全事故的调查与处理应当向社会公布，势在必行。为此《安全生产法》第八十六条规定："县级以上地方各级人民政府负责安全生产监督管理的部门应当定期统计分析本行政区域内发生生产安全事故的情况，并定期向社会公布。"希望这一条能够认真贯彻执行。

（4）如何解决生产安全事故的前置性管理问题？

处理生产安全事故，是安全生产管理不得已的事后管理。在众多生产安全事故原因分析中，绝大多数造成事故的原因是可以通过管理消除的，这就是通常所说的事前管理，即前置性管理。"隐患就是事故"是生产安全事故前置性管理的一个重要理念。没有隐患，就没有事故。忽视隐患，不知道隐患的存在，生产安全事故就有可能在你面前发生。

案例1和案例2中分析出的许多事故原因，都是生产安全事故的隐患。这些隐患之所以发展成伤亡事故，是因为没有及时发现隐患或发现隐患没有及时处理的结果。

生产安全事故的前置性管理就是要及时发现隐患、及时处理隐患。及时发现隐患的唯一手段就是要开展安全生产检查（安全生产检查制度的落实问题）；发现隐患及时处理隐患（生产安全隐患与事故报告处理制度的落实）就能消除隐患，从而防止伤亡事故的发生；开展安全生产检查并发现隐患，学会和掌握及时处理隐患的方式方法，要通过教育培训（安全生产教育培训制度的落实）来解决。落实以上管理制度，关键的是靠责任的落实（安全生产责任制度的落实）和资金投入的保障（安全生产资金保障制度）。由此看来，生产安全事故的前置性管理就是安全生产"五大管理制度"的落实。

往往出现的生产安全事故，最多问题是集中在制度管理上。所以，要加强生产安全事故的前置性管理关键就是要各项制度的真正有效地落实。企业应当把安全生产规章制度不落实作为生产安全事故的最大隐患来看待。既然隐患就是事故，那么各项安全生产规章制度的不落实就是事故，企业要认真对待。

企业安全生产管理各项制度落实的表现在安全生产条件的落实，因此建筑施工企业不断完善安全生产条件是防范生产安全事故的最有效的方法。请关注安全生产条件的特征[1]，其中之一的特征就是"前置性"。

**【案例3】** N市某地1号楼工程，工程委托管理单位是S市某监理公司，幕墙施工单位是Z市某装饰公司，Z市某装饰公司将劳务作业分包给了不具备资质的Z市某劳务公司。2012年6月主体封顶，2012年12月底幕墙开始施工，幕墙施工使用吊篮，吊篮租赁单位是X市某吊篮租赁公司，提供现场的吊篮为W市某机械制造公司于2012年8月生产出厂，型号为ZLP630型双吊点吊篮，吊篮布置在1号楼北侧34层（屋面层）。2012年12月3日，N市某检测所对该吊篮安装质量进行检验，检验结果为合格。

2013年3月12日，Z市某劳务公司对1号楼北立面进行幕墙支座防锈漆涂刷作业时，吊篮钢丝绳断裂失衡造成人员高处坠落事故，事故造成1人死亡，直接经济损失约58万

[1] 见本书"第3篇3.6.4 安全生产条件特征"。

元人民币。

调查报告对事故发生经过描述如下：

2013年3月12日7时左右，Z市某公司项目负责人张某安排油漆工陈某和胡某（均接受过X市某吊篮租赁公司吊篮操作培训并取得上岗证）两人在N市某工程1号楼北立面外墙12层位置的吊篮中进行北立面幕墙支座防锈漆涂刷作业。

9时左右，陈某和胡某正在吊篮内作业时，悬挂吊篮的东侧钢丝绳突然断裂导致吊篮失衡（东侧一端下坠，西侧一端悬挂在12层），站在吊篮西侧的胡某由于将安全带挂扣在安全绳上没有坠落，而站在吊篮东侧的陈某未将安全带挂扣在安全绳上，陈某从12层坠落至2层防护篷上（垂直高度约60m）。事故发生后，现场工人立即拨打了120并报警，陈某经送医抢救无效死亡。

事故现场调查发现事发吊篮西侧两根钢丝绳（一根牵引绳、一根安全绳）状况完好，东侧两根钢丝绳全部断裂，两根钢丝绳的每根4股中有3股存在明显被电弧灼损痕迹，致钢丝绳承载力急剧下降，吊篮在正常载荷状态下，同侧两根受损钢丝绳突然断裂是事故发生的直接技术原因。

管理原因分析认为：Z市某劳务公司在春节后复工前未能按照规定对所使用吊篮进行检查；X市某吊篮租赁公司未认真履行吊篮日检职责，对吊篮日常检查不到位；Z市某装饰公司违反有关规定，将工程违法分包给不具备资质的单位实施，且作业现场安全管理工作不到位。

调查事故结论为：该起事故是一起因吊篮受损承载力下降，现场工人违章冒险作业，事故单位违法分包工程，相关单位和人员履职不到位、安全管理工作不到位导致的一般生产安全责任事故。

事故责任认定和处理：

（1）装饰公司违反有关规定，将工程违法分包给不具备资质的单位实施，且作业现场安全管理工作不到位，对该起事故发生负有单位管理责任，由安全生产监督管理部门对其进行行政处罚。

（2）事发吊篮钢丝绳被电弧灼损，导致钢丝绳承载力急剧下降，吊篮钢丝绳不能承载而突然断裂，且工人陈某在高空作业时未将安全带挂扣在吊篮安全绳上致其从突然倾覆的吊篮内坠落死亡是事故发生的直接原因，对该起事故发生负有主要责任，因其已经死亡不予追究其相应责任。

（3）吊篮租赁公司驻项目现场维修工王某未认真履行吊篮日检职责，对吊篮日常检查不到位，对事故发生负有一定责任，由其所在单位依照有关规定对其进行严肃处理，并将处理结果报事故调查组。

事故调查组针对本起事故对吊篮使用单位、劳务公司、吊篮租赁公司、监理单位、项目管理单位、建设单位等多家单位提出了有关事故教训与预防对策，其建议内容主要围绕认真履行职责、落实安全生产责任制、全方位严格管理、安全教育、安全技术交底要严格监督落到实处、遵守国家法律法规和行业规定规范、加强资格审核和把关、严格遵守施工现场的安全纪律和各工种的安全操作规程、落实各项安全管理措施、强化现场安全检查等要求。

专家点评认为：本起事故中，事故吊篮在电焊时，未将电焊火花的迸溅范围遮挡严密，导致钢丝绳被电弧灼损，钢丝绳承载力急剧下降；高处作业吊篮内作业人员应佩戴安全带，同时应设置挂设安全带的安全绳及安全锁扣。安全绳应固定在建筑物可靠位置上，不得与吊篮上任何部位有连接。死者虽穿戴了安全带，但未按照规定通过安全锁扣将安全带挂扣在安全绳上；如果该施工单位能够编制完善的专项施工方案和应急救援预案，对事故情况的出现和处置有有效的预防、控制措施，本次人员坠落事故是可以避免的；劳务公司吊篮操作工在作业前应按照规定对所使用吊篮进行日常检查，同时吊篮公司现场维修人员应认真履行吊篮日检职责，及时发现和消除事故隐患；劳务作业应分包给具备相应资质的单位，事故吊篮的操作工所属的公司无劳务分包资质仍承接劳务分包业务，是国家明令禁止的。

**【案例3思考】** 本起事故又是一起高处坠落事故，事故等级属于一般事故。如果将该起事故与前面两起事故相比，又有不同的结论。

（1）对于同类型的高处坠落事故如何处理？

案例1分别对该项目的总包单位、劳务公司、项目管理有限公司及相关监理人员、劳务公司架子工班班长王某、劳务公司项目负责人廖某、总包项目经理胡某、现场负责人张某等提出了责任认定和相应的处罚，对劳务公司普工许某因其死亡，免于追究其责任。

案例2分别对施工单位处、施工单位副总经理蔡某，施工单位现场施工负责人张某，施工单位安全管理人员沈某，监理单位安全监理工程师腾某，施工单位木工负责人熊某等提出了责任认定和相应的处罚；对木工张某鉴于在事故中已经死亡，免于追究其责任。

在案例3中，事故调查组对吊篮使用单位、劳务公司、吊篮租赁公司、监理单位、项目管理单位、建设单位等多家单位均提出了有关事故教训与预防对策，但在责任认定和处理上却只涉及两家单位，只对装饰公司、吊篮租赁公司提出了责任认定和相应处罚，工人陈某因其已经死亡不予追究其相应责任。

三起高处坠落事故，处理的方式有一样的地方，也有不一样的地方。

一样的地方使人感到有些伤感和不理解，即对于事故中的死者作出了“免于追究其责任”或“不予追究其相应责任”的责任认定，也就是说死者是有责任的。

案例1死者是普工许某，责任认定是“安全意识不强，……对本起事故负有直接责任”；案例2死者是木工张某，未指出具体原因，责任认定为“对此事故负有直接责任”；案例3死者是油漆工陈某，事故认定是“在高空作业时未将安全带挂扣在吊篮安全绳上……对该起事故发生负有主要责任”。试问，案例1普工许某是刚进施工现场不久的作业人员，如果企业和用人单位根本没有对其进行安全生产教育培训，哪来的安全意识的建立和提高？武断地认定普工许某安全意识不强，公平吗？接受安全教育培训是从业人员的权利，《安全生产法》第五十条规定：“生产经营单位的从业人员有权了解其作业场所和工作岗位存在的危险因素、防范措施及事故应急措施……”，可能普工许某都不知道他在有这样的权利的情况下就身亡了。案例2木工张某，究竟如何坠落的，分析报告没有原因分析，只是描述张某“从距地面1.2m高的钢筋柱笼箍筋上坠落，坠落时其脚卡在钢筋柱笼中，致使其本人的身体完全倒挂在钢筋柱上，头部着地”。“1.2m”的高度坠落身亡本身就有点蹊跷，在原因不充分的情况下断然认定死者“对此事故负有直接责任”，是不严谨的。案例3油漆工陈某“在高空作业时未将安全带挂扣在吊篮安全绳上”，当时的“安全绳”是什么样的情况，报告中没有说明，就算是没有将安全带扣在安全绳上，这也不至于是事故的主要原因，主要原因很可能就是“事故吊篮在电焊时，未将电焊火花的迸溅范围遮挡严密，导致钢丝绳被电弧灼损”，造成这个主要原因的责任人报告中根本没有指出，却要油漆工陈某承担“对该起事故发生负有主要责任”。

不一样的地方就是对除死者外的其他人的处理，三个案例的事故分析原因大同小异，但处理的基本不一样，有轻、有重，有被处理的、有未被处理的。同类型、原因基本相同的事故为何处理不一样呢？值得思考。

（2）如何开展隐患或事故的安全技术原因分析？

发现隐患、出现事故，其安全技术原因的分析至关重要。有时对安全技术原因分析的不严谨，不仅达不到目的，而且会造成人们对安全技术的忽视，相关责任人的责任得不到追究，给安全生产管理带来更大的隐患。案例 3 中的生产安全事故涉及的技术问题比案例 1、案例 2 更为重要。案例 3 的事故调查报告称：“事故现场调查发现事发吊篮西侧两根钢丝绳（一根牵引绳、一根安全绳）状况完好，东侧两根钢丝绳全部断裂，两根钢丝绳的每根 4 股中有 3 股存在明显被电弧灼损痕迹。”而事故的发生正是由于“站在吊篮东侧的陈某未将安全带挂扣在安全绳上，陈某从 12 层坠落至 2 层防护篷上（垂直高度约 60m）”，最终导致死亡事故的发生，分析报告由此认为：东侧两根受损钢丝绳突然断裂是事故发生的直接技术原因。如果没有“两根受损钢丝绳突然断裂”，本案例 3 的事故有可能就不会发生。所以，深究“两根受损钢丝绳突然断裂”应成为本次技术原因分析的重点。但安全技术原因分析就此结束，没有深究造成“两根钢丝绳的每根 4 股中有 3 股存在明显被电弧灼损痕迹”的进一步原因，是什么时间、什么情况下造成了“两根钢丝绳的每根 4 股中有 3 股存在明显被电弧灼损痕迹”？如果在三个月前就出现这个现象，那么 2012 年 12 月 3 日，N 市某检测所对该吊篮安装质量进行检验，其“检验结果为合格”的结论就有问题，如果在 2012 年 12 月 3 日之后，工地上何时有人在 1 号楼北侧进行过焊接作业，焊接人员有无违反电焊操作规程的行为？

另外，还有一个值得深究的问题，这就是调查报告称“站在吊篮东侧的陈某未将安全带挂扣在安全绳上，陈某从 12 层坠落至 2 层防护篷上（垂直高度约 60m）”，即在吊篮下方 2 层有一个防护篷，这个防护篷起什么作用？为何设置在吊篮下方？何时设置在吊篮下方？如果在事故发生前三个月就设置在吊篮下方，那么 2012 年 12 月 3 日，N 市某检测所对该吊篮安装质量进行检验，发现没发现这一问题？因为根据有关安全技术操作规程，“吊篮正常工作时，人员应从地面进入吊篮内，不得从建筑物顶部、窗口等处或其他孔洞处出入吊篮”❶、“作业人员应从地面进出吊篮”❷、“工作钢丝绳、安全钢丝绳在距地面 15～20mm 处应安装坠铁”❸，总之吊篮应能直接落在地面，吊篮下方不得有任何障碍物。为此，有关调查组及专家不应忽视这个技术问题。

还有调查报告中所称的“一根牵引绳、一根安全绳”和“将安全带挂扣在安全绳上”的说法不严谨或不规范。如何谓“一根牵引绳、一根安全绳”，可能是指规范术语中所称的工作钢丝绳和安全钢丝绳，其中“安全绳”的称法更容易混淆，是指“安全钢丝绳”还

❶ 见《建筑施工工具式脚手架安全技术规范》(JGJ 202—2010) 第 5.5.9 条。

❷ 见《建筑施工安全检查标准》(JGJ 59—2011) 第 3.10.3 条-6-4。

❸ 见《施工现场机械设备检查技术规程》(JGJ 160—2008) 第 6.11.3 条-2-5。

是指与安全带、安全锁扣同时使用的“安全绳”。“安全钢丝绳”与安全带、安全锁扣同时使用的“安全绳”的作用是不同的，在报告中没有很好地区分开来，有可能遗漏了一些重要的安全技术责任的追究。

案例3的调查技术分析不够深入、缺乏严谨性。安全技术原因分析应该深入、严谨，这是我们在发现隐患、出现事故进行技术分析时应注意的问题。

（3）如何做到安全生产管理原因分析科学化、规范化？

发现隐患、出现事故，其安全管理原因的分析也是至关重要的。前面介绍的三个案例，都从安全管理原因方面（包括直接管理原因、主要管理原因、监管原因）进行了分析，但是不全面，有遗漏。其中直接原因和主要原因之间的关系，以及直接原因或主要原因在责任认定、事故处理上起到什么样的作用等都不很清晰，没有一个科学的界定或规范的表述。

不全面、有遗漏，表现在对建筑施工有关责任主体的分析不全面，有的责任主体被遗漏。按照建设工程安全管理要求，这些建筑施工安全生产责任主体有建筑施工企业，实施建筑施工总承包企业及相应的专业分包、劳务分包企业，建设单位及建设单位委托的监理单位，建筑起重机械租赁、建筑起重机械安装检验检测、各类质量与安全技术检测、安全生产管理评估评价等安全生产有关的技术服务与咨询单位，建设工程设计与勘察单位，以及建设行政主管部门和安全生产监督管理部门、质量监督管理部门等多个建筑施工安全生产责任主体。显然，在以上三个案例中，有的安全生产责任主体在案例中有相应的责任和一定的作用，却在分析中被遗漏了。

不全面、有遗漏，还表现在对象职责认识上的不全面。每个责任主体都有相应的安全生产职责，这些相应的安全生产职责在施工安全生产管理上发挥着不同的作用。如从主要管理原因来看，最终是要负主要管理责任的。如果多个责任主体都在一个问题上负有主要责任，那么就很难体现“主要”的特征。同样，从直接责任上来分析，如果多个责任主体都负有直接责任，那么就很难分清导致事故的“直接”责任人究竟是谁。在众多安全生产事故分析中，要么对所有的单位都进行了同样的处罚，出现“各打五十大板”的现象，要么轻描淡写或避重就轻地分析问题，可能同类型的事故以及原因都基本相同的事故处理起来就不一样，如案例1与案例2，事故的责任认定和处理的结果是不一样的。所以，在安全生产管理原因分析上必须要有一个科学、规范的指导性意见，否则难以公平、公正、实事求是地处理生产安全事故。

（4）安全生产技术标准规范如何做到严谨和实事求是？

案例3事故中，涉及一些安全技术标准规范的问题。这些问题可能在其他标准规范中同样存在。为此，在这里必须指出来，共同分析探讨。如当前的一些标准规范存在一些不严谨或不实事求是的地方，在日常安全生产监管中难以执行。如有关吊篮检查标准中规定：“吊篮内的作业人员不应超过2个（人）”❶，有的还标注此项规定是强制性条款。不知这项规定的科学依据是什么？有人解释，此项规定是为了防止一旦事故发生后伤亡人数不至于超过2人，事故等级成为较大事故的缘故。如果真的是这一说法，那么这种技术标准

---

❶ 见《建筑施工工具式脚手架安全技术规范》（JGJ 202—2010）第5.5.8条、《建筑施工安全检查标准》（JGJ 59—2011）第3.10.3条-6-2）。

规范已不再是技术问题了，而是带有不是那么严格意义上的“管理”问题了。

在吊篮技术管理中，还有针对设置几根“安全绳”的问题。案例3中提及“站在吊篮西侧的胡某由于将安全带挂扣在安全绳上没有坠落，而站在吊篮东侧的陈某未将安全带挂扣在安全绳上”，这是一个值得讨论的问题。可能有人有所不知，现在在吊篮上几乎都是设置了一根独立于吊篮结构外的“安全大绳”，就是胡某将安全带挂扣的这根安全绳，按道理讲陈某也应将他的安全带扣在这根安全绳上，但是不知何种原因陈某没有扣上，结果导致陈某坠落身亡。有这种可能，因为只有一根“安全大绳”，陈某认为与胡某同时扣在上面有点不方便就没有扣上去，这种情况在工地上经常发生，要么俩人都不扣、要么只有一人扣上，只有检查发现时他们才愿意扣上。为何不设置两根“安全大绳”呢？查阅有关资料了解到是为了省去一根“安全大绳”的费用而已，人们认为一根“安全大绳”能够解决两个人的使用，因此有的操作标准上就允许这样设置。在制定标准规范或企业的管理规定时，能否在这方面作科学的实事求是的研究，定出合理的标准或操作规范，以防止这种常见的现象发生。

**【案例4】** 2011年6月，某市安全监管局接到群众举报，S省第四建筑工程公司承接的Z工程B区二段建筑工地在2011年5月10日发生一起生产安全事故，造成1人死亡，1人重伤。接到举报后，市安全监管局立即安排执法人员进行核实，经调查取证，该举报属实。

2011年8月29日，市人民政府成立了以多部门为成员的联合调查组。事故调查组通过调查，查明了事故发生经过和原因，认定了事故性质和责任，对事故责任者提出了处理建议，并提出了事故防范措施。

事故发生经过：2011年5月10日上午，唐某、刘某、屈某、赵某4人在Z工程B区二段电梯井吊装钢管支架和木模。吊装施工组织安排：一楼指挥刘某，三楼指挥赵某，安装固定（支架与木模）屈某和唐某。上午9时多，电梯井二楼的支架与木模固定后，赵某在三楼电梯口协助，刘某上到三楼走进木模架里面取下钢丝绳，在刘某取下钢丝绳的同时，支撑钢管支架及木模的4根钢管发生弯曲变形，钢管支架及木模下坠，赵某因抓住电梯口的钢筋未被摔下，取下钢丝绳的刘某与在二楼电梯井木模内作业的唐某随钢管支架及木模一起坠到一楼。刘某摔到一楼后，感觉腰部很痛，手脚可以动，他一边往外爬一边呼救，爬出的过程中发现架子下面压着一人，他一眼认出来是唐某，闻声赶来现场的赵某、屈某、何某乙、何某甲四人将压在架子下面的唐某救出，由屈某将唐某背到工地路边上，其他人员将刘某扶到路边上，随后一位姓张的施工员用摩托车将刘某和唐某送到山顶，安全员张某安排一辆小车将刘、唐两人送到市人民医院，何某乙及安全员张某一起到医院，唐某被送到急诊科抢救，由于伤势严重，于当天13时15分死亡；刘某L1椎体压缩性骨折，在骨科救治。

事故发生后，施工单位未按事故报告程序向业主方及当地政府和有关部门上报。

死者善后处置情况：2011年5月18日，S省第四建筑工程公司Z工程项目部与死者唐某的妻子宋某达成一次性补偿协议。5月19日，死者唐某在某殡仪馆火化后，项目部一次性支付宋某52万元补偿金。

事故联合调查组经过调查分析认为，事故的直接原因：支撑钢管支架及木模的四根钢管弯曲变形，支护强度不够。事故的间接原因：作业人员登高作业未系安全绳；在取下钢丝绳的时候，没有及时通知在木模内作业的人员离开危险场所。其他有关直接原因和间接原因的分析，因为事故未及时上报，时间太长，现场破坏，已经无从查证。事故联合调查组一致认定，这是一起瞒报的生产安全责任事故。

事故责任划分及处理建议：

(1) S省第四建筑工程公司，没有按照《生产安全事故报告和调查处理条例》(国务院令第493号) 第九条的规定依法向有关部门上报，且安全生产意识淡薄，其下属Z工程项目部经理张某经常不在岗位，项目部未按规定设置主管安全的副经理，安全管理混乱，且在施工时支护不到位，以致发生事故。Z省第四建筑工程公司是此次事故发生的责任单位。处理建议：一是由市安全监管局按照《生产安全事故报告和调查处理条例》第三十六条规定对Z省第四建筑工程公司和项目经理张某分别实施行政处罚。二是由市住房和城乡建设局在全市建筑行业对其给予通报批评并督促该项目部依据《工伤保险条例》落实事故中死者亲属和伤者的相关待遇。

(2) S省第四建筑工程公司Z工程项目部执行经理刘某、技术负责人叶某、安全员张某，未认真履行安全管理方面的责任。建议由Z省第四建筑工程公司按照企业管理制度进行处理。

针对本次事故，事故联合调查组提出如下事故防范措施：

(1) 市住房和城乡建设局、市安全监管局要经常性开展建筑施工企业及管理人员、特种作业人员的资质、资格的全面检查，防止无证经营和无证上岗。

(2) 市住房和城乡建设局要在全市建筑行业开展生产安全事故报告和处理的再教育，坚决杜绝生产安全事故的瞒报和迟报。

(3) 市住房和城乡建设局、市人社局要对全市施工企业加强现场安全管理，确保工伤保险的全面落实。

**【案例4思考】** 案例4又是一起一般等级的高处坠落事故，事故造成1人死亡，1人重伤，与案例2一样也是瞒报的生产安全责任事故。但案例4在处理上与案例2有不一样，同样引起我们的思考。

(1) 如何监管钢管扣件问题?

案例4事故经过描述中提及“支撑钢管支架及木模的4根钢管发生弯曲变形，钢管支架及木模下坠”，调查分析认为，事故的直接原因：支撑钢管支架及木模的四根钢管弯曲变形，支护强度不够。根据事故描述和原因分析，钢管严重变形是造成这起事故的直接原因。这里所用的钢管质量可能存在严重问题。

当前施工现场大部分使用的钢管扣件都不是合格的，建筑施工企业很少有对钢管质量把关的验收环节，不能做到不符合质量要求的不得进入施工现场。在探讨如何控制施工现场钢管扣件质量时，总有人说国家有关行政主管部门应当对生产不合格的钢管扣件厂家进行严厉的处罚，也就是建筑施工安全方面的“打假”。目前钢管扣件生产环节、租赁环节比较复杂，有的生产厂家承认就是生产这种壁厚的钢管，至于用在什么地方是业主的事，因此要是真的开展“打假”只靠一两个管理部门来抓是比较难的。暂且不谈市场上的“打假”问题，只针对钢管扣件的使用者即“用户”进行问题分析。现在钢管扣件的“用户”在使用钢管扣件时明知产品有质量问题却在使用，一旦使用中出现问题或有关部门检查发现问题时，这些“用户”们就将这些问题推卸给“生产厂家”或租赁单位。有关单位或部门往往会对这些“用户”给予同情；在施工现场进行安全生产检查时很少有人检查脚手架、支模架钢管壁的厚度是否符合要求，如果真的检查出钢管壁厚度不符合要求，也很少有人要求将脚手架撤出重新搭设，最多给一个整改的意见，最终没人追究使用者的责任。因此造成了质量差的钢管扣件继续在施工现场泛滥。

建筑施工安全管理需要综合管理力度的加强，但更应做好监管职责范围内的安全生产监管。建筑施工企业应当设立钢管扣件等建筑材料进场质量验收关，不符合产品质量的一律不得在施工现场使用。针对当前市场上壁厚达到要求的钢管不多的实际情况，在有关脚手架搭设方案中就应当规定在原来的标准规范中增加脚手架的数量以确保架体的质量和安全，但这一方案必须得到有关专家论证后方可实施搭设。这样一来，增加的钢管数量无论从体积上、空间上还是从价格上都不及质量好的钢管，质量好的钢管才能真正在市场上畅销起来。这一方面要靠企业自己严把钢管扣件质量关，在设计上严格按照实际使用的钢管设计，该增加钢管不得减少，不得套用现有标准（以标准厚壁钢管为材料）进行设计，有关专家在论证时应对使用非标准钢管的设计进行严格审核把关。在搭设和使用时，要对照设计方案中的钢管要求进行检查，一旦发现钢管不是设计方案中的钢管质量就必须停止搭设和使用。另一方面，有关部门在组织安全生产检查时，对于钢管脚手架的专项检查应专设钢管扣件质量的检查，不符合要求的一律停止施工，限期拆除或加固，并将这一问题作为重要隐患严肃处理，严重的可暂扣有关企业的安全生产许可证和相关人员的资格证书。只有对建筑施工中有严重的问题的钢管扣件进行查处，限制其使用，不合格的钢管才有可能在施工现场消失。

案例 4 事故经过描述和原因分析都对钢管严重变形提出质疑，但在最后事故认定时又认为事故是“施工时支护不到位”造成的，“支护不到位”与“钢管变形”有可能是两个概念的问题，事故分析报告和事故责任认定应该一致，这是对撰写事故分析报告的又一个小的建议。

（2）如何统一规范生产安全事故调查与处理？

案例 2 与案例 4 同样是隐瞒事故的案例，但处理的结果不一样。

案例 2 中对相关责任单位及责任人施工单位、施工单位副总经理蔡某、施工单位现场施工负责人张某、施工单位安全管理人员沈某、监理单位安全监理工程师腾某以及施工单位工程项目木工负责人熊某都进行了处罚，有的送交司法机关处理，其死者张某鉴于本人在事故中已经死亡，免于追究其责任。而案例 4 中对相关责任单位和责任人的处理只是由市安全监管局按照对 Z 省第四建筑工程公司和项目经理张某分别实施行政处罚，并给予通报批评并督促该项目部落实事故中死者亲属和伤者的相关待遇。对于其他人员，如 Z 工程项目部执行经理刘某、技术负责人叶某、安全员张某，则建议由 Z 省第四建筑工程公司按照企业管理制度进行处理。显然，两者的处理悬殊。

有人可能解释，这是两个省份的处理方式，但是我国安全生产管理的要求是一样的，且处理相关事故的法律法规也是一样的，为何出现这种情况值得思考。

（3）如何规范事故调查程序及要求？

案例 4 中事故发生在 2011 年 5 月 10 日，接到举报时间为 2011 年 6 月（具体时间不详），据称某市安全监管局接到群众举报，立即安排执法人员进行核实，于 2011 年 8 月 29 日市人民政府成立了以多部门为成员的联合调查组开展事故调查。接到举报后，安排执法人员核实与成立联合调查组，事故调查不知是否为同一个程序，如果不是同一个程序，那么两者之间关系是什么？那么分析报告中“立即”的表述与2011年6月（具体时间不详）接到举报，2011年8月29日成立联合调查组开展事故调查是否矛盾？此外，调查组的使命与要求是什么，为何轻易地表示“其他有关直接原因和间接原因的分析，因为事故未及时上报，时间太长，现场破坏，已经无从查证”？难道“现场破坏”了，其他原因真的查不出来了吗？

所以，接到事故报告应何时为“立即”调查，调查时如何深入调查，对“现场已破坏”的情况如何处置等一系列事故调查程序及要求要有更加规范的管理规定。

**【案例5】** 2009年4月9日，S市某公司开发建设的商业用房建设工地在拆卸QTZ40C塔机时发生倒塌事故，造成4人死亡，2人受伤，直接经济损失256万元。

**1. 事故发生经过**

某建设工程处于工程扫尾阶段。4月初项目经理朱某通知该塔机出租人钱某（无证，曾是某起重设备安装公司安装塔机检测的联系人）来拆除施工现场的塔机。钱某口头委托“包工头”周某进行拆卸塔机作业。周某召集3名拆卸工及塔机司机进行拆卸。4月9日上午钱某带5人进场，8时30分开始拆除塔机（塔高68m，每节标准节2.5m高），至11时30分，拆除塔机标准节6节，约15m。13时继续拆卸，当拆卸了4个标准节后，按拆卸程序，此时应收缩顶升油缸。但操作人员却先将套架内标准节与塔机回转机构基座间连接螺栓拆除，此时顶升油缸未收缩，造成套架滚轮与塔身的有效支撑仅剩800mm，致使套架上部四个支撑滚轮处于悬空的危险状态。约14时10分左右，当油缸操作人员启动收缩油缸时，套架上部结构在下降过程中产生的振动力使前后臂失去平衡，造成起重臂、平衡臂和塔帽坠落，致使拆卸塔机作业的5名工人中3人当场死亡，2人受伤，其中1人送医院抢救无效死亡。

事故调查后对事故原因进行了分析。

**2. 技术原因分析**

塔机拆卸作业人员无资格（注：人员无资格不能称为技术原因）。违反塔机安装拆卸技术规程和拆卸顺序，在顶升状态下拆除标准节与回旋基座的连接螺栓，造成重心失稳，致使塔臂塔帽坠落，是导致事故发生的直接技术原因。

**3. 管理原因分析**

（1）塔机出租人钱某，无视国家法律法规，明知无证不得从事吊塔安装拆卸，却擅自承揽该塔机拆卸业务。且在拆卸塔机前，没有制定拆卸专项施工方案、事故应急救援预案。在没有组织安全技术交底和签字确认的情况下，交给包工头召集人员进行塔机拆卸作业，是导致事故发生的直接管理原因。

（2）项目经理朱某明知塔机出租人无资质从事吊塔安装拆卸业务，却把塔机拆卸交给无资质单位进行拆卸。且在拆卸塔机前，没有组织制定专项施工方案和拆卸事故应急救援预案，没有组织安全技术交底，没有派项目专职安全生产管理人员监督检查拆卸作业，是导致事故发生的主要管理原因之一。

（3）施工单位安全生产管理制度不落实，未认真履行安全管理职责，放松对施工项目部的监督管理，施工现场安全管理薄弱，是导致事故发生的重要管理原因之二。

（4）监理单位人员配备不足，日常安全监管不到位，指派无证人员监理，将监理人员分派多个工地从事监理，以致工地监管失控，对违规拆卸塔机的行为无人阻止，是导致事故发生的重要管理原因之三。

(5) 起重设备安装公司同意塔机出租人挂靠使用资质，没有履行对其的安全监管责任，是事故发生的重要管理原因之四。

**4. 事故结论**

调查事故分析后得出事故结论：这是一起典型的违反违规拆卸大型起重机械、违章操作引发的安全责任事故。

**5. 事故责任认定和处理**

(1) 监理公司人员配置不足，日常安全监管不到位，应对事故发生负监管责任，由建设行政主管部门依法实施行政处罚。

(2) 施工单位安全生产管理制度不落实，放松对施工现场安全监督管理，是主要的事故责任单位。违反了《安全生产法》第四条、第三十五条、第三十六条、第四十一条和《建筑起重机械安全监督管理规定》第十八条、第二十一条的有关规定。由安全生产监督管理部门按照《安全生产法》、《生产安全事故报告和调查处理条例》等法律法规的规定，对事故责任单位实施经济处罚 36 万元。

(3) 起重设备安装单位对挂靠人没有进行必要安全教育和监管，没有及时发现和阻止挂靠人在外违规从事塔机拆卸的业务，是事故责任单位之一。该公司违反了《安全生产法》第二十一条、第二十三条、第四十一条和《建筑起重机械安全监督管理规定》第十二条、第十三条的有关规定。由安全生产监督管理部门按照《安全生产法》、《生产安全事故报告和调查处理条例》等法律法规的规定，对事故责任单位实施经济处罚 20 万元。

(4) 包工头周某违规召集人员进行塔机拆卸作业，应对事故发生负直接责任。鉴于其在事故中已死亡，不予追究。

(5) 塔机出租人钱某未经某起重设备安装公司同意，无视国家法律法规，擅自叫人进行塔机拆卸，并不在作业现场履行监管责任，应对事故发生负主要责任。由司法机关依法追究刑事责任。

(6) 项目经理朱某违反规定，把塔机拆卸业务交给塔机出租人钱某拆卸。在拆卸塔机前，没有组织制定专项施工方案和拆卸事故应急救援预案；没有组织安全技术交底并签字确认。且在没有指派项目专职安全生产管理人员现场监督检查的情况下，让塔机拆卸人员违规作业，工作失职，对事故发生负有主要责任。由司法机关依法追究刑事责任；建议建设行政主管部门吊销其相应的职业资格证书。

(7) 施工项目部专职安全生产管理人员谢某和王某两人日常安全监管不到位，没履行法定的安全管理职责，对违规拆卸塔机的行为没有及时阻止，工作失职，对事故发生负重要监管责任，由司法机关依法追究刑事责任；建议建设行政主管部门吊销其安全员证。

(8) 项目总监曹某未履行监管职责，安全监理不到位，未发现安全隐患，工作失职，对事故发生负监理责任，由建设行政主管部门吊销曹某监理资格证。

(9) 施工单位法定代表人，未能认真履行法定的安全管理职责，督促、检查本单位安全生产工作不力，应对事故发生负领导责任。其行为违反了《安全生产法》第十七条的有关规定，由安全生产监督管理部门按照《安全生产法》、《生产安全事故报告和调查处理条例》等法律法规的规定，对事故责任人实施经济处罚 3 万元。

(10) 起重设备安装单位法定代表人，让塔机出租人钱某挂靠公司后，没有对其进行安全监管，应对事故发生负有领导责任。其行为违反了《安全生产法》第十七条的有关规定，由安全生产监督管理部门按照《安全生产法》、《生产安全事故报告和调查处理条例》等法律法规的规定，对事故责任人实施经济处罚2万元。

(11) 镇村建助理赵某，对辖区内建筑领域的安全生产工作检查不够细致，对事故发生负有监管责任，予以行政记大过处分。

(12) 副镇长徐某，分管科技、环保、安监工作。作为分管领导，对辖区内安全生产责任制度落实情况监管不到位，对事故的发生负有一定的领导责任，予以行政记警告处分。

(13) 镇长包某，作为政府主要领导，对事故的发生负有间接的领导责任，予以诫勉谈话。

(14) 区安监站站长，作为建筑施工安全监督管理部门的负责人，对施工单位、监理单位监管不严格，对事故的发生负有一定的责任，予以行政记警告处分。

(15) 区建设局分管局长，分管建管处、安监站。作为分管领导，对事故的发生负有一定的领导责任，予以诫勉谈话。

**6. 事故教训与预防对策**

(1) 塔机等大型设备的安装拆除是建筑施工过程中的重大危险源，必须由具备资质的专业队伍实施。作业前，必须编制专项安全技术方案和应急救援预案，坚决杜绝无资质的队伍和无资格的人员作业。

(2) 施工、监理等参建各方要加强建筑施工现场大型机械设备的安装（含顶升）、检测、使用、拆卸安全的管理，对存在安全隐患的建筑施工机械设备一律不得使用，及时消除安全隐患。

(3) 根据《建筑起重机械安全监督管理规定》的有关要求，要进一步强化大型机械设备的登记备案制度，全面落实施工现场大型机械设备使用、安拆施工单位、监理单位的责任，防止类似事故的发生。

**7. 专家点评**

塔机的安装和拆卸是专业性很强和危险性很高的工作，因此国家、行业都制定了严格的规章制度，对从事此项工作实行了市场准入制度，对作业人员实行了从业资格考核制度。但该起事故的所有当事人均无视法律、法规和技术条件要求，不具备从业资格，盲目冒险施工作业。该事故中存在以下行为：一是塔机的安拆单位应具备相应的专业承包资质。该事故中总包单位将塔机拆卸违法分包给无资质的塔机产权人。二是《危险性较大分部分项工程安全管理办法》规定："起重机械设备自身的安装、拆卸在施工前应编制专项施工方案，施工单位应严格按照专项方案组织施工。"事故安拆单位未按要求编制专项方案，拆除过程中违章作业。三是塔式起重机拆除属于特种作业，安拆工应持证上岗。事故塔机的拆卸工均无特种作业操作资格证。四是《危险性较大分部分项工程安全管理办法》规定："专项方案实施前，编制人员或项目技术负责人应当向现场管理人员和作业人员进行安全技术交底。"事故安拆单位未对作业人员进行安全技术交底，作业人员仅凭经验野蛮施工。五是塔机安拆工应严格按照专项方案和安全操作规程组织施工。拆卸作业人员拆除作业时颠倒了先收缩油缸，再拆除标准节与塔机回转机构基座间连接螺栓的顺序，导致在油缸收缩时，顶升套架和上部结构处于悬空状态，最终失去平衡，造成坠落。监理单位应当对顶升、附着实施情况进行旁站监理。近几年，随着高层建筑的增多，塔机的安装与拆卸日益频繁，此类事故发生也较为频繁。因此，从事建筑施工的所有参建各方主体必须认真学习安全生产法律法规，切实履行安全生产责任，保护国家财产和人民群众的生命安全。许多事故说明，如果施工的组织者准备充分，精心组织，事故完全可以避免；如果片面追求经济效益，违章指挥，最终将导致事故发生。

**【案例5思考】** 案例5是一种典型的建筑起重机械安拆事故。建筑机械起重机械管理是建筑施工危险性较大的分项工程管理，牵涉的建筑机械相关单位很多。围绕建筑起重机械管理，也有多值得探讨的话题。

(1) 如何界定和管理建筑施工现场拆卸起重机械的资质?

施工现场类似于案例5这样的情况时有发生。案例5事故调查分析中称塔机出租人钱某属于"塔机拆卸作业人员无资格"，且"起重设备安装公司同意塔机出租人挂靠使用资质"。如果起重设备安装公司同意挂靠，手续是怎样的？如何鉴别这种"挂靠"行为的合法性？作为起重设备安装公司就应慎重处理此事，要依照有关法律法规和本公司的管理制度来约束这种行为。

如果是起重设备安装公司通过造假手段使得塔机出租人钱某以"合法"的身份出现在建筑施工单位面前，那么建筑施工单位又应承担什么责任？据案例5事故分析报告称，建筑施工单位的项目负责人朱某知晓塔机出租人钱某没有塔机拆卸作业资格，并通知塔机出租人钱某负责塔机拆卸，这显然是建筑施工单位项目负责人朱某应承担主要责任。

起重设备安装单位在这种"挂靠"资质中又承担什么责任呢？案例5事故调查报告分析一方面称："起重设备安装公司同意塔机出租人挂靠"，另一方面又称："塔机出租人钱某未经某起重设备安装公司同意，无视国家法律法规，擅自叫人进行塔机拆卸"、起重设备安装单位"没有及时发现"挂靠人在外违规从事塔机拆卸业务，似乎起重设备安装公司没有同意、没有及时发现才发生了"挂靠"违法施工的事故。

所以，案例5中的起重设备安装公司有关资质管理制度是不完善的，这些制度不能杜绝非法挂靠现象。起重设备安装公司有关资质管理制度不完善，说明起重设备安装公司的安全生产条件存在严重问题，那么这些问题如何监管呢？

按照《安全生产法》第九条规定："县级以上地方各级人民政府有关部门依照本法和其他有关法律、法规的规定，在各自的职责范围内对有关行业、领域的安全生产工作实施监督管理。"据此，《建筑起重机械安全监督管理规定》第三条规定："县级以上地方人民政府建设行政主管部门对本行政区域内的建筑起重机械的租赁、安装、拆卸、使用实施监督管理。"这就牵涉到有关安全生产监督管理部门是如何审核起重设备安装公司资质和发放安全生产许可证的问题。

所以，应加强建筑施工现场拆卸起重机械资质界定和管理的研究。

(2) 如何做好建筑起重机械产权备案登记相关手续的管理？

案例5生产安全事故分析中，忽视了一个重要问题，这就是建筑起重机械产权备案及安装、拆卸告知、使用登记本案等一系列管理的实施。《建筑起重机械安全监督管理规定》

及配套的《建筑起重机械备案登记办法》中，规定了建筑施工现场用的塔式起重机等建筑起重机械应有产权备案、安装与拆卸告知、使用登记备案等管理要求，有关安全生产监督管理部门应根据这些要求，加强对施工现场建筑起重机械设备的安全生产监管。既然安全生产监督管理部门在产权备案、安装与拆卸告知、使用登记备案上都有具体的要求，就应当承担相应的责任。如案例 5 中的安装单位资料应在安装前和使用前告知，安装后的资料也应在安全生产监督管理部门备案，安全生产监督管理部门应在安装告知环节或使用备案环节就已知晓有关这台塔机的基本情况，何时拆卸也有预告，按照有关规定安全生产监督管理部门也发放了相应的使用登记证明，但在案例 5 事故调查报告中不见这方面的资料。这个原因要么是事故调查组不了解这方面的管理要求，忽略了这方面的调查；要么为了减轻有关部门的责任，而回避了这方面的内容。这种情况在多个建筑起重机械事故案例中都有这样的问题，是一个普遍现象。这一现象集中反映了一个问题，这就是我们在建筑起重机械产权备案登记相关管理办法上存在不可回避却又在极力回避的问题：

一是有关部门在建筑起重机械产权备案登记相关管理上承担什么责任，不能是只有备案登记的要求，没有备案登记后的责任要求。

二是建筑起重机械产权备案登记相关管理究竟起到什么作用？有哪些副作用？特别是在有关副作用上，如地方保护主义、以权谋私、利益寻租等问题已经在某些地区显现。

建筑起重机械产权备案登记相关管理中，利与弊的权衡值得有关部门重新思考。

(3) 建筑起重机械租赁单位与施工现场安全生产管理究竟存在什么样的关系？

建筑起重机械租赁单位管理是建筑施工安全生产管理的一个特例。建筑起重机械租赁单位不像其他有关单位有相应的建筑企业资质，所以有的建筑施工安全生产管理部门研究是否将租赁单位拉入建筑施工企业资质管理范围内，即建筑施工机械管理一体化的管理模式。实际上，这样的管理难度是很大的，在现在政府职能转变大形势下这种可能就更小了。目前不少地方实施的建筑起重机械租赁行业的管理为我国建筑起重机械管理探索了一条新路，值得推广。

在市场经济管理下，并不是所有企业都需要资质。建筑起重机械租赁单位可以没有建筑施工资质，照样可以对其实施有效的监管。按照《安全生产法》有关规定，建筑起重机械租赁企业同样可纳入到建筑施工安全生产管理范畴。笔者在本篇第 2 节关于安全生产服务咨询等有关单位安全生产责任中，阐述了《安全生产法》对从事建筑起重机械租赁单位、建筑起重机械安装检验检测机构、建筑施工安全咨询机构等有关安全生产服务、咨询单位的管理要求。

附录对有关建筑施工机械一体化管理有相关阐述，供大家参考。

(4) 建筑机械检验检测单位究竟在施工现场安全生产管理中充当何种角色、承担何种责任？

目前关于建筑起重机械安装检验检测机构的管理争论较大。建筑起重机械安装检验检测机构在建筑起重机械监督管理中究竟充当了何种角色？有不少人认为，建筑起重机械安装检验检测机构协助有关安全生产监督管理部门实施安装检验这一关的监督检查，但是大多数人认为建筑起重机械安装检验检测机构是一个服务性的机构，它的业务是委托检验。实际上后一种说法比较正确，笔者在本篇第 2 节关于安全生产服务咨询等有关单位安全生产责任阐述中，将建筑起重机械安装检验检测机构纳入到有关安全生产服务单位范畴。

既然建筑起重机械安装检验检测机构是服务性机构，那么它应当承担起相应的责任。目前实际情况是，不少建筑起重机械安装检验检测机构很难承担一些责任，它只对它所检测的项目负责，且为当时情况下检测的项目负责，过后使用中出现的问题概不负责。因此，人们就提出了这个问题建筑起重机械安装检验检测机构在安装检验时究竟起到什么作用？

笔者认为建筑起重机械安装检验检测机构是服务性机构，它是受施工现场企业委托从事检验的，其责任应在双方委托检验合同中体现出来，但现场建筑起重机械安全管理责任最终还是由施工现场的企业承担。为此《安全生产法》第十三条已有明确规定。

《安全生产法》第十三条规定："依法设立的为安全生产提供技术、管理服务的机构，依照法律、行政法规和执业准则，接受生产经营单位的委托为其安全生产工作提供技术、管理服务。

生产经营单位委托前款规定的机构提供安全生产技术、管理服务的，保证安全生产的责任仍由本单位负责。"

笔者认为建筑起重机械安装检验质量与安全应当由安装单位负责，体现"谁安装谁负责"的管理原则，施工现场总包单位负总责。因此，建筑施工现场起重机械安装检验不能由建筑起重机械安装检验检测机构强制性的检验。在众多情况下，总包单位需要有第三方协助把好建筑起重机械安装质量关，往往需要建筑起重机械安装检验检测机构来现场检验，这才回归到真正委托检验。

（5）如何让有关单位和部门在追究事故责任后真正吸取教训？

目前处理各类生产安全事故的方式方法各不一样，案例5中可能是事故等级较大、事故发生后社会影响大以及当时形势等原因，事故处理的单位和人员较其他事故处理的多且部门较广泛，根据事故调查报告的处理建议处理的单位和个人有：监理公司、施工单位、起重设备安装单位、包工头周某、塔机出租人钱某、项目经理朱某、施工项目部专职安全生产管理人员谢某和王某、项目总监曹某、施工单位法定代表人、起重设备安装单位法定代表人、镇村建助理赵某、副镇长徐某、镇长包某、区安监站站长和区建设局分管局长等10多个部门或单位。但是，从事故调查报告中难以看出有的单位和人员的日常安全生产职责究竟有哪些？他们具体违反了哪几项职责？当事人或其他部门与人员今后如何通过这次事故的教训，认真履行好职责避免这些责任的追究？恐怕仅凭本次事故调查报告是很难回答这个问题的。

**【案例6】** 可能有人认为本案所举的案例不是生产安全事故。在实际生产安全事故统计中确实也没有将本案所举的事故统计上去，这就是2014年7月超强台风"威马逊"造成的建筑起重机械上百台倒塌与严重受损的事故。

案例简述：2014年7月18日至19日，超强台风"威马逊"先后在海南、广东、广西三次登陆，造成23人死亡，近500万人受灾，其中海南为重灾区。根据海口气象台报道，该台风的最大风力达18级，风速达65m/s。据事后统计，海南、广西两省在本次台风中至少有300多台塔式起重机倒塌，上百台塔机包括其他类型的机械倒塌或受到不同程度损伤，塔机倒塌和严重受损的建筑施工工地大面积长时间的停产，造成了严重的经济损失。

有关海南强台风塔式起重机倾覆原因分析与建议[1]如下：

**1. 风灾概况**

2014 年 7 月 18 日至 19 日，超强台风“威马逊”先后在海南、广东、广西三次登陆，造成 23 人死亡，近 500 万人受灾，其中海南为重灾区。根据海口气象台报道，该台风的最大风力达 18 级，风速达 65m/s。据初步统计，海南省在本次台风中共有 77 台塔式起重机与 33 台其他类型的起重机械倒塌、72 台塔式起重机受到不同程度损伤，造成严重的经济损失。在台风肆虐中，城市道路指引牌、郊区电线杆被吹倒、海滨楼盘绿化带被摧毁，高层建筑外脚手架被吹歪、吹垮，脚手架安全网被撕碎、剥光，显示了超强台风的巨大威力。

台风过后，海南省建筑机械租赁协会邀请江苏省、广东省建筑安全与设备管理协会到海南省协助调查。调查组走访了台风登陆的海口市、文昌市，在座谈会上发言，对施工设备在海南省的气象环境中塔机倒塌原因的意见基本一致，并从技术上、管理上提出诸多建议，得到了海南省建筑安全管理部门的重视。

**2. 塔机倒塌状态**

（1）中国移动海南分公司大楼塔机倒塌

中国移动海南分公司大楼为 34 层混凝土核心筒＋钢结构建筑，在台风到达时，核心筒已施工 24 层，钢结构已施工 14 层，之间高差约 35m 未安装钢结构，塔机最高附着装置以上悬高超过 40m。塔机附着在建筑物迎风面外围钢临边柱上。在强烈的台风中，塔身最高附着装置处发生折弯现象，塔机倒塌在建筑物 14 层施工平面内，配重坠落到地面，起重臂、平衡臂根部销轴未脱落，垂挂在建筑物临边立面上。

（2）海口海岸-费拉城项目

海岸-费拉城为 18 层小高层住宅楼建筑群，主体结构已经封顶，每座楼使用一台 QTZ63 型塔机施工，采用两道附着装置，当台风迎风作用下，塔机两道附着装置先后屈曲失稳，塔机倒向建筑物，塔身撞击到建筑物楼顶临边后发生断裂，断落在楼顶上，平衡臂后档杆撞断，平衡块坠落。

（3）海口国瑞项目

海口国瑞项目为高层劲性钢柱混凝土框架结构办公楼建筑群，其中左 1、左 2 楼与右 1、右 2 楼分两家建筑公司施工。台风来临时已施工到 30 层左右，各塔机均附着在背风墙面上，塔机最高附着装置悬高 20～30m 以上不等。在台风期间，左 1、左 2 楼的 7035 塔机悬高达 30m 以上，该塔机最高附着装置因外横杆断裂而解体，塔机在该截面以上部分折断坠落，塔身在该截面以下 4～5 节因片装节点处腹杆焊缝破坏或腹杆拉断而解体。

（4）文昌月亮湾项目

文昌月亮湾项目地处海滨，为（7＋1）层现浇剪力墙结构联排别墅群、27 层现浇剪力墙结构高层住宅，采用多台 QTZ40、QTZ63 塔机施工，附着在建筑物背风或迎风墙面上。多层联排别墅塔机安装高度约 30m，在超强台风作用下，安装在迎风墙面上的塔机最高附着装置附近的塔身标准节连接螺栓断裂，导致整机倒塌。

---

[1] 本案例选自江苏省建筑科学研究院有限公司李明、江苏省建筑安全与设备管理协会李钢强、南京工业大学机械学院殷承波撰写的《海南强台风塔式起重机倾覆原因分析与建议》。

**3. 塔机倒塌原因分析**

根据以上各工地塔机倒塌图片显示的形态，可分析原因如下：

（1）塔机悬高偏大

1）中国移动海南分公司大厦。现场塔机最高附着装置安装在14层临边钢柱上，而核心筒已经施工到24层，间距10层，而施工中塔机吊钩应超过最高施工作业面至少2个层高，至少悬高12层，该建筑物标准层层高3.6m，塔身悬高已超过40m，虽该高度尚符合7035塔机的允许悬高，但在台风作用下，塔身在最高附着装置截面超载承受了很大的风力矩，导致塔身在顺风面内的水平杆、斜腹杆失稳屈曲，塔身主肢杆间距减小，塔身整体截面变小，使靠建筑物一侧主肢杆承受的轴压力更进一步增加直至失稳、断裂，塔身向建筑物侧倒塌。施工单位认为，形成塔机悬高偏大的原因是钢结构制作单位不能按进度完成钢结构柱、梁的加工，导致现场主体钢结构安装大大滞后于混凝土核心筒施工，两者相差了10层，而该类建筑施工时钢结构通常仅落后核心筒5～6层，因此塔机不得不以大悬高状态吊装钢结构件。

2）海口国瑞左1、左2楼。从国瑞楼两台7035塔机折断坠落状态看，塔机的最高附着装置附着在施工楼面向下8层楼面临边，层高3.2m，加上吊装空间约10m，塔身在最高附着装置以上悬高接近40m，且该楼位于楼盘边缘，背风面后即为大片空地，使风力作用更显强劲。虽附着装置为四杆体系，但附着框架外杆在拐角处发生断裂，该拐角附着杆外端拉板断裂，拉杆坠落，从塔身解体状态看，塔身解除该处约束后向外倾覆，并撕裂下方3～4节塔身而坠落。在常规气象环境中使用，该塔机上述悬高并未超高，即使承受内陆非工作工况的30～40m/s风速亦能安全，但在本次40m/s风速的超强台风中显然不可能全身而退，必然倒塌。

（2）附着装置安装处塔身平面结构不稳定

在塔机工作工况或非工作工况中，附着装置承受起重偏心力矩或风载荷偏心力矩产生的水平载荷。中国移动海南大厦项目倒塌的7035塔机照片显示，该塔机塔身为四片组装式，在附着装置截面未安装对角腹杆。对于具有对角腹杆整体焊接式塔身，附着装置的安装标高往往按照建筑物上附着点的位置设定，即使安装在上，附着装置也难以恰好安装在该截面上。因此，对于整体焊接塔身，具有水平腹杆的塔身连接面外侧焊接了螺栓连接套管，附着装置只能安装在无腹杆处的四根主肢杆外围，对于7035、23B、36B等片装式塔身，如未在附着装置截面安装对角腹杆，即使安装在具有水平腹杆的截面上，由主肢杆、腹杆构成的塔身正方形仍为不稳定结构，承受水平载荷的能力均较差，主肢杆容易发生横向弯曲，水平腹杆、斜腹杆容易发生失稳屈曲。

（3）附着杆截面偏小

在建筑工程应用中，受现场各种原因制约，塔机经常超远附着，该状态中附着装置的强度控制条件为压杆稳定性，即附着杆承受轴压力时的稳定性承载能力。从海南台风后塔机倒塌状况来看，附着在迎风墙面上的塔机多面临该工况。

1）海口海岸-费拉城项目塔机倒塌。从状态上看，该塔机附着在建筑物迎风墙面上，附着距离达到8～10m甚至更远。按比例测量，格构式桁架附着杆截面偏细。根据当地业内人士反映，海南很多塔机租赁企业采用的超远附着杆往往只按原先标准距离附着杆的截面加工，与原有标准附着杆连接加长，并未增大截面，因此降低了超远附着杆的长细比，承受轴压力的能力也大为降低。在台风作用下，该塔机的两组附着杆自上而下先后发生失稳，导致塔机倒塌。

2）文昌月亮湾项目塔机倒塌。从状态上看，该塔机附着在建筑物迎风墙面上，附着距离仅有3～4m，属标准距离附着，遭受超强台风时，仅有的一道附着装置安然无恙，在附着装置附近的塔身标准节连接螺栓螺纹处被拉断，塔机倒向建筑物。

（4）在海南气象环境中使用内陆塔机

根据海南建筑机械协会提供的信息，海南省所使用的塔机均由大陆省份生产，均仅适用于大陆的气象环境，海南用户也未对生产厂家提出塔机设计、制造时予以加强的要求。在海南使用的塔机每年要数次面临超出设计强度的台风，因此均不同程度地存在安全隐患。

（5）面临超强台风，塔机未采取避灾措施

1）侥幸心理导致不作为。海南每年均要经历数次台风，登陆地点不定、风力变化不定，在如此气象环境中施工，必然应考虑塔机的使用安全。正是台风登陆地点、风力强度的不确定性，使施工单位以往屡屡备而无功，因而产生了侥幸心理，避灾准备漫不经心，未尽全力充分准备，当这次发现台风真正来了，猝不及防而酿成重灾。

2）塔机避灾经费未落实导致不作为。总包单位或土建施工单位往往认为塔机是租赁来的，塔机租赁公司应承担塔机使用过程中发生的所有费用，包括在台风前为避灾加固塔机或降低塔机悬高的费用，而塔机租赁公司认为抵抗台风的费用在合同中未予专门说明，因此该费用应由用户支付，在拉锯战中，双方均心存侥幸而维持塔机原状，直至按常规使用工况安装的塔机不堪超强台风而倒塌。

**4. 塔机在强风环境中避灾的建议**

塔机在强风环境中的避灾工作可从技术标准、产品设计与制造、使用管理等方面着手。

（1）技术规程与管理标准

查阅现行塔机设计相关标准《起重机设计规范》（GB/T 3811—2008）、《塔式起重机设计规范》（GB/T 13752—1992）、《塔式起重机安全规程》（GB 5144—2006）、《塔式起重机》（GB/T 5031—2008）、《塔式起重机　稳定性要求》（GB/T 20304—2006）等，均不同程度地提出了塔机承受非工作工况风载荷的要求，在管理层面上均未对遇台风所采取对策作出相关规定。

1）《起重机设计规范》（GB/T 3811—2008）要求“可根据当地气象资料提供的10m高处50年一遇10min年平均风速来确定瞬时风速（但不大于50m/s）”。并在表5-9中规定“南海诸岛的非工作工况计算风压为1500N/m$^2$（风速50m/s）”，另指出“沿海地区、台湾岛、南海诸岛港口大型起重机防风系统的设计风速$V_{Ⅲ}$应不小于55m/s”。

2）《塔式起重机设计规范》（GB/T 13752—1992）要求内地非工作工况风压按800Pa选取，沿海风压按1100Pa选取，未述及南海诸岛的非工作工况风压取值。

3）（GB/T 13752—20XX）（征求意见稿）要求与《起重机设计规范》（GB/T 3811—2008）相同。

4）《塔式起重机安全规程》（GB 5144—2006）未提出非工作工况风压数值要求。

5）《塔式起重机》（GB/T 5031—2008）要求按《塔式起重机　稳定性要求》（GB/T

20304—2006）的规定。

6）《塔式起重机　稳定性要求》（GB/T 20304—2006）未规定风载荷数值要求。

上述标准、规范述及的非工作工况的设计风压均小于本次海南台风风载荷的强度，并不意味着塔机倒塌全部归咎于台风。在海南省，即使台风频发也要使用塔机。将塔机结构设计成具有超强抗风能力，设备成本必然高昂，也不科学，采取合理构造设计，结合富有成效的管理措施，则可规避风险。因此，《起重机设计规范》（GB/T 3811—2008）、（GB/T 13752—20XX）（征求意见稿）仅要求非工作工况计算风压取1500Pa（风速50m/s）是合理的，在此范围内依靠塔机结构自身抵抗，当风速超过该数值时，可通过管理方法规避风险。海南现有塔机设计多执行《塔式起重机设计规范》（GB/T 13752—1992），抗风能力更显不足，如何在台风中屹立不倒，这是管理问题。新设计的塔机在海南使用，建议编制海南地方标准，制定产品在海南风环境中的设计与使用要求，并在检测中执行。

（2）对塔机钢结构进行抗风设计

塔机设计单位可采用空气动力学原理优化设计各构件、部件的外形。构件的矩形截面、方角、实心形状风阻显然大于圆截面、圆角、透风构件的风阻，而安装在高处且无使用功能的广告牌等构件，风阻尤为显著，应予以合理规避。

（3）优选塔机形式

塔机工作参数相等时，平头塔机的迎风面积显然小于塔帽式塔机，故前者的抗风能力显然优于后者。在海南台风中，未见平头塔机倾覆，可按使用环境要求优选机型。

（4）适减塔机悬高

在海南气象环境中，用户虽按《使用说明书》规定的参数安装塔机附着装置，但遇台风时塔身最高附着杆支反力可能超载，况且附着装置所在截面多无对角腹杆，在附着框架的水平反力的作用下，塔身标准节近墙侧主肢杆单肢产生了略大的横向变形$\Delta X$并偏离垂线，且有风载在塔身截面上产生的弯矩$M_{X2}$转换为近墙主肢杆上垂直压力$N_Z$，与上述$\Delta X$的乘积为附加力矩，易使塔身在最高附着装置截面处的内侧主肢杆压应力超载而产生失稳，导致塔身折弯、倾覆。

塔身在最高附着截面上承载最大，该截面为危险截面，向下各道附着杆反力迅速递减。附着间距的大小与下方附着杆反力、塔身结构内力的大小相关，与最高附着反力无关。在非工作工况中决定危险截面是否超载的主要因素是风载荷与塔机悬高。施工钢结构建筑时，钢结构建筑的施工工艺是先施工现浇核心筒，后安装外围钢结构柱、梁、板结构，两者施工作业面相差3～5层约15～20m，塔机附着点只能设置在钢结构外围的梁或柱上，在核心筒上方还要预留起吊作业空间10～20m，虽然施工钢结构建筑物的塔机均采用大规格起重机，其额定最大悬高可能达到40m左右；钢结构安装稍有滞后，塔机悬高将很可能接近或超过40m，在经常遭遇台风的地区，上述施工工艺使塔机存在极大的安全隐患。反观海口市国瑞工程项目中，左1、左2楼塔机倒塌，在同一工地另一建筑公司施工的右1、右2楼与其并列且建筑结构、施工进度相同，施工所用规格近似的整体塔身式塔机，因及时降低悬高20多米而成功避灾。因此，塔机在台风前适当降低悬高，可减小迎风面积，减小塔身最高附着装置截面上的结构内力，有效提高安全性。

（5）保证起重臂随风转功能

塔机原设计中回转制动器为常开式，工作工况回转中按需要操作制动，非工作工况可随风回转，因起重臂侧的迎风面积及形心距离大于平衡臂侧，起重臂侧产生的风力矩也大于平衡臂侧的风力力矩，塔机上部将自动回转，直至起重臂臂尖指向风向，即起升立面平行于风向，处于平衡稳定状态。在风向改变时，起升立面将自动回转至上述平衡状态。虽上部的回转惯性力矩、回转摩擦阻力矩较大，在一定的风力下才能转动，但飓风肯定能使塔机实现上述平衡状态。虽可能存在风从塔机起重臂吹向平衡臂，从而实现平衡，但该平衡为不稳定平衡，一旦风向变化且风力足够大，塔机即发生回转并趋于上述平衡状态，迎风面积大大减小。但是，塔机上部如不能实现随风转，迎风面积大于设计计算采用的迎风面积，塔身实际承受的风力增加，危险截面承受的弯矩大大增加，受压主肢杆的压力增加，可能产生单肢失稳。不能实现随风转的原因为回转支撑保养缺失，回转阻力矩较大，或有物体卡在齿轮副齿间。

确保起重臂能实现随风转功能，也是有效、重要的抗风避灾方式。

（6）规范附着杆系的使用

塔机购买时配置的均为标准附着尺寸杆系，使用中多按该尺寸设计塔机与建筑物墙面的间距，但在生产实际中因地基基础、建筑结构以及管理原因，在建筑结构上不能实现标准化安装，导致附着杆加长或缩短、附着杆角度变化等情况，如相关人员对非标准安装会引起附着反力较大变化无清晰认识，盲目使用，将留下巨大的安全隐患。尤其是常见的超远附着应用，附着杆的长度增加、角度的变化，但圆管或格构式附着杆的截面不增加，导致长细比增加，稳定系数减小，结构应力增加，大大降低了安全度。况且，增加附着杆长度，也增加了附着杆结构承受的自重应力、风载应力。租赁商、用户应在海南的气象环境中，对附着装置进行强度、刚度、稳定性复核计算，通不过的应适当增加截面。

（7）建立有效的管理机制

海南省的施工项目每年必须数次面对台风袭扰，因此可建立台风预警、安全监督管理、用户自觉行动的管理机制，明确各方面的责任、义务与经济关系，才能有效避免风载，减少经济损失，确保设备与人员安全。

**【案例 6 思考】** 事件发生后，有关部门和单位组织多个调查组深入灾区调研，提出了相应的调查报告和考察论文。有不少人士指出，“威马逊”台风造成的塔机事件是自然事故引发的，因而属于自然灾害事故。但有不少专家认为，该事故应属于生产安全事故，理由是塔机倒塌的绝大多数原因都是人为造成的，因而是生产安全事故。

（1）如何界定生产安全事故？

是否是生产安全事故，首先确定何谓生产安全事故定义[1]。所谓的生产安全事故，是指在生产经营活动中，未能保证人身健康与生命安全以及财产不受损失，使得生产经营活动不能顺利进行，甚至影响到社会经济发展、社会稳定和进步的意外变故或者灾害。“威马逊”台风已给建筑施工生产活动造成了这么大的损失，理应界定为生产安全事故。

我们还可以从本次“威马逊”台风各个专家组赴海南、广西调查的结果来认定。如本次调研不少专家已对“威马逊”台风造成塔机受损的原因进行了分析，如塔机悬高偏大、附着装置安装处塔身平面结构不稳定、附着杆截面偏小以及在海南气象环境中使用内陆塔机、面临超强台风未采取避灾措施等诸多原因，并提出在台风来临之际应该采取适当降低

[1] 见本书“第 3 篇 3.2.3 科学界定生产安全事故”。

塔身高度、保证起重臂能够随风转动、全面检查塔机安装质量、检查附墙附着装置和政府有关监管部门应做好台风地区塔机使用监管等防范措施等。这些原因，有技术上的也有管理上的，无一不是我们日常安全生产管理中出现的问题，也是每起塔机事故调查分析的众多原因。难道这些原因是“威马逊”台风造成的吗？显然不是。

再用本次“威马逊”台风过后的另外一种景象来佐证。本次“威马逊”台风过后，同样一个地区有的塔吊倒塌、有的塔吊没有倒塌，同样一个工地有的塔吊倒塌、有的塔吊没有倒塌，原因不在于“威马逊”台风有什么关照和选择，专家调查后认为那些没有倒塌的塔吊在日常安全生产管理中都按照有关规定严格管理、认真维护，所以“威马逊”台风来临时没有倒塌。

这就足以证明，在安全生产管理中有关生产安全事故的界定很重要，它关乎着我们如何统计上报，关乎着如何通过事故调查分析防范生产安全事故的发生。

目前的现象是，像这样一类的事故都未作为生产安全事故统计上报，有时为了不超过所谓的生产安全事故指标，有的单位和部门想方设法把一些事故划归为其他事故，如自然事故。充分反映了当前安全生产管理中的严重问题。没有科学的生产安全事故的界定，就没有实事求是的安全生产经验教训和科学的安全生产管理方法，提高安全生产管理水平就是一句空话。

如果按照这样的分析，有人就会说 2014 年建筑施工塔机事故将大幅度的增加。如何判断 2014 年的安全生产形势和管理业绩？实际上，只要回答这样一个问题就可以解答了，这就是确定生产安全事故的最终目的是什么？[1]

（2）如何看待“威马逊”台风引发的建筑起重机械安全生产管理问题？

建筑施工工地上的塔式起重机倒塌，不仅极易造成重大的伤亡事故，而且会在社会上产生许多负面影响，也就是说即使倒塌时未发生人员伤亡，也会造成周边民众的恐慌，其影响也是恶劣的。如果从企业直接经济利益上来讲，塔机损毁及塔机损毁给施工生产活动带来的一系列经济损失是巨大的。所以，防范建筑施工塔式起重机倒塌事故历来是大家研究的重点内容之一。

今年 7 月，“威马逊”台风在海南登陆，最大风力达到 17 级（风速达 60m/s），经过广西南部时最大风力为 15 级（风速为 48m/s）。据不完全统计，“威马逊”台风造成海南、广西 300 多台的塔机倒塌或严重受损，这是建筑机械起重机使用史上前所未有的最为严重的事件。为此，“威马逊”台风过后，部分地区和有关部门迅速派团考察，对“威马逊”台风给塔机造成的灾害情况进行调研，事后撰写了多部调研报告和防范强台风的论文。

笔者先后两次赴海南省参与了“威马逊”台风过后塔机受损情况的考察，亲眼目睹了受灾情况，参加了多个调研座谈会，并与个别企业以及有关人员进行了交谈，事后参与了调研报告的起草工作。笔者对本次“威马逊”台风造成成片塔机倒塌、损毁引发的建筑起重机械管理问题进行反思，感触颇深。为此，笔者尝试换一个角度来观察这一事件，以法律法规，特别是应用新修订的《安全生产法》来剖析“威马逊”台风引发的建筑起重机械管理问题（见附录七：应用《安全生产法》分析威马逊台风引发的建筑起重机械管理

[1] 见本书“第 3 篇 3.2.4　确立生产安全事故定义的意义”。

问题）。

（3）如何完善生产安全事故的处置？

通过对生产安全事故分析再思考，感到有关生产安全事故处置方面有许多值得研究的地方。

根据《安全生产法》第八十三条规定："事故调查处理应当按照科学严谨、依法依规、实事求是、注重实效的原则，及时、准确地查清事故原因，查明事故性质和责任，总结事故教训，提出整改措施，并对事故责任者提出处理意见。事故调查报告应当依法及时向社会公布。"处理事故时应注意：

1）科学严谨。对于事故的原因分析应做到严谨，防止循规蹈矩、无针对性，诸如直接原因、主要原因、重要原因等语句应谨慎使用，有关部门应根据事故分析理论及原因与处理结果的关系等内容，作出规范、科学的释义，以便在进行事故调查时能够有效地针对事故，而不是无的放矢。

2）依法依规。事故分析及处罚应当依据法律法规实施，做到违法必究，只要违反有关法律法规的，都应当进行追究。而不能只追究个别人和单位；或本次事故这样追究，下次事故又那样追究。我国安全生产许可制度的建立，实际上已规范了安全生产管理的许多内容，应当持续不懈地完善和加强。

3）实事求是。生产安全事故发生，其原因和相应的责任是不变的，不能根据当时的形势需要而加大或减轻一些责任。笔者认为只要履行了相关的责任，就不能增加其处罚，没有搞清楚的责任，更不能妄加追究。如案例1事故中，已经死亡的普工许某，为何断定他"安全意识不强，对在高处作业存在坠落的危险因素认识不足，未采取安全防范措施，冒险作业"？作为一个普工，刚刚进入施工现场不久，劳务公司、劳务公司项目部、总承包项目部以及他所在架子工班组有没有给他进行过安全生产教育培训？如果有就应该有相应的安全教育培训记录，若经过培训了他还是"冒险作业"那么他就应当承担一定的责任。但是事故分析中，没有对此作出任何的分析，就认为普工许某"安全意识不强"，这非常牵强。最后以"因其死亡，免于追究其责任"作为对普工许某的处理结论，有失公平。如，还有的事故发生后，根据当时的形势需要为了追究某些人的责任，把过去的问题拿到本次事故中来处理，也不实事求是。类似这样的事故处理案例很多，我们应当实事求是地处理事故。

4）注重实效。只有坚持科学严谨、依法依规、实事求是的精神处理事故，才能满足注重实效的要求。空洞的分析、不按规则处理事故，最终难以达到处理事故的真正目的。

5）及时、准确地查清事故原因是处理生产安全事故的目标。及时与准确有时存在矛盾，但准确是查清事故的根本，所以应实事求是地确定及时的概念和要求，确保事故原因的准确性。

6）事故调查报告应当依法及时向社会公布。《安全生产法》第八十六条规定："县级以上地方各级人民政府负责安全生产监督管理的部门应当定期统计分析本行政区域内发生生产安全事故的情况，并定期向社会公布。"这是生产安全事故调查的最重要的规定。目前，有些事故难以通过公共渠道了解事故报告的内容。每年全国生产安全事故详细的统计报告很难得到，对于一般事故、重轻伤事故的统计分析报告更是难以得到。这是我国安全生产管理工作必须加强的。

## 附录一：安全生产条件——一个不容忽视的问题！[1]

——写在安全生产许可证有效期管理来临之际

今年下半年开始，依照我国《安全生产许可证条例》第九条款的规定，安全生产许可证有效期管理工作将逐步展开，明年将出现管理的高峰期。如何开展安全生产许可证有效期管理工作，是对安全生产许可管理制度绩效的检验。目前安全生产许可制度的管理绩效不容乐观，生产安全事故频发现象没有得到有效遏制。有迹象表明，不少安全生产许可证颁发管理机关没有对安全生产许可证有效期管理工作给予足够的重视，为数不少的企业至今还未了解安全生产许可制度管理的有关要求，许多企业甚至是安全生产条件不具备的企业将在安全生产有效期管理中轻松过关！果真如此，《安全生产许可证条例》所确立的"严格规范安全生产条件，进一步加强安全生产监督管理，防止和减少生产安全事故"的目的何以实现？安全生产许可制度是一项新的管理制度，安全生产许可制度管理的核心内容是安全生产条件。现在已到了落实安全生产许可制度的关键时期，有关部门和生产企业必须对安全生产条件引起高度重视。

长期以来人们对安全生产条件存在片面的认识，缺少对安全生产条件的研究，甚至对何谓安全生产条件不知其数、难知其理。不少人简单地认为，安全生产条件就是生产机具、设备安全性能以及生产场所周围环境等要求，更有甚者认为安全生产条件就是企业报送的安全生产管理资料。在生产管理中更是不重视安全生产条件，只关注一些表面现象、忽视安全生产条件，就是发生生产安全事故也很难从安全生产条件是否具备上分析问题、找出原因。多年来形成的传统管理模式和固步自封的习惯思维约束了安全生产管理新思维、新理论的发展。管理的本质是创新，安全生产管理理念不能停留在多年不变的固定思维中，必须进行理论创新。理论研究表明，安全生产条件不仅有科学的定义，而且有法定的条款；不仅有极其丰富的管理内涵，而且具有独有的管理特征；不仅有实践的要求、更具有科学的理论根基。从定义上讲，安全生产条件应是满足安全生产的各种因素及其组合；从法定的数量上来讲，《安全生产许可证条例》第六条款将安全生产条件归结为 13 项安全生产条件，无论什么样的企业其安全生产条件均应满足这 13 项条件的要求；从安全生产条件之间的关系来讲，安全生产条件不但包含"物的安全因素"，更含有"人的安全因素"。分析认为，"人的安全因素"为安全生产条件的主导因素，占整个安全生产条件 85％以上的内容，其中建立健全安全生产责任制是最为关键的因素；从安全生产条件的特征来讲，安全生产条件具有前置性、充分性、动态性和可控性等特征……研究分析指出，安全生产条件不仅仅是安全生产许可制度的核心内容，更是安全生产管理最首要、最基础、最关键、最根本的问题。

实际安全生产管理过程中，人们对安全生产管理最首要、最基础、最关键、最根本的问题——安全生产条件不能正确认识，错误地判断或界定安全生产条件，忽略了安全生产

[1] 见 2007 年 6 月 25 日新华网理论频道社会研究，网址：http://news.xinhuanet.com/theory/2007-06/25/content_6272664.htm。

的本质安全。在安全生产检查中发现，相当一部分企业未能很好建立健全安全生产责任制，安全生产责任制只是“写在纸上，挂在墙上，停留在嘴上”。一项调查问卷结果显示：有近90%以上的企业领导或安全生产管理人员根本不知道自己所在的岗位安全生产责任制究竟有哪几条！在这样的企业里安全生产责任做到“横向到边，竖向到底”实际是一句空话、大话，是一句不负责任的话。事实表明这些企业安全生产条件或多或少存在一些问题，有些甚至是很严重的问题。如果认为这样的企业也都完善了安全生产条件，那么安全生产条件审核的水分就可想而知了。以某地区某行业已开展的安全生产条件评价结果的统计数据可以看出，几乎大部分企业的安全生产条件评价结果只介于合格与不合格之间，难以满足安全生产管理的要求，这一统计数据基本反映了目前生产企业安全生产管理水平的现状。正是由于相当一部分生产企业安全生产条件不能满足安全生产管理的需求，所以我国目前安全生产许可制度的管理难以取得大的成效，生产安全事故频发的势头难以得到有效遏制。

安全生产条件不是一个小问题，它直接影响到安全生产管理的根基。换言之，企业安全生产条件不完善或不具备是一个隐藏的安全管理问题，人们难以发觉和认识它，再加之人们未能正确认识安全生产条件，错误地判断企业安全生产条件的状况，武断地界定企业安全生产条件，忽视了安全生产管理的实质性问题，给安全生产带来诸多安全隐患。安全生产条件充分性（或欠必要性）特征表明，虽然企业安全生产条件不具备不一定会发生生产安全事故，但生产安全事故的发生一定与安全生产条件存在的问题有关。不少企业在安全生产条件不完善或不具备的情况下，搞些形式主义或弄虚作假的所谓安全生产活动，甚至是搞些轰轰烈烈、热热闹闹的场面，掩盖了安全生产管理的实质性问题和诸多生产安全隐患，一旦隐患爆发很可能酿成惨痛的生产安全事故，这样的事例举不胜举。今年4月18日震惊全国的钢包脱落造成32人死亡的事故，其根本原因就是安全生产责任制不落实。事故发生之日正是该企业百日安全生产活动的第99天，99天下来了，这个企业以及出事的班组不知搞了多少个大大小小的安全生产活动，但悬挂在人们头上的致命钢包却没人顾及，安全生产责任被抛在脑后！如果这起事故侥幸没有发生，可能这个隐患还是没人过问，极有可能在百日安全生产活动的总结会上还会对这样的企业和班组给予表彰。这起事故的发生是对这个企业安全生产管理活动的莫大讽刺，也是目前我们生产企业安全生产管理的一面镜子。它再一次给我们敲响了警钟：安全生产条件不容忽视！为确保企业生产活动安全，我们必须严格规范企业的安全生产条件。

为“严格规范安全生产条件”，我国在2004年1月13日出台了《安全生产许可证条例》，确立了一项新的安全生产管理制度——安全生产许可制度，其管理的核心就是安全生产条件。为落实“严格规范安全生产条件”，条例提出“进一步加强安全生产监督管理”的要求。围绕“安全生产条件”，安全生产许可制度提出如下四个基本管理要求：一是企业未取得安全生产许可证的，不得从事生产活动。为了落实这一管理要求，提出了相应的管理措施和严厉的处罚措施；二是企业取得安全生产许可证，必须具备安全生产条件。条例规定安全生产许可证颁发管理机关应当审查企业安全生产条件，符合安全生产条件的颁发安全生产许可证，不符合安全生产条件的不予颁发安全生产许可证；三是企业取得安全生产许可证后必须继续保持和完善安全生产条件。条例要求企业必须接受安全生产许可证颁发管理机关的监督，同时要求安全生产许可证颁发管理机关应当加强对取得安全生产许可证的企业安全生产条件的监督检查，发现其不再具备安全生产条件的，应当暂扣或者吊销安全生产许可证；四是安全生产许可证的有效期为3年。安全生产许可证3年有效期的确立，给安全生产许可证颁发管理机关设置了监督安全生产条件的硬性管理指标，即至少每3年必须对企业安全生产条件进行一次全面的复核。

目前有关部门的领导及管理人员对安全生产许可制度认识不清，对其管理的核心内容——安全生产条件缺乏全面的认识或持有错误的观点，以至于形成了管理的方式方法和操作上的偏差，有的严重偏离安全生产许可制度管理的核心内容——安全生产条件。主要表现在如下两个方面：一是对企业安全生产条件审核缺乏规范。有的安全生产许可证颁发管理机关还是沿用过去在办公室审核企业管理资料的方式确定企业安全生产条件是否符合要求，有的部门以某一两项“安全评价报告”来确定企业安全生产条件是否符合要求。事实上在第一轮安全生产许可已通过审核并发给许可证的企业中，有相当一部分安全生产条件是不完善或不具备的。其中有不少企业的安全生产管理资料是雇人作出来的或在网上下载的，企业提供的所谓安全生产条件管理资料与企业生产活动没有多大的关联。这样的企业也能够通过安全生产条件的审核说明了安全生产许可管理制度存在问题，问题的症结就是审核安全生产条件没有严格规范和科学的程序。二是发放安全生产许可证后缺乏对企业安全生产条件的监督管理。《安全生产许可证条例》第十四条款要求“安全生产许可证颁发管理机关应当加强对取得安全生产许可证的企业的监督检查，发现其不再具备本条例规定的安全生产条件的，应当暂扣或者吊销安全生产许可证”。但是不少安全生产许可证颁发管理机关没有针对安全生产条件监督管理制定相应措施，有的只是提出对发生事故的企业进行所谓的安全生产条件审核。对于未发生事故但安全生产条件存在问题的企业，更没有有效的措施，难以实现对安全生产条件监管的目的。“安检”之门方便进，进入之后无监管，照此下去，“严格规范安全生产条件，进一步加强安全生产监督管理，防止和减少生产安全事故”的目的何以能实现?

亡羊补牢，为时不晚。固然，安全生产许可制度出现的问题有这样和那样的原因，有些是深层次的问题，但是只要我们充分认识到问题的严重性，正确认识和理解安全生产条件，严格规范安全生产条件及其审核方式，加强安全生产条件的监督管理，就能够有效地防止和减少生产安全事故。目前已进入安全生产许可证有效期管理阶段，如果能够通过加强有效期过程的监督管理，就可以弥补第一阶段安全生产许可审核中存在的管理漏洞。然而，令人担忧的是不少安全生产许可证颁发管理机关还没意识到安全生产许可管理中存在的问题，甚至认为有效期的管理主要是针对那些出事故的企业，错误地认为其他企业可以不再进行审查，均可轻松过关。相当一部分企业也认为，企业这几年没有发生事故或发生事故后已经进行了整改，自己的安全生产条件不存在问题，要求在有效期审核时提供方便使其顺利过关。如果真的照此下去，安全生产许可制度所确立的“严格规范安全生产条件，进一步加强安全生产监督管理，防止和减少生产安全事故”的目的将真的难以实现了。

无法可依是管理的无奈，有法不依是管理的悲哀，从某种意义上来讲有法不依的后果比无法可依的后患更大。有了安全生产许可制度，却不去贯彻执行，是我们决策时不愿看到的，它将造成事与愿违的严重后果。本是强调“严格规范安全生产条件”，却在执行中忽略安全生产条件，“严格”二字难见其功；本是“进一步加强安全生产监督管理”的，却在审核和监督安全生产条件上墨守成规、放任自流，看不到一点向前迈“进”的步伐；本应每3年对企业安全生产条件进行一次复核的，却不再问及安全生产条件或擅自决定只对出事故企业进行安全生产条件复核，使得那些虽然没出事故却在安全生产条件上存在问题的企业轻松过关，这将使得人们更加不重视安全生产条件，长此以往将给今后安全生产管理带来更大的隐患。所以，安全生产许可制度一经确立，必须认真贯彻执行。“严格规范”必须有严谨的标准予以约束，“进一步加强”必须制定相应的措施严加管理。贯彻执行安全生产许可制度同样不能“写在纸上，挂在墙上，停留在嘴上”，而应落实在行动上。行动来源于思想，如果没有正确的指导思想，落实行动也终将是“写在纸上，挂在墙上，停留在嘴上”的“行动”。

综上所述，认真贯彻安全生产许可制度的关键是正确理解安全生产许可制度管理的核心内容——安全生产条件。只有全面了解安全生产条件的含义及其特征，才能正确认识安全生产条件；只有正确认识安全生产条件，才能下大决心狠抓落实和完善安全生产条件；只有下大决心狠抓落实和完善安全生产条件这个根本性的管理问题，才能真正贯彻和落实安全生产许可制度，最终实现安全生产的本质安全。

在安全生产许可证有效期管理来临之际，作者急切地呼吁：安全生产条件不容再忽视了！

# 附录二：关于安装施工塔机“黑匣子”的思考[1]

近日走访调研各地建筑起重机械管理现状，发现众多普遍问题，其中个别行政管理部门或安全生产监督管理机构，打着“加强安全生产监督管理”的旗号，明目张胆地指定起重机械产权购置防碰撞装置或所谓的“黑匣子”，有的从中牟取好处，值得我们思考和关注。

例如，一些厂家借用第166号令第二十三条“依法发包给两个及两个以上施工单位的工程，不同施工单位在同一施工现场使用多台塔式起重机作业时，建设单位应当协调组织制定防止塔式起重机相互碰撞的安全措施”，与个别部门或机构联手推出了塔式起重机防碰撞装置或所谓的“黑匣子”，要求起重机械产权单位购买，甚至有的地方下文强制性“推销”，不购买的不准进行产权登记备案！

有人可能为此行为辩护，更不承认从中牟取好处。虽说牟取好处的是个别人的行为，但强制性要求企业购置防碰撞装置或所谓的“黑匣子”肯定是错误的，理由如下：

1. 首先是违反行政许可法、《安全生产法》及其他有关法规。

《行政许可法》第四条、第五条规定“设定和实施行政许可，应当依照法定的权限、范围、条件和程序”、“设定和实施行政许可，应当遵循公开、公平、公正的原则”、“有关行政许可的规定应当公布；未经公布的，不得作为实施行政许可的依据”。作为行政机关或由行政机关委托的安全生产监督机构在没有履行任何行政许可程序情况下，擅自发文做出行政权力以外的行政许可肯定是不合法的。

《安全生产法》第五十五条规定：“负有安全生产监督管理职责的部门对涉及安全生产的事项进行审查、验收，不得收取费用；不得要求接受审查、验收的单位购买其指定品牌或者指定生产、销售单位的安全设备、器材或者其他产品。”行政监管部门或机构明文规定购买防碰撞装置或所谓的“黑匣子”违反了《安全生产法》这一条规定。

假如有个别人或机构从中捞取好处，那么就有可能触动刑法等法规，这里不是我重点阐述的事。

2. 擅自改动塔式起重机的安全防护装置违反了有关技术规范，事故责任难以认定。

每一台塔式起重机出厂前都应按规范进行了检验，取得产品合格证书。擅自改动产品安全防护装置，是一种违规行为。这里带来安全责任的认定问题：如果一旦塔式起重机发生事故，生产厂家可以因他人擅自改变安全防护装置而不承认产品的质量问题；那么这个责任又由谁来负呢？恐怕那些擅自发文强行要求购买防碰撞装置或所谓的“黑匣子”的行政监管部门或机构是不会承认自己责任的，最终是企业或塔式起重机产权单位为此承担责任了。显然，这样的做法是有问题的。

3. 安装防碰撞装置或所谓的“黑匣子”就可以解决塔式起重机的安全问题是一个伪科学或伪命题。

从以下两方面来分析这道伪命题：

(1) 有关“安装‘黑匣子’可以对事故进行跟踪和调查”是一道不成立的命题，因为目前没有一个国家有关部门是以“黑匣子”记录的数据来鉴定事故的。原因是：首先如果

---

[1] 根据笔者撰写的标题文章选编，该文章在多个行业协会内杂志上发表。

以“黑匣子”数据鉴定事故，该品牌的“黑匣子”就必须经国家权威部门鉴定并认可后方可使用；其次，如果可以凭借“黑匣子”数据认定事故，它必须在生产厂家出厂前安装好，而不是在购置后由使用者来安装。这一道理很简单，就像飞机上的“黑匣子”一样，绝对不是由用户来安装的。也就是说，如果真的要求安装“黑匣子”不是施工现场监督管理机构的工作职责，而是国家产品生产监管部门的职责，且只能在产品出厂前安装。

（2）有关“安装塔式起重机防碰撞装置可防止碰撞事故”更是一道伪命题。施工现场有关技术部门和安全监管机构都知道，塔式起重机在安装前必须指定搭设方案，确定安全防护措施包括防碰撞措施。如果依法发包给两个及两个以上施工单位的工程，不同施工单位在同一施工现场使用多台塔式起重机作业时，建设单位应当协调组织制定防止塔式起重机相互碰撞的安全措施，这也是第166号令所要求的（一些厂家与个别部门或机构歪曲这一规定，提出安装防碰撞装置或所谓的“黑匣子”的规定）。也就是说，一台塔式起重机和另一台塔式起重机或建筑物如果在距离上或高度上不符合要求的，这台塔式起重机在安装验收时就不可能通过，不可能在施工现场上使用。更何况，塔式起重机在使用过程中还设置了地面指挥工和司索工，并要求在重大或危险吊装时要配备专职安全员和技术人员在场监督，即防碰撞等安全措施一靠事前的安装方案、二靠事后的人员监管。按照这样的安全防护措施，是不可能发生塔机碰撞事故的。如果说安装塔式起重机防碰撞装置就可以防范塔机之间或其他建筑物之间的碰撞，那么就有可能误导有关安装单位或使用单位在安装距离或高度上不按规范安装，有关监管人员依赖防碰撞装置或所谓的“黑匣子”而放松监管，反而容易导致事故的发生。

4. 施工现场安装防碰撞装置或所谓的“黑匣子”实际应用情况更加说明这项强制性措施是错误的。

据调查，被迫安装了防碰撞装置或所谓的“黑匣子”的施工企业普遍反映这些装置性能不稳定、误报警时有发生，又得不到装置生产单位的及时维修，导致塔机操作人员干脆把这些装置关闭不再使用。这样一来原有的安全装置有可能改动，现有的报警装置又不起作用，反而有可能导致事故的发生。据反映，现有的防碰撞装置只是一种报警装置，就像汽车倒车雷达一样（但其价格很贵，少则一万以上），根本起不到及时防范作用。

调查中一些企业有关人员反映：

——防碰撞不是靠装了防碰撞装置，还是要靠日常操作规范。现在的装置不但不成型，性能不稳定，不兼容，但政府强制要推。

——GPS、黑匣子，短期内能用，长期使用就没效了，技术上并不可靠。

——各地安监部门要求安装制定企业的防碰撞装置，这些装置的作用微乎其微，带来负面效应，如厂家明言对安装非厂家自带装置产生的后果不负责任；操作工因装上“防碰撞”放松警惕，反倒易出事故。××地区要求2011年7月1日以后安装的塔机必须安装指定的防碰撞装置。

……

综上所述，指定起重机械产权购置防碰撞装置或所谓的“黑匣子”是一项错误行为。所以，强烈呼吁上级有关部门关注此事，坚决制止这一现象的蔓延，同时警告某些厂家和监管部门，不要为眼前的利益而违反有关法规严重的触犯刑法。

以上是个人的观点，仅供有关部门和有关人士参考。

## 附录三：建筑施工企业安全生产管理机构设置及专职安全生产管理人员配备办法[1]

一、安全生产管理机构及安全生产管理人员职责

1. 建筑施工企业安全生产管理机构具有以下职责（建质［2008］91号文第六条）：

（1）宣传和贯彻国家有关《安全生产法》律法规和标准；

（2）编制并适时更新安全生产管理制度并监督实施；

（3）组织或参与企业生产安全事故应急救援预案的编制及演练；

（4）组织开展安全教育培训与交流；

（5）协调配备项目专职安全生产管理人员；

（6）制订企业安全生产检查计划并组织实施；

（7）监督在建项目安全生产费用的使用；

（8）参与危险性较大工程安全专项施工方案专家论证会；

（9）通报在建项目违规违章查处情况；

（10）组织开展安全生产评优评先表彰工作；

（11）建立企业在建项目安全生产管理档案；

（12）考核评价分包企业安全生产业绩及项目安全生产管理情况；

（13）参加生产安全事故的调查和处理工作；

（14）企业明确的其他安全生产管理职责。

2. 建筑施工企业安全生产管理机构专职安全生产管理人员在施工现场检查过程中具有以下职责（建质［2008］91号文第七条）：

（1）查阅在建项目安全生产有关资料、核实有关情况；

（2）检查危险性较大工程安全专项施工方案落实情况；

（3）监督项目专职安全生产管理人员履责情况；

（4）监督作业人员安全防护用品的配备及使用情况；

（5）对发现的安全生产违章违规行为或安全隐患，有权当场予以纠正或作出处理决定；

（6）对不符合安全生产条件的设施、设备、器材，有权当场作出查封的处理决定；

（7）对施工现场存在的重大安全隐患有权越级报告或直接向建设主管部门报告；

（8）企业明确的其他安全生产管理职责。

3. 建筑施工企业应当实行建设工程项目专职安全生产管理人员委派制度。建设工程项目的专职安全生产管理人员应当定期将项目安全生产管理情况报告企业安全生产管理机构（建质［2008］91号文第九条）。

4. 建筑施工企业应当在建设工程项目组建安全生产领导小组。建设工程实行施工总承包的，安全生产领导小组由总承包企业、专业承包企业和劳务分包企业项目经理、技术负责人和专职安全生产管理人员组成（建质［2008］91号文第十条）。

5. 安全生产领导小组的主要职责（建质［2008］91号文第十一条）：

---

[1] 根据建质［2008］91号文件摘录选编。

(1) 贯彻落实国家有关安全生产法律法规和标准；

(2) 组织制定项目安全生产管理制度并监督实施；

(3) 编制项目生产安全事故应急救援预案并组织演练；

(4) 保证项目安全生产费用的有效使用；

(5) 组织编制危险性较大工程安全专项施工方案；

(6) 开展项目安全教育培训；

(7) 组织实施项目安全检查和隐患排查；

(8) 建立项目安全生产管理档案；

(9) 及时、如实报告安全生产事故。

6. 项目专职安全生产管理人员主要职责（建质［2008］91号文第十二条）：

(1) 负责施工现场安全生产日常检查并做好检查记录；

(2) 现场监督危险性较大工程安全专项施工方案实施情况；

(3) 对作业人员违规违章行为有权予以纠正或查处；

(4) 对施工现场存在的安全隐患有权责令立即整改；

(5) 对于发现的重大安全隐患，有权向企业安全生产管理机构报告；

(6) 依法报告生产安全事故情况。

二、安全生产管理人员人数配备要求

1. 建筑施工企业安全生产管理机构专职安全生产管理人员的配备应满足下列要求，并应根据企业经营规模、设备管理和生产需要予以增加：

(1) 建筑施工总承包资质序列企业：特级资质不少于6人；一级资质不少于4人；二级和二级以下资质企业不少于3人。

(2) 建筑施工专业承包资质序列企业：一级资质不少于3人；二级和二级以下资质企业不少于2人。

(3) 建筑施工劳务分包资质序列企业：不少于2人。

(4) 建筑施工企业的分公司、区域公司等较大的分支机构（以下简称分支机构）应依据实际生产情况配备不少于2人的专职安全生产管理人员。

2. 施工现场按照建筑面积，建筑工程、装修工程总承包单位配备项目专职安全生产管理人员，配备应当满足下列要求：

(1) 1万平方米以下的工程不少于1人；

(2) 1万～5万平方米的工程不少于2人；

(3) 5万平方米及以上的工程不少于3人，且按专业配备专职安全生产管理人员。

3. 施工现场按照工程合同价，土木工程、线路管道、设备安装工程总承包单位配备项目专职安全生产管理人员，配备应当满足下列要求：

(1) 5000万元以下的工程不少于1人；

(2) 5000万～1亿元的工程不少于2人；

(3) 1亿元及以上的工程不少于3人，且按专业配备专职安全生产管理人员。

4. 分包单位配备项目专职安全生产管理人员应当满足下列要求：

(1) 专业承包单位应当配置至少1人，并根据所承担的分部分项工程的工程量和施工危险程度增加。

(2) 劳务分包单位施工人员在50人以下的，应当配备1名专职安全生产管理人员；50～200人的，应当配备2名专职安全生产管理人员；200人及以上的，应当配备3名及以上专职安全生产管理人员，并根据所承担的分部分项工程施工危险实际情况增加，不得少于工程施工人员总人数的5‰。

5. 采用新技术、新工艺、新材料或致害因素多、施工作业难度大的工程项目，项目专职安全生产管理人员的数量应当根据施工实际情况，在以上规定的配备标准上增加。

6. 施工作业班组可以设置兼职安全巡查员，对本班组的作业场所进行安全监督检查。

## 附录四：危险性较大的分部分项工程安全管理办法[1]

第一条　为加强对危险性较大的分部分项工程安全管理，明确安全专项施工方案编制内容，规范专家论证程序，确保安全专项施工方案实施，积极防范和遏制建筑施工生产安全事故的发生，依据《建设工程安全生产管理条例》及相关安全生产法律法规制定本办法。

第二条　本办法适用于房屋建筑和市政基础设施工程的新建、改建、扩建、装修和拆除等建筑安全生产活动及安全管理。

第三条　本办法所称危险性较大的分部分项工程是指建筑工程在施工过程中存在的、可能导致作业人员群死群伤或造成重大不良社会影响的分部分项工程。危险性较大的分部分项工程范围见附件一。

危险性较大的分部分项工程安全专项施工方案，是指施工单位在编制施工组织（总）设计的基础上，针对危险性较大的分部分项工程单独编制的安全技术措施文件。

第四条　建设单位在申请领取施工许可证或办理安全监督手续时，应当提供危险性较大的分部分项工程清单和安全管理措施。施工单位、监理单位应当建立危险性较大的分部分项工程安全管理制度。

第五条　施工单位应当在危险性较大的分部分项工程施工前编制专项方案；对于超过一定规模的危险性较大的分部分项工程，施工单位应当组织专家对专项方案进行论证。

第六条　建筑工程实行施工总承包的，专项方案应当由施工总承包单位组织编制。其中，起重机械安装拆卸工程、深基坑工程、附着式升降脚手架等专业工程实行分包的，其专项方案可由专业承包单位组织编制。

第七条　专项方案编制应当包括以下内容：

（一）工程概况：危险性较大的分部分项工程概况、施工平面布置、施工要求和技术保证条件。

（二）编制依据：相关法律、法规、规范性文件、标准、规范及图纸（国标图集）、施工组织设计等。

（三）施工计划：包括施工进度计划、材料与设备计划。

（四）施工工艺技术：技术参数、工艺流程、施工方法、检查验收等。

（五）施工安全保证措施：组织保障、技术措施、应急预案、监测监控等。

（六）劳动力计划：专职安全生产管理人员、特种作业人员等。

（七）计算书及相关图纸。

第八条　专项方案应当由施工单位技术部门组织本单位施工技术、安全、质量等部门的专业技术人员进行审核。经审核合格的，由施工单位技术负责人签字。实行施工总承包的，专项方案应当由总承包单位技术负责人及相关专业承包单位技术负责人签字。

不需专家论证的专项方案，经施工单位审核合格后报监理单位，由项目总监理工程师审核签字。

---

[1] 根据建质［2009］87号摘录选编。

第九条　超过一定规模的危险性较大的分部分项工程专项方案应当由施工单位组织召开专家论证会。实行施工总承包的，由施工总承包单位组织召开专家论证会。

下列人员应当参加专家论证会：

（一）专家组成员；

（二）建设单位项目负责人或技术负责人；

（三）监理单位项目总监理工程师及相关人员；

（四）施工单位分管安全的负责人、技术负责人、项目负责人、项目技术负责人、专项方案编制人员、项目专职安全生产管理人员；

（五）勘察、设计单位项目技术负责人及相关人员。

第十条　专家组成员应当由5名及以上符合相关专业要求的专家组成。

本项目参建各方的人员不得以专家身份参加专家论证会。

第十一条　专家论证的主要内容：

（一）专项方案内容是否完整、可行；

（二）专项方案计算书和验算依据是否符合有关标准规范；

（三）安全施工的基本条件是否满足现场实际情况。

专项方案经论证后，专家组应当提交论证报告，对论证的内容提出明确的意见，并在论证报告上签字。该报告作为专项方案修改完善的指导意见。

第十二条　施工单位应当根据论证报告修改完善专项方案，并经施工单位技术负责人、项目总监理工程师、建设单位项目负责人签字后，方可组织实施。

实行施工总承包的，应当由施工总承包单位、相关专业承包单位技术负责人签字。

第十三条　专项方案经论证后需做重大修改的，施工单位应当按照论证报告修改，并重新组织专家进行论证。

第十四条　施工单位应当严格按照专项方案组织施工，不得擅自修改、调整专项方案。

如因设计、结构、外部环境等因素发生变化确需修改的，修改后的专项方案应当按本办法第八条重新审核。对于超过一定规模的危险性较大工程的专项方案，施工单位应当重新组织专家进行论证。

第十五条　专项方案实施前，编制人员或项目技术负责人应当向现场管理人员和作业人员进行安全技术交底。

第十六条　施工单位应当指定专人对专项方案实施情况进行现场监督和按规定进行监测。发现不按照专项方案施工的，应当要求其立即整改；发现有危及人身安全紧急情况的，应当立即组织作业人员撤离危险区域。

施工单位技术负责人应当定期巡查专项方案实施情况。

第十七条　对于按规定需要验收的危险性较大的分部分项工程，施工单位、监理单位应当组织有关人员进行验收。验收合格的，经施工单位项目技术负责人及项目总监理工程师签字后，方可进入下一道工序。

第十八条　监理单位应当将危险性较大的分部分项工程列入监理规划和监理实施细则，应当针对工程特点、周边环境和施工工艺等，制定安全监理工作流程、方法和措施。

第十九条　监理单位应当对专项方案实施情况进行现场监理；对不按专项方案实施

的，应当责令整改，施工单位拒不整改的，应当及时向建设单位报告；建设单位接到监理单位报告后，应当立即责令施工单位停工整改；施工单位仍不停工整改的，建设单位应当及时向住房和城乡建设主管部门报告。

第二十条　各地住房和城乡建设主管部门应当按专业类别建立专家库。专家库的专业类别及专家数量应根据本地实际情况设置。

专家名单应当予以公示。

第二十一条　专家库的专家应当具备以下基本条件：

（一）诚实守信、作风正派、学术严谨；

（二）从事专业工作 15 年以上或具有丰富的专业经验；

（三）具有高级专业技术职称。

第二十二条　各地住房和城乡建设主管部门应当根据本地区实际情况，制定专家资格审查办法和管理制度并建立专家诚信档案，及时更新专家库。

第二十三条　建设单位未按规定提供危险性较大的分部分项工程清单和安全管理措施，未责令施工单位停工整改的，未向住房和城乡建设主管部门报告的；施工单位未按规定编制、实施专项方案的；监理单位未按规定审核专项方案或未对危险性较大的分部分项工程实施监理的；住房和城乡建设主管部门应当依据有关法律法规予以处罚。

第二十四条　各地住房和城乡建设主管部门可结合本地区实际，依照本办法制定实施细则。

第二十五条　本办法自颁布之日起实施。原《关于印发＜建筑施工企业安全生产管理机构设置及专职安全生产管理人员配备办法＞和＜危险性较大工程安全专项施工方案编制及专家论证审查办法＞的通知》（建质［2004］213 号）中的《危险性较大工程安全专项施工方案编制及专家论证审查办法》废止。

## 附录五：危险性较大的分部分项工程范围[1]

一、基坑支护、降水工程

开挖深度超过3m（含3m）或虽未超过3m但地质条件和周边环境复杂的基坑（槽）支护、降水工程。

二、土方开挖工程

开挖深度超过3m（含3m）的基坑（槽）的土方开挖工程。

三、模板工程及支撑体系

（一）各类工具式模板工程：包括大模板、滑模、爬模、飞模等工程。

（二）混凝土模板支撑工程：搭设高度5m及以上；搭设跨度10m及以上；施工总荷载10kN/$m^2$及以上；集中线荷载15kN/$m^2$及以上；高度大于支撑水平投影宽度且相对独立无联系构件的混凝土模板支撑工程。

（三）承重支撑体系：用于钢结构安装等满堂支撑体系。

四、起重吊装及安装拆卸工程

（一）采用非常规起重设备、方法，且单件起吊重量在10kN及以上的起重吊装工程。

（二）采用起重机械进行安装的工程。

（三）起重机械设备自身的安装、拆卸。

五、脚手架工程

（一）搭设高度24m及以上的落地式钢管脚手架工程。

（二）附着式整体和分片提升脚手架工程。

（三）悬挑式脚手架工程。

（四）吊篮脚手架工程。

（五）自制卸料平台、移动操作平台工程。

（六）新型及异型脚手架工程。

六、拆除、爆破工程

（一）建筑物、构筑物拆除工程。

（二）采用爆破拆除的工程。

七、其他

（一）建筑幕墙安装工程。

（二）钢结构、网架和索膜结构安装工程。

（三）人工挖扩孔桩工程。

（四）地下暗挖、顶管及水下作业工程。

（五）预应力工程。

（六）采用新技术、新工艺、新材料、新设备及尚无相关技术标准的危险性较大的分部分项工程。

---

[1] 根据建质［2009］87号附件一摘录选编。

# 附录六：超过一定规模的危险性较大的分部分项工程范围❶

一、深基坑工程

（一）开挖深度超过5m（含5m）的基坑（槽）的土方开挖、支护、降水工程。

（二）开挖深度虽未超过5m，但地质条件、周围环境和地下管线复杂，或影响毗邻建筑（构筑）物安全的基坑（槽）的土方开挖、支护、降水工程❷。

二、模板工程及支撑体系

（一）工具式模板工程：包括滑模、爬模、飞模工程。

（二）混凝土模板支撑工程：搭设高度8m及以上；搭设跨度18m及以上，施工总荷载$15kN/m^2$及以上；集中线荷载$20kN/m^2$及以上❸。

（三）承重支撑体系：用于钢结构安装等满堂支撑体系，承受单点集中荷载700kg以上。

三、起重吊装及安装拆卸工程

（一）采用非常规起重设备、方法，且单件起吊重量在100kN及以上的起重吊装工程。

（二）起重量300kN及以上的起重设备安装工程；高度200m及以上内爬起重设备的拆除工程。

四、脚手架工程

（一）搭设高度50m及以上落地式钢管脚手架工程。

（二）提升高度150m及以上附着式整体和分片提升脚手架工程。

（三）架体高度20m及以上悬挑式脚手架工程。

五、拆除、爆破工程

（一）采用爆破拆除的工程。

（二）码头、桥梁、高架、烟囱、水塔或拆除中容易引起有毒有害气（液）体或粉尘扩散、易燃易爆事故发生的特殊建、构筑物的拆除工程。

（三）可能影响行人、交通、电力设施、通信设施或其他建、构筑物安全的拆除工程。

（四）文物保护建筑、优秀历史建筑或历史文化风貌区控制范围的拆除工程。

六、其他

（一）施工高度50m及以上的建筑幕墙安装工程。

（二）跨度大于36m及以上的钢结构安装工程；跨度大于60m及以上的网架和索膜结构安装工程。

---

❶ 根据建质［2009］87号附件二摘录选编。

❷ 《苏州市深基坑专项设计施工方案审查指导意见》要求：苏州市范围内一级深基坑（深度超过9m或未超9m但环境复杂）、二级深基坑（深度超过4m或未超4m但环境复杂）均应进行专项方案论证。

❸ 《关于加强施工现场钢管、扣件使用管理的通知》苏建质（2006）24号文（苏州市地方）要求：高大模板支撑系统，即水平混凝土构件模板支撑系统高度超过8m，或跨度超过18m，施工总荷载大于$10kN/m^2$，或集中线荷载大于15kN/m的模板支撑系统应进行专项方案论证。

（三）开挖深度超过 16m 的人工挖孔桩工程。

（四）地下暗挖工程、顶管工程、水下作业工程。

（五）采用新技术、新工艺、新材料、新设备及尚无相关技术标准的危险性较大的分部分项工程。

## 附录七：应用《安全生产法》分析威马逊台风引发的建筑起重机械管理问题[1]

今年7月，“威马逊”台风在海南登陆，最大风力达到17级（风速达60m/s），经过广西南部时最大风力为15级（风速为48m/s）。据不完全统计，“威马逊”台风造成海南、广西300多台的塔机倒塌或严重受损，这是建筑机械起重机使用史上前所未有的最为严重的事件。为此“威马逊”台风过后，部分地区和有关部门迅速派团考察，对“威马逊”台风给塔机造成的灾害情况进行调研，事后撰写了多部调研报告和防范强台风的论文。

不少专家已对“威马逊”台风造成塔机受损的原因进行了分析，如塔机悬高偏大、附着装置安装处塔身平面结构不稳定、附着杆截面偏小以及在海南气象环境中使用内陆塔机、面临超强台风未采取避灾措施等诸多原因，并提出在台风来临之际应该采取适当降低塔身高度、保证起重臂能够随风转动、全面检查塔机安装质量、检查补强附着装置和政府有关监管部门应做好台风地区塔机使用监管等防范措施等。

笔者认为，如此众多的原因或问题归根结底是建筑施工起重机械安全管理体系的缺失和扭曲造成的。为此，笔者尝试应用《安全生产法》等有关法律法规，阐述这一观点。

一、建筑施工起重机械安全管理的模式

笔者认为，建筑施工起重机械安全管理与建筑施工起重机械产品制造、租赁、安装、使用及其监督管理这五个环节息息相关、不可分离。这五个环节任意一个环节出现问题，都将影响建筑施工起重机械安全管理。

《安全生产法》第二条规定：“在中华人民共和国领域内从事生产经营活动的单位的安全生产，适用本法”；第九条规定：“县级以上地方各级人民政府安全生产监督管理部门依照本法，对本行政区域内安全生产工作实施综合监督管理。”

即所有的生产经营单位（包括建筑机械设备管理中的产品制造、租赁、安装、使用等单位）以及与生产经营单位有关的各级人民政府安全生产监督管理部门（含与建筑机械设备管理中的产品制造、租赁、安装、使用等单位有关的行业行政主管部门）均适用于《安全生产法》范围，为安全生产责任主体。《安全生产法》均赋予了这些安全生产责任主体的各自相应的安全生产管理职责，他们应当独立地承担其建筑机械安全管理职责。

我国建筑起重机械管理基本模型中的责任主体不排除以不同形式组成的责任主体。无论何种建筑机械管理形式，均是四个方面不同组合形式而已。如，有的企业直接从建筑起重机械生产厂家购置产品，属自购自用单位的管理模式。有的建筑起重机械租赁企业是既租赁又安装的管理模式。目前，建筑起重机械纯租赁企业很多，所以普遍存在纯租赁管理模式。有的建筑起重机械生产制造厂家是既生产又租赁的制造与租赁相结合的管理模式，有的建筑起重机械生产制造厂家是既生产又租赁并安装的制造与租赁安装管理模式。

以此类推，无论何种管理形式的模式都涵盖基本模式中的制造、租赁、安装、使用四部分的生产经营单位。无论管理模式的组合如何变化，《安全生产法》等有关法规赋予的各主体责任的安全生产职责不能任意切割，只是模式变化后的责任组合而已，如租赁与安装企业的安全生产职责应该是同时承担租赁企业职责和安装企业职责这两个职责。我们既

---

[1] 根据笔者撰写的《威马逊台风引发的建筑起重机械管理问题的新思考》编辑。

不能将安装企业的职责强加于租赁企业，把租赁企业的职责强加于安装企业，也不能在实行租赁与安装企业模式时任意丢掉租赁企业的职责或安装企业的职责。

目前，由于对我国建筑起重机械管理基本模式的认识不清，极易产生主体责任的混淆，造成建筑机械管理职责难以落实，乱摊派、乱指挥、乱处罚现象屡治不禁。如强行地将租赁企业与安装企业捆绑在一起使用，极易使得各自的责任更加混淆，特别是对那些不情愿捆绑在一起的企业就有可能忽视其职责、甚至推卸其职责。如本次“威马逊”台风来临之际，由谁来降低塔身高度、保证起重臂能够随风转动和全面检查塔机安装质量，几乎找不到责任人，互相指责和推诿。有的工地塔机倒塌了，由于各方面的原因，租赁、安装、使用各方互相指责，连塔机的拆卸由谁来负责，争执着，难以有个结果。甚至有的企业责怪有关主管部门为什么不早点预报台风。

二、建筑施工起重机械安全管理中的监管模式

以上主要介绍建筑起重机械管理中的制造、租赁、安装、使用四个环节，这四个环节主要指生产经营单位。下面分析建筑施工机械设备管理的监管。

实事求是地说，本次“威马逊”台风中，有关建设行政管理部门的监管工作是到位的，他们在最快的时间里发出了强台风的警报，并组织强制性地疏散人员，此次强台风没有造成“两工地”的伤亡事故，这是不幸中的万幸。其中，海南省建筑机械行业协会在本次强台风中协助建设行政主管部门开展防台风工作功不可没，尤其是该协会日常的建筑起重机械租赁管理工作为本次在强台风中的塔机租赁安装单位及时、准确、定向地发布台风信息及台风过后的灾后统计奠定了良好的基础。

房屋建筑工地和市政工程工地（简称“两工地”）的建筑起重机械管理的监管由建设行政管理部门监管，这是由《特种设备安全监察条例》所规定的。《特种设备安全监察条例》第三条第二款规定：“房屋建筑工地和市政工程工地用起重机械、场（厂）内专用机动车辆的安装、使用的监督管理，由建设行政主管部门依照有关法律、法规的规定执行。”由于建筑起重机械租赁与建筑起重机械安装、使用关系紧密，所以，按“两工地”监管职责划分。

《建筑机械安全监督管理规定》对“两工地”的建筑起重机械管理提出了具体的要求。《建筑机械安全监督管理规定》第三条规定：“国务院建设主管部门对全国建筑起重机械的租赁、安装、拆卸、使用实施监督管理”、“县级以上地方人民政府建设主管部门对本行政区域内的建筑起重机械的租赁、安装、拆卸、使用实施监督管理。”

这里需要说明的是建筑起重机械“两工地”管理中的安装质量检验管理，是建筑起重机械安装环节的一部分，属于“两工地”管理范畴。安装质量应由安装单位负责，安装质量检验是安装的重要的一道环节，安装没有最后的检验验收环节，就不能称之为安装，所以安装质量检验应由安装单位负责。因此，安装、检验是密不可分的建筑机械安装管理内容，我们将建筑起重机械安装质量检验归在安装环节。

使用单位应按建设工程承包的概念划分，它应包含建设单位、受建设单位委托的从事工程监理的监理单位、建筑施工单位以及实行建设工程总承包的施工总承包单位。

通过以上分析，与建筑起重机械“两工地”管理的责任主体可划为两大部分，一部分属于建设行政主管部门可实施资质管理的单位，另一部分是暂无建设行政主管部门实施资质管理要求的单位。依据《中华人民共和国建筑法》、《中华人民共和国行政许可法》相关

职责要求，建设行政主管部门对建筑机械安装单位、建筑施工单位、工程监理单位以及施工总承包单位实行的是资格许可管理，而有关建筑机械租赁单位、建筑机械安装检测单位以及有的建设单位，暂无建设行政主管部门的资质许可管理要求。

正确认识我国建筑起重机械“两工地”监管方式的基本模型，有利于我们明确建筑施工机械管理中的各个责任主体的责任划分。

三、建筑起重机械安全管理责任主体的职责分析

《安全生产法》第十六七条规定：“生产经营单位应当具备本法和有关法律、行政法规和国家标准或者行业标准规定的安全生产条件；不具备安全生产条件的，不得从事生产经营活动。”第九条规定：“县级以上地方各级人民政府安全生产监督管理部门依照本法，对本行政区域内安全生产工作实施综合监督管理。”

前面所述的建筑起重机械产品制造、租赁、安装、使用单位，在各自的建筑起重机械安全管理中均应具备《安全生产法》和有关法律、行政法规、国家标准或者行业标准规定的安全生产条件。这些条件的具备就是建筑起重机械设备中有关生产经营单位履行建筑起重机械安全管理职责的内容。有关建筑起重机械安全监管部门或机构，理应履行对本行政区域内建筑起重机械安全的监管。

但是目前有些相应的建筑起重机械安全管理责任主体没能很好履行其职责，给建筑起重机械安全管理埋下了众多的隐患。

1. 建筑机械产品制造单位职责

建筑起重机械产品制造单位为了牟取利益最大化，不按国家有关生产标准生产合格的产品，偷工减料现象时有发生。相当一部分产品制造企业，为了能够推销其产品，回避塔式起重机不能按常规在恶劣天气和环境中使用的规定，不在产品使用说明书上作出正式声明，误导企业购买其产品，严重侵害产品使用者的权益，也不对产品用户发生塔机事故后如何开展应急救援进行技术指导，更无售后服务的理念，现在市场上很难见到有关对塔式起重机的建筑起重机械设备抢险救援的机械设备，暴露出建筑起重机械设备生产制造厂家对产品用户利益的忽视。本次“威马逊”台风过后，有的塔机使用受损单位提出对生产制造厂家在推销产品中未能在《产品说明书》上详细声明产品的安全使用以及售后服务的问题之一，向产品生产制造厂家敲响了警钟。建筑起重机械产品制造单位应当履行产品生产质量责任，担当起社会责任，应当成为这次“威马逊”台风给我们带来的重要启示。

如果建筑起重机械产品制造单位履行了职责，就把住了建筑起重机械设备安全的第一道门槛。

2. 建筑起重机械产品租赁单位职责

建筑起重机械产品租赁单位只租不管现象较严重，这次“威马逊”台风带来了这样一个警示，这就是“只租不管”不但损害他人利益，也给自身带来了巨大的损失，而且也是违反《安全生产法》的有关规定。

《安全生产法》第四十六条规定：“生产经营单位不得将设备发包或者出租给不具备安全生产条件或者相应资质的单位或者个人……发包或者出租给其他单位的，生产经营单位应当与承租单位签订专门的安全生产管理协议，或者在承包合同、租赁合同中约定各自的安全生产管理职责；生产经营单位对承包单位、承租单位的安全生产工作统一协调、管理，定期进行安全检查，发现安全问题的，应当及时督促整改。”《安全生产法》还规定：

生产经营单位必须对安全设备进行经常性维护、保养，并定期检测，保证正常运转。维护、保养、检测应当做好记录，并由有关人员签字（第三十三条）。也就是说，建筑起重机械产品租赁单位有下列职责：

（1）不得将设备发包或者出租给不具备安全生产条件或者相应资质的单位或者个人。

（2）建筑机械产品租赁单位必须对安全设备进行经常性维护、保养，并定期检测，保证正常运转。维护、保养、检测应当做好记录，并由有关人员签字。如建筑机械产品租赁单位不能直接履行这一职责，可按下条职责的要求实施。

（3）建筑机械产品租赁单位出租给施工单位的，建筑机械产品租赁单位应当与施工单位签订专门的安全生产管理协议，或者在承包合同、租赁合同中约定各自的安全生产管理职责。

（4）建筑机械产品租赁单位对施工单位的安全生产工作统一协调、管理，定期进行安全检查，发现安全问题的，应当及时督促整改。

此外，建筑起重机械产品租赁单位作为建筑机械设备的产权单位，理应对建筑起重机械设备的产品质量把关，把不好的产品拒之门外，把信誉不好的产品生产制造厂家列入黑名单。如果做到这一点，就守住了建筑起重机械设备的安全管理第二道门槛。

目前，绝大多数建筑起重机械产品租赁单位是不了解自身的安全生产管理职责的，谁来监管建筑起重机械产品租赁单位的安全生产职责的履行，是我国建筑起重机械管理监管的一个空白。笔者认为，目前全国各地开展建筑机械租赁行业确认工作的协会，可以弥补这方面的监管空白。行业协会可以在原租赁行业确认工作基础上加大对租赁企业安全管理职责的宣传和教育，并逐步建立有效的租赁行业履行安全生产管理职责的动态监管。

3. 建筑起重机械产品安装单位职责

建筑塔式起重机安装质量是本次“威马逊”台风中暴露的突出问题，其中安装单位没有安全监管人员、操作人员不具备特种作业操作资格，以及安装检验职责严重缺失或职责不清、混淆相当严重。这是造成在“威马逊”台风中塔机倒塌不可忽视的重要原因之一。

《安全生产法》规定：建筑施工单位应当设置安全生产管理机构或者配备专职安全生产管理人员（第二十一条）；生产经营单位的特种作业人员必须按照国家有关规定经专门的安全作业培训，取得相应资格，方可上岗作业（第二十七条）；安全设备安装、检测、改造和报废等应当符合国家标准或者行业标准（第三十三条）；生产经营单位进行吊装危险作业，应当安排专门人员进行现场安全管理，确保操作规程的遵守和安全措施的落实（第四十条）。也就是说建筑机械产品安装单位应当有相应资格的安全管理人员和特种作业人员从事设备安装活动，并按国家标准或者行业标准实施安装吊装作业，对安装检验不合格的设备或报废的设备不得使用。

此外，必须探讨建筑起重机械产品安装检验检测这一长期困扰建筑机械设备安全管理的问题。

按照住建部有关规定，建筑起重机械设备安装后要由专门的建筑起重机械设备安装检验检测机构进行安装检验。按照《安全生产法》的理解，建筑起重机械设备安装检验检测机构应属于为安全生产提供技术服务的机构，属于第三方服务机构。《安全生产法》第十三条规定：依法设立的为安全生产提供技术服务的机构，依照法律、行政法规和执业准则，接受生产经营单位的委托为其安全生产工作提供技术服务。也就是说建筑起重机械设备安装检验检测机构实施的是“委托”服务，既然是委托，就不应成为强制性检验。实际上住建部有关规定对建筑起重机械设备安装后由建筑起重机械设备安装检验检测机构进行安装检验也是“委托”的形式。但是，目前各地却将其检验变成强制性管理要求。

按照责任“谁做，谁负责”的责任划分原则，应该是“谁安装，谁负责”，即建筑起重机械设备安装检验应由安装单位负责。《安全生产法》第十三条还规定：生产经营单位委托前款规定的机构提供安全生产技术、管理服务的，保证安全生产的责任仍由本单位负责。即如果安装单位（或使用单位）委托建筑起重机械设备安装检验检测机构检验，其最终的安全生产责任还是由安装单位（或使用单位）负责。

本次“威马逊”台风塔机倒塌现象中，塔机的安装检验检测是一个突出的问题，绝大多数塔吊没有经建筑起重机械设备安装检验检测机构检验，原因是当地的检测机构只有两家，不能及时有效地进行检测，对被检测的塔机而言，检测机构的检测报告也是用“对当时的检测项目负责”来回避检测的责任。因此，无论是从法律角度还是现有的检测机构数量、素质和专业水平来看，建筑起重机械设备安装检验检测机构难以担负起安全监管的角色。

建筑起重机械设备安全管理的第三道关，即建筑起重机械设备安装质量关的把守值得深入研究。强调建筑起重机械设备安装单位的职责，让其真正履行其职责，是把好建筑起重机械设备安装质量关的关键。

建筑起重机械设备安全管理的职责履行，本应是建设行政主管部门监管的范围，但是目前对于建筑起重机械设备安全管理职责履行的监督是不到位的，安装资质管理、安装方面的特种作业人员管理均存在亟待解决的问题，有的地方是严重失效的，应当引起有关部门高度重视。

4. 建筑机械产品使用单位职责

根据以上建筑机械管理模式的分析，建筑机械产品使用单位应为建设单位、受建设单位委托的从事工程监理的监理单位、建筑施工单位以及实行建设工程总承包的施工总承包单位等。

建筑施工起重机械事故的发生在施工现场，所以建设单位、受建设单位委托的从事工程监理的监理单位、建筑施工单位以及实行建设工程总承包的施工总承包单位都负有建筑施工现场建筑机械管理的责任。

由于绝大多数建筑施工单位把建筑机械设备管理剥离开企业，现在建筑施工企业的建筑机械设备管理体系是很不健全的，他们认为既然有建筑机械设备租赁单位、有建筑机械设备安装单位，他们企业就可以不管设备了。这是目前建筑施工机械设备管理上的一个很大的误区。

与建筑机械设备租赁单位有着同样的要求，《安全生产法》第四十六条规定：生产经营单位不得将生产经营项目发包不具备安全生产条件或者相应资质的单位或者个人。生产经营项目发包给其他单位的，生产经营单位应当与承包单位签订专门的安全生产管理协议，或者在承包合同中约定各自的安全生产管理职责；生产经营单位对承包单位的安全生产工作统一协调、管理，定期进行安全检查，发现安全问题的，应当及时督促整改。第四十一条规定：生产经营单位应当教育和督促从业人员严格执行本单位的安全生产规章制度和安全操作规程；并向从业人员如实告知作业场所和工作岗位存在的危险因素、防范措施以及事故应急措施。

所以，建筑施工单位理应承担建筑施工机械设备安全管理职责。

建设单位、受建设单位委托的从事工程监理的监理单位是生产“建筑产品”的组织，是建设工程的活动组织者，理应也归类在生产经营活动单位之中，按照《安全生产法》的有关要求承担相应的责任。在我国批准加入的《建筑业安全卫生公约》第167号公约中，把建设单位作为“雇主”，其雇主承担建设工程中包括“起重机械和升降附属装置”在内的主要安全生产管理责任。此外，建设单位、受建设单位委托的从事工程监理的监理单位在建筑法等有关法规中有更加详细的安全管理职责。我们应当更加深入地研究建设单位、工程监理单位的安全管理职责。

由此看来，建筑起重机械设备安全管理的第四道关，也就是最后一道关——建筑机械产品使用，相应的把关者不少，但问题却很多。

不难看出，如果使用单位能够按照《安全生产法》的管理要求，认真履行其安全生产管理的职责，就能够把建筑起重机械管理中犹如产品制造、租赁、安装等问题拒之于使用环节外，那些在使用环节中的建筑起重机械管理问题就难以在使用过程中发生。然而，由于使用单位不认真履行安全生产管理职责，有关建设行政主管部门没有把精力放在可以有效监管使用环节上，且有可依的法律依据和行政处罚权力，而是一味的强调监管对象多，难以监管，甚至不切合实际地将其他环节的责任主体捆绑在一起管理，有人称之为“懒政”，最终建筑起重机械管理的第四个环节没能很好把关。

5. 建筑机械产品监管部门或机构职责

这里的建筑机械产品监管部门或机构应包括建设行政主管部门及所属的安全生产监督管理机构在内的各级人民政府及所属的管理部门，其中也包括技术监督有关部门。也就是说，目前涉及建筑机械产品监管有多个部门，易造成“监管”的缺位或“监管”权力的交叉，往往表现在无“利益”时缺位，有“权力”时交叉。

建筑起重机械设备安全管理四道关口的看管监督，理应由建筑机械产品监管部门或所属机构来监督，但是“监管”的缺位或“监管”权力的交叉，使得我国建筑起重机械设备安全管理的各个责任主体职责难以落实。

根据《中华人民共和国建筑法》和《特种设备安全监察条例》，建筑机械行政监管责任主体基本可分为建设行政主管部门和特种设备安全监督管理部门，安全生产监督管理部门行使综合监督管理职责，以及“依照本法和其他有关法律、行政法规的规定，在各自的职责范围内对有关行业、领域的安全生产工作实施监督管理”的有关部门（见新修订的《安全生产法》第八条、第九条），如负有对建筑起重机械租赁企业执照申请审批的工商行政管理部门。

《安全生产法》第五十九条规定：安全生产监督管理部门应当按照分类分级监督管理的要求，制定安全生产年度监督检查计划，并按照年度监督检查计划进行监督检查，发现事故隐患，应当及时处理。

按照“分类分级监督管理”的要求，建筑机械“两工地”的监督管理应由建设行政主管部门负责。技术监督有关部门应对建筑施工起重机械设备的生产制造质量实行监督管理。

《安全生产法》第六十条规定：负有安全生产监督管理职责的部门依照有关法律、法规的规定，对涉及安全生产的事项需要审查批准或者验收；必须严格依照有关法律、法规和国家标准或者行业标准规定的安全生产条件和程序进行审查；对已经依法取得批准的单位，负责行政审批的部门发现其不再具备安全生产条件的，应当撤销原批准。第六十一条还规定负有安全生产监督管理职责的部门对涉及安全生产的事项进行审查、验收，不得收取费用。第六十二条还具体规定了安全生产监督管理部门和负有安全生产监督管理职责的部门应当依法执行的四项职权。其中不难发现，对于安全生产监督管理部门和负有安全生产监督管理职责的部门的每一条款职责中都冠以了“依法”的字样。以建筑机械产品监管部门或机构职责来讲，每一项监管行为都必须依法进行。这也是《行政许可法》对行使国家政府权力机构依法行政的约束性文件。国家将向社会公开“晾晒政府清单”，今后政府部门或所属机构不在政府清单内的任何所为都是不允许的。

如果严格按照政府清单监管，建设行政主管部门只负责两工地的建筑机械管理的监管。由于建设行政管理部门在建筑机械设备安装检测单位以及建设单位上没有资质管理的要求，因此建筑机械设备的安装、使用管理上也难以得到完全的监管。

四、全面建筑施工起重机械安全管理分析及展望

通过以上建筑机械设备各个责任主体职责的分析，不难发现各个责任主体在履行各自的安全职责上均存在问题。

责任的缺失，就会造成建筑机械设备管理上某个环节的缺陷。建筑机械管理的四个环节的责任主体就像一副多米诺骨牌，若后续的责任不加强，前面倒下，后面跟着倒下，最终发生建筑机械事故。倘若后面责任心强，哪怕是前面出现问题，就有可能被发现，可能发生的事故就被挡住了，或者把事故的危险或概率降到最低。

以本次“威马逊”台风为例，并不是台风来临所有的塔吊都倒塌了。如某工地两塔吊倒塌旁就有两台未倒的塔吊。这两台未倒塌的塔吊与另两个倒塌的塔吊并列且建筑结构、施工进度相同，施工所用规格近似的整体塔身式塔机，因及时降低悬高 20 多米而成功避灾。

在我们后续的第二次考察中发现，在一些塔机倒塌的其他工地，其工地上没有一台塔吊倒塌。还有的企业今年在海南的塔吊未倒塌一台，这家企业长期以来在沿海地区安装使用塔吊，从未发生过塔吊倒塌事件。去年在一个工地上，其他的企业塔吊倒了 5 台，这家企业的 7 台塔吊一台也未倒塌。这是什么原因呢？归根结底就是责任！这些企业无论何时，都在自觉地履行其企业的职责，建立完善的安全管理体系，有健全的建筑机械管理制度，坚持日常维护保养和检查。

如果没有安全管理责任，在台风灾害发生时有的塔吊还是照样倒塌。难道我们还不反思吗？难道我们还在为强台风是自然灾害而狡辩吗？没有责任意识，下次台风，或没有台风，这些企业的塔吊有可能还会倒塌。强台风只不过是把现在的塔机管理的问题掀开了而已，暴露得更彻底而已。

如果建筑起重机械产品制造、租赁、安装、使用单位的各个环节责任主体都能够自觉增强责任意识，职责落实到位；如果各有关部门监管到位，兼管各项工作做实，不留空白，即下面生产单位责任“落实”、上面有关部门监管“做实”，那么就能像两个铆钉一样防范建筑施工机械管理上的“多米诺骨牌”效应，建筑机械设备全方位管理的格局就能够出现。

所以，建筑施工机械设备管理应当树立全方位的管理，加强各个责任主体的安全责任意识势在必行。

下面结合《安全生产法》谈两点看法或建议。

（一）转变建筑机械设备管理的监督理念和方式

本次《安全生产法》对安全生产管理的理念有了很大的突破。本法第一条将“安全生产管理”改为“安全生产工作”，将“促进经济发展”改为“促进经济社会持续健康发展”，表明安全生产立法理念改变，安全生产工作层次提升，它不再局限于安全生产领域，也不再是经济发展的附属品，更是社会管理、社会建设的范畴。随之而来的监管内容也将发生很大变化。要迎接这一变化，必须在如下几个方面进行思考和研究。

1. 建筑起重机械管理中各生产经营单位安全生产条件的思考

生产经营单位的安全生产条件是什么？建筑起重机械管理中各生产经营单位的安全生产条件应该如何归纳和履行？这是建筑起重机械管理中必须思考的问题。本次“威马逊”台风中暴露的主要问题是建筑起重机械产品质量保证、设备维护保养、安装与拆卸技术以及使用规则包括隐患、事故救援等一系列责任落实问题。只有理清了这个概念和内容，建筑起重机械管理的各责任主体才能真正做到认真履行其安全生产管理责任，我们有关部门才能真正监管好建筑起重机械的管理。

2. 建筑起重机械管理中安全生产标准化的思考

什么是安全生产标准化？安全生产标准化的实质是什么？新修改的《安全生产法》第一次提出了安全生产标准化，本次“威马逊”台风过后的防台风灾害的思考，都不约而同地提及了标准问题。何谓安全生产标准化？现行的标准实施中存在哪些问题，各标准之间有何关系或需要进行哪些修改，这一些问题也应值得我们思考，由此可引出一些课题来。

3. 行业协会在建筑起重机械管理中的地位和作用的思考

新修订的《安全生产法》第一次提出了行业协会在安全生产管理中的要求。本次“威马逊”台风中，有关建筑机械管理方面的行业协会发挥了积极作用，这个作用不但表现在台风后的抢险救援与事故调研、分析上，而且表现在已经开展的建筑机械租赁行业确认工作的成效上。我们应当为此总结，并在总结的基础上研究如何更好地发挥行业协会在建筑起重机械管理上的作用。

4. 建筑起重机械隐患事故的界定与处置的思考

新修订的《安全生产法》更加注重生产安全事故与隐患的管理，何谓生产安全事故、何谓生产安全隐患，如何更加科学的界定与处置，也应引起我们更深层次的思考。本次“威马逊”台风影响，是造成塔机成片倒塌的主要因素，如何界定这一重大事故，为什么不能够将这些事故定性为管理问题的事故，有待于我们思考。

总之，本次“威马逊”台风过去了，蓝天、阳光又来了，我们能否还是保持些清醒的头脑，思考一下，下一次台风来临前我们能够做些什么？我们能够把塔机倒塌降低到何种程度？

（二）加强建筑机械设备管理中各生产经营单位主体责任意识的途径和方法

1. 建筑机械设备管理中各生产经营单位知法

首先，必须让建筑机械设备管理中各生产经营单位知晓《安全生产法》等法规究竟赋予了哪些安全生产责任。可以这么说，我们现在许多企业不是很清楚，就拿这次“威马逊”台风受灾调研来看，绝大多数租赁企业是不知晓《安全生产法》赋予的职责，甚至连自己决定的是否参加财产保险都不挂在心上。本次台风许多受损的租赁企业没有参加财产保险，又不与施工单位签订合同或合同中根本没有安全责任的划分，塔机倒塌后只有自认损失，有的交过保险需要续保时，由于当时的资金周转问题没有及时续保，所以这次台风后眼睁睁地看着这些巨大的损失，叫苦连天、欲哭无泪。

2. 建筑机械设备管理中各生产经营单位懂法

其次是要让这些企业知晓如果不履行这些职责，将面临的处罚。《安全生产法》中有关生产经营单位的安全生产职责仅 50 条，占《安全生产法》114 条条款的 43.8%，并且几乎每一条职责的要求都有相应的法律责任处罚，且处罚力度加大、处罚措施更加严厉，加上对生产经营单位的处罚条款，本法有近 70 条条款与生产经营单位有关，占整个法规条款的 50%。生产经营单位知道法律责任最久的力度，有关监管部门切实按照法律责任进行追究，生产经营单位的安全意识会大大地提高。

3. 建筑机械设备管理中各生产经营单位守法

最后，让生产经营单位能够静下心来好好思考如何履行其安全生产职责。

《安全生产法》第一百零八条规定：“生产经营单位不具备本法和其他有关法律、行政法规和国家标准或者行业标准规定的安全生产条件，经停产停业整顿仍不具备安全生产条件的，予以关闭；有关部门应当依法吊销其有关证照。”估计，不少生产经营单位对这一法规中规定的“安全生产条件”的定义和内容是不清楚的，更加说明我们的生产经营单位要好好学习《安全生产法》等法律法规。

只有知法、懂法，并依法生产，我国的安全生产形势才有可能真正得到好转。

（三）有关全面提高建筑机械设备管理的建议

（1）行业协会应积极发挥其作用，弥补建筑起重机械管理监管的不足。

新修订的《安全生产法》第十二条规定：“有关协会组织依照法律、行政法规和章程，为生产经营单位提供安全生产方面的信息、培训等服务，发挥自律作用，促进生产经营单位加强安全生产管理。”这是本法亮点或创新点之一，它进一步充实了社会管理、社会建设范畴的理念，即按照“生产经营单位负责、职工参与、政府监管、行业自律和社会监督的机制”的安全生产新格局，提出了行业协会组织在安全生产管理中的作用。这一条文的确立，预示着我国安全生产管理一个新力量将加强，这就是协会组织。行业协会依据“政府监管、行业自律和社会监督的机制”的要求加入到社会监管的行列，我国建筑起重机械行业管理的监管形式将发生大的变化。目前，我国建筑机械租赁行业的确认管理就是以行业协会形式进行管理的，发挥了很大作用。本次“威马逊”强台风中，建筑机械租赁行业协会及时组织专家赴海南等地考察，以及在强台风之前协会组织的建筑起重机械设备管理等，都在本次防台风管理中显示了它的作用。如果行业协会能在我国建筑起重管理的各个监管薄弱环节或空白领域内发挥它的作用，那么我国建筑起重机械管理的监管现状将大大改变。

（2）建筑起重机械有关的制造企业、租赁企业、安装企业以及使用单位应切实履行其安全生产管理职责。

前面所述，新修订的《安全生产法》已对建筑起重机械有关的制造企业、租赁企业、安装企业以及使用单位等生产经营单位提出了相应的安全生产管理职责。同时，在组织开展生产经营单位人员教育培训，提高企业整体管理水平和素质上也给予了很大的主动权。

新修订的《安全生产法》第十八条生产经营单位主要负责人原有六项职责中，又增加了一项，这就是“组织制定并实施本单位安全生产教育和培训计划”。这一项的增加寓意着两方面问题：一是安全生产教育和培训在安全生产管理中的重要作用，必须突出强调；二是安全生产教育和培训的主体责任应该是企业，而不是其他方。当前，安全教育和培训工作存在很多问题，形式主义、“为证培训”现象很严重。这一规定的出台，为纠正社会上存在的乱培训现象提供了法律依据，值得企业和全体社会思考。

《安全生产法》第二十一条将生产经营单位安全生产管理人员配备从原来的从业人员三百人的界限调整为一百人的界限，删除了安全生产管理人员配备中有关“委托”的选项，意味着所有生产经营单位包括生产制造企业、租赁企业等都要配备安全生产管理人员，从业人员一百人以下的生产经营单位最起码必须配备兼职安全生产管理人员的要求。

《安全生产法》第二十四条将原来的高危企业主要负责人和安全生产管理人员安全生产知识和管理能力考核及任职进行了修订，将原来的“考核合格后方可任职”改为“考核合格”，回避了“考核合格后”的要求，也就是说生产经营单位在任用主要负责人和安全生产管理人员时可不先参加有关主管部门对其安全生产知识和管理能力考核，可先任用。但并不是生产经营单位主要负责人和安全生产管理人员不再参加培训和考核，而是把上岗培训与考核的主动权和责任交给生产经营单位，培训合格后方可上岗任职，而行政管理部门的监管为事后监督和过程管理。这一规定必将对现有的主要负责人、安全生产管理人员安全生产知识和管理能力考核现状产生影响，也对生产经营单位的安全生产教育和培训提出了更高的要求。

《安全生产法》第二十七条修改了生产经营单位的特种作业人员管理要求，将原来的“取得特种作业操作资格证书，方可上岗作业”改为“取得相应资格，方可上岗作业”，即删除了“取得特种作业操作资格证书”的要求，改为“取得相应资格”，这就预示着特种作业人员培训、考核将发生变化，企业、行业协会以及其他社会力量在特种作业人员培训、考核中将发挥重要作用。

……

也就是说，今后建筑起重机械有关的制造企业、租赁企业、安装企业以及使用单位等生产经营单位的主体责任越来越明确，且在生产经营单位的人员教育培训方面的主动权越来越大。因此，生产经营单位按照新修订的《安全生产法》履行其各自的责任，提高生产经营单位人员素质和整体管理水平成为可能。

如果行业协会积极性得到发挥，建筑起重机械有关的制造企业、租赁企业、安装企业以及使用单位能够切实履行其安全生产管理职责，即一方面依据《安全生产法》及有关法律法规，我国建筑起重机械管理的各个监管部门确实履行其职责，有关行业企业等社会组织积极参与安全生产监管，建筑起重机械管理监管就能够得到充实；另一方面，与建筑起重机械有关的制造企业、租赁企业、安装企业以及使用单位等生产经营单位都能够认真履行有关法律法规赋予的职责，人员素质不断提高带动生产经营单位管理整体水平的整体提高，那么我国全方位的建筑施工机械管理模式就有可能得以实现。

我们应该有理由相信，党的十八届四中全会关于全面推进依法治国若干重大问题的决定，给我国各项工作指明了方向，同样也给我国建筑起重机械管理工作指明了方向，与此同时新修订的《安全生产法》等法规的出台和不断完善，必将给我国建筑机械管理带来新的机遇。我们一定抓住新形势下的新机遇，转变观念，在依法管理思想指导下，研究和改进建筑起重机械管理的新思路、新方法，制定新规则，以社会化管理新理念打造全方位的建筑起重机械管理新模式。

## 附录八：从履行安全生产管理职责角度分析建筑起重机械“一体化”管理的问题[1]

笔者一篇《关于建筑起重机械“一体化”管理的思考》的文章（以下简称原文）在一些杂志、报刊上发表，引起不同的反响，有赞同、有反对，或有误解，为此笔者也进行了反思。反思的结果是笔者继续坚持原文中关于建筑起重机械“一体化”管理的观点，并换个角度、用新的方法进一步阐述。在进一步阐述前，笔者先作如下解释：

首先，确定建筑起重机械“一体化”管理的定义。笔者根据有关文件资料确认，所谓的建筑起重机械“一体化”管理是指施工现场建筑起重机械设备的租赁、安装、拆卸、维修、保养等工作，由一家具备相应专业承包资质的企业（简称为“一体化”企业）组织实施。如有其他的“一体化”管理定义或内容的，不在笔者讨论的范围之列。

其次，笔者反对建筑起重机械“一体化”管理吗?

没有。或准确地说，笔者没有反对一些企业根据自身发展需求而选择的建筑起重机械“一体化”管理模式。笔者的原文是这样表述的：“以‘一体化’企业的管理模式开展建筑起重机械安装管理本身不是一个问题。”笔者也多次撰文，对现有的实行“一体化”企业是肯定的并积极宣传，曾利用各种场合介绍他们的经验，如中核华兴达丰机械有限公司的做法。我曾说，如果我国现有的企业都能像中核华兴达丰机械有限公司这样做，我们有关部门的许多监管手段还需要吗?!

实际上，我国的国情决定着我们目前不可能做到这一点，或在将来很长一段时间里也做不到这一点，或者根本就不可能做到这一点——这也许就是关于推行建筑起重机械“一体化”管理争论的焦点所在。笔者的原文是这样表述的：“以‘一体化’企业的管理模式开展建筑起重机械安装管理本身不是一个问题，但将其作为由建设行政主管部门强力推行的一种管理模式，就存在问题了。”

最后需要作说明的是：本文所讨论范围不限于以房屋建筑工地和市政工程工地（以下简称“两工地”）的建筑起重机械管理范畴，它包括了建筑起重机械制造、租赁等建筑起重机械管理，即全方位的建筑起重机械管理范畴。这是因为，一方面它涉及“一体化”的问题，不以全方位的建筑起重机械管理角度分析就难以涉及“一体化”的问题；另一方面，不站在全方位的建筑起重机械管理角度去分析，就不可能深层次地研究“两工地”的建筑起重机械管理问题。

党的十八届四中全会提出，全面推进依法治国，建设中国特色社会主义法治体系，建设社会主义法治国家。依法治国将成为我国社会管理的主旋律，笔者尝试从我国现有的国情出发，依照依法治国的理念来分析当前推行建筑起重机械“一体化”管理引发的问题。

一、当前我国建筑起重机械管理模式的分析

笔者认为，站在全方位的建筑起重机械管理角度分析，我国目前建筑起重机械管理的模式主要由建筑起重机械产品制造、租赁、安装、使用以及监管等五大块模块组成。

建筑起重机械产品制造、租赁、安装、使用以及监管这五大块模块形成了我国建筑起

[1] 根据笔者《建筑起重机械“一体化”管理的再思考》选编。

重机械管理的五大责任主体，其中建筑起重机械产品制造、租赁、安装、使用这四个模块是以生产经营单位为对象的模块，监管模块是指依照有关法规和相关规定实施监管的有关部门。有关法律法规分别赋予了这五大责任主体相应独立的职责。值得注意的是相应的“独立”的职责在有关法律法规中是比较明显的。

现实中，建筑起重机械管理还存在其他一些管理模式，但无论何种管理模式，都是这五大基本模块的组合而已。

（一）建筑起重机械管理模式中有关企业管理模式的分析

（1）自购自用建筑起重机械管理模式。

过去传统的企业自购自用建筑起重机械管理，它是将基本模型中的租赁、安装等与使用组合为一个模块，其租赁为企业内部形式的租赁。但是目前这种形式的管理模式，也发生了变化，有些企业为了使闲置的建筑起重机械设备能够更大地发挥作用，将其企业自购自用的设备开始向其他企业租赁。

（2）租赁与安装建筑起重机械管理模式。

自购自用建筑起重机械管理模式发生变化的趋势是，一些企业把设备租出去使用，有的企业干脆把设备管理这一块剥离出去，剥离出的这一块形成了自我发展的租赁安装企业。社会上出现的一些纯租赁企业，根据市场需求，也承接安装业务。因而，出现了租赁与安装的建筑起重机械管理新模式。

（3）纯建筑起重机械租赁管理模式。

这就是我国当前出现的非常多的一种建筑起重机械管理模式，也是笔者一开始介绍的我国建筑起重机械管理基本模式。这种模式在国外一些发达地区最为常见，即实行专业分工、专业化管理。澳大利亚、新西兰等国家的租赁企业几乎不从事建筑起重机械设备的安装拆卸设备等业务，纯粹就是租赁。他们的租赁的产品甚至不仅仅是建筑起重机械，它也包括各类产品的租赁。纯租赁企业是市场经济催生出的一种经济责任实体，也是我国政府认可的一种企业经营形式。所以，我们暂且可将这一管理模式称之为纯建筑起重机械租赁管理模式。

（4）制造与租赁建筑起重机械管理模式。

现在有的建筑起重机械生产制造厂家，为了更多地促销产品，也兼营了建筑起重机械设备的租赁业务，这就形成了制造与租赁管理模式。但一般来说，这些制造厂家是严格地把租赁活动分离开来，形成企业集团下的一个享有独立法人的实体，严格意义上来讲，这种类型大部分就是纯租赁管理模式。

（5）制造与租赁安装建筑起重机械管理模式。

有的建筑起重机械生产制造厂家，为了更多地促销产品，不仅兼营了建筑起重机械设备的租赁业务，也为客户上门进行设备安装，形成了制造与租赁安装管理模式。与制造、租赁建筑起重机械管理模式一样，有些生产企业也是把制造与租赁、安装分开来管理的租赁与安装管理模式，或纯租赁管理模式。

通过对建筑起重机械管理模式中有关企业管理模式的分析，我们应注意这样一个现象，无论何种模式，租赁管理在各种管理模式中都显得突出。即在建筑起重机械管理模式中租赁企业实际上已起着一个关键的作用，本文也将在后续的分析中重点强调它的作用。

总之，无论何种管理模式，他们都是基本模式中以生产经营单位为对象的四种模块的组合。

介绍以上各类管理模式，目的只是强调有关法律法规赋予四种责任主体的管理责任不因由于其组合的变化而失去，或被强加。

租赁与安装管理模式的企业，就应将租赁企业职责和安装企业职责一起承担，而不能只承担租赁企业职责，或只承担安装企业职责；也不能要求纯租赁企业在承担租赁企业职责时，承担安装企业应当承担的职责；或要求专业安装企业在承担安装企业职责时，承担纯租赁企业职责。

即，法律法规赋予制造、租赁、安装、使用的各个责任主体相应“独立”的职责是明确的，不能因模块的组合变化而增加或减少。各责任主体相应法律法规所赋予的“独立”的职责将专文阐述。

（二）建筑起重机械管理中的监管模式分析

目前我国建筑起重机械管理是多部门的管理，但每一个行政管理部门对于建筑起重机械有关企业的管理又不是很全面的，即每个行政管理部门只侧重于某个方面的管理，有的行政主管部门只是承担注册或资质注册的管理。

所以，严格来说我国建筑起重机械管理的监督管理方面是没有做实的，交叉管理中存在着监管的空白。就是同一个监管模块中（即一个行政管理部门中），虽有监管的职责，但由于资质管理的权限问题，因此难以做到监管到位。实际上，目前乃至今后我国的行政管理体制都很难对建筑起重机械监管做实，不留空白。这就要借助于新的管理思维——社会化管理，来弥补我国行政管理体制的不足。

以房屋建筑工地和市政工程工地的建筑起重机械管理监管为例。《特种设备安全监察条例》第三条第二款规定：“房屋建筑工地和市政工程工地用起重机械、场（厂）内专用机动车辆的安装、使用的监督管理，由建设行政主管部门依照有关法律、法规的规定执行”；《建筑机械安全监督管理规定》第三条规定：“国务院建设主管部门对全国建筑起重机械的租赁、安装、拆卸、使用实施监督管理”、“县级以上地方人民政府建设主管部门对本行政区域内的建筑起重机械的租赁、安装、拆卸、使用实施监督管理。”根据《特种设备安全监察条例》、《建筑机械安全监督管理规定》等法律法规划定的监管责任，房屋建筑工地和市政工程工地的建筑起重机械管理由建设行政管理部门监管，即所谓的建设工程“两工地”建筑起重机械管理监管。

在这个监管模型中，建筑起重机械租赁单位明显地不在建设行政主管部门注册或资质登记，但它是进入“两工地”施工现场的一个经济实体，因而划入建筑起重机械“两工地”的监管范畴。

再深入研究建筑起重机械“两工地”的监管，我们不难发现，不仅仅是租赁企业没有在建设行政主管部门注册或资质登记管理之中，建筑起重机械安装检测机构及建设单位等也没有在建设行政主管部门注册或资质登记管理之中。

如果按照行政许可的监督方式管理，建设行政主管部门监管是有难度的。尤其是在依法治国的今天，依法行政，建设行政主管部门要在“政府清单”范围实施建筑起重机械管理的监管更是困难（同样，可以发现其他政府行政管理部门同样存在这个问题）。

纵观我国建筑起重机械管理多部门的监管的现状，建设行政主管部门不可能在建筑起重机械管理中实施全面的监管，建筑起重机械“两工地”的监管存在很多的空白。

二、推行建筑起重机械“一体化”管理问题再分析

（一）推行建筑起重机械“一体化”的初衷与违反《行政许可法》的事实。

正是由于当前我国建筑起重机械管理的监管不全面，有的地区提出了推行的建筑起重机械“一体化”管理，将租赁纳入安装企业一起管理。

不可否认，实行建筑起重机械“一体化”管理，由一家企业来协调建筑起重机械租赁与安装之间的管理协调，当然要比两家企业之间协调要顺畅，有些人还认为，实行建筑起重机械“一体化”管理的好处还在于监管的方便，监管一家企业总比监管多家企业要容易得多。这些可能是部分地区或有的管理部门提出建筑起重机械“一体化”管理的初衷。

良好的初衷不一定能够实现，能否实现必须根据国情和社会发展的规律来决定，更重要的是要依法监管、依法行政。

前面已对当前我国建筑起重机械管理现状与管理模式进行了分析，分析的结果是我国建筑起重机械管理的模式是多样的，且建筑起重机械纯租赁企业作为一个新的行业，法律法规赋予建筑起重机械纯租赁企业的“自主经营、自负盈亏”权利，这在租赁企业在工商部门申领租赁企业营业制造时就已确定了。建设行政主管部门再用行政手段推行建筑起重机械“一体化”管理，是一种超越权利的行为。

建设行政主管部门用行政手段推行建筑起重机械“一体化”管理的行为剥夺了纯租赁企业以法人财产权依法“自主经营、自负盈亏”的权利，是有违《行政许可法》的。无论有关部门承认与否，或在有关推行“一体化”文件中用“可在”、“鼓励”、“宜选择”和“应优先选择”词句来解释，由省建设行政主管部门或委托相应的协会核准、公布都有政府的影子，就是直接或变相地违反《行政许可法》，这一观点已在原文中阐述过，这里不再累述。

这也反映出，我们有的从事政府行政管理工作的人员，总是离不开用行政管理手段来治理社会，不知还有其他手段来治理社会，或不愿用其他手段来治理社会，有的明知用政府行政手段违法，于是转变手法，以具有行政色彩的行业协会来变相地管理，这与当前“协会去行政化”管理要求也是不相符的。

（二）用行政手段推行建筑起重机械“一体化”管理有限制小型建筑起重机械租赁企业发展的嫌疑，不符合当前我国政府有关进一步扶持小微企业发展的新政策。

提出用行政手段推行建筑起重机械“一体化”管理的另一种想法是，目前建筑起重机械租赁企业很多，有的是小规模的租赁企业，难以管理。因此提出通过“一体化”管理淘汰那些小型租赁企业。这一做法，看似有道理，实际上它是与当前我国政府关于进一步扶持小微企业的政策是相违背的。

近期，国务院提出了进一步扶持小微企业发展的一系列政策。针对目前有的地区对小微企业的限制，国务院总理李克强指出：“计划经济是管制经济，但到了今天，我们不能再保留过去的习惯，觉得什么都要‘管起来’，让企业寸步难行。”李克强说，“政府工作的目的是‘为人民服务’，我们搞经济工作，就是要‘为企业服务’，要让企业家放开手脚在市场上闯荡!”他特别指出，随着科技发展，新兴业态、新兴服务业大量产生，很多内容政府并不熟悉，这就需要政府进一步“给市场松绑、给小微企业放权”，并同时做好事中事后监管。

2014 年 10 月 31 日国务院发布《国务院关于扶持小型微型企业健康发展的意见》（国

发〔2014〕52号），为促进经济发展，解决小型微型企业发展中面临一些困难和问题，扶持小型微型企业（含个体工商户）健康发展，提出了一系列扶持措施。

允许小型租赁企业发展，做好事中事后监管工作，是处理当前建筑起重机械租赁行业管理应当采取的方法。那种不允许小型租赁企业发展，或限制小型租赁企业的发展的做法是不符合当前我国政府有关进一步扶持小微企业发展新政策的。

如果深究其做法的根本原因，就是有的管理部门认为事中事后监管难，没有有效措施进行监管，特别是出现生产安全事故后，难以追究责任，因此用简单的"一体化"管理来解决那些"复杂"的问题，实则是一种"懒政"的做法。更准确的说法是，依法行政的理念在我们现有的官员脑海里还没形成，动不动就是政府发文，或直接提出要求，或以试行、试点等多方式变相地推行。

限制小型建筑起重机械租赁企业的发展，也迎合了个别已发展到一定规模的租赁企业。这些在别人前面先发展起来的企业，为了自身的利益，表现出对"一体化"非常积极支持的态度，实则是想形成垄断的地位，进行不公平的竞争，挤压正在发展的其他企业。我曾经问一些已具有一定规模的租赁企业老板，你们扪心自问你们当初创业时，如果别人对你们实行种种限制，你们有什么想法，你们企业能走到今天吗？这种现象不仅仅在建筑起重租赁企业有之，在其他领域的企业也都有类似的这种现象。少数企业的这一思想影响了我们有关部门决策，使得决策部门认为推行建筑起重机械"一体化"管理就是为企业"服务"。实际上，我们有些政府部门出台的相关政策，看似为企业服务，实际上是为少数企业服务，不利于我国当前扶持小微企业、鼓励多元化经济发展的政策。有的企业鼓动有关部门制定了一些诸如"资质管理"的规定，想以此限制其他企业，巩固自己的垄断地位，最终也导致自己生产经营活动的不便。例如在这些大企业中，有挂靠自己的企业出了生产安全事故，被追究责任，这时他们又向有关部门叫苦连天，有关部门为了扶持这些企业，又要承担风险为这些企业说情。总之，不公平的市场，最终对所有企业都是有害而无利的；对于政府部门呢？同样也是不利的。政府部门看似解决了一个问题，最终又要解决由于自己"决策"而引发出的新的问题。

（三）用行政手段推行建筑起重机械"一体化"管理，与党的十八届四中全会精神相违背，有关行政机关的主要负责人有可能为此承担相应的责任。

《中共中央关于全面推进依法治国若干重大问题的决定》指出：社会主义市场经济本质上是法治经济，"国家保护企业以法人财产权依法自主经营、自负盈亏，企业有权拒绝任何组织和个人无法律依据的要求"。建筑起重机械租赁企业是经过国家工商部门注册的合法经营企业，经营的内容主要就是建筑起重机械租赁，他们是"依法自主经营、自负盈亏"的企业，所以任何组织和个人都不能在无法律依据的情况下要求这些企业必须戴上"安装企业"的帽子。如果这样做，是为从维护本地区的利益、搞行业垄断出发，那么就更不符合党的十八届四中全会精神。党的十八届四中全会决定中明确指出："反对垄断，促进合理竞争，维护公平竞争的市场秩序。"

党的十八届四中全会决定对依法全面履行政府职能提出了具体的要求："法定职责必须为、法无授权不可为"、"行政机关不得法外设定权力，没有法律法规依据不得作出减损公民、法人和其他组织合法权益或者增加其义务的决定。"

为了维护公民、法人和其他组织合法权益，党的十八届四中全会决定还提出了"建立重大决策终身责任追究制度及责任倒查机制”，“严格追究行政首长、负有责任的其他领导人员和相关责任人员的法律责任”等规定。也就是说，今后对于那些“法无授权”的，或“没有法律法规依据”制定“减损公民、法人和其他组织合法权益或者增加其义务”有关规定的，将“严格追究行政首长、负有责任的其他领导人员和相关责任人员的法律责任”。

因此，有关部门和领导应当对推行建筑起重机械“一体化”管理进行反思，推行建筑起重机械“一体化”管理利有的多大、害有多深，能否推行？有无必要？

（四）用行政手段推行建筑起重机械“一体化”管理，难以达到预期的目的，事与愿违，产生了许多负面影响。

推行建筑起重机械“一体化”管理带来一些弊端和问题，归纳起来有：

（1）由于这些地区进入“一体化”企业很难达到相应的“资质”条件，不少企业为了获得相应的“资质”只能是弄虚作假。使得这些企业又重蹈我国资质管理的“覆辙”，在我国清理资质管理的大环境下，又设置一个资质管理或变相的资质管理，至不可取。

（2）相当一部分建筑起重租赁企业是反对推行“一体化”管理的，只是不少企业由于各方面的原因及顾虑“不好说”或“不敢说”而已。某省是最早开始由建设行政主管部门发文要求推行实施建筑起重机械“一体化”管理的地区，由于当时企业的激烈反对，被迫停止执行有关文件，就是一个明证。现在我们一些政府或具有政府色彩的行业协会，在企业印象当中还是比较强势的，打消企业的顾虑，让他们说真话，还是比较难的，这是不争的事实。现在有的企业不好一家直接出面反对推行“一体化”，他们就通过行业协会向有关部门出具意见书，取得了立竿见影的效果。

（3）不少进入所谓建筑起重机械“一体化”管理的企业其管理水平没有得到提高，只停留在表面现象。试想，如果通过几个文件规定或按文件规定整理出统一规格的报审材料，就能在很短的时间内提高企业的管理水平，那真是天方夜谭了，恐怕是没有人能够相信的，就连推行“一体化”管理文件制定者自己恐怕也是不会相信的。

（4）容易形成地区性和企业的垄断，这种现象已经在发生，并有蔓延的趋势。因为推行“一体化”往往具有浓厚的地方色彩，只要具有地方色彩，必然产生垄断。例如我们有许多正规的租赁企业、有的是很优秀的租赁企业，到某些地区开展业务活动，非要挂靠一些地方的安装企业，这些安装企业的资质或管理水平远不如这些正规的租赁企业，甚至这些安装企业根本没有一些大型机械的安装技术及相应的人员；或这些很优秀的租赁企业必须到工程建设所在地注册分公司，进行所谓的备案，使得这些优秀的租赁企业老总成为“空中飞人”，奔赴各地“验明真身”从事注册、备案等不得不干的琐事。也就是说，我们现有的已经做得非常好的“一体化”企业，他们也是不赞成或反对推行“一体化”的。

垄断极易滋生腐败现象，这也是不可忽视的问题或不争的事实。

可能有人说，以上所举的弊端和问题不完全符合事实，或解释为发展中的问题，只要不断改进纠正即可。但我们只要回过头来再看一看当初推行建筑起重机械“一体化”管理的目的是否达到，就能够帮助大家对笔者提出的观点进行正确的判断。

根据推行建筑起重机械“一体化”管理的目的“为加强建筑起重机械的安全监督管理，提高专业化水平，确保租赁、安装、拆卸、使用、维修、保养各环节管理到位、责任明晰，防止生产安全事故发生”，我们是否可以回答如下追问：

建筑起重机械的安全监督管理加强了吗？专业化水平提高了吗？租赁、安装、拆卸、使用、维修、保养各环节管理到位了吗？责任明晰了吗？

恐怕以上提问都是难以作肯定的回答，最起码不能作明确的回答。

总之，建筑起重机械管理离不开国情。我国的发展处在社会主义初级阶段，各种形式的所有制企业都有存在和发展的理由，各个行业管理部门也都有各自的管理权限和各自的“政府清单”，不顾现有的发展水平和国情，用传统的一刀切方式来管理企业，这在依法行政的今天肯定是行不通的。不但行不通，而且在实施过程中也暴露出众多的问题，推行建筑起重机械“一体化”管理的良好初衷难以得到落实。

三、有关建筑起重机械管理的建议

那么不以政府行政手段推行建筑起重机械“一体化”管理，如何才能有效地实施建筑起重机械管理呢？笔者已在原文中提出了自己的一些建议，在这些建议的基础上笔者再针对当前建筑起重机械管理的实际现状再谈一谈有关想法。

（一）必须转变观念、解放思想，抛弃旧的思维理念和做法，以依法治国的理念打造全方位的建筑起重机械管理新模式。

旧的思维理念和做法是，一旦遇到难以解决的问题时首先想到的是依靠政府、出台文件、强制执行，认为政府无所不能的人大有人在，这已成为一种惯性思维，很难从另一个角度、换一种思路去思考。如“两工地”的建筑起重机械管理属于建设行政主管部门管理，建筑起重机械租赁企业的设备进入“两工地”后理应服从建设行政管理部门监管，这是无可厚非的。建设行政主管部门对建筑起重机械租赁企业虽没有实行资质管理的行政许可，但完全可以依据有关法律法规相关规定，直接或者间接地对建筑起重机械租赁企业进行监管。如可依据《安全生产法》第四十六条，督促和监督建筑施工单位与租赁单位签订“安全生产管理协议”、明确“各自的安全生产管理职责”、加强“安全生产工作统一协调、管理”等规定对建筑起重机械租赁企业进行有效的监管，而不是非得让租赁企业也得戴一顶“资质”的帽子进行管理。硬性要求非资质管理的企业也戴上顶“资质”管理的帽子既是一种行政违法行为，又难以达到效果。如目前我们制造了那么多资质管理的“帽子”，在实际管理中真的有效了吗？有些企业毫不掩饰地说，政府部门只要设计什么资质条件，“开个价”就行，只要企业想要这顶“帽子”他们都可以提供自己“脑袋”的大小“尺寸”来领取这个“帽子”，如果企业不会做这些资料，有的中介机构可以帮助完成，这就是目前资质管理中的常见的乱象，甚至我们有的制定政策的行政管理部门领导也是知道这些情况的。

不以政府的资质管理方式是否可以对建筑起重机械租赁单位实施有效的监管呢？这是肯定的。实际上，我们已开始在这方面进行了大胆的探索，我国开展的建筑起重机械租赁企业行业确认管理就是一种创新的、开拓性的新型管理模式，它是以行业协会、行业自律的形式进行管理的，已初步取得了成效。

然而，就是这样一种新型的管理模式，还存在不适应、不理解的想法及做法，在实施过程中总是想把它归结到政府管辖范围内，名曰：没政府管理，怎么行！

党和政府已经明确提出了依法治国的战略，正在不断加大行政职能转变、社会化管理及协会去行政化等一系列重大改革举措。这些重大举措的出台，预示着我国各项管理工作将出现一个崭新的局面，我国社会管理将发生大的变化。这些变化是过去从来没有过的，没有工作创新，还是停留在过去的思维、传统的做法上开展建筑起重机械管理是行不通的。

为此，笔者提出“必须转变观念、解放思想，抛弃旧的思维理念和做法，以依法治国的理念打造全方位的建筑起重机械管理新模式”的建议，希望能够引起关注。具体内容还需专题研究，这里不作深入讨论。

（二）以建筑起重机械租赁企业行业确认管理为抓手，带动建筑起重机械产品质量的不断提高，以优质的租赁服务为工程建设提供可靠、安全、高效、节能的建筑起重机械。

本文已阐述了建筑起重机械租赁企业在整个建筑起重机械管理中起着关键作用，抓住建筑起重机械租赁企业的管理就可以促进和带动其他管理模块的管理。

租赁企业是建筑起重机械设备的建筑起重机械设备主要产权单位，它首要职责是为建设工程提供优质的建筑起重机械产品。履行这一职责，建筑起重机械租赁企业就必须严把产品质量准入关，在购置建筑起重机械设备时，就要选择建筑起重机械产品质量好、售后服务好的制造厂家。有关行业协会，特别是以建筑起重机械租赁行业确认管理的行业协会，可以通过租赁企业的行业管理了解和掌握建筑起重机械设备制造厂家的产品质量和售后服务管理水平，建立建筑起重机械产品信息管理库，带动建筑起重机械设备产品质量以及售后服务管理水平的提高。

其次是建筑起重机械租赁企业的自身管理。建筑起重机械设备的产权属于租赁企业，建筑起重机械设备的维护保养职责属于租赁企业理应承担的责任。建筑起重机械租赁行业确认管理的行业协会应着力加强有关建筑起重机械设备维护保养的规范化管理，把建筑起重机械设备的维护保养作为租赁企业行业确认管理的重要内容，做实、做到位。这样一来，建筑起重机械租赁行业确认管理不但有了实质性的具体内容，而且能够大大提高建筑起重机械租赁行业管理的水平，为建设工程的建筑起重机械设备安全管理打下良好的基础。为此，江苏省建筑安全与设备管理协会编制了《建筑施工机械设备维护保养技术规程》，为租赁企业提供了建筑起重机械维护保养可操作的规范。

我们还可以通过督促建筑起重机械租赁企业做好施工现场设备管理应尽的职责，如同样我们可依据《安全生产法》第四十六条，为建筑起重机械租赁企业编制相应的施工现场设备租赁管理手册，督促和指导建筑起重机械租赁单位与建筑施工单位签订“安全生产管理协议”、明确“各自的安全生产管理职责”、加强“安全生产工作统一协调、管理”等规定，促进施工现场建筑起重机械设备安全管理落到实处。

我们应当以建筑起重机械租赁企业行业确认管理为抓手，带动建筑起重机械产品质量的不断提高，以优质的租赁服务为工程建设提供可靠、安全、高效、节能的建筑起重机械。

（三）学习国内外先进建筑起重机械管理经验，以依法治国理念、现代管理意识、现代信息管理手段促进我国建筑起重机械管理水平的不断提高。

国外一些现代化管理国家，其政府严格在“政府清单”内活动，履行其职责、严格执法、接受社会的监督，行业协会发挥行业管理作用，值得我们借鉴。为此，我们必须牢固树立“法定职责必须为、法无授权不可为”的依法行政思想，政府有关部门严格在“政府清单”范围内履行好其监督管理职责，严格执法、公正执法；有关行业协会在“协会去行政化”形势下，应肩负起社会管理的责任，为广大会员单位服务，当好政府决策参谋，利用现代网络信息管理开展行业动态的信用评价。

在建筑机械行业中，无论是建筑机械制造企业、还是设备租赁企业、安装企业、建设工程施工单位，都有很好的管理经验值得学习和推广。我们应当总结经验，规范企业行为，使得企业在严格“遵纪守法”、“诚信经营”的大环境下，真正履行其安全生产主体责任，担当社会责任。

总之，无论建筑起重机械管理的企业是专业化的经营、还是多元化的管理，都是社会主义市场经济不可缺少的经营主体，我们没有理由去限制，更没有资格去指手画脚，只要他们在法律法规允许下都可以竞相发展。正如李克强总理所说的那样：随着科技发展，新兴业态、新兴服务业大量产生，很多内容政府并不熟悉，这就需要政府进一步“给市场松绑、给小微企业放权”，并同时做好事中事后监管。更何况，我们已经有国内外先进建筑起重机械管理经验，有比较完善的法律法规，并有正在探索的建筑机械租赁行业确认管理，我们相信以生产经营单位负责、职工参与、政府监管、行业自律和社会监督的建筑起重机械管理新机制一定会出现。